冶金工业出版社

普通高等教育"十四五"规划教材

钢铁绿色制造技术

主　编　吴胜利　寇明银　刘征建
副主编　周　恒　王广伟　李克江

U0342615

北　京
冶金工业出版社
2022

内 容 提 要

本书系统地阐述了钢铁生产过程的低碳技术、"三废"治理及资源综合利用技术、二次能源利用技术以及钢铁企业协力城市生态消纳社会废弃物技术,较全面地反映了当前国内外钢铁绿色制造技术的发展成果与趋势。全书共分 10 章,分别介绍了钢铁生产过程 CO_2 的减排技术原理、应用案例及未来发展方向,SO_2、NO_x、二噁英和废水的治理方法分类、工艺原理以及其在钢铁企业中的实际治理技术案例,典型的除尘技术、钢铁企业各道工序的除尘技术应用案例以及钢铁企业产生粉尘资源的综合利用技术,高炉渣和钢渣两种典型炉渣的处理方法和资源化利用路径,可燃气体、余热和余压等二次能源的利用原理以及钢铁企业各道工序应用的典型二次能源利用技术案例,钢铁企业消纳废钢、废塑料、废轮胎以及社会危险废弃物的技术原理及案例。

本书可作为高等院校冶金工程专业本科生和研究生的教学用书或教学参考书,也可作为职业技术院校、继续工程教育、专转本函授等学员的补充教材,并可供科研院所、生产企业的科研及工程技术人员参考。

图书在版编目(CIP)数据

钢铁绿色制造技术/吴胜利,寇明银,刘征建主编. —北京:冶金工业出版社,2022.12
普通高等教育"十四五"规划教材
ISBN 978-7-5024-9259-5

Ⅰ.①钢… Ⅱ.①吴… ②寇… ③刘… Ⅲ.①钢铁冶金—无污染技术—高等学校—教材 Ⅳ.①TF4

中国版本图书馆 CIP 数据核字(2022)第 154700 号

钢铁绿色制造技术

出版发行	冶金工业出版社	电　话	(010)64027926
地　址	北京市东城区嵩祝院北巷 39 号	邮　编	100009
网　址	www.mip1953.com	电子信箱	service@mip1953.com

责任编辑　杨　敏　美术编辑　彭子赫　版式设计　郑小利
责任校对　葛新霞　责任印制　窦　唯
北京虎彩文化传播有限公司印刷
2022 年 12 月第 1 版,2022 年 12 月第 1 次印刷
787mm×1092mm 1/16;22.25 印张;539 千字;343 页
定价 55.00 元

投稿电话　(010)64027932　投稿信箱　tougao@cnmip.com.cn
营销中心电话　(010)64044283
冶金工业出版社天猫旗舰店　yjgycbs.tmall.com
(本书如有印装质量问题,本社营销中心负责退换)

前　言

为推动我国"碳达峰、碳中和"目标如期实现，进而为构建人类命运共同体贡献中国力量，钢铁行业要立足新发展阶段，贯彻新发展理念，构建新发展格局，坚持低碳绿色发展，加快钢铁行业的绿色转型，攻坚克难、开拓进取，不断推动钢铁行业的高质量发展。

钢铁行业作为国民经济的重要基础性原材料产业，提供了人类文明发展不可或缺的结构材料和功能材料，是绿色低碳发展和生态文明建设的重点领域，是建设社会主义现代化强国的重要基石，对实现中华民族伟大复兴具有举足轻重的作用。我国钢铁工业绿色低碳发展已经走在世界前列，为世界钢铁工业发展树立了榜样，在为人民生活质量改善提供基础材料和重要功能材料的同时，正在通过自身努力促进全社会实现绿色低碳发展，让世界变得更加美好。

"钢铁绿色制造技术"课程建设已有28年的历史，本人1993年留学归国后，结合攻读博士学位及博士后工作的研究成果，筹划开设本科生新课程，两年后开设了"工业环保及安全"课程；之后，根据学院教学计划的优化调整，课程名称和教学内容先后经历了"环境工程""冶金环境工程""冶金环境工程与资源循环利用""钢铁绿色制造技术"的演变，课程讲义不断完善。

"钢铁绿色制造技术"课程2019年入选北京科技大学首批精品在线开放课程建设项目，目前已经针对关键知识点录制教学视频80个，视频总时长900min，已列入中国大学MOOC网站在线课程，将结合线下、线上同步开展课程的教学工作。

本书是在"钢铁绿色制造技术"课程讲义的基础上编写而成的，内容涵盖钢铁生产绿色发展的四大领域，即：

（1）低碳冶炼工艺。中国钢铁行业碳排放量约占中国碳排放总量的15%，是碳排放量最高的制造行业之一，钢铁行业的"脱碳化"对实现碳减排承诺至关重要。本书介绍了钢铁生产过程 CO_2 的减排技术原理、应用案例及未来发展方向。

(2)"三废"防治。政府和社会正在大力推进实施钢铁行业的超低排放改造及全面推进原材料工业固废的综合利用。本书分别介绍了 SO_2、NO_x、二噁英和废水、粉尘、炉渣的治理原理、防治方法及资源化利用路径等，并给出相应案例。

(3)二次能源利用。降低能耗，正在向能源消耗总量和强度"双控"转变，钢铁企业的二次能源利用显得尤其关键。本书介绍了可燃气体、余热和余压等二次能源的利用原理，并结合各工序给出典型二次能源利用技术案例。

(4)协力城市生态。理想的钢铁工业三大功能，是钢铁产品制造功能、能源转换功能、大宗废弃物消纳处理功能，本书介绍了钢铁企业消纳废钢、废塑料、废轮胎以及社会危险废弃物等的技术案例。

本书注重理论联系实际，突出"案例式教学"，全书贯穿了钢铁企业重点工序产生的典型污染物的最新治理及综合利用技术案例；并注重"治理"与"利用"相结合，实现污染物的"变废为宝"。

本书由吴胜利、寇明银、刘征建担任主编，周恒、王广伟、李克江担任副主编。具体分工为：第1章、第4章由周恒、吴胜利编写，第2章、第9章由寇明银、吴胜利编写，第3章、第5章由李克江编写，第6章、第10章由王广伟编写，第7章、第8章由刘征建编写。全书的审定工作由吴胜利负责，校对工作由周恒负责。

本书在出版之际，作者要特别表达如下感谢之意：

(1)本书参考或应用了冶金同行发表的研究成果以及专著、论文等有关资料和图表，向相关研究人员、作者及出版社表示感谢！

(2)本书作为北京科技大学规划教材建设项目而得到资助，北京科技大学教务处、冶金与生态工程学院对本书的编写给予了热情鼓励和大力支持，在此一并感谢!

（3）北京科技大学的研究生胡一帆、张众、马淑芳、李仁国、李思达、黄建强等同学参与了书稿的资料收集和编辑校核等工作，在此专致谢忱!

由于作者水平有限，书中难免有不妥之处，恳请专家、学者和广大读者予以指正，以使本书更臻完善。

吴胜利　谨识

2021 年 12 月

目 录

1 绪　　论

[本章提要]

　　本章概括地介绍了钢铁在国民经济中的重要地位、高炉炼铁基本工艺流程、转炉与电炉炼钢基本工艺流程、环境与环境问题、环境污染和环境保护、钢铁制造产生的主要环境问题以及钢铁制造绿色化发展方向等。

　　在国家经济快速发展的过程中，企业生产中存在的环境问题逐渐显露出来，这也是产业结构调整进程中的关键一环。十九届五中全会会议明确，要坚持绿水青山就是金山银山的理念，完善生态文明领域统筹协调机制，构建生态文明体系，促进经济社会发展全面绿色转型。要加快推动绿色低碳发展，持续改善环境质量，提升生态系统质量和稳定性，全面提高资源利用效率。

　　一方面钢铁产业是工业化国家经济发展的支柱产业，对国民经济建设的发展具有巨大的推动作用；另一方面钢铁产业属于能源、水资源、矿石资源消耗大的资源密集型产业，既为社会创造出大量财富，又排放出大量的污染物。2020 年，钢铁行业在全社会能源消耗总量中占比超过 13%，废弃污染物排放压力仍然较高，其中颗粒物、二氧化硫、氮氧化物排放量在所有工业行业中分别位居第一位、第四位、第三位。因此，资源有限、环境污染正严重制约着钢铁行业的发展。

　　从 20 世纪 70 年代开始，中国钢铁工业在环境保护方面也积累了将近 50 年的发展经验，已经发生了翻天覆地的变化。此外，响应国家政策，超低排放改造大范围展开，企业单位全力推进"双碳"工作。中国宝武集团提出 2023 年碳达峰、2050 年碳中和，提前完成国家"30/60"双碳目标；河钢集团也提出 2022 年碳达峰，2050 年碳中和；八一钢铁等企业正持续推进低碳冶金试点工程。但是，就全行业而言，在能源和原材料消耗水平、产品结构和质量水平及环境治理水平上，与世界先进钢铁企业还存在着不小的差距。

　　当前中国钢铁行业环保的主要内容是治理"三废"，主要目标是达标排放，主要手段是综合治理，即污水治理、烟尘治理、废渣治理与利用和达标排放、厂区绿化措施相结合的方式。钢铁在冶炼的过程中，由于各个工序原材料的采集和加工等原因，在较广的范围内会产生各种污染物，这些污染物都会对环境造成不同程度的影响。因此，钢铁产业必须进行转型，朝着制造绿色化发展方向前进。

1.1　钢铁与社会

1.1.1　钢铁的性能及重要性

1.1.1.1　钢铁在工业用材料中的地位

常见的工业用材料包括金属材料（钢铁、铝、铜、锌、铅等），陶瓷材料（水泥、玻璃、砖瓦、陶器等），塑料（聚乙烯、聚丙烯、聚氯乙烯、聚四氟乙烯等），木材（原木、合成板、木制材等）以及纤维材料（纤维、纸张等）。上述材料中按质量计生产量最大，并在重要部位使用最多的是金属材料，而在金属材料中约有 95% 是钢铁材料，因此钢铁在工业生产应用中起到了至关重要的作用。

据国家统计局数据显示，2020 年全国粗钢产量为 106476.61 万吨，累计增长 7.0%。全国粗钢产量前 10 省区分别是河北省、江苏省、山东省、辽宁省、山西省、安徽省、湖北省、河南省、广东省、内蒙古自治区。其中，河北省粗钢产量排名第一，累计产量为 24976.95 万吨。与 2019 年相比，除湖北省外，其余 9 个省份粗钢产量均有上升。

钢铁材料在现代社会保持优越地位的原因：（1）所需资源（铁矿石、煤炭等）储量丰富，可供长期大量使用，成本低廉。（2）人类自进入铁器时代以来，积累了数千年生产和加工钢铁材料的丰富经验，已具有成熟的生产技术。与其他工业相比，钢铁工业相对生产规模大、效率高、质量好和成本低。（3）强度、硬度、韧性等性能可以满足一般结构材料的要求，容易用铸、锻、切削及焊接等多种方式进行加工，以得到任何结构的部件。（4）用途广，性能可调节，通过合金化、热处理、特殊加工工艺等可以在广泛的范围内对性能进行调节。最近开发了多种技术，使钢铁材料从结构材料向功能材料转化。除了不锈钢以外，有些钢材具有耐热、电磁、热电转换、超硬、减震、多孔等功能。

钢铁材料具有众多的优良性能，是钢铁在工业材料方面优于铝、钛、镁、陶瓷、高分子材料（塑料）和复合材料的关键，主要体现在强度、延展性、可焊接性、耐腐蚀性、资源丰富、对生态环境友好、循环再利用以及可持续发展等方面。

尽管钢铁材料有很古老的历史，但其冶炼和加工工艺还是经常由于时代的尖端技术的变革而不断得到创新和发展。钢铁是人类社会发展的重要推动力，没有钢铁就没有现代社会。作为人类用量最大的结构材料和产量最高的功能材料，到目前为止还看不出有任何其他材料在可预见的将来能够代替钢铁现有的地位。

1.1.1.2　钢铁的重要性

评判现代任何国家是否发达的主要标志是其工业化及生产自动化的水平，即工业生产在国民经济中所占的比重及工业的机械化、自动化程度。而劳动生产率是衡量工业化水平极为重要的标志之一，为达到较高的劳动生产率需要大量的机械设备。钢铁工业为制造各种机械设备提供最基本的材料，属于基础材料工业的范畴。钢铁还可以直接为人们的日常生活服务，如为运输业、建筑业及民用品提供基本材料。在一定意义上来讲，一个国家钢铁工业的发展状况在一定程度上也反映了其国民经济发达的程度。

衡量钢铁工业的水平应考察其产量（人均年占有钢的数量）、质量、品种、经济效益及劳动生产率等各方面。纵观当今世界各国，所有发达国家都具有相当成熟的钢铁工业。

据世界钢铁协会 2021 年 1 月 26 日公布的统计数据显示，2020 年全球粗钢产量达到 18.64 亿吨，同比下降 0.9%。分地区来看，只有亚洲、独联体地区以及中东地区的粗钢产量同比有所上升，其余地区粗钢产量均出现同比下降。详细数据如表 1-1 所示。

表 1-1　2020 年全球各地区粗钢产量

地　区	2020 年粗钢产量/亿吨	2019 年粗钢产量/亿吨	同比增长/%
欧盟 28 国	1.388	1.594	-11.8
独联体	1.024	1.004	1.5
南美洲	0.382	0.412	-8.4
非洲	0.172	0.172	0
中东	0.454	0.453	2.5
亚洲	13.749	13.416	1.5
大洋洲	0.061	0.062	-1.4
全球合计	18.640	18.699	-0.9

　　2020 年亚洲地区全年粗钢产量达到 13.749 亿吨，其中，中国的粗钢产量达到 10.65 亿吨，同比提高 7.0%。中国粗钢产量占全球粗钢产量的份额，也由 53.3% 提升至 56.5%，达到历史最高水平。而在 2000 年，中国粗钢产量仅占世界粗钢产量的 16.5%，由此可见，二十年的时间里，中国在钢铁工业的发展上取得了巨大的进步。

　　此外，从全球的粗钢产量变化趋势（如图 1-1 所示）来看，近年来各地区均呈现下降的趋势。一方面是由于全球新冠肺炎疫情的加重，导致生产工作的难以正常进行，另一方面全球统一贯彻绿色生产发展的理念，全球的粗钢产量受到了一定的限制。中国的钢铁事业则是在宏观调整下，稳中求进地转变为绿色化生产模式。

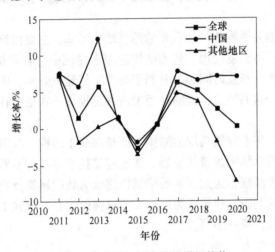

图 1-1　全球粗钢年产量的增长趋势

　　但是，总产量的高低并不能代表一个国家钢铁储量的富裕程度，而是应该参考人均钢铁蓄积量。我国人均钢铁蓄积量仅为 0.76t，是美国的 34%，所以我们仍缺钢铁，仍需要坚持发展钢铁工业，增加国家的钢铁蓄积量，努力缩短与发达国家的钢铁工业水平。

　　世界经济发展到今天，钢铁作为最重要的基础材料之一的地位依然未受到根本性影响，而且在可预见的范围内，其地位也不会因世界新技术和新材料的进步而削弱。纵观世界主要发达国家的经济发展史，不难看出钢铁材料工业的发展在美国、前苏联、日本、英国、德国、法国等国家的经济发展中都起到了决定性作用。这些国家钢铁工业的迅速发展和壮大对于推动其汽车、造船、机械、电器等工业的发展和经济的腾飞都发挥了至关重要的作用。美国钢铁工业曾在20世纪70~80年代遭到来自以日本为主的国外进口材料的冲击而受到重创，钢铁产品生产能力急剧下降，但经过十几年的改造和重建，终于在20世纪90年代中期恢复到其原有的钢铁生产规模，为其维持世界强国地位继续发挥着重要的作用。

由此可见，钢铁工业在国家经济命脉中的重要作用，并且钢铁工业还带动了国家其他整体行业的发展。

1.1.2 社会发展离不开钢铁

钢铁号称工业的粮食，它是人类使用最多的金属材料，其强度高，机械性能好，资源丰富，成本低，适合于大规模生产，在社会生产生活的各个领域都有着广泛的应用，是不可或缺的战略性基础工业品。几乎所有国家的工业进程都是从大炼钢铁开始的，没有钢铁就没有其他工业产品。在国民经济中钢铁工业如同一切工业之母，直接决定了整个国家的工业化基础，即便是在已经经历了工业化过程正在向新型工业化方面发展的发达国家，钢铁工业尤其高端钢铁工业仍然是不可替代的重要产业。

1.1.2.1 钢铁与建筑

由古至今，建筑材料的发展包含了木材、砖石、混凝土等，而对于现代建筑而言，钢材在建筑中的应用越来越广泛，也逐渐成为"现代感"较强的建筑代名词之一。早期的钢材只是用于建造桥梁、铁路铁轨等，在掌握了钢的特性之后，以钢结构为主的建筑材料在我国快速发展起来。

钢结构建筑是以钢为原料的一种重要的建筑结构形式，主要由钢梁等构件组成。钢结构自重较轻、强度高、可重复使用，将钢结构应用于建筑中符合我国可持续发展的要求。此外，钢结构安装快速，作业时间短，有利于提高工程建设效率，例如在湖北建立的火神山医院和雷神山医院。这两项工程能够在短期内竣工投用，在很大程度上得益于我国对钢结构建筑使用的成熟。

但目前来看，我国住宅建筑选用的结构主要是混凝土结构，与钢结构建筑相比抗震性能及稳定性较差。随着钢结构建筑的发展，住宅建筑技术也必将不断地成熟，适合钢结构住宅的新材料也将不断涌现。为此，发展钢结构将成为我国建筑行业发展的主要方向。

钢铁是现代文明的基础，建筑成为展现文明精神的媒介。钢铁工业与建筑行业在发展中相互促进，相辅相成，缺一不可。

1.1.2.2 钢铁与交通

高铁，已被习近平总书记、李克强总理称为中国最亮丽的一张名片，高铁建设离不开钢铁行业的支撑。1825年世界上第一条铁路诞生以来，世界各国的科学家和工程师就致力于提高列车的运行速度，以提高铁路的输送效率。随着我国改革开放和经济发展，我国列车于1998年用电力机车牵引试验速度达到240km/h。2002年，我国自主研制的"中华之星"电动车组在秦沈客运专线创造了当时"中国铁路第一速"，即321.5km/h。

2004年中国铁路大提速建设的引进加创新，攻克了九大核心技术，探索了高铁条件。此后中国的高铁进入飞速发展阶段，从2010年至2018年，中国已在长三角、珠三角、环渤海等地区城市群建成高密度高铁路网，东部、中部、西部和东北四大板块区域之间完成高铁互联互通。

"八纵八横"的高铁网络，规划 4.5 万公里里程，约消耗钢铁 1.3 亿吨。目前已开通 3.1 万公里里程，还需要 4000 万吨钢铁来建设 1.4 万公里高铁里程。预计到 2025 年，铁路网规模将达到 17.5 万公里里程左右，目前运营里程为 13 万公里，仍需要大量的钢铁来建设铁路网。

高铁本身对于钢铁新材料的强度、疲劳性能、轻量化、工艺性等提出了更高的要求。高铁车体主要采用镍铬奥氏体不锈钢，其具有高耐蚀性和美观的特点，在日本、美国、前苏联应用较多，在保证强度和刚度前提下，如梁、柱等骨架的板厚由普通钢的 3.2～6.0mm 减至 1.0～1.5mm，可减重 40% 左右。20 世纪 60 年代初，日本率先研制出不锈钢车辆，其轻量、节能、不需涂装，产生了显著的经济效益，目前不锈钢车辆超过 5000 辆，占全部 10% 以上。

对轮-轨系统而言，车轮与钢轨材料除了要有足够的强度、韧性、耐磨性外，还必须具有耐擦伤、抗剥离的性能。就线路而言，高速铁路区别于一般铁路最主要的特点是曲率半径大、应变速率高、轴重轻和牵引力大，钢轨的磨耗较小，疲劳损伤相对突出，因此对钢轨材料的选择要求较高。对于钢轨材料而言，欧洲铁路一直在合金钢轨上进行研究，如非热处理的 Cr-Mo 合金钢轨除了有较高的循环软化抗力外，也有较好的抵抗短波磨损的能力，是今后钢轨材料的重点选择对象之一。此外，还应从钢轨的强韧化和纯净化方面进行努力，大力发展全长热处理钢轨、稀土钢轨和降噪降震新钢轨。

高铁的建设拉动了钢铁需求，钢铁行业需要准确把握实际，抓住机遇，并结合技术创新以获得更好的发展。

1.1.2.3　钢铁与桥梁

随着我国城市建设的高速发展和钢结构桥梁焊接、振动及桥梁上下结构设计、制造、施工等方面技术的日益成熟与发展，钢结构桥梁已广泛应用于铁路、公路、公铁两用桥及人行天桥。

钢结构桥梁的优点包括：（1）钢材的抗拉、抗压、抗剪强度相对来说较高，钢构件断面小、自重轻；（2）钢材的塑性和韧性好，使钢结构桥梁的抗震性能好；（3）施工工期短；（4）钢桥质量容易保证；（5）钢结构桥梁在使用过程中易于改造，如加固、接高、拓宽路面，变动比较容易、灵活；（6）钢结构是环保产品；（7）管线布置方便；（8）钢结构桥梁适用范围广且易做成大跨度。

钢铁对桥梁的发展影响基于以下几个方面：

（1）物质基础。我国钢铁工业的发展突飞猛进，为钢结构桥梁发展提供了坚实基础。自 1996 年我国钢材产量突破 1 亿吨后，钢材产量一路飙升。同时，钢铁企业通过调整和技术改造使钢铁产品的品种及材质有明显改善，国内长期短缺的 H 型钢和厚钢板等产品的供应问题已基本解决。

（2）钢桥防腐难题得到了有效解决。桥梁专家对钢桥的损坏原因进行研究后得出结论：钢桥失效主要是由材料制作不良、自然灾害和各种交通事故、金属腐蚀等造成的，其中金属腐蚀是主要原因之一。涂料涂装防腐涂层的使用寿命只有 2～15 年，每 3～5 年的防腐蚀涂装费用巨大，占钢桥费用的 10% 以上。随着特殊钢材料的发展，耐腐蚀钢材可以有效地解决这一问题，从而推动钢桥梁的发展。

　　我国于 2018 年 10 月 23 日开通了世界上最长的跨海大桥：港珠澳大桥（如图 1-2 所示），全长 55km，西连珠/澳口岸，东端连接香港口岸。珠海、澳门到香港的陆路交通时间，从 3h 缩短至约 45min。港珠澳大桥主梁钢板用量达 42 万吨，相当于 10 座鸟巢的质量大小，大桥全部用钢量近 100 万吨。主桥采用斜拉索桥，斜拉缆索由多条 8 ~ 23t、1860MPa 的超高强度钢丝构成。港珠澳大桥斜拉桥锚具材料采用经热处理与表面改性超高强韧化技术的低碳合金钢，力学性能大幅提高。

图 1-2　港珠澳大桥

　　钢铁工业的迅速发展为我国桥梁钢的发展打下了坚实的基础，未来的规划建设也为桥梁钢带来了更大的发展。

1.1.2.4　钢铁与机械

　　机械行业是国民经济的装备产业，是科学技术物化的基础，是高新技术产业化的载体，是国防建设的基础工业，也是为提高人民生活质量提供消费类机电产品的行业。机械行业具有产业关联度高、需求弹性大、对经济增长带动促进作用强、对国家积累和社会就业贡献大等特点。

　　依据钢的生产加工工艺和用途，机械行业用钢可以分为调质钢、弹簧钢、轴承钢、超高强度钢、渗碳用钢、氮化用钢、耐磨钢和易切削钢等。

　　机械行业属于中游的支持性行业，其钢材用量要依赖于下游的住宅、基建和汽车等终端需求行业。2017 ~ 2019 年，机械领域钢铁需求量基本维持在 1.35 亿吨以上。2019 年，机械领域对于钢铁的需求量为 1.42 亿吨，在钢铁消耗总量中占比约 16.1%。

　　我国机械工业中用钢行业，主要包括农业机械、工程机械、重型矿山机械、机床工具、石油通用设备、电力设备等。农业机械中，3000 多种农机产品所用的材料有 90% 以上都是钢材，2012 年全国农业机械用钢为 1743 万吨，2018 年已超过 2000 万吨；工程机械行业是机械行业中钢材消费量最大的子行业之一，2012 年消费钢材 1520 万吨，2018 年消耗超过 2300 万吨；机床工具 2010 年消费钢材 1522 万吨，2018 年消耗约 2700 万吨。

　　目前，两个行业均保持着快速发展的良好势头，钢铁、机械行业应加快整合步伐，建立战略联盟关系，形成良性互动，实现和谐、互补、共赢和可持续发展。

1.1.2.5　钢铁与国防

　　人类历史可谓是一部战争史，自 1856 年以来的 160 多年的历史证明，凡钢铁工业发达的国家, 其经济、军事实力就强大。1856 年英国工程师贝塞麦发明了酸性底吹转炉炼钢法, 使英国的钢铁工业由手工业进入了大生产的近代工业阶段。公元 1871 年英国产钢 33.4 万吨, 到了 19 世纪 80 年代, 英国的产钢量一直居世界首位, 年产量突破 300 万吨。在这期间, 英国的洋枪洋炮几乎可以消灭任何 "刀枪不入" 的金刚之躯, 征服整个世界, 因而号称 "日不落帝国"。1890 年美国的钢产量达到 435 万吨, 第一次超过英国, 1953 年美国的钢产量为 1.0125 亿吨, 占世界钢产量的 43%。在这 60 多年的时间里, 美国的钢产量一直占世界第一位, 因而取代了英国的霸主地位。1936 年中国产钢 41.6 万吨, 而日本当年产钢 522.3 万吨, 相当于中国产量的 12.6 倍, 因而它敢发动侵略战争。

近代战争和现代战争消耗钢铁之多是惊人的。枪炮、弹药、坦克、装甲车、运兵车船、战舰、母舰、铁路等, 没有一样离得了钢铁。一个国家的武器装备用钢铁都是百万吨计, 甚至千万吨计的, 交战双方在战斗中的钢铁消耗也是巨大的。

现代战争其内涵是指电子、导弹、热核武器的战争, 今天的常规战争当然也属于现代战争之列。现代战争的特点是宽正面、大纵深, 突然性、破坏性大, 消耗巨大。据预测: 现代战争中武器装备、弹药的消耗量为第二次世界大战的 6 至 7 倍, 这是钢铁的直接消耗; 口粮、物资的消耗量为第二次世界大战的数倍以上, 这就需要更多的车船运输补给, 间接的钢铁需求量也将成几何级数增长。随着武器装备的现代化、复杂化, 对钢铁及稀有金属的品种、质量要求也就越来越高。因此, 我国要建设强大的现代化国防, 就必须有强大的现代化的钢铁工业。例如, 2017 年 4 月 26 日, 我国第一艘自主建造的国产航母 001A 型舰在大连正式下水, 该舰满载排水量达 6.5 万吨, 用钢量约为 6 万吨。航母用钢的要求高: 一是要保证航母舰体足够的结构强度; 二是航母甲板宽阔, 必须兼具较强可焊接性。除此之外, 航母舰体用钢还要求无磁性、抗腐蚀等优良性能。我国克服了航母用钢的难题, 001A 型航母就采用了我国自主研发的特种钢。

国防力量是一个国家安全的保障, 而强大的国防必须有强大的钢铁工业为基础。我国目前的钢铁产量虽然位于世界前茅, 但是人均占有量还与发达国家有很大的差距, 另外, 建设更好的防御系统和更高科技的武器系统, 仍需要更好的金属材料。由此可见, 建设强大的现代化国防, 钢铁工业任重而道远。

1.2   钢铁制造流程

世界钢铁生产工艺两种主要流程 (如图 1-3 所示): 以高炉-氧气转炉、炉外精炼工艺为中心的钢铁联合企业生产流程, 即长流程 (简称 BF-BOF 长流程); 以废钢-电炉炼钢为中心的钢铁生产流程, 即短流程 (简称 LAF 短流程)。按生产产品和生产工艺流程, 钢铁企业可以分为钢铁联合企业和特殊钢企业。钢铁联合企业的生产流程主要包括烧结 (球团)、焦化、炼铁、炼钢、轧钢等生产工序, 即长流程生产; 特殊钢企业的生产流程主要包括炼钢、轧钢等生产工序, 即短流程生产。短流程可省去高炉炼铁工序, 用废钢 (或 DRI) 作为原料, 在电炉内炼成钢水铸成坯。短流程可消除钢铁生产中投资巨大的部分, 即炼铁高炉, 也不需要供给铁矿石、煤和焦炭等原燃料, 降低能耗, 同时避免了由于炼焦、烧结、炼铁等工序造成的污染。根据社会资源结构、环境承受能力和技术进步的程度, 长、短流程会相互渗透、并存发展。

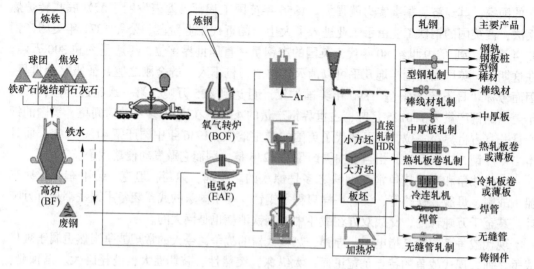

图 1-3　现代钢铁生产工艺流程

1.2.1　高炉炼铁基本工艺流程

　　高炉炼铁具有庞大的高炉本体和辅助系统，包括原燃料系统、上料系统、送风系统、渣铁处理系统和煤气清洗系统。在建设投资上，高炉本体占 15% ~ 20%，辅助系统占 80% ~ 85%。各个系统相互联系，相互配合，促使高炉拥有了巨大的生产能力。高炉冶炼过程是在一个密闭的反应器内进行的，现代高炉内型剖面图如图 1-4 所示。

　　高炉冶炼过程的特点是：在炉料与煤气逆流运动的过程中完成多种复杂交织的物理变化和化学反应，且由于高炉是密封的容器，除去投入（装料）及产出（铁、渣及煤气）外，操作人员无法直接观察到反应过程的状况，只能凭借仪器、仪表间接观察。为了弄清楚炉内反应和变化的规律，应对冶炼的全过程有总体了解，这体现在能正确地描述出运行中高炉的纵剖面和不同高度上横截面的图像，有助于正确地理解和把握各种单一过程和因素间的相互关系。

　　高炉冶炼过程的主要目的是用铁矿石经济而效率地得到温度和成分合乎要求的液态生铁。为此，一方面要实现矿石中金属元素（主要是 Fe）与氧元素的化学分离，即还原过程；另一方面还要实现已被还原的金属与脉石的机械分离，即熔化与造渣过程。最后控制温度和液态渣铁之间的交互作用，得到温度和化

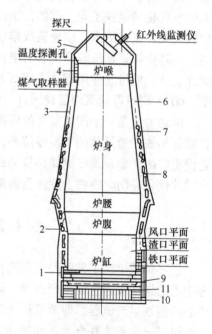

图 1-4　现代高炉内型剖面图

1—炉底耐火材料；2—炉壳；
3—炉内砖衬生产后的侵蚀线；4—炉喉钢砖；
5—炉顶封盖；6—炉体砖衬；
7—带凸台镶砖冷却壁；8—镶砖冷却壁；
9—炉底炭砖；10—炉底水冷管；
11—光面冷却壁

学成分合格的铁液。全过程是在炉料自上而下、煤气自下而上的相互紧密接触过程中完成的。保证炉料均匀稳定的下降，控制煤气流均匀合理分布是高质量完成冶炼的关键。

高炉冶炼的全过程可以概括为：在尽量低消耗的条件下，通过受控的炉料及煤气流的逆向运动，高效率地完成还原、造渣、传热及渣铁反应等过程，得到化学成分与温度较为理想的液态金属产品，供下步工序炼钢（炼钢生铁）或机械制造（铸造生铁）使用。

1.2.2 转炉、电弧炉炼钢基本工艺流程

炼钢是按所炼钢种的质量要求，调整钢中碳和合金元素含量达到规定范围之内，并使P、S、H、O、N等杂质的含量降至允许限量之下，炼钢工艺流程可以分为转炉炼钢和电弧炉炼钢两种（如图1-5所示）。

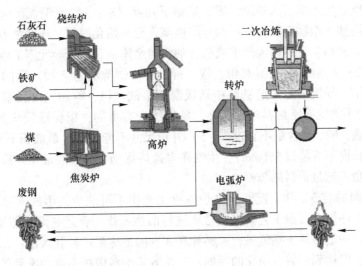

图 1-5 转炉、电弧炉炼钢工艺流程图

1.2.2.1 转炉炼钢

转炉炼钢是在转炉里进行的，将工业纯氧吹入熔池，以氧化铁水中碳、硅、锰、磷等元素，使其控制在合理的标准内，而冶炼成钢水的方法。在氧化的过程中放出大量的热量（含1%的硅可使生铁的温度升高200℃），可使炉内达到足够高的温度，因此转炉炼钢不需要另外使用燃料。

氧气通过氧枪或风眼吹入炉内，由于氧枪（或风眼）在转炉上设置的位置不同，所以转炉又分为：顶吹、侧吹、斜吹和底吹几种。由于氧气顶吹转炉具有众多优势，因而得到迅速发展，目前已被世界各国广泛采用。氧气顶吹转炉的主要原料为铁水，由于热效率较高，可加入10%左右废钢。

氧气顶吹转炉炼钢操作可分为以下几个步骤：（1）清渣和装料。先把上一炉留下的炉渣清除掉，然后把转炉转至装料位置。接着根据炉料配比的计算，先装入废钢和铁矿石，然后装入温度为1200～1300℃的铁水。（2）吹炼。炉料装完后，将转炉转至吹炼位置，把氧机从炉口插入炉内进行吹氧。氧气将铁水中的碳、锰、硅、磷等元素迅速氧化，同时放出大量的热，使加入的废钢熔化，此时炉口冒出火焰和浓烟。炉内还要加入石灰和

萤石等造渣材料，以建立脱除硫磷的条件。吹氧到一定时候，碳、锰、硅等元素降至一定范围之后，炉口停止冒出火焰。此时停止吹氧，并抽出氧枪，转动炉体抽样分析和测量温度。若温度过高，则加入废钢进行冷却。钢液成分与温度都合乎要求时即可出钢。(3) 脱氧和出钢。脱氧剂一般在出钢时加入钢水中。从装料至出钢，100t 转炉只需 40min。

1.2.2.2　电弧炉炼钢

电弧炉炼钢过程是在炉内加入废钢，通电时，在电极与废钢之间发生电弧而加热熔化炉料，然后进行一系列的冶金物理化学反应，把废钢重新冶炼成合格的钢水。电弧炉炼钢从整体上可以分为原材料的收集、冶炼前的准备工作、熔化期、氧化期和还原期五大阶段。

(1) 原材料的收集。废钢是电弧炉炼钢的主要材料，废钢质量的好坏直接影响钢的质量、成本和电炉生产率。入炉废钢需满足如下几点要求：1) 废钢表面应清洁少锈，因废钢中沾有的泥沙等杂物会降低炉料的导电性能，延长熔化时间，还会影响氧化期脱磷效果以及侵蚀炉衬材料。废钢锈蚀严重或沾有油污时会降低钢中合金元素的收得率，增加钢中的含氢量。2) 废钢中不得混有铅、锡、砷、锌、铜等有色金属。铅的密度大，熔点低，不溶于钢液，易沉积在炉底缝隙中造成漏钢事故。锡、砷和铜等元素易引起钢的热脆。3) 废钢中不得混有密封容器，易燃、易爆物和有毒物，以保证安全生产。4) 废钢化学成分应明确，磷、硫含量不宜过高。5) 外形尺寸不能过大（截面积不宜超过150mm×150mm，最大长度不宜超过 350mm）。生铁在电弧炉炼钢中，一般被用来提高炉料的配碳量，通常配入量不超过炉料的 30%。

(2) 冶炼前的准备工作。配料是电炉炼钢工艺中不可缺少的组成部分，配料的合理性关系到炼钢工序能否按照工艺要求正常地进行冶炼操作。合理的配料能缩短冶炼时间。配料时应注意：一是必须正确地进行配料计算和准确地称量炉料装入量；二是炉料的大小要按比例搭配，以达到好装、快化的目的；三是各类炉料应根据钢的质量要求和冶炼方法搭配使用；四是配料成分必须符合工艺要求。

(3) 熔化期。在电弧炉炼钢工艺中，从通电开始到炉料全部熔清为止称为熔化期。熔化期约占整个冶炼时间的一半，耗电量占电耗总数的 2/3 左右。

熔化期主要包括启弧阶段、穿井阶段、电极上升阶段以及熔化末了 4 个阶段，其任务是在保证炉体寿命的前提下，用最少的电耗快速地将炉料熔化升温，并造好熔化期的炉渣，以便稳定电弧，提前去磷和防止吸气。造好炉渣也是熔化期的重要操作内容，如果仅为满足覆盖钢液及稳定电弧的要求，只需 1%~1.5% 的渣量就已足够了。但从脱磷的要求考虑，熔化渣必须具有一定的氧化性、碱度和渣量。

(4) 氧化期。氧化期的主要任务包括：1) 继续氧化钢液中的磷。一般钢种要求氧化期结束时，钢中磷含量不高于 0.015%~0.010%。2) 去除气体及夹杂物。氧化期结束时，钢中氮气量降低到 0.004%~0.01%，钢中氢含量降低到 0.00035% 左右，夹杂总量不高于 0.001%。3) 使钢液均匀加热升温，氧化末期应达到高于出钢温度 10~20℃。

(5) 还原期。氧化期扒渣完毕到出钢的这段时间称为还原期。主要任务是脱氧、脱硫、控制化学成分、调整温度。还原期的操作工艺为：1) 扒渣后迅速加入薄渣料以覆盖钢液，防止吸气和降温。2) 薄渣形成后进行预脱氧，往渣面上加入碳粉 2.5~4kg/t，加入后紧闭炉门，输入较大功率，使碳粉在电弧区同氧化钙反应生成碳化钙。3) 电石渣形成后保持 20~30min，渣子变白，同时注意钢液的增碳。

随着冶金理论和工程技术的进步，钢铁生产流程逐步向大型化、连续化、自动化和高度集成化演变。钢铁生产流程经历了从简单到复杂，再从复杂到简单的演变过程。连铸（凝固）工序不断向近终型、高速化方向发展，促进钢铁生产流程向连续化、紧凑化、协同化的方向演变。"三脱"预处理和钢的二次冶金工艺的出现使包括转炉、电弧炉在内的各工序的功能日益简化和优化，有利于缩短冶炼时间，提高生产效率。热送热装、一火成材技术的发展，使连铸工序之后的工序明显呈现出越来越简化、集成、紧凑和连续的特征。

1.3 钢铁生产的环境问题

1.3.1 环境与环境问题

1.3.1.1 环境

人类的产生和发展，依赖于自然环境为人类提供的必要的物质条件。18 世纪哲学家孔德把周围环境系统概括起来，称为"环境"；19 世纪社会学家斯宾塞把环境概念引入社会学。20 世纪 60~70 年代，环境科学逐渐脱离多个学科而形成统一的理论和独立的学科体系。当代环境科学研究的环境范畴，主要是人类生存的空间及其中可以直接或间接影响人类生活和发展的各种自然因素。《中华人民共和国环境保护法》指出，环境是指大气、水、土地、矿藏、森林、草原、野生动物、野生植物、水生生物、名胜古迹、风景游览区、温泉、疗养区、自然保护区、生活居住区等。对人类来说，环境是人类进行生产和生活的场所，是人类生存和发展的物质基础。

人类与环境之间呈对立统一关系，人类不只是以自身的存在影响环境，以自身来适应环境，而是以人类的活动来影响和改造环境，把自然环境转变为新的生存环境，新的生存环境再反作用于人类，给人类带来物质财富和精神享受，或者给人类无情的报复。在这一反复曲折的过程中，人类在改造自然环境的同时也在改造自己。人类对自然界的利用和改造也是随着人类社会的发展而发展的。随着人类对环境的认识和改造能力的增强，向自然界的索取能力也在增加，使得人类对环境的影响也更大，这种影响也导致环境的改变，致使环境对人类的影响也在发生改变。

1.3.1.2 环境要素

环境要素也称为环境基质，是构成人类环境整体的各个独立的、性质不同的而又服从整体演化规律的基本物质组分。环境要素分为自然环境要素和社会环境要素。目前研究较多的是自然环境要素，故环境要素通常是指自然环境，包括水、大气、生物、岩石、土壤、阳光等，有的学者认为不包括阳光，因此环境要素并不等于自然环境要素。

环境要素组成环境的结构单元，环境的结构单元又组成环境整体或环境系统。如水组成水体，全部水体总称为水圈。大气组成大气层，全部大气层总称为大气圈。由土壤构成农田、草地和土地等，由岩石构成岩体，全部岩石和土壤构成的固体壳层称为岩石圈。由生物体组成生物群落，全部生物群落集称为生物圈。

环境要素具有一些非常重要的特点，包括最小限制律、等值性、环境整体性以及环境要素间相互作用和影响。这些特点决定了各个环境要素间的联系和作用的性质，是人类改造环境的基本依据。

1.3.1.3　环境的分类

人类活动对整个环境的影响是综合性的，而环境系统也是从各个方面反作用于人类，其效应也是综合性的。人类与其他的生物不同，不仅仅以自己的生存为目的来影响环境、使自己的身体适应环境，而是为了提高生存质量，通过自己的劳动来改造环境，把自然环境转变为新的生存环境。这种新的生存环境有可能更适合人类生存，但也有可能恶化了人类的生存环境。在这一反复曲折的过程中，人类的生存环境已形成一个庞大的、结构复杂的、多层次、多组元相互交融的动态环境体系。

人类环境习惯上分为自然环境和社会环境。自然环境亦称地理环境，是指环绕于人类周围的自然界。它包括大气、水、土壤、生物和各种矿物资源等。自然环境是人类赖以生存和发展的物质基础，在自然地理学上，通常把这些构成自然环境总体的因素，分别划分为大气圈、水圈、生物圈、土圈和岩石圈等五个自然圈。社会环境是指人类在自然环境的基础上，为不断提高物质和精神生活水平，通过长期有计划、有目的的发展，逐步创造和建立起来的人工环境，如城市、农村、工矿区等。社会环境的发展和演替，受自然规律、经济规律以及社会规律的支配和制约，其质量是人类物质文明建设和精神文明建设的标志之一。

从性质来考虑的话，可分为物理环境、化学环境和生物环境等。物理环境是指研究对象周围的设施、建筑物等物质系统；化学环境指由土壤、水体、空气等的组成因素所产生的化学性质，给生物的生活以一定作用的环境；生物环境是指环境因素中其他的活着的生物，是相对于由物理化学的环境因素所构成的非生物环境。

按照环境要素来分类，可以分为大气环境、水环境、地质环境、土壤环境及生物环境。大气环境是指生物赖以生存的空气的物理、化学和生物学特性。大气的物理特性主要包括空气的温度、湿度、风速、气压和降水，这一切均由太阳辐射这一原动力引起。化学特性则主要为空气的化学组成。大气环境和人类生存密切相关，大气环境的每一个因素几乎都可能影响到人类。水环境是指自然界中水的形成、分布和转化所处空间的环境。水环境主要由地表水环境和地下水环境两部分组成。地表水环境包括河流、湖泊、水库、海洋、池塘、沼泽、冰川等，地下水环境包括泉水、浅层地下水、深层地下水等。水环境是构成环境的基本要素之一，是人类社会赖以生存和发展的重要场所，也是受人类干扰和破坏最严重的领域。土壤环境是指岩石经过物理、化学、生物的侵蚀和风化作用，以及地貌、气候等诸多因素长期作用下形成的土壤的生态环境。土壤形成的环境决定于母岩的自然环境，由于风化的岩石发生元素和化合物的淋滤作用，并在生物的作用下，产生积累或溶解于土壤水中，形成多种植被营养元素的土壤环境。社会文化环境主要是指一个国家或地区的社会组织、社会结构、宗教信仰、社会风俗、历史传统、生活方式、教育水平等。

按照人类生存环境的空间范围，可由近及远，由小到大地分为聚落环境、地理环境、地质环境和星际环境等层次结构，而每一层次均包含各种不同的环境性质和要素，并由自然环境和社会环境共同组成。

心理环境也可以理解为人的头脑中的环境映像。诸多环境刺激作用于人，经过认知选择、评价，产生情绪体验，编织成个人对环境的统一图景。

1.3.1.4 环境自净及自净机理

环境自净是指遭到污染的大气、水、土壤等环境要素，通过物理、化学和生物作用，污染物的浓度和毒性自然地逐渐稀释降低，以至消失而使这些环境要素恢复到原来的洁净状态。

环境自净作用的机理主要有三种：（1）物理净化。物理净化主要是污染物在环境介质中的稀释、扩散、沉降、挥发、淋洗和物理吸附等。物理自净能力的强弱，不仅受环境介质的温度、数量、流速以及环境的地形、地貌、水文条件等的影响，而且与污染物的形态、密度、粒度等物理性质有关。（2）化学净化。化学净化包括氧化还原、沉淀、化合、分解、絮凝、化学吸附、离子交换和络合等化学反应。化学净化的效果受环境介质的温度、酸碱度、物质的化学组成等影响。（3）生物净化。生物净化指微生物、植物、低等动物对污染物的降解、吞食和吸收。生物净化能力的效果受生物的种类、污染物的性质和温度、养料和供氧状况等环境条件的制约。例如，需氧微生物能把污水中的有机物分解成二氧化碳、水、氨氮、磷等，而厌氧微生物则可把有机物分解为甲烷、硫化氢、硫醇、氨、二氧化碳等。通过生物吸收、分解和转化使污染物（有机物）无机化的过程是生物净化的主要途径。

环境自净能力是有限度的。当进入环境的有害物质超过环境自净能力时，环境污染就会发生。环境自净作用对环境保护极为重要，合理地利用环境自净能力，对消除污染、保护环境能起到良好的效果。

1.3.1.5 环境问题

环境问题一般指由于自然界或人类活动作用于人们周围的环境引起环境质量下降或生态失调，以及这种变化反过来对人类的生产和生活产生不利影响的现象。人类在改造自然环境和创建社会环境的过程中，自然环境仍以其固有的自然规律变化着。社会环境一方面受自然环境的制约，也以其固有的规律运动着。人类与环境不断地相互影响和作用，产生环境问题。

环境问题可分为两大类：一类是自然因素的破坏和污染等原因所引起的。如：火山活动，地震、风暴、海啸等产生的自然灾害，因环境中元素自然分布不均引起的地方病，以及自然界中放射物质产生的放射病等。另一类是人为因素造成的环境污染和自然资源与生态环境的破坏。在人类生产、生活活动中产生的各种污染物（或污染因素）进入环境，超过了环境容量的容许极限，使环境受到污染和破坏；人类在开发利用自然资源时，超越了环境自身的承载能力，使生态环境质量恶化，有时候会出现自然资源枯竭的现象，这些都可以归结为人为造成的环境问题。

我们通常所说的环境问题，多指人为因素所作用的结果。没有哪一个国家和地区能够逃避不断发生的环境污染和自然资源的破坏，它直接威胁着生态环境，威胁着人类的健康和子孙后代的生存。于是人们呼吁"只有一个地球""文明人一旦毁坏了他们的生存环境，他们将被迫迁移或衰亡"，强烈要求保护人类生存的环境。环境问题的产生，从根本上讲是经济、社会发展的伴生产物。

人类社会早期的环境问题主要是因乱采、乱捕破坏人类聚居的局部地区的生物资源而引起生活资源缺乏甚至饥荒。在以农业为主的奴隶社会和封建社会的环境问题主要是在人口集中的城市，各种手工业作坊和居民抛弃生活垃圾等造成环境污染。在产业革命以后到

20 世纪 50 年代的环境问题主要表现是出现了大规模环境污染，局部地区的严重环境污染导致"公害"病和重大公害事件的出现，另外是自然环境的破坏，造成资源稀缺甚至枯竭，开始出现区域性生态平衡失调现象。当前世界的环境问题主要表现是环境污染范围扩大、难以防范、危害严重。自然环境和自然资源难以承受高速工业化、人口剧增和城市化的巨大压力，世界自然灾害显著增加。到目前为止已经威胁人类生存并已被人类认识到的环境问题主要有全球变暖、臭氧层破坏、酸雨、淡水资源危机、能源短缺、森林资源锐减、土地荒漠化、物种加速灭绝、垃圾成灾、有毒化学品污染等众多方面。

环境是人类生存和发展的物质基础和制约因素，造成环境问题的根本原因是对环境的价值认识不足，缺乏妥善的经济发展规划和环境规划，所以只能在发展中解决环境问题。

1.3.2　环境污染和环境保护

1.3.2.1　环境污染及其特点

环境污染指自然的或人为的破坏，向环境中添加某种物质而超过环境的自净能力而产生危害的行为。由于人为因素使环境的构成或状态发生变化，环境素质下降，从而扰乱和破坏了生态系统和人类的正常生产和生活条件。

环境污染是各种污染因素本身及其相互作用的结果。同时，环境污染还受社会评价的影响而具有社会性。它的特点主要有：（1）时间分布性。污染物的排放量和污染因素的强度随时间而变化。例如，工厂排放污染物的种类和浓度往往随时间而变化。河流的潮汛和丰水期、枯水期的交替，都会使污染物浓度随时间而变化。气象条件的改变会造成同一污染物在同一地点的污染浓度相差高达数十倍。交通噪声的强度随不同的时间内车流量的变化而变化。（2）空间分布性。污染物和污染因素进入环境后，随着水和空气的流动而被稀释扩散。不同污染物的稳定性和扩散速度与污染性质有关，因此，不同空间位置上污染物的浓度和强度分布是不同的。（3）污染因素的综合效应。在含有毒或有害物质的环境中，只含单独一种物质的情况是很少的，经常是两种或两种以上有毒有害物质同时存在，这些同时存在的污染物质除各自造成环境污染外，它们对环境污染还会起到综合效应。在研究环境质量时，除了应用环境标准对每种污染物评价外，还需要考虑污染物之间的综合效应。

1.3.2.2　环境污染物及污染源

凡是以不适当的浓度、数量、速率、形态和途径进入环境，并对环境系统的结构和质量产生不良影响的物质、能量和生物统称为环境污染物。

污染物有多种分类方法：（1）按污染物的来源可分为自然来源的污染物和人为来源的污染物，有些污染物（如二氧化硫）既有自然来源的又有人为来源的。（2）按受污染物影响的环境要素可分为大气污染物、水体污染物、土壤污染物等。按污染物的形态可分为气体污染物、液体污染物和固体废物。（3）按污染物的性质可分为化学污染物、物理污染物和生物污染物。（4）按污染物在环境中物理、化学性状的变化可分为一次污染物和二次污染物。此外，为了强调污染物对人体的某些有害作用，还可划分出致畸物、致突变物和致癌物、可吸入的颗粒物以及恶臭物质等。

污染物质的种类繁多，性质各异，污染物质的性质可归纳如下：

（1）自然性。长期生活在自然环境中的人类，对于自然物质有较强的适应能力。有人分析了人体中 60 多种常见元素的分布规律，发现其中绝大多数元素在人体血液中的百分含量与它们在地壳中的百分含量极为相似。但是，人类对人工合成的化学物质，其耐受力则要小得多。所以区别污染物的自然或人工属性，有助于估计它们对人类的危害程度。

（2）毒性。污染物中的氰化物、砷及其化合物、汞、铍、铅、有机磷和有机氯等的毒性都是很强的。

（3）时空分布性。污染物进入环境后，随着水和空气的流动被稀释扩散，可能造成由点源到面源的更大范围的污染，而且在不同空间的位置上，污染物的浓度和强度分布随着时间的变化而不同，这是由污染物的扩散性和环境因素所决定的，水溶解性好的或挥发性强的污染物，常能被扩散输送到更远的距离。

（4）活性和持久性。表明污染物在环境中的稳定程度。活性高的污染物质，在环境中或在处理过程中易发生化学反应生成比原来毒性更强的污染物，构成二次污染，严重危害人体及生物。

（5）生物可分解性。有些污染物能被生物所吸收、利用并分解，最后生成无害的稳定物质。大多数有机物都有被生物分解的可能性。

（6）生物累积性。有些污染物可在人类或生物体内逐渐积累、富集，尤其在内脏器官中的长期积累，由量变到质变引起病变发生，危及人类和动植物健康。

（7）对生物体作用的加和性。在环境中，只存在一种污染物质的可能性很小，往往是多种污染物质同时存在，考虑多种污染物对生物体作用的综合效应是必要的。

污染源是指造成环境污染的污染物发生源，通常指向环境排放有害物质或对环境产生有害影响的场所、设备、装置或人体。污染源按照排放污染物的种类，可分为有机污染源、无机污染源、热污染源、噪声污染源、放射性污染源、病原体污染源以及同时排放多种污染物的混合性污染源；按污染物所污染的主要对象，可分为大气污染源、水体污染源、土壤污染源等；按污染物排放的空间分布，可分为点污染源、线污染源、面污染源；按污染源是否移动，又分为固定污染源和流动污染源（如汽车、火车等）；按人类社会活动功能划分为工业污染源、农业污染源、交通运输污染源和生活污染源。

1.3.2.3　环境保护

环境保护是指人类为解决现实的或潜在的环境问题，协调人类与环境的关系，保障经济社会的持续发展而采取的各种行动的总称，包括采取行政的、法律的、经济的、科学技术的多方面的措施，合理地利用自然资源。防止环境的污染和破坏，以求保持和发展生态平衡，扩大有用自然资源的再生产，保证人类社会的发展。

《中华人民共和国环境保护法》中规定，环境保护的内容主要有两个方面：一是防治环境污染和其他公害，改善环境质量，保护人民身体健康；二是合理开发利用自然资源，防止环境污染和生态破坏，发展生产。环境保护的范围包括地球保护、太空宇宙的保护、生存环境的保持维护，如陆地（地形、地貌等）、大气、水、生物（人类自身，森林-植物，动物等）、阳光、自然、文化遗产等。我国环境保护法规定的环境保护的任务是：保证在社会主义现代化建设中，合理地利用自然环境，防止环境污染和生态破坏，为人民创造清洁适宜的生活和劳动环境，保护人民健康，促进经济发展。也就是说，要运用现代环境科学的理论和方法，在更好地利用资源的同时深入认识、掌握污染和破坏环境的根源和危害，有计划地保护环境，恢复生态，预防环境质量的恶化，控制环境污染，促进人类与环境的协调发展。

使环境更适合人类工作和劳动的需要。这就涉及人们的衣、食、住、行、玩的方方面面，都要符合科学、卫生、健康、绿色的要求。这个层面属于微观的，既要靠公民的自觉行动，又要依靠政府的政策法规作保证，依靠社区的组织教育来引导，要工、学、兵、商、各行各业齐抓共管，才能解决。地球上每一个人都是有权利保护地球，也有权利享有地球上的一切，海洋、高山、森林这些都是自然，也是每一个人应该去爱护的。

1.3.2.4　环境标准

环境标准是由行政机关根据立法机关的授权而制定和颁布的，旨在控制环境污染、维护生态平衡和环境质量、保护人体健康和财产安全的各种法律性技术指标和规范的总称。我国环境保护标准包括环境质量标准、污染物排放标准、环保基础标准和环保方法标准。例如环境质量标准有《环境空气质量标准》《地表水环境质量标准》《城市区域环境噪声标准》等，污染物排放标准有《工业"三废"排放试行标准》《污水综合排放标准》《锅炉烟尘排放标准》等。环境标准是中国环境法体系中的一个重要组成部分，也是环境法制管理的基础和重要依据。2020 年 6 月生态环境部报告现行国家生态环境标准总数达到 2140 项。其中，包括 17 项环境质量标准，186 项污染物排放（控制）标准，1231 项环境监测类标准，42 项环境基础标准，648 项环境管理规范，16 项与应对气候变化相关的标准。这些标准对打赢打好蓝天、碧水、净土保卫战，以及实施排污许可制度改革等工作十分重要。许多重点地区、重点行业正是借助标准的引导、倒逼和推动作用，加快供给侧结构性改革，推动形成优质供给增加、落后低质供给减少或加快退出的绿色发展新趋势，提振绿色生产信心。

为贯彻落实《中华人民共和国环境保护法》《中华人民共和国大气污染防治法》等法律法规，指导和规范钢铁工业及炼焦化学工业排污单位自行监测工作，国家环境标准《排污单位自行监测技术指南　钢铁工业及炼焦化学工业》于 2018 年 1 月 1 日正式实施。该标准明确要求排污单位查清生产中的污染源，污染物指标及潜在的环境影响，并制定监测方案，做好质量保证和质量控制，记录和保存监测数据和信息，依法向社会公开监测结果。随后又颁布了《进口可用作原料的固体废物环境保护控制标准—废钢铁》《污染源源强核算技术指南　钢铁工业》等标准。

1.3.2.5　我国环境保护的成就和存在的问题

经过多年努力，我国环境法规标准体系不断完善。迄今为止，我国已颁布环境保护法律 13 部，占现行有效法律总数的 1/20。另有 22 部与生态环境保护紧密相关的资源法律。全国各地办理了 945 件生态环境损害赔偿案件，涉及赔偿金额超过 29 亿元，推动修复受损生态环境，包括超过 1150 万立方米土壤、2000 万平方米林地、600 万平方米草地、4200 万立方米地表水体、46 万立方米地下水体，促进清理固体废物约 2.28 亿吨。环境保护总体看来取得成效：一是环境污染和生态破坏加剧的趋势有所减缓；二是一些流域、一些城市、一些区域污染治理初见成效，环境质量有所改善。另外，工业产品的污染物排放强度在不断下降，特别明显的趋势就是中国全社会的环境意识大幅度增强。

但是我国的经济社会发展仍然面临资源和环境的严重制约，面临着巨大的压力和严峻的挑战。主要反映在以下五个方面：

（1）资源保障存在一些问题。我国占世界人口的 1/5，却只有世界 7% 的水资源，4%

的森林资源，9%的铁矿资源。这样的资源不可能支撑高投入、高消耗的发展模式。

（2）我国生态负荷、生态承载力已经严重超标，污染总量在不断攀升。水、大气、土壤、固体废物、声环境问题十分严重，生态功能退化现象比较普遍。我国在全世界二氧化碳、二氧化硫、氮氧化物、COD（生物需氧量）等一些主要污染物排放量中排列第一。据环保部门研究，2020年我国二氧化碳排放总量为98.935亿吨，全球排名第一，占全球二氧化碳排放总量的30.93%。钢铁行业吨钢碳排放量约为1.89t，按照我国2020年10.65亿吨粗钢产量计算，碳排放总量超过20.129亿吨，大约为全国碳排放总量的1/5。

（3）我国环境隐患和生态灾害十分严重。一些严重的环境问题已经危及群众健康和公共安全，并造成了严重的经济损失。广大群众改善环境的呼声越来越高，而环境问题导致的群体性事件也以每年29%的速度递增。

（4）当前环境问题极其复杂。我国的环境问题已经呈现出压缩型、结构型、复合型的特点，工业、农业、生活污染相互叠加。环境污染、生态破坏、自然灾害相互影响，随着经济社会的进一步发展，这些特点将会更加突出。而且，我国的跨流域、跨行政区域的环境问题也日益严重，跨国界的环境污染和生态破坏的问题也在逐步显现。同时，全球气候变化、应对外来物种与防范、基因资源保护、持久性有机污染物和新化学物质污染控制等问题也日益凸显。

（5）环境管理等环境保护的基础工作还比较薄弱，监管手段还相当缺乏，环保投入还显得不足，环境法制、环保科技、环境产业等方面都需要进一步提升。

1.3.3 钢铁生产中的环境问题

钢铁工业是国民经济的重要基础产业，进入21世纪后的20年，钢铁工业的快速发展有力地支撑了国民经济建设。与此同时，钢铁工业属于高能耗、重污染行业，其发展不可避免地造成环境污染。

钢铁工业的主要原料是煤炭和铁矿石，从能源方面来讲，在钢铁企业生产的过程中还会消耗大量的煤炭和电能，是耗能的大户。此外，钢铁工业还是高污染的企业，虽然经过政府与企业的共同努力，钢铁行业的污染问题已经得到了有效的改善，但仍不能从根本上扼制住钢铁工业对环境的污染。因此，作为国民经济的支柱产业，钢铁工业在为国家创造巨大利益的同时，也在污染着我们赖以生存的环境。综合各方面来看，治理钢铁企业的污染问题刻不容缓。

钢铁工业中涉及一系列工序（如图1-6所示），每道工序都会产生各种的废弃物。按污染物状态可分为：（1）固态。烟尘、尘泥、高炉渣、转炉渣、氧化铁皮与耐火材料等。（2）液态。冷却水、冲渣水以及含有有害元素的污水等。（3）气态。二氧化碳、氮氧化物、二氧化硫以及VOC等。

钢铁生产流程中排污节点多，且各工序污染排放特征不同，产生浓度也不尽相同，排放浓度的限值可以参考《钢铁烧结球团工业大气污染物排放标准》（GB 28662—2012）以及《关于推进实施钢铁行业超低排放的意见》。依据生产工序的先后，污染物排放大致可以分为以下几个方面：

（1）原料系统。在卸料、贮料以及运输过程中会产生粉尘颗粒物，在整个生产流程中排放占比约17.57%。

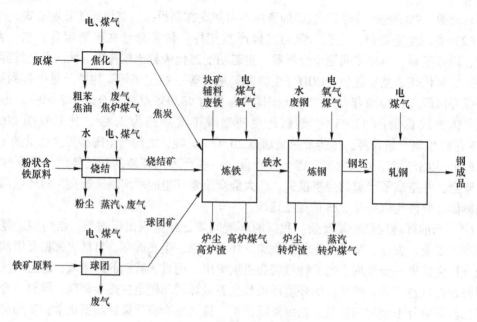

图1-6　钢铁企业生产流程图

（2）烧结、球团系统。烧结是指铁粉矿等含铁原料与熔剂、固体燃料和水等按一定比例混合制粒后，平铺在烧结机台车上，经点火抽风，使烧结料部分熔化黏结成块状。球团是指铁精矿等原料与适量的膨润土均匀混合后，通过造球机造出生球，然后高温焙烧，使生球氧化固结的过程。

烧结过程的污染物排放主要来自于原料装卸作业和炉箅上的燃烧反应，炉箅上燃烧气体产生粉尘以及其他燃烧产物，如 CO、CO_2、SO_x、NO_x 和颗粒物。其他排放物包括由炭屑、含油轧制铁鳞中的挥发物生成的挥发性有机物质、在噪声条件下由有机物生成的二噁英、从所有原料中挥发出的金属（包括放射性同位素），以及由所用原料的卤化成分生成的酸蒸气。造球过程排放物与烧结过程基本相同。在造块过程中次要的排放物还包括 Pb、Cd、放射性同位素、VOC、碳氢化合物、PM_{10}、HCl、HF 等。

（3）炼焦系统。炼焦煤按生产工艺和产品要求配比后，装入隔绝空气的密闭炼焦炉内，经高、中、低温干馏转化为焦炭、焦炉煤气和化学产品，其中焦炭将作为铁矿石炼铁的还原剂。在炼焦系统中会产生废气、废水、颗粒物等污染物，其中废物分为悬浮固体、油、氰化物、酚、氨等。炼焦系统中次要的排放物为多环芳烃（PAH、苯、PM_{10}、H_2S、甲烷）。

（4）高炉系统。高炉系统运行过程中产生的排放物主要是含颗粒物的烟尘，主要副产品是高炉渣，废水主要来源于气体净化和炉渣处理工序。高炉系统中的次要排放物为 PM_{10}、H_2S，有关废水成分为悬浮固体、油等。

（5）顶吹转炉炼钢。顶吹转炉炼钢的主要废气和粉尘的排放来自吹氧过程的 BOF 炉口，气体排放物主要是 CO，通过炉内进一步氧化会产生一些 CO_2。粉尘以氧化钙、氧化铁为主，可能含有废钢铁带入的重金属、锌类元素以及炉渣和石灰的颗粒。

（6）电炉炼钢。电炉炼钢的主要排放物为粉尘和废气。粉尘排放物主要由氧化铁和其他金属（包括锌和铅）所组成，他们是由镀层钢或合金钢经熔炼而挥发出来的，或因废钢加料时混入有色金属碎片而产生的。废气主要是通过渣门、电极孔、炉壁和炉顶之间等进入炉内的空气以及废钢带入的矿物燃料和有机化合物经燃烧产生的气体。电炉炼钢中次要的排放物有金属（Zn、Pb、Hg、Ni、Cr）、VOC、PM_{10}，有关废水成分为悬浮固体、油等。

（7）热轧。热轧阶段的排放物来自加热炉和均热炉的燃烧产物（如 CO、CO_2、SO_2、NO_x、颗粒物），它们取决于燃料类型和燃烧条件。轧制中还会产生润滑油的挥发性有机物以及被铁鳞和油所污染的废水。该过程产生的固体废物包括铁鳞皮和切余料。热轧阶段中次要的排放物为 VOC，废水成分为悬浮固体、油等。

（8）酸洗、冷轧、退火和回火。这一工序产生的排放物包括来自退火炉和回火炉的燃烧产物，轧钢油产生的 VOCs 和油雾以及酸洗过程产生的酸性气溶胶。废水可能是含有冷轧过程的悬浮固体和油乳化液以及来自酸洗过程的酸性废物。固体废物包括切余料、酸洗污泥、酸再生污泥和废水处理装置的氢氧化物污泥。此工序的次要排放物为 VOC、酸性气溶胶、油烟、油雾，有关废水成分为悬浮固体、油、溶解金属等。

（9）涂镀。涂镀工序的主要排放物包括 VOC、金属烟雾、酸性气溶胶、颗粒物、燃烧产物和气体等。次要的排放物为金属 Zn、Ni、Cr、VOC，有关废水的成分为 SS、油、金属等。

钢铁工业需消耗大量的能源和原材料，对环境的现时和潜在影响是很大的，这也决定了环境政策的制定不仅在现在，而且在将来都会长期影响钢铁工业的发展。中国自 1996 年起已成为世界第一大钢铁生产大国，产量的增加势必进一步加大能源和资源消耗，同时也造成了更严重的环境污染，这个问题已引起中国各阶层人士的重要关注，也引起了世界各国和邻国的密切重视。

"十三五"以来，我国的钢铁行业绿色发展进入快车道，污染减排政策逐渐完善，治理技术愈发成熟。各企业明显加大了污染治理力度，实施清洁生产、技术改造和结构调整，推动中国钢铁工业进入了一个崭新的发展阶段。从总体上看，在钢铁工业经济保持快速增长的情况下，主要污染物排放强度逐年下降并保持在较稳定的水平，钢铁工业污染防治取得重要进展。但由于长久以来的过热发展对环境的影响，以及部分落后产能还未得到及时清理，我国钢铁工业在绿色发展的道路上还有种种问题亟待解决。

1.4　钢铁制造绿色化发展方向

1.4.1　绿色钢铁的基本理念

1.4.1.1　绿色钢铁的概念

绿色钢铁是一种综合考虑资源、能源消耗和环境影响的钢铁现代制造模式，目标是使产品设计、制造、运输、使用到报废处理和再利用的整个生命周期对环境影响最小、资源利用率最高，并使企业经济效益、环境效益和社会效益相协调。

1.4.1.2　绿色钢铁的内涵

绿色钢铁的内涵主要包含三个层次的内容：（1）通过制造装备的大型化、连续化、自动化以及绿色制造工艺技术的应用，实现企业内部绿色生产；（2）钢铁企业的功能转换，参与区域生态工业建设，按照生态代谢原理，使得资源利用效率最高，减少资源浪费与耗散，企业效益最佳，环境持续改善；（3）实现企业与外部环境和谐相处，促进组织结构优化和行业区域布局合理化，实现经济、社会和生态环境的均衡协调发展。

1.4.1.3　发展"绿色钢铁"的基本原则

（1）遵循清洁生产的原则。绿色钢铁的主要发展领域在于钢铁生产从开采到制造过程的绿色化，要转变生产发展方式和污染防治方式，通过技术进步和提高管理，优化钢铁生产流程，实施清洁化生产。

（2）遵循循环经济的原则。按照"减量化，资源化，再利用"的模式，由过去的"资源—产品—废弃物"变为"资源—产品—再生资源"的工业生态链。

（3）遵循"低碳经济"的原则。在"碳基"钢铁生产为主流的情况未改变之前，以提高能源效率为主要目标，同时进行新技术的研究开发，持续优化和最大化"废弃物"的循环利用，最大限度地实现低碳。

1.4.2　钢铁生产工艺流程的绿色化方向

国内外钢铁企业绿色化生产技术发展方向主要是以下几方面：发展高效生产技术，降低生产成本；水的闭路循环；提高固体废弃物、废气的综合利用率。

从绿色生产角度上看，钢铁工业排放的固体废弃物主要为尾矿、粉煤灰、含铁尘泥、高炉渣、钢渣、除尘灰，绝大多数可作为原料生产产品。钢铁企业废气排放量大，污染面广，温度高，具有回收利用的价值。钢铁企业温度高的废气余热回收，炼焦及炼铁、炼钢过程中产生的煤气的利用技术发展迅速。目前钢铁工业资源、能源综合利用的技术发展、推广、应用前景较好。

我国钢铁工业主要由烧结、焦化、炼铁、炼钢和轧钢五大生产工序，还有污水处理等生产辅助系统。根据部分先钢铁生产企业的实践经验，推广应用各生产工序和生产辅助系统的重点绿色生产技术，是目前实现钢铁工业节能减排的有效途径。

1.4.2.1　烧结工序

（1）小球团烧结技术。小球团烧结技术是将原有烧结料混匀工艺中的圆筒混合机结构予以适当改造，如延长混合料在混合机内的有效混动距离、加雾化水、加布料刮刀等，提高粉矿成球率与球的粒度。同时，采用蒸汽预热、燃料分加、偏析布料、提高料层厚度等方法，减少燃料消耗、废气排放量及粉尘排放量，提高烧结矿的质量和产量。该技术可较大幅度降低烧结工序能耗，提高炼铁产量和降低炼铁工序能耗，促进炼铁工艺技术进步。

（2）烧结环冷机余热回收技术。通过对现有的冶金企业烧结厂烧结冷却设备（如冷却机用台车罩子、落矿斗、冷却风机等）进行技术改造，再配套除尘器、余热锅炉、循环风机等设备，可充分回收烧结矿冷却过程中释放的大量余热，将其转化为饱和蒸汽，供用户使用，同时，除尘器所捕集的烟尘可返回烧结利用。

（3）烧结机头烟尘净化电除尘技术。电除尘器是用高压直流电在阴阳两极间造成一个足以使气体电离的电场，气体电离产生大量的阴阳离子，使通过电场的粉尘获得相同的电荷，然后沉积于极性相反的电极上，以达到除尘的目的。

（4）低温烧结技术。低温烧结技术是在较低的烧结温度下对烧结混合料进行烧结，获得质量优良的烧结矿的一项节能技术。该技术可降低固体燃料消耗，提高烧结矿质量，是烧结工序节能减排的重要途径，已在国内得到广泛使用。

1.4.2.2 焦化工序

（1）干法熄焦（CDQ）技术。干法熄焦技术是用循环惰性气体做热载体，由循环风机将冷的循环气体输入到红焦冷却室冷却，高温焦炭至250℃以下排出。吸收焦炭显热后的循环热气导入废热锅炉回收热量，产生蒸汽，循环气体冷却、除尘后再经风机返回冷却室，如此循环冷却红焦。采用该技术可回收80%~86%的红焦显热，节约熄焦用水0.4~0.5m³/t。

（2）煤调湿（CMC）技术。煤调湿（CMC）技术是将炼焦煤料在装炉前去除一部分水分，保持装炉煤水分稳定在6%左右，然后装炉炼焦。利用该项技术可以减少焦炉加热煤气用量，提高焦炭质量。

（3）焦炉煤气HPF法脱硫净化技术。焦炉煤气脱硫脱氰有多种工艺，近年来国内自行开发了以氨为碱源的HPF法脱硫新工艺。HPF法是在HPF（醌钴铁类）复合型催化剂作用下，使H_2S、HCN先在氨介质存在下溶解、吸收，然后再在催化剂作用下使氨硫化物等被湿式氧化形成元素硫、硫氰酸盐等，催化剂则在空气氧化过程中再生。最终，H_2S以元素硫形式、HCN以硫氰酸盐形式被除去。

（4）炼焦炉烟尘净化技术。采用有效的烟尘捕集、转换连接、布袋除尘器、调速风机等设施，将炼焦炉生产的装煤、出焦过程中产生的烟尘得到有效净化。

（5）焦炉煤气再资源化技术。传统的焦炉煤气主要是作为加热燃料供钢铁工业设备使用的。钢铁联合企业煤气再资源化技术包括富余煤气发电、焦炉煤气生产直接还原铁（RDI）、焦炉煤气变压吸附制氢气（PSA）、焦炉煤气生产甲醇、二甲醚等化工产品等。

1.4.2.3 炼铁工序

（1）高炉富氧喷煤技术（PCI）。高炉富氧喷煤技术是通过在高炉冶炼过程中喷入大量的煤粉并结合适量的富氧，达到节能降焦、提高产量、降低生产成本和减少污染的目的。目前，该技术的正常喷煤量为200kg/t，最大能力可达250kg/t以上。

（2）干式高炉炉顶余压发电技术（TRT）。该技术结合干式除尘煤气清洗技术，将高炉副产煤气的压力能、热能转换为电能，既回收了减压阀组释放的能量，且大大改善了高炉炉顶压力的控制品质，不产生二次污染，发电成本低，一般可回收高炉鼓风机所需能量的25%~30%，与湿法TRT相比，干式TRT可提高发电量约30%，节能效果较为突出。

（3）热风炉双预热技术。该技术是以放散的高炉煤气在燃烧炉中燃烧产生的高温废气与热风炉烟道废气混合，以混合烟气将煤气和助燃空气预热至300℃以上，从而实现高炉1200℃风温。目前，我国大中型高炉已逐步采用了该项技术。

（4）高炉煤气布袋除尘技术。高炉煤气布袋除尘是利用玻璃纤维具有较高的耐温性能（最高300℃），以及玻璃纤维滤袋具有的筛滤、拦截等效应，将粉尘阻留在袋壁上，同时，稳定形成的一次压层（膜）也具有滤尘作用，从而使高炉煤气通过这种滤袋得到高效净化，以提供高质量煤气供用户使用。

1.4.2.4 炼钢工序

（1）转炉负能炼钢工艺技术。此项技术主要是回收利用生产过程中的转炉煤气和蒸汽等二次能源，可使转炉炼钢工序总能量小于回收的总能量，故称为转炉负能炼钢。转炉炼钢工序过程中消耗的能量主要包括氧气、氮气、焦炉煤气、点和外厂蒸汽，回收的能量主要是转炉煤气和蒸汽，煤气平均回收量达到 $90m^3/t$ 钢，蒸汽平均回收量为 $80kg/t$ 钢。该技术可使吨钢产品节能 26.3kg 标准煤，减少烟尘排放量 $10mg/m^3$，能够有效地改善区域环境质量，因此推广此项技术对钢铁行业的绿色生产意义重大。

（2）电炉优化供电技术。通过对电弧炉炼钢过程中供电主回路的在线测量，获取电炉变压器的电压、电流、功率因数、有功功率、无功功率及视在功率等电气运行参数。对以上各项电气运行参数进行分析处理，可得到电弧炉供电主回路的短路电抗、短路电流等基本参数，进而制定电弧炉炼钢的合理供电曲线。

（3）电炉冶炼烟气除尘技术。该技术利用高温烟气的热抬升动力捕集烟气，解决现有技术难以捕集加料以及出钢时产生的二次烟尘问题。

（4）高效连铸技术。该技术是利用洁净钢水，高强度、高均匀的一冷、二冷，高精度的振动、导向、拉桥、切割设备运行，在高质量的基础上，以高拉速为核心，实现高连浇率，高作业率的连铸系统技术和装备。它主要包括接近凝固温度的浇铸、中间包整体优化、二冷水动态控制、铸坯变形的优质化、引锭、电磁等方面的技术和装备。

（5）钢渣热闷自解处理技术。该技术充分利用钢渣余热，生成蒸汽消解 f-CaO、f-MgO，使其稳定。钢渣中废钢回收率，尾渣中金属含量小于 1%，基本无粉尘和污水排放。钢渣粉比表面积在 $420m^2/kg$ 以上，技术指标达到《用于水泥和混凝土中的钢渣粉》（GB/T 20491—2006）的标准。

（6）转炉煤气净化回收技术。该技术主要有两种实现途径：1）转炉烟气经移动裙罩、冷却烟道、蒸发冷却器降温和初除尘，进入电除尘器净化，净化后进入切换站，切换至焚烧放散塔或煤气冷却器，经煤气冷却器冷却后进入煤气柜。处理后，可使粉尘浓度（标态）小于 $10mg/m^3$，每吨钢可回收 20kg 含全铁 70% 的干灰尘，回收 CO 含量为 60% 的转炉煤气约 $100m^3$，无二次污染。2）转炉烟气经汽化烟道、冷却塔冷却并除去大颗粒灰尘，经过除尘器净化，净化的烟气经过煤气引风机，合格煤气被输送到气柜，其余达标点火放散。本技术与传统湿法工艺相比，可节能 20%~25%，节水 30%，投资仅为同类进口设备的 20%~30%，运行维护工作量小。除尘效率大于 99.95%，粉尘排放量小于 $50mg/m^3$。

（7）干法（LT法）转炉煤气净化回收技术。该技术主要净化和回收再利用吹氧冶炼的转炉炼钢过程中产生的转炉煤气和烟气中的铁粉，并将粉尘在充氮气保护下，经输送和储存，在高温、高压下压制成块。该技术除尘效率明显，同时压制成型的粉尘可直接用于转炉炼钢。LT法净化回收技术在国际上已被认定为今后的发展方向，它可以部分或完全补偿转炉炼钢过程的全部能耗，有望实现转炉无能耗炼钢。

1.4.2.5 轧钢工序

（1）蓄热式轧钢加热炉技术。该技术是对轧钢加热炉采用适用各种气体和液体燃料的蓄热式高风温燃烧器，热回收率达 80% 以上，可节能 30% 以上，提高生产效率 10%~15%，能够减少氧化烧损，减少有害气体排放。轧钢加热炉占轧钢工序能耗的 50% 以上，目前国内已经开始推广使用该项技术。

（2）轧钢氧化铁皮生产还原铁粉技术。该技术是采用隧道窑固体碳还原法生产还原铁粉，主要工序有还原、破碎、筛分、磁选。铁皮中的氧化铁在高温下逐步被碳还原，同时生成 CO。通过二次精还原可提高铁粉的总铁含量，降低 O、C、S 的含量，消除海绵铁粉碎时所产生的加工硬化，改善铁粉的工艺性能。

（3）连铸坯热送热装技术。该技术是在冶金企业现有的连铸车间与型线材或板材轧制车间之间，利用现有的连铸坯输送辊道或输送火车（汽车），增加保温装置，将原有的冷坯输送改为热连铸坯输送至轧制车间热装进行轧制。该技术充分利用连铸坯的物理热，不仅达到了节能降耗的目的，而且还减少了钢坯的氧化烧损，提高了轧机产量。钢铁工业今后在此方面应主要探索与不同结构加热炉的衔接、不同钢种最佳的装热温度以及扩大可热送钢种范围等问题。

1.5　小　　结

当前我国发展"绿色钢铁"的首要任务是转变发展观念和转变生产发展模式，按照建设资源节约型、环境友好型社会基本国策要求，加快创新钢铁生产体系和绿色化管理体系，努力建设企业与区域、生产与环境和谐共生的行业健康发展之路，推进钢铁工业的绿色发展。

思 考 题

1-1 简述钢铁材料的主要性能。
1-2 简述高炉-转炉流程污染物排放特征。
1-3 简述钢铁绿色制造的主要内涵。
1-4 请指出人类赖以生存的自然环境所包含的范围。
1-5 何谓次生环境问题，它包含的内容及其成因、影响性质如何？
1-6 结合环境污染的定义，给出大气污染、水污染的定义。
1-7 何谓环境容量，环境自净包括哪几个方面？
1-8 简述炼钢及炼铁过程的基本原理。
1-9 针对炼铁绿色化方向，列举一种炼铁绿色化的方法。
1-10 结合炼钢过程污染物排放特征，指出炼钢绿色化方向。

参 考 文 献

[1] 中华人民共和国国家统计局. 工业产品产量年度统计数据 [EB/OL]. [2021-07-12]. https://data.stats.gov.cn/easyquery.htm? cn=C01.
[2] 本刊编辑部. 浅议我国钢铁产品需求 [J]. 冶金管理, 2014 (5): 4~11.
[3] 任安超. 高强度耐蚀钢轨的研究 [D]. 武汉: 武汉科技大学, 2012.
[4] 吴胜利, 王筱留, 张建良. 钢铁冶金学（炼铁部分）[M]. 4版. 北京: 冶金工业出版社, 2019.
[5] 林青林, 黄志伟. 废钢质量的分析 [J]. 冶金丛刊, 2003 (6): 37~39.
[6] 李光强, 朱诚意. 钢铁冶金的环保与节能 [M]. 2版. 北京: 冶金工业出版社, 2010.
[7] 吴天月. 烧结环冷机余热回收利用技术的应用 [J]. 矿业工程, 2017, 15 (6): 36~37.
[8] 周梁. 干熄焦技术应用推广浅析 [J]. 冶金与材料, 2018, 38 (5): 131~132.

[9] 周德, 赵英杰. 以氨为碱源的 PDS 法脱硫技术在净化焦炉煤气中的应用 [J]. 山西化工, 1994 (1)：43~44, 50.

[10] 李鹏飞, 葛建华, 王明林, 张慧. 连铸坯热送热装在节能减排中的应用 [J]. 铸造技术, 2018, 39 (8)：1768~1771.

2 钢铁制造的 CO_2 减排技术

[本章提要]

本章介绍了在钢铁工业生产过程中的二氧化碳的排放、二氧化碳的减排原理以及方法分类、基于低燃耗的二氧化碳减排方法及应用案例、基于新工艺开发的二氧化碳减排方法及研究动向等，并通过案例分析了烧结工序、高炉工序、非高炉工序的低燃耗技术。

大气中的 CO_2、CH_4、NO_x、水蒸气等气体对来自地球的热辐射吸收率较高，起到了对地球的保温效果，因此这些气体被称为温室气体（green house gas，GHG），大气中温室气体的增加会造成全球变暖，在过去的 100 年间平均气温约上升了 $0.6℃$。世界主要国家 CO_2 排放量如表 2-1 所示，中国是世界上最大的能源消费国和碳排放国，根据 2018 年的公开数据，全球 CO_2 排放量为 340.5 亿吨，中国占 28.7%，居世界第一位。国际能源署首次评估了化石燃料使用对全球气温上升的影响，研究发现，全球平均地表温度较工业化前水平升高了 $1℃$，其中 $0.3℃$ 以上是由燃煤排放的二氧化碳造成，这使得煤炭成为全球气温上升的最大单一来源。近些年来，在全球能源消耗和 CO_2 排放量当中，工业所占比例分别为 33% 和 40%，钢铁工业 CO_2 排放占工业排放的比例很高，约为 33.8%。

表 2-1　2012~2020 年世界主要国家 CO_2 排放量　　（单位：亿吨）

年份	中国	美国	印度	俄罗斯	日本	全世界
2012	100.2	53.6	20.2	17.3	13.0	354.2
2013	102.5	55.1	20.3	16.7	13.1	257.8
2014	102.8	55.7	22.4	16.7	12.7	360.8
2015	101.5	54.1	23.2	16.7	12.2	360.2
2016	101.5	53.1	24.3	16.3	12.1	361.8
2017	92.1	50.1	24.6	16.9	12.0	334.3
2018	93.8	50.4	24.3	16.1	11.8	340.5
2019	98.3	50.3	24.1	15.8	11.4	340.4
2020	98.9	44.3	22.9	14.3	10.2	319.8

2.1　钢铁生产过程的 CO_2 排放

以煤为主的能源结构决定了中国钢铁工业 CO_2 的大量排放，在钢铁生产过程中，碳通常既作为铁矿石的还原剂又作为热源加热反应物。目前钢铁生产的温室气体主要是来自以煤为主的能源消耗所产生的，在多种温室气体中，最终排放量以 CO_2 占绝对多数。在气候变化日趋严重的今天，中国钢铁工业在碳排放约束下将面临巨大的挑战。钢铁生产过

程产生的 CO_2 排放 95% 以上来自能源消耗。中国钢铁工业 CO_2 排放量占全球钢铁工业 CO_2 总排放量的 51%，而欧盟为 12%，日本为 8%，俄罗斯为 7%，美国为 5%，其他国家为 17%。

钢铁生产过程中每个环节都产生二氧化碳，石灰石和白云石等熔剂中的碳酸钙和碳酸镁在高温下会发生分解反应，并排放出二氧化碳。烧结机机头烟气，高炉热风炉烧炉烟气，高炉炉顶放散阀烟气，炼钢煤气不回收利用放散部分，轧钢加热炉烧炉烟气，石灰烧制排放烟气，焦炉放散烟气等。其中，生产过程主要 CO_2 排放来源于球团等固体燃料、点火煤气、焙烧；焦化过程洗精煤、加热焦炉用燃料；炼铁时焦炭还原铁的过程、热风炉消耗；炼钢时铁水脱碳；连铸-冷/热轧时热处理用燃料等。图 2-1 给出了一个典型的长流程钢铁厂的 CO_2 排放，表明了生产 1t 热轧钢板卷所需的含碳原料输入和 CO_2 排放（kg/t）以及各部分排放 CO_2 的体积分数。在一定的操作条件下，用长流程生产一吨钢产生约 2000kg CO_2，生产操作条件不同，排放量会有不同，高炉的 CO_2 排放量约占整个钢铁厂的 69%。

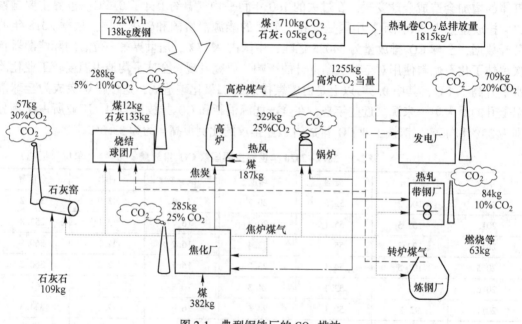

图 2-1 典型钢铁厂的 CO_2 排放

烧结是将粉状铁矿石（包括富粉矿、精矿粉等）和钢铁厂二次含铁粉尘，通过烧结机的烧结，加工成粒度符合高炉要求的人造富块矿——烧结矿的过程。该过程中的主要 CO_2 排放是由烧结原料中燃料燃烧引起的，点火煤气的燃烧也会产生相当的 CO_2。

球团是先将粉矿加适量的水分和黏结剂制成黏度均匀、具有足够强度的生球，经干燥、预热后在氧化气氛中焙烧，使生球结团，制成球团矿的过程。该过程的 CO_2 产生主要由球团矿焙烧所产生。

焦化是将配好的煤料装入焦炭的炭化室，在隔绝空气的条件下，由两侧燃烧室供热，随温度升高经干燥、预热、热分解、软化、半焦、结焦成具有一定强度的焦炭的过程。该过程的 CO_2 产生主要由加热用燃料燃烧产生。

炼铁是将铁矿石和焦炭及熔剂在高炉内冶炼还原出铁水的过程。该过程的 CO$_2$ 产生主要是来自焦炭产生的 CO 还原铁时产生 CO$_2$ 的过程。炼钢是将铁水脱硫、脱磷、脱碳和脱氧合金化炼成钢水，然后将钢水浇铸成钢坯的过程。该过程的 CO$_2$ 产生主要源于铁水中的碳氧化成 CO$_2$ 的过程。

转炉炼钢是以铁水、废钢、铁合金为主要原料，不借助外加能源，靠铁液本身的物理热和铁液组分间化学反应产生热量而在转炉中完成炼钢过程。电炉炼钢是以废钢和铁水为主要原料，利用电弧的热效应加热炉料进行熔炼的炼钢方法。这两种炼钢方法的 CO$_2$ 主要来源于铁水脱碳和冶炼过程。

轧钢是利用旋转的轧辊与钢坯之间的接触摩擦将金属咬入轧辊缝隙间，同时在轧辊的压力作用下使金属发生塑性变形的过程，主要产品为棒线材、型材、板材、钢管等。该过程的 CO$_2$ 产生主要是热处理消耗燃料的过程。

石灰窑焙烧是将石灰石和燃料装入石灰窑经预热、焙烧、冷却后生成生石灰的过程。该过程的 CO$_2$ 主要由加热过程中燃料的燃烧以及石灰石分解产生。

钢铁工业是能源密集型行业，消耗大量化石能源，排放大量 CO$_2$。冶炼 1t 铁需消耗：矿砂 1550kg、溶剂 220kg、保温剂等 10kg、煤炭 400kg、喷吹煤 150kg、焦粉 52kg、电耗 158kW、水 1.24m^3、蒸汽 10kg、氮气 30m^3、压缩空气 13m^3、氧气 35m^3。这是炼铁厂（包括高炉和烧结）铁水成本能源方面的全部消耗。此外还有工资及附加、制造费用、回收等项目构成铁水总生产成本。而我国作为主要钢铁生产国，每年生产的钢铁占世界钢铁生产钢铁的很大一部分，如图 2-2 所示，可见已连续 10 年大幅度上升，占世界产量的 40% 以上。

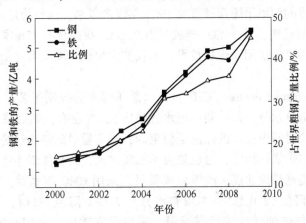

图 2-2 我国年钢产量变化

我国吨钢材能耗高、CO$_2$ 排放量大，可比能耗比先进产钢国每吨高约 17.2%，随着钢铁节能技术的普及和落后产能的淘汰，我国吨钢材能耗和 CO$_2$ 排放量会逐渐降低，并接近先进产钢国水平。目前，我国正进行工业化和城镇化建设，钢铁产量仍将保持稳定增加，CO$_2$ 排放量将维持在相对较高的水平。CO$_2$ 减排是我国钢铁工业发展需认真对待的问题。

2.2 CO$_2$ 减排原理及方法分类

钢铁企业生产过程中，碳作为主要的能源和还原剂使用。因此，二氧化碳排放与钢铁企业的能耗有着直接关系。针对钢铁企业 CO_2 排放的现状并结合其生产工艺和运行管理，可以从三个方面进行 CO_2 的减排：

（1）过程控制：在钢铁制造过程中，减少 CO_2 的生成。

（2）末端治理：对生成的 CO_2 进行脱除和利用。

（3）源头减排：替换钢铁制造中使用的碳质燃料。目前，钢铁生产过程中主要采用第一种方法进行 CO_2 的减排，即工序节能和余热利用。

2.2.1　过程控制

钢铁企业生产过程中，碳作为主要的能源和还原剂使用。因此，二氧化碳排放与钢铁企业的能耗有着直接关系。虽然我国历来重视高能耗的钢铁工业的节能工作。但是与发达国家相比，吨钢综合能耗仍偏高，节能潜力较大。钢铁企业可以通过以下技术和工艺进行 CO_2 的减排和工序节能。

2.2.1.1　焦化工序

在焦化工序中常采用干熄焦技术和煤调湿技术进行减排。干法熄焦是采用惰性循环气体熄灭焦炭，并将余热回收发电的一项重大节能技术。干熄焦技术改变了传统的湿法熄焦技术中的余热资源浪费以及含有粉尘和有毒、有害物质的尾气对大气环境严重污染的现象，是焦化行业装备水平的重要标志。干法熄焦技术是早在 20 世纪 60 年代初期由苏联国立焦化设计院试验研究创立的。由于其巨大的经济效益和社会环境效益，很快在德国、日本等发达国家推广，我国在 20 世纪 80 年代也先后在宝钢和浦东煤气厂引进两套完整的装置，宝钢从日本引进的两组干熄焦装置自 1985 年投产以来，运行稳定。采用干熄焦技术，可以回收 80% 的红焦显热，减少 CO_2 排放量 100kg/t。我国现有 176 家年产量一百万吨以上的焦炭企业，若能全部使用干熄焦技术，不仅能大量减少粉尘等污染物排放，还能显著减少 CO_2 的排放。

煤调湿（coal moisture control, CMC）是"装炉煤水分控制工艺"的简称，将炼焦煤料在装炉前去除一部分水分，保持装炉煤水分稳定在 6% 左右，然后装炉炼焦。由于焦炉在正常操作下的单位时间内提供的热量是稳定的，一定量煤的结焦热是一定的，所以装炉煤水分稳定有利于焦炉操作稳定，避免焦炭不熟或过火，改善焦炭生产的各项指标。装炉煤水分降低，可以提高炼焦速度，改善焦炭质量。采用 CMC 技术后，煤料含水量每降低 1%，炼焦耗热量就降低 62.0MJ/t，当煤料水分从 11% 下降至 6% 时，炼焦耗热量相当于节省了 11%。采用焦炉烟道气进行煤调湿，减少温室效应，平均每吨入炉煤可减少约 35.8kg 的 CO_2 排放量。

2.2.1.2　烧结工序

在烧结工序中常采用烧结余热回收技术和厚料层烧结技术进行减排。烧结过程的余热主要分为：（1）烧结产品显热，由冷却机上部排出的冷却废气携带；（2）烧结废气显热，由烧结机下部抽出的烧结废气携带。对烧结矿进行余热回收，每吨烧结矿可回收余热蒸汽 $80 \sim 100$ kg/t，可减少 CO_2 排放约 10kg/t。

烧结过程中自动蓄热作用的热量约占烧结所需热量的 $38\% \sim 40\%$，故厚料层烧结工艺是目前普遍采用的提高能源利用率的节能措施。烧结行业的料层厚度从发展初期的 300mm 以下逐步提高到 $600 \sim 800$ mm，现在部分烧结厂经过技术改造已使烧结料层提高至

900mm，有效减少了固体燃耗，并大幅提高了烧结产能。

2.2.1.3 高炉工序

在高炉工序中常采用炉顶煤气余压发电技术进行减排。高炉炉顶压力可达 0.15~0.25MPa，温度约 200℃，因而炉顶煤气中存在有大量物理能，该技术是利用高炉煤气余压透平发电装置（top gas pressure recovery turbine，TRT），将原来损耗在减压阀组上高炉煤气的压力能和潜热能转化为机械能，再通过发电机将机械能变成电能输送给电网，同时还改善了顶压调节品质，有利于高炉生产，并减少了噪声。根据炉顶压力不同，每吨铁可发电 20~40kW·h，可减少 CO$_2$ 排放 20~40kg，最高可达 60kg。

2.2.1.4 转炉工序

在转炉工序中常采用转炉低压饱和蒸汽发电技术进行减排。在传统火力发电技术中，水经过锅炉加热，产生高温高压过热水蒸气，经过汽轮机膨胀做功后，带动发电机发电。而饱和蒸汽发电技术则是利用余热烟气对水进行加热，形成低压饱和蒸汽，同样在汽轮机中膨胀做功，从而带动发电机发电。转炉低压饱和蒸汽发电技术可实现吨钢发电近 15kW·h，折合约 6.6kg 标准煤，相当于吨钢减排 CO$_2$ 15kg。

2.2.1.5 电炉工序

现代钢铁企业主要有以铁矿石、焦炭为源头的高炉转炉流程和以废钢为源头的电炉炼钢流程两种典型生产流程，后者可显著减少钢铁企业的碳排放，但是，中国大多数钢铁企业在电炉冶炼过程中加入大量铁水冶炼，而生产所需铁水会产生大量的 CO$_2$ 排放，对此，电炉炼钢流程碳排放时需考虑生产铁水所产生的 CO$_2$ 排放。首先，电炉炼钢工序注入过多铁水代替废钢，致使其未发挥减碳作用。虽然加入适量铁水的电炉炼钢不仅可以缩短电炉冶炼周期，避免由于使用过多废钢而掺入过多杂质，提高电炉炼钢的生产率和产量，为企业带来极大的经济效益，但是这与电炉冶炼的减排目的背道而驰。

钢铁工业作为能源消耗大户和污染物排放大户，是仅次于电力行业的第二大碳排放源。据世界钢铁协会发布数据，2019 年中国粗钢产量达到 9.95 亿吨，按每吨钢铁 CO$_2$ 排放量为 1.8t 来计算，2019 年中国钢铁工业 CO$_2$ 总排放量约为 17.9 亿吨，排放量巨大。因此，钢铁工业碳减排研究对缩减中国 CO$_2$ 排放至关重要。现代钢铁企业主要有以铁矿石、焦炭为源头的高炉-转炉流程和以废钢为源头的电炉炼钢流程两种典型生产流程，后者可显著减少钢铁企业的碳排放。但是，中国大多数钢铁企业在电炉冶炼过程中加入大量铁水冶炼，造成资源浪费。

2.2.1.6 连铸工序

（1）连铸。连铸即为连续铸钢（continuous steel casting）的简称。在钢铁厂生产各类钢铁产品过程中，使用钢水凝固成型有两种方法：传统的模铸法和连续铸钢法。而在 20 世纪 50 年代在欧美国家出现的连铸技术是一项把钢水直接浇铸成型的先进技术。与传统方法相比，连铸技术具有大幅提高金属收得率和铸坯质量、节约能源等显著优势。

（2）连铸过程。将装有精炼好钢水的钢包运至回转台，回转台转动到浇注位置后，将钢水注入中间包，中间包再由水口将钢水分配到各个结晶器中去。结晶器是连铸机的核心设备之一，它使铸件成型并迅速凝固结晶。拉矫机与结晶振动装置共同作用，将结晶器内的铸件拉出，经冷却、电磁搅拌后，切割成一定长度的板坯。连铸自动化控制主要有连铸机拉坯辊速度控制、结晶器振动频率的控制、定长切割控制等控制技术。

（3）连铸工序发展历史。从 20 世纪 50 年代开始，连铸这一项生产工艺开始在欧美国家的钢铁厂中，这种把液态钢水经连铸机直接铸造成成型钢铁制品的工艺相比于传统的先铸造再轧制的工艺大大缩短了生产时间，提高了工作效率。到了 80 年代，连铸技术作为主导技术逐步完善，并在世界各地主要产钢国得到大幅应用，到了 90 年代初，世界各主要产钢国已经实现了 90% 以上的连铸比。中国则在改革开放后才真正开始了对国外连铸技术的消化和移植；到 90 年代初中国的连铸比仅为 30%。

（4）连铸机械。

1）连铸机。连铸机主要由中间罐、结晶器、振动机构、引锭杆、二次冷却道、拉矫机和切割机组成。

2）中间罐。中间罐是装盛钢水的部位，加热成液态的钢水首先装在钢包中，由天车拉运至中间包上方，并把钢水倒入中间包中。中间包中的钢水再经由管道进入结晶器。液态金属的温度可以随合金大幅增加严格控制。

3）结晶器。结晶器是连铸机的核心部件，连铸生产的主体思想是把液态的钢水直接铸造成成型产品，结晶器就是把液态钢水冷却出固态钢坯的部件，它是由一个内部不断通冷却水的金属外壳组成，这个不断输送冷却水的外壳把与之相接触的钢水冷却成固态。另一方面，结晶器的形状还决定了连铸出的钢坯外形，如果结晶器的横截面是长方形，连铸出的钢坯将是薄板坯；而正方形形状的结晶器横截面拉出的钢坯将是长条形，即方坯。

与结晶器相连的部件是振动机构，该机构在生产过程中通过不断地振动带动结晶器一同振动，排除液态金属中的气体，帮助凝结成固态外壳的钢坯从下方拉出。

4）引锭杆。引锭杆在连铸机刚开始生产时起拉动第一块钢坯的作用。在液态钢水在结晶器中凝结之后，引锭杆将钢坯从下方拉出，同时拉开连铸生产的序幕。

在拉出钢坯之后，第一个经过的区域是二次冷却道，在二次冷却道中向钢坯喷射冷却水，钢坯将逐渐从外表冷却到中心，沿着辊道进入拉矫机。

拉矫机的作用是将连铸坯拉直，以便于下一步工序的进行。

拉矫机的后方是切割机。对于生产出不同形状的钢坯，使用的切割机也就不同。连铸薄板坯多用大型飞剪，而条状坯则多使用与钢坯同步前进的火焰切割机。

（5）连铸工序主要存在问题。虽然高度的自动化有助于生产出无收缩铸件，但如果液态金属事先不除尽杂质，在铸造过程中会出现问题。氧化是液态金属杂质的主要来源，气体、矿渣或不溶合金也可能卷入液态金属。为防止氧化，金属尽量与大气隔离。在中间包，任何夹杂物包括气泡，其他矿渣或氧化物，或不溶合金也可能被夹杂在渣层。

一个主要的连铸问题是连铸坯的断裂。如果凝固的金属外壳过薄，有可能导致钢坯在拉出一定长度后下方的金属将上方正在凝结的金属拉断，导致钢水泄露，进而破坏其他机器而发生事故。通常情况下，断裂是由于过高的拉出速度，使凝固的外壳没有足够时间来产生所要求的厚度；也有可能是拉出的金属温度仍然过高。如果传入的金属过热，可以通过减慢拉出速度来防止断裂。

另一个可能出现的问题是碳化物，钢铁与溶解氧反应也可能产生碳化物。由于金属是液态，这种碳化反应非常快，同时产生大量高温气体，如果是在中间包或者结晶器中发生碳化反应，氧元素还会反应生成氧化硅或氧化铝，如果产生过多的氧化硅或氧化铝将有可能堵塞中间包与结晶器中间的连接管，进而导致破坏生产。

（6）优越特性。连铸技术的迅速发展是当代钢铁工业发展的一个非常引人注目的动向，连铸之所以发展迅速，主要是它与传统的钢锭模浇铸相比具有较大的技术经济优越性，主要表现在以下几个方面。

1）简化生产工序。由于连铸可以省去初轧开坯工序，不仅节约了均热炉加热的能耗，而且也缩短了从钢水到成坯的周期时间。近年来连铸的主要发展之一是浇铸接近成品断面尺寸铸坯，这将更会简化轧钢的工序。

2）提高金属的收得率。采用钢锭模浇铸从钢水到成坯的收得率大约是 84%～88%，而连铸约为 95%～96%，因此采用连铸工艺可节约金属 7%～12%，这是一个相当可观的数字。日本钢铁工业在世界上之所以有竞争力，其重要原因之一就是在钢铁工业中大规模采用连铸。从 1985 年起日本全国的连铸比已超过 90%。对于成本昂贵的特殊钢、不锈钢，采用连铸法进行浇铸，其经济价值就更大。我国的武汉钢铁公司第二炼钢厂用连铸代替模铸后，每吨钢坯成本降低约 170 元，按年产量 800 万吨计算，每年可收益约 13.5 亿元。由此可见，提高金属收得率，简化生产工序将会获得可观的经济效益。

3）节约能量消耗。据有关资料介绍，生产 1t 连铸坯比模铸开坯省能 627～1046kJ，相当于 21.4～35.7kg 标准煤，再加上提高成材率所节约的能耗大于 100kg 标准煤。按我国能耗水平测算，每吨连铸坯综合节能约为 130kg 标准煤。

4）改善劳动条件，易于实现自动化。连铸的机械化和自动化程度比较高，连铸过程已实现计算机自动控制，使操作工人从笨重的体力劳动中解放出来。近年来，随着科学技术的发展，自动化水平的提高，电子计算机也用于连铸生产的控制，除浇钢开浇操作外，全部都由计算机控制。例如我国宝钢的板坯连铸机，其整个生产系统采用 5 台 PFU-1500 型计算机进行在线控制，具有切割长度计算、压缩浇铸控制、电磁搅拌设定、结晶器在线调宽、质量管理、二冷水控制、过程数据收集、铸坯、跟踪、精整作业线选择、火焰清理、铸坯打印标号和称重及各种报表打印等 31 项控制功能。

5）铸坯质量好。由于连铸冷却速度快、连续拉坯、浇铸条件可控、稳定，因此铸坯内部组织均匀、致密、偏析少、性能也稳定。用连铸坯轧成的板材，横向性能优于模铸，深冲性能也好，其他性能指标也优于模铸。近年来采用连铸已能生产表面无缺陷的铸坯，直接热送轧成钢材。

连续铸钢是一项系统工程，涉及炼钢、轧钢、耐火材料、能源、备品备件、生产组织管理等一系列的工序。多年的生产实践证明：只有树立"连铸为中心，炼钢为基础，设备为保证"的思想，才能较好地掌握现代连铸技术，连铸工艺的采用，改变了传统的工艺要求、操作习惯和时间节奏。这就要求操作者和技术人员加强学习，更新知识，以适应连铸新技术的发展，做好技术培训工作。

2.2.2 末端治理

目前大量减少化石燃料，特别是减少煤炭的使用还面临着各种复杂的问题和困难，但分离、回收和利用 CO_2 可在不减少化石燃料利用的条件下实现减排。利用 CO_2 既可以减轻对气候变化的影响，又能为人类生产所需产品，有很大的社会和经济效益。

2.2.2.1　CO_2 的物理应用

CO_2 的物理应用是指在使用过程中，不改变 CO_2 的化学性质，仅把 CO_2 作为一种介质。例如，使用固态 CO_2 干冰作制冷剂进行食品保鲜和储存，作饮料添加剂、灭火剂等，还可以用于气体保护焊，在低温热源发电站中作介质，液体 CO_2 和干冰还可以作为水处理的离子交换再生剂，干冰还可用于轴承装备、燃料生产、低温试验等。近年来，国外对干冰的应用发展迅速，新开拓的应用领域有以下 5 种：木材保存剂、爆炸成型剂、混凝土添加剂、核反应堆净化剂、冶金操作中的烟尘遮蔽剂。

2.2.2.2　CO_2 的化学利用

CO_2 在应用过程中改变化学性质，构成新的化合物，随着化合物寿命不同，最终 CO_2 还会返回大气中，但却可以大大降低 CO_2 的排放速度。二氧化碳的化学利用包括：CO_2 用于水处理过程；用 CO_2 作碳源合成新的有机化合物；作原料纸张的添加剂和颜料；用 CO_2 生产无机化工产品。

在发展中国家，目前几乎所有的 CO_2 都用在矿泉水和饮料生产中。在发达国家，CO_2 被广泛用于多个领域。北美的市场划分：制冷 40%，饮料碳酸化 20%，化学产品 10%，冶金 10%，其他 20%。在西欧 45% 用于矿泉水和软饮料生产，食品加工 18%，焊接 8%。日本的液体 CO_2 和干冰 44% 用于焊接，干冰用于制冷、保鲜各占 20%，其余的 60% 用于医疗、药物和消防等。

2.2.2.3　CO_2 的脱除

（1）石灰窑废气回收液态 CO_2。钢铁厂有较多的 CO_2 来源，其中石灰窑（尤其是气烧石灰窑）尾气是最佳回收 CO_2 的气源。一般石灰窑每生产 1t 石灰排放 2t 左右的 CO_2，排放的尾气中 CO_2 体积分数在 22% 左右，具有较高的回收利用价值。所以回收此部分二氧化碳很有必要，通常钢厂采用 BV 法和变压吸附法回收纯度液态 CO_2。

BV 法主要过程如下：以从石灰窑窑顶排放出来的含有 CO_2 的窑气为原料，经除尘和洗涤后，将废气中 CO_2 分离出来，并压缩成液体装瓶，得到高纯度的食品级的 CO_2 气体，根据市场需求生产食品用液态 CO_2。也可应用在烟草处理、铸造焊接以及消防等方面。流程图如图 2-3 所示。

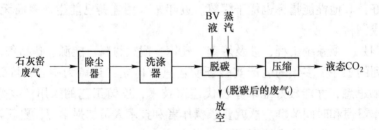

图 2-3　BV 法回收液态 CO_2 工艺流程简图

变压吸附法的基本原理是利用吸附剂对气体中各组分的吸附容量随着压力变化而呈现差异的特性，在吸附剂选择吸附条件下，加压时吸附原料气中的 CO_2 组分，难吸附的组分如 O_2、N_2 等废气排出；减压时将吸附的 CO_2 脱附，同时吸附剂获得再生。主要流程如图 2-4 所示。

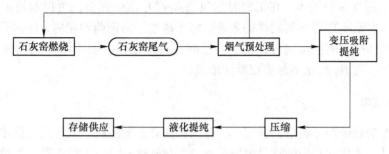

图 2-4 变压吸附法回收液态 CO_2 的工艺流程简图

（2）炉顶煤气循环技术。炉顶煤气循环技术是将竖炉/流化床部分尾气在常温下通过变压吸附脱除其中 CO_2 后，把其中的还原成分（CO 和 H_2）兑入气化炉的发生煤气，然后重新进入竖炉/流化床循环用于预还原，如图 2-5 所示。

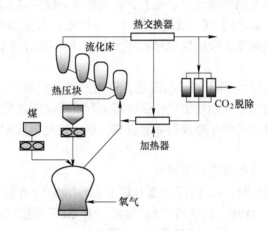

图 2-5 炉顶煤气循环技术流程图

2.2.2.4 CO_2 的利用

（1）CO_2 用作炼钢反应气体。BOF 转炉氧气炼钢是目前主要的炼钢工艺，然而存在废气粉尘损失大、钢液过氧化及高温火点区温度过高等问题。研究发现 BOF 炼钢烟尘的产生是由于高温火点区 2373~2873K 的高温将铁蒸发氧化，同时高温火点区的高温造成炉内耐火材料侵蚀。由于 CO_2 在高温下具有弱氧化性，因此可作为炼钢过程反应介质。由于反应 $CO_2(g) + [C] = 2CO(g)$ 的存在，CO_2 用于炼钢过程可参与熔池反应，此外，CO_2 的分解为吸热反应，对炉底喷嘴有良好的冷却效果。将 CO_2 代替 Ar 用于不锈钢冶炼，不仅有利于脱碳保铬、提高脱碳速度、降低成本，而且可实现 CO_2 资源利用。朱荣等人在30t 的转炉上进行了底吹 CO_2 的工业试验，试验证明转炉底吹 CO_2 是完全可行的，且未发现对炉底有明显侵蚀作用。

（2）CO_2 用作搅拌气体。在转炉炼钢过程中，底吹 CO_2 搅拌能力强于 Ar 和 N_2，这是因为底吹 CO_2 与 [C] 反应后，气体分子体积增加 1 倍，可强化熔池搅拌。因此，底吹 CO_2 可显著加强熔池搅拌能力，去气去夹杂效果更好。

（3）CO_2 用作保护气体。在出钢时钢包顶部采用 CO_2 密封，可控制精炼炉增氮，利用固态 CO_2（即干冰）可起到同样的效果。将干冰置于出钢前钢包内，干冰升华产生 CO_2 气体将钢包内的空气驱赶至包外，使包内空间保持微正压。由于 CO_2 的密度大，与氩气相比不易上浮，与 N_2 相比不易造成钢液增氮。

2.2.3　源头减排

在全球发展低碳循环经济的潮流下，各国都在寻求低能耗、低污染、低排放的全新发展思路。烧结、焦化和高炉炼铁是钢铁领域二氧化碳排放量最大的工序，目前，主要从三个方向进行二氧化碳减排的研究：第一，减少二氧化碳的排放量，即在现有高炉生产基础上进一步降低焦比和燃料比。第二，减少对碳的依赖，采用不含碳或少含碳的还原剂，例如焦炉煤气、天然气、氢气等。仅从二氧化碳的排放控制角度看，如果将煤的使用比例降低 1%，代之以天然气，二氧化碳的排放量将减少 0.74%。第三，彻底改变生产结构，发展短流程炼钢工艺，在废钢资源充足、电价合理的情况下应大力发展短流程炼钢，与高炉冶炼长流程相比，除了显著的 CO_2 减排效果外，电炉还能大量消耗废钢资源，实现资源的再利用。因此，改变钢铁工业的能源结构是从根本上解决钢铁生产过程中 CO_2 排放问题的最有效措施之一。

随着燃料价格的飞涨和能源的日益匮乏，更突显钢铁厂副产品——还原煤气的重要性。目前常采用高炉富氢介质喷吹工艺，高炉富氢介质喷吹工艺是将净焦炉煤气、天然气等氢含量较高的介质利用类似于喷煤的喷吹设施，以一定的温度通过各个支管喷入高炉，参与炉内的还原反应。

富氢介质用于高炉喷吹具有如下特点：

（1）温度低于 810℃时，H_2 的还原能力弱于 CO（如图 2-6 所示），相同温度下还原出铁需要的 H_2 浓度比 CO 高；温度高于 810℃时，H_2 的还原能力强于 CO，相同温度下还原出铁需要的 H_2 浓度比 CO 低，富氢还原更具优势。

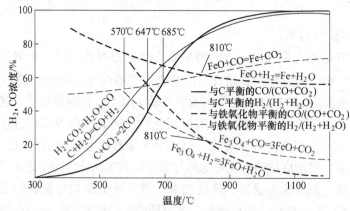

图 2-6　CO 和 H_2 还原铁氧化物的优势区域图

（2）H_2 的还原产物 H_2O 比 CO 的还原产物 CO_2 稳定，而且 H_2O 是清洁资源，可有效减少高炉 CO_2 的排放。

（3）H_2 的导热系数远大于 CO 的导热系数，采取富氢还原传热速度更快，加速气固间对流换热,使还原反应进行得更快。

(4) H_2 和 H_2O 的分子尺寸远小于 CO 和 CO_2 分子尺寸,反应物和反应产物更容易在铁矿石孔隙内扩散至反应界面或离开反应界面,H_2 还原铁氧化物比 CO 还原更具有动力学优势。

但若要真正实现低碳钢铁冶金技术,就必须改变以碳为主要载体的钢铁冶金过程,可供选择的替代还原剂只有氢。基于这个思路,日本钢铁工业启动"创新炼铁工艺(COURSE50)"(CO₂ ultimate reduction in steelmaking process by innovative technology for cool earth 50),如图 2-7 所示,通过抑制 CO_2 排放以及分离、回收 CO_2,减少 CO_2 排放量约 30%。日本 COURSE50 的主要内容包括三部分:用氢作为还原剂还原铁矿石,产生 H_2O,减少 CO_2 排放量;分离和回收 CO_2;改良焦炭、提高焦炉煤气氢含量、开发未利用的余热等支持技术。

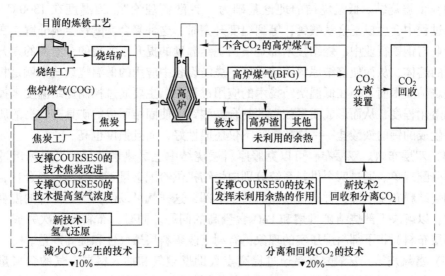

图 2-7 创新炼铁工艺流程图

2.3 基于低燃耗的 CO_2 减排方法及应用案例

2.3.1 烧结工序的低燃耗技术

烧结生产是钢铁生产过程的一个重要环节,为高炉提供质量合格的烧结矿。目前我国仍是以烧结矿为主要炉料的国家之一。随着生铁产量的高速增长,烧结矿产量也迅猛增长。2018 年我国钢铁行业的能源消耗约占全国总能耗的 16.3%,其中烧结工序的能耗占钢铁联合企业总能耗的 7.4%,能源利用效率仅为 30%~50%,余热资源丰富。烧结工序的能耗构成中,固体燃料消耗工序总能耗的 75%~80%,电力消耗占 13%~20%,点火燃料消耗 5%~10%。目前烧结工序已采用的工艺节能技术和措施主要有:厚料层烧结、小球烧结、低温烧结、改进点火器和提高料面点火质量、预热混合料、优化烧结配矿、富氧烧结、减少烧结机漏风、烧结工艺自动化等。同时进入 21 世纪后,烧结余热余能回收并发电技术的应用对于烧结工序能耗的降低也产生了重要影响，这部分将在第九章详细介绍。

（1）厚料层烧结。厚料层烧结是指采用较高的料层进行烧结，在当今世界钢铁企业中有广泛的应用。厚料层操作是在改善料层透气性的基础上，充分利用烧结自然蓄热作用，可以减少燃料用量，使烧结料层的氧化气氛加强，烧结矿中的 FeO 的含量降低，还原性变好，同时延长高温时间，不仅能降低能耗，而且能改善烧结质量。对于厚料层烧结，料层厚度每提高 10mm，燃料消耗减少 0.3kg/t。

（2）小球烧结。小球烧结是将铁矿粉、返矿、熔剂和部分固体燃料等按一定比例混合后，通过造球机造球，并外滚一定量的焦粉和煤粉，然后进行烧结，最终生产出一种集球团矿、烧结矿优点于一体的人造富矿。但是，小球烧结不同于球团烧结. 它仍是一种烧结料熔融固结的结块工艺。

（3）低温烧结。低温烧结的理论基础为"铁酸钙理论"，当温度在 1300℃ 以下时，在烧结过程中会生成复合铁酸钙，等到温度升高时，这种复合铁酸钙会被分解。在传统的冶金行业与钢铁行业中，烧结技术都是根据烧结温度的提升来实现的，温度的提升可以形成大量的熔体，从而使烧结原料固结成矿。烧结设备中应用的低温烧结技术就是相对于上述高温烧结技术而言，在低温烧结技术的应用过程中，主要通过控制烧结温度来控制烧结原料的熔化程度，从而形成质量较高的复合铁酸钙，使固结而成的矿具有较高的质量。高碱度下生成的钙的铁酸盐——铁酸钙，不仅还原性好，而且强度也高。

（4）双层布料。双层布料可以克服厚料层烧结中上层热量不足，下层热量过剩的不合理热分配现象。通过两个供料系统分别向烧结机供给配碳量不同的两种混合料，将含碳量低的烧结料布于下部，含碳量较高的布于上部，这样就可以使料层上下部的温度分布趋于合理，以解决下部烧结矿过熔和 FeO 含量高的问题。同时，布料分两次完成，可以防止厚料层布料时将下部料层压实的现象，有利于改善料层透气性和提高产量。

（5）富氧烧结。富氧烧结是通过提高点火助燃空气和抽入料层空气的含氧量，改善燃料燃烧条件，增强燃烧带的氧化气氛，使烧结料层中的固体燃料得到充分燃烧，提高其综合燃烧特性和燃料利用率，从而降低燃耗，使烧结液相生成量增加，延长保温时间，实现高氧位烧结，提高烧结矿成品率及转鼓指数，提高烧结机生产效率。

（6）降低烧结机漏风率。绝大部分烧结过程的电能消耗是抽风机的消耗，烧结节电的关键措施是减少漏风和实现低风量操作。另外变频电机也在烧结厂被逐渐采用。国外一些烧结厂的实践证明：漏风率每减少 10%，可增产 6%，每吨烧结矿可减少电耗 2kW·h，减少焦粉 1kg，减少煤气消耗 1680kJ，成品率提高 1.5%~2.0%。日本烧结的电耗低，主要就是通过低漏风率和低风量烧结相结合实现的。

（7）喷氢系燃料（天然气）代替焦炭。用氢系燃料（天然气）替代部分焦粉，从烧结料床上面吹向料层。由于氢系燃料（天然气）和焦粉的燃点不同，因此可以在不提高燃烧最高温度的情况下，长时间保持最佳反应温度，从而大幅提高烧结工序能源效率，减少焦粉配入量。此技术由日本 JFE 钢铁公司开发，2009 年 1 月开始在其东日本制铁所（京滨地区）的烧结厂应用，目前运转稳定，CO_2 减排量最高可达 6 万吨/a。

（8）改进点火器和提高料面点火质量。

1）采用节能型点火炉在烧结工序中，点火炉的结构、点火器形式对烧结料面点火质量、点火能耗影响很大。点火器可以采用线型多孔喷嘴点火器、线型组合式喷嘴点火器、多缝式烧嘴点火器、密排小烧嘴点火器等，点火炉可以采用双斜带式、多缝式、预热式等。

2）预热助燃空气。利用热废气作为点火炉的助燃空气或作为热源预热助燃空气，可以提高点火炉燃烧的温度，降低点火煤气消耗。如果将助燃空气预热到300℃，理论上可以节约24%的焦炉煤气。

（9）烧结废气选择性循环。不同于其他从总废气流中分出一部分返回烧结的废气循环，烧结废气选择性循环是将废气温度升高区域的气流用于循环，为了保证富氧水平，向循环废气中加入来自环冷机的热空气。由于利用了废气显热和CO后燃，每吨烧结矿可节省焦粉 2~5kg 并减少了污染气体排放。

2.3.2 高炉工序的低燃耗技术

当前，钢铁企业基本上遵循两条路线：以铁矿石、煤炭等为源头的高炉-转炉"长流程"和以废钢、电力为源头的电炉"短流程"。废钢是由钢铁生产、制品加工和使用这一漫长生命周期过程产生的自产废钢、加工废钢和折旧废钢组成，而我国废钢资源的增长相对缓慢。由于废钢资源的缺乏，我国钢产量仅有12%左右是以电炉为主"短流程"钢铁企业生产，因此我国的钢铁企业以高炉-转炉"长流程"为主。钢铁生产"长流程"的本质是碳还原氧化铁，生成碳饱和的铁水，并通过氧化精炼，制成不同碳含量的钢水，最后凝固、压延成用户所需的钢材。钢铁流程中各工序的二氧化碳排放存在很大差异，高炉-转炉"长流程"的各工序二氧化碳排放情况如图2-8所示。高炉炼铁工序的二氧化碳排放占流程总排放的69%左右，烧结球团工序和焦化工序分别占流程总排放的15%和5%，以高炉炼铁为核心的炼铁及铁前系统的二氧化碳排放占总排放的90%左右。因此钢铁工业的节能减排工作，重点应放在高炉炼铁工序。

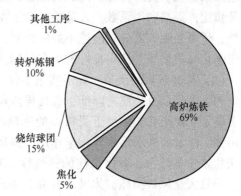

图 2-8　高炉-转炉"长流程"的
各工序 CO_2 排放情况

根据碳消耗 r_d-C 图（如图2-9所示），在交点 O 处的碳消耗量既能满足冶炼还原剂的需要，又能满足冶炼的能量需要。在 O 点的左侧，还原剂要求的碳消耗量高于热量需要的碳消耗量；在 O 点的右侧，热量需要的碳消耗量高于还原剂要求的碳消耗量，所以 O 点处的直接还原度是最低直接还原度 r_{dmin}。在现代高炉的操作条件下，O 点常在 r_d = 0.2~0.3 之间。在喷吹高 H_2 含量的燃料时，由于 r_{H_2} 的影响，r_{dmin} 可低于 0.2。应当指出，随着 Q 值的降低，$w(C)_热$ 直线下移，交点 O 向 r_d 增加的方向移动，r_{dmin} 值有所增大，但总的碳消耗量下降，相应的燃料比也下降。当前高炉生产的实际 r_d 在 0.45 左右，吨铁热量消耗为 10~12GJ/t，两者都较高，所以应从降低直接还原和热量消耗两个方面努力，以达到最低的燃料比。

高炉节能主要从炼铁工序节能、搞好精料、发展炉料分布控制技术、提高热风温度、

冶炼低硅生铁、发展喷煤技术、降低动
力能耗和风耗及回收利用二次能源和余
能这八个方向着手。

2.3.2.1　提高精料水平

生产实践证明精料是高炉优质、高
产、低耗、长寿的物质基础。精料技术
水平对高炉生产指标的影响率达到70%。
高炉的大型化尤其要有相应的原燃料质
量保证为前提。

（1）提高矿石品位。随着钢铁工业
的发展，矿石的需要量不断增长，天然
富矿日益减少，不得不对贫矿和多种元

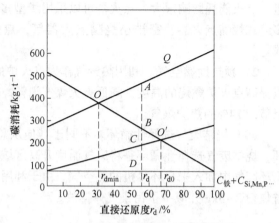

图 2-9　碳消耗与直接还原度的关系

素共生复合矿进行开采，但随着高炉向大型化发展，对入炉原料的要求也越高，无论是化
学成分、冶金性能，还是粒度组成，都需要进一步改进。2019 年我国 4000m³ 以上高炉的
平均入炉品位为 59.06%，而 3000~4000m³ 高炉的平均入炉品位为 58.35%。各钢铁工业
发达国家都在认真进行炼铁的原料准备，提供优质的人造块矿，来保障高炉的顺利运行，
减低焦比，提高利用系数。人造块矿除了在造块过程中，能改变矿料粒度的组成、机械强
度外，还可去除一部分对冶炼不好的元素，提高矿料质量，改善矿相结构和冶金性能，有
利于强化高炉冶炼，获得良好的生产指标。

（2）提高焦炭的质量。焦炭质量不仅决定了料柱的透气性，还能决定炉缸工作状态。
高炉的大型化以及焦比的降低，都使得焦炭在炉内的作用更加突出，对焦炭的冶金性能要
求更高了。焦炭在炉内由于受机械的摩擦与挤压，与 CO_2 的气化反应、碱金属侵蚀、渣
铁熔蚀，以及向铁水熔解等化学作用，焦炭从入炉到炉缸平均粒度要减小 20%~40%。当
焦炭粉末较多时，会恶化料柱的透气性，高炉难于接受风量，造成难行和悬料，渣中带
铁，导致大量风口损坏，休风率升高，焦比升高，产量下降。目前我国焦炭的 M40 约为
84%。M10 约为 7%。M10 的数值对高炉生产影响较大。还应通过炼焦生产继续提高焦炭
的冶金强度，尤其是反应后的高温冶金强度，对焦炭进行整粒，要保证 60mm 左右粒度占
80% 以上，大粒度的焦炭（>75mm）在炉内易破碎，产生较多的粉末。所以大于 80mm 的
要小于 10%，小于 5mm 的要小于 5%。炼焦过程中约 60% 的硫要进入焦炭，燃料带入的
硫要占入炉总硫量的 60%~80%，大型高炉要求焦炭中硫含量小于 0.4%~0.7%。焦炭中
的硫含量增加，使高炉硫负荷加重。增加脱硫热量的消耗。我国焦炭的灰分约为 12%~
14%。欧洲、美国、日本焦炭灰分小于 10%。我国还应继续降低焦炭和喷吹煤粉中的硫和
灰分的含量，以减少渣量，降低焦比。干熄焦可以使焦炭的 M40 提高 3%~4%，M10 降低
0.3%~0.8%，反应性降低 10%~13%。

（3）提高熟料率。提高熟料率可以改善成渣过程，稳定炉缸的热制度，有利于炉况
顺行。高炉可以不加或少加熔剂，节省热量的消耗。还能改善煤气热能和化学能的利用。
有利于降低焦比和提高产量。2011 年全国重点企业熟料率达 92%。目前采用高碱度烧结
矿配加酸性球团和高品位块矿的炉料结构是合理的。

（4）稳定原燃料的化学成分。入炉矿石成分波动，特别是含铁品位波动，往往会造

成炉温的波动和成分的波动。性能稳定的原燃料，是高产、低耗、稳定操作的先决条件。现在我国炼铁存在的最大问题是生产不稳定，其主要原因是原燃料质量不稳定，严重影响了高炉正常生产。要求企业要有稳定的原料供应，同时还要做好原料的中和混匀工作。

（5）加强原料的整粒工作。入炉原料一般需要达到"净、小、匀"的要求。即大块炉料要破碎，粉末要筛除。粒度缩小有利于间接还原，并有利于煤气和炉料之间的传热。减少入炉烧结矿中的小于 5mm 的含量，会大大减少料柱的阻力，有利于炉况的顺行。入炉粉末不仅影响高炉顺行，同时易使炉墙结厚甚至结瘤。因此要通过选择筛型和筛网来提高筛分效率，使小于 5mm 的粉末小于 5%。一般要求入炉原料的粒度为：天然矿 8～30mm、烧结矿 5～50mm、球团矿 8～16mm、石灰石 25～50mm，焦炭 25～60mm。"匀"要求入炉原料分级入炉，进一步增加料柱的透气性。

（6）提高矿石的还原性。高炉降低燃料消耗的主要途径之一是降低直接还原度。理论上最低燃料消耗的直接还原度为 0.2～0.3。实际高炉由于煤气利用差，矿石还原性差。实际直接还原度为 0.5～0.7。影响矿石的还原性重要因素之一是烧结矿中的 FeO 含量。目前，我国先进水平烧结矿中 FeO 含量在 6%～8%，而国外先进水平在 5% 左右，因此还有一定的潜力。

2.3.2.2 发展高炉炉料分布控制技术

装料制度与下部调剂制度相结合，决定着高炉内煤气的分布和利用水平。目前"喇叭花"形煤气曲线是较理想的煤气曲线。实现"喇叭花"形煤气曲线的主要方法为：在下部调剂中，采用较大鼓风动能"吹透"中心，使炉缸沿径向温度均匀、稳定。在装料制度中，采用"大 α 角、大矿角"装料方法。

2.3.2.3 提高热风温度

热风带入的物理热约占高炉总热量收入的 20%～30%。高风温是廉价的能源，是实现低燃料比的主要措施之一。高风温有助于提高喷煤比，因此炼铁企业要努力提高风温。但高风温受本企业设备条件和经济风温的制约，由于热风炉的热效率、吨铁平均风耗、送风系统漏风、热损失等原因。当风温提高后，节能效果会变差，在能够节能范围内的风温称为经济风温。宝钢热风炉热效率测定值为 75.6%，100℃ 风温节约焦炭为 15kg。风温越高和焦比越低时，热风炉每增高 100℃ 风温所耗煤气量越多。经测定，风温在经过送风系统进入高炉这一过程中，热损失高达 150℃。减少这部分风温损失是十分重要的。可以通过增加绝热层来实现，如在风口内部及端面喷涂刚玉，不仅绝热良好还很耐磨。

我国高炉的热风系统漏风率高达 10%～20%。主要漏风点是烟道阀和吹管，应改进其结构。新设计热风炉要求：漏风率≤2%、漏风损失应≤5%、总体热效率≥80%、风温>1200℃，寿命>25 年。2011 年全国重点企业平均风温为 1179℃，相对 2001 年平均风温 1160℃ 提高了 19℃，一些企业达到高风温 1200℃ 以上。虽有一些进步。但与国际先进水平仍有 100℃ 左右差距。且热风炉寿命大多数达不到 25 年。提高风温技术措施有：热风炉配加高热值煤气；热风炉蓄热砖要使用高蓄热面积、抗高温蠕变、抗渣化的高质量耐火砖；涂能吸热高辐射的材料；减小热风炉拱顶在烧炉和送风时的温差；控制好热风炉送风时间；采用热风炉助燃空气和煤气双预热技术；使用新型节水热风阀等。

2.3.2.4 发展喷煤技术

煤粉在价格上远低于焦炭。高风温、高富氧、脱湿鼓风可以补偿喷煤造成的风口前理论燃烧温度的降低。富氧和高风温可以降低煤气水当量有利于降低炉顶煤气温度及其带走的热量。喷入炉内的煤粉不能代替焦炭的骨架作用。当喷煤比越高，焦比越低时，料柱的透气性越差。所以提高喷煤比还要求精料作为基础。否则，高炉将难以接受风量，顺行难以维持。高炉不得不采取降低煤比的措施。2011 年全国重点钢铁企业高炉热风温度为 1179℃，相比 2010 年提高 19℃，而炉喷煤比为 148kg/t，相比 2010 年下降 1kg/t，证明了提高矿石品位的重要性。高压操作可以抵消部分由于提高喷煤比带来的不利的影响，利于发展间接还原。提高煤气能利用、抑制碳的汽化反应和硅的还原。据统计，顶压增加 10kPa，焦比下降 5~7kg，产量增加 2%~3%。

2.3.2.5　冶炼低硅生铁

冶炼低硅生铁不仅可以降低成本，同时还可以降低炼钢工序的能量消耗。[Si] 每升高 0.1%。炼铁焦比升高 4kg/t。炼钢成本也随之增加。控制铁水硅含量的方法主要有：(1) 保持炉况的稳定顺行；(2) 适当增加炉渣的减度；(3) 降低滴落带高度，减少 SiO_2 的还原区域；(4) 适当降低风口前理论燃烧温度。

2.3.2.6　回收二次能源

在煤气利用方面主要措施有：(1) 炉顶煤气余压发电；(2) 利用热风炉废气对热风炉的助燃空气和煤气进行双预热；(3) 减少煤气放散，提高煤气利用率；(4) 采用干法除尘，提高煤气显热。

2.3.2.7　降低动力消耗

电力在炼铁系统能源消耗中所占比重较大。应以降低电能消耗作为节能重点，降低高炉鼓风消耗，采用软水密闭循环系统，降低冷却水消耗等。

2.3.3　非高炉工序的低燃耗技术

高炉炼铁法（BF-BOF）是目前生产钢铁的主要方法，粗钢产量占全国粗钢产量的 90%以上，其主导地位预计在相当长的时期内不会改变。经过长时期的发展，高炉炼铁技术已经非常成熟，但高炉炼铁法的缺点是对冶金焦的强烈依赖，焦化工序的污染太大，势必会威胁高炉的生存。随着焦煤资源的日益贫乏，冶金焦的价格也是越来越高，而储量丰富的廉价非焦煤资源却不能在炼铁生产中充分利用。为了改变炼铁依赖于焦炭资源的状况，炼铁工作者经过长期的研究和实践，逐步形成了废钢-电炉（Steel scrap-EAF）、直接还原-电炉（DIR-EAF）和熔融还原-转炉（COREX-BOF）这三类钢铁生产工艺。

直接还原法限于以气体燃料、液体燃料或非焦煤为能源，是在铁矿石（或含铁团块）呈固态的软化温度以下进行还原而获得金属铁的方法。这种由于还原温度低，呈多孔低密度海绵状结构、碳含量低、未排除脉石杂质的金属铁产品，称为直接还原铁（DRI），可以替代废钢进行电炉冶炼。熔融还原法则以非焦煤和铁矿石等作为原料，在熔融还原反应器内得到类似于高炉的含碳铁水，经转炉炼钢。

2.3.3.1　直接还原

我国缺少足够的废钢资源，钢铁制品的平均服役周期为 40 年，在大规模的废钢产生前，加速发展直接还原铁生产，为电炉提供更多的优质、低价原料，将是钢铁企业的一项艰巨任务。直接还原铁便是在这种环境下得到了大力发展。

　　但就目前的情况看，直接还原炼铁技术的发展受到多方面的限制，之所以直到20世纪60年代直接还原法才有较大成果，其原因如下：

　　（1）随着冶金焦炭价格的提高，石油和天然气被大量开发利用，全世界的能源结构发生重大变化。特别是高效率天然气转化法的采用和本来就在化工行业早已成熟的裂解工艺，提供了适用的冶金还原气，使直接还原法有了来源丰富、价格便宜的新能源。

　　（2）电炉炼钢迅速发展，加上超高功率电弧炉（UHP EAF）新技术的应用，大大扩展了海绵铁的需求。

　　（3）选矿技术的提高提供了大量高品位铁精矿，矿石中脉石量可以降低到还原冶金过程中不需要再加以脱除的程度，从而简化了直接还原技术。

　　（4）直接还原法流程短，没有焦炉，污染很少，与世界环境友好钢铁工业的期待相符。

　　瑞典在1932年开发了WIBERG法，这也是第一个实现工业化的竖炉直接还原流程，主要是通过焦炭气化的方法，来制取还原气体，然后气基还原制取固态铁。墨西哥Hylsa公司于1957年在蒙特利尔投产了第一座年产9.50万吨非连续罐式操作的HYL法气基直接还原装置，标志着现代直接还原法工业化的开端。Midrex法的成功开发，表明气基直接还原铁技术取得重大进步。Midrex采用了更加合理的连续式竖炉作业方式，取代了之前HYL-Ⅰ法非连续罐式操作的方式。到1973年，Midrex产量已超过HYL法，成为世界上最大的直接还原流程。

　　1970年，世界DRI产量仅为79万吨。从20世纪80年代开始，全球直接还原铁生产能力飞速增加，2018年世界直接还原铁/热压块（DRI/HBI）产量达到10049万吨（其中HBI产量为903万吨）。

　　（1）HYL工艺。HYL-Ⅲ工艺流程是由Hylsa公司在墨西哥的蒙特利尔开发成功的。这一工艺的前身是该公司早期开发的间歇式固定床罐式法（HYL-Ⅰ、HYL-Ⅱ）。1980年9月，墨西哥希尔萨公司在蒙特利尔建了一座年生产能力为200万吨的竖炉还原装置并投入生产，该工艺用一座竖炉取代了四座反应罐，能够连续生产，不仅产量高，而且可以使用天然气、煤和油的气化或焦炉煤气，可以使用球团矿和天然块矿为原料，产品海绵铁质量稳定，金属化率可控制在83%~92%，产品可直接加入电炉，不需要再筛分或压块。采用计算机控制设备的运行生产。图2-10为HYL-Ⅲ直接还原工艺流程图。

　　还原气以水蒸气为裂化剂，以天然气为原料，通过催化裂化反应制取，还原气转化炉以天然气和部分炉顶煤气为燃料。燃气余热在烟道换热器中回收，用以预热原料气和水蒸气。从转化炉排出的粗还原气首先通过一个热量回收装置，用于水蒸气的生产；然后通过一个还原气洗涤器清洗冷却，冷凝过剩水蒸气，使氧化度降低。净还原气与一部分经过清洗加压的炉顶煤气混合，通入一个以炉顶煤气为燃料的加热炉，预热至900~960℃。

　　从加热炉排出的高温还原气从竖炉的中间部位进入还原段，在与矿石的对流运动中，还原气完成对矿石的还原和预热，然后作为炉顶煤气从炉顶排出竖炉。炉顶煤气首先经过清洗，将还原过程产生的水蒸气冷凝脱除，提高还原势，并除去灰尘以便加压。清洗后的炉顶煤气分为两路：一路作为燃料气供应还原气加热炉和转化炉；另一路加压后与净还原气混合，预热后作为还原气使用。

　　该法可使用球团矿和天然块矿为原料，加料和卸料都有密封装置，料速通过卸料装置

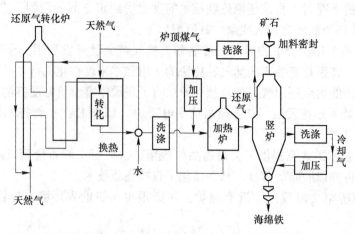

图 2-10   HYL-Ⅲ标准工艺流程

中的蜂窝轮排料机进行控制。在还原段完成还原过程的海绵铁继续下降进入冷却段，冷却段的工作原理与 Midrex 法类似。可将冷还原气或天然气等作为冷却气补充进循环系统。海绵铁在冷却段中温度降低到 50℃左右，然后排出竖炉。由于 HYL-Ⅲ的还原和冷却操作条件分别得到控制，所以可单独对产品的金属化率和碳含量进行调节，直接还原铁的金属化率能达到 95%，而含碳量可控制在 1.5%~3.0%的范围。

针对 HYL-Ⅲ工艺流程，也开发了一些低能耗技术，如海绵铁热送系统、海绵铁热压系统、炉顶气脱 CO_2 处理等。

1）海绵铁热送系统。海绵铁热送系统如图 2-11 所示。热的海绵铁从竖炉中生产出来后，通过加热的氮气全密封输送到电炉料仓，海绵铁通过料仓给料器加入电炉，输送氮气则经洗涤后返回输送系统。若电炉不需要海绵铁时，海绵铁可离线冷却或进行热压块处理。通过采用气力热送系统，大大降低了电炉的能耗。墨西哥希尔萨公司在蒙特雷新建的 Hylsa4M 厂，其直接还原装置具有海绵铁（HYTEMP IRON）气力输送系统，该系统于 1998 年 3 月投入生产。

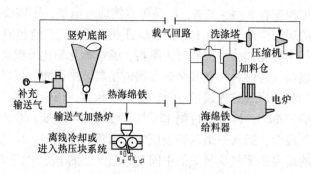

图 2-11   HYTEMP IRON 气力输送系统

2）海绵铁热压系统。工艺生产的冷直接还原铁是特性稳定的产品，进行适当处理后可以作较长时间的储存和远距离输送。然而，由于商业性直接还原厂生产的产品是专供出口海外和远距离运给使用厂家，所以对于那些没有特殊处理和储存的中小冶炼厂家的用户，建议采用热压块，如图 2-12 所示。该热压块铁的有关技术参数如下：堆密度为 $2.4 \sim 2.6 t/m^3$，密度为 $5.0 t/m^3$，尺寸为 $110mm \times 60mm \times 30mm$，质量为 $0.5kg$。

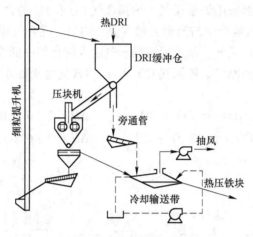

图 2-12　热压块铁系统

3）炉顶煤气脱 CO_2 处理。HYL-Ⅲ采用了一种脱除 H_2O 及 CO_2 的处理炉顶返回煤气的方法，工艺流程如图 2-13 所示。该方法减少了裂化煤气的负担，也有利于减少催化剂中毒，可延长天然气催化裂化反应器的使用寿命，将天然气补充到循环冷却气中，在冷却带上段被高温海绵铁加热，并在新生海绵铁催化剂的作用下裂解转化，这样既可加速海绵铁冷却，缩短海绵铁在冷却带的停留时间，又可以减少冷却气量，还可允许在提高作业温度下操作，把结块减少到最低程度，产品含碳量高，性能稳定，不易气化生锈；竖炉运转失常时，不影响还原气转化炉的工作。

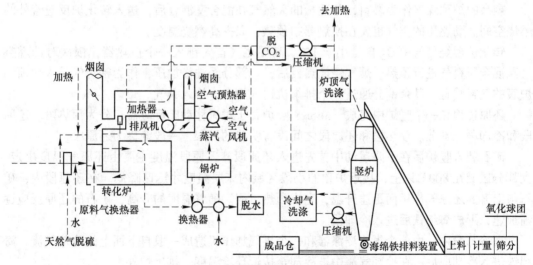

图 2-13　HYL-Ⅲ炉顶脱 CO_2 工艺流程图

（2）Midrex 工艺。Midrex 工艺是由 Midrex 公司开发成功的。其生产能力约占直接还原总产量的 60% 以上。炉料中的硫通过炉顶煤气进入转化炉，会造成反应催化剂中毒失效，因此 Midrex 流程对矿石硫含量要求较严。

Midrex 属于气基直接还原流程，其标准工艺流程如图 2-14 所示，还原气使用天然气经催化裂化制取，裂化剂采用炉顶煤气。炉顶煤气 CO 和 H₂ 的含量约为 70%，经洗涤后，其中 60%~70% 加压送入混合室与当量天然气混合均匀。混合气先进入一个换热器进行预热，换热器热源是转化炉尾气。预热后的混合气送入转化炉中的镍质催化反应管组，进行催化裂化反应，转化成还原气。还原气 CO 及 H₂ 的含量为 95% 左右，温度为 850~900℃。转化的反应式为：

$$CH_4 + H_2O \Longrightarrow CO + 3H_2 \qquad \Delta H = 2.06 \times 10^5 J/mol \qquad (2\text{-}1)$$

$$CH_4 + CO_2 \Longrightarrow 2CO + 2H_2 \qquad \Delta H = 2.46 \times 10^5 J/mol \qquad (2\text{-}2)$$

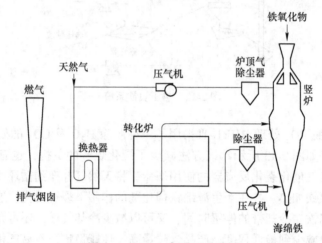

图 2-14　Midrex 标准工艺流程

剩余的炉顶煤气作为燃料，与适量的天然气在混合室混合后，送入转化炉反应管外的燃烧空间。助燃用的空气也要在换热器中预热，以提高燃烧温度。

转化炉燃烧尾气中 O₂ 含量小于 1%。高温尾气首先排入一个换热器，依次对助燃空气和混合原料气进行预热。烟气经换热器后，一部分经洗涤加压，作为密封气送入炉顶和炉底的气封装置；其余部分通过一个排烟机送入烟囱，排入大气。

还原过程在一个竖炉中完成。Midrex 竖炉属于对流移动床反应器，分为预热段、还原段和冷却段三部分。预热段和还原段之间没有明确的界限，一般统称为还原段。

矿石装入竖炉后在下降运动中首先进入还原段，还原段温度主要由还原气温度决定，大部分区域在 800℃ 以上，接近炉顶的小段区域内床层温度才迅速降低。在还原段内，矿石与上升的还原气作用而迅速升温，完成预热过程。随着温度的升高，矿石的还原反应逐渐加速，形成海绵铁后进入冷却段。

在冷却段内，由一个煤气洗涤器和一个煤气加压机造成一股自下而上的冷却气流。海绵铁进入冷却段后，在冷却气流中被冷却至接近环境温度，排出炉外。

Midrex 竖炉自 1969 年第一次建厂生产后发展迅速，已成为直接还原法的主要生产形式，此法具有设备紧凑、热能利用充分、生产效率高的特点，因而达到较好的指标。竖炉还原段的利用系数为 8，预热段的利用系数为 7.38，全炉利用系数为 4.8，见表 2-2。

表 2-2　Midrex 法经典操作指标

海绵铁			还原气/%				其他		
Rm /%	TFe /%	抗击力 /N	$CO+H_2$	CH_4	N_2	RO	气耗 /GJ	还原段利用系数 /t·$(m^3·d)^{-1}$	电耗 /kW·h
>92	>92	>500	75~84	3	12~15	<5	10.2~11	9~12	100

Midrex 有三个流程分支，即电热直接还原铁（EDR）、炉顶煤气冷却和热压块。其中 EDR 已经与原流程具有原则性的区别，必须重新分类；其他两个分支与原流程没有大的区别。

炉顶煤气冷却流程是针对硫含量较高的铁矿而开发的。它的特点是采用净炉顶煤气作冷却剂。完成冷却过程后的炉顶煤气再作为裂化剂与天然气混合，然后通入转化炉制取还原气。标准流程对矿石含硫量要求极为严格，炉顶煤气冷却流程则可放宽对矿石硫含量的要求。由于两个流程区别不大（见图 2-15），在生产过程中可将其作为两种不同的操作方式以适应不同硫含量的矿石供应。

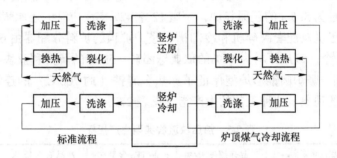

图 2-15　炉顶煤气冷却流程与标准流程的区别

在冷却海绵铁的过程中，炉顶煤气通过硫在海绵铁上的沉积和下列反应使硫含量明显降低：

$$H_2S + Fe \Longrightarrow H_2 + FeS \tag{2-3}$$

该流程的脱硫效果已通过几种重要矿石得到证实。炉顶煤气的硫中有 30%~70% 可在冷却过程中被海绵铁脱除。在海绵铁硫含量不超标的前提下，煤气中含硫气体约可降至 $10×10^{-6}$ 以下，从而避免了裂化造气过程中镍催化剂的中毒失效。采用炉顶煤气冷却方式的 Midrex 竖炉可将矿石硫含量上限从 0.01% 放宽至 0.02%。

热压块流程与标准流程的差别在于产品处理。完成还原过程后的海绵铁在标准流程中通过强制对流冷却至接近环境温度；热压块流程则没有这一强制冷却过程，而是将海绵铁在热态下送入压块机，压制成 90mm×60mm×30mm 的海绵铁块，流程如图 2-16 所示。

约 700℃ 的海绵铁由竖炉排入一个中间料仓。然后通过螺旋给料机送入热压机，从热压机出来的海绵铁块呈连成一体的串状，通过破串机破碎成单一的压块后，再送入冷却槽进行水浴冷却，冷却后即为海绵铁压块产品。

海绵铁压块的优良品质得到了炼钢工业的欢迎。因此，新建的 Midrex 直接还原厂多采用热压工艺。马来西亚 SGI（沙巴天然气工业公司）所属的直接还原厂就是一个年产

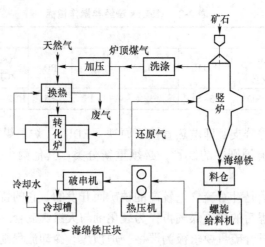

图 2-16　Midrex 热压块流程

65 万吨的 600 型 Midrex 热压块海绵铁生产厂。该厂建于 1981 年，耗资 10 亿美元，主要装置包括一台直径为 5.5m 的还原竖炉，一座 12 室 427 支反应管的还原气转化炉，三台能力为 50t/h 的热压机及配套破碎机和冷却槽。竖炉炉顶的炉料分配器由 6 个分配管组成，还原气喷嘴为 72 个。该厂原料为 50% 的瑞典球团矿，50% 的澳大利亚块矿。炉料在炉内停留时间 10~11h。竖炉圆锥形炉型保证了赤热金属铁（约 700℃）的连续排料，不会产生形变或被压实的现象。这种工艺的生产指标见表 2-3。

表 2-3　热压块流程典型生产指标

耗热/GJ·t⁻¹	电耗/kW·h·t⁻¹	产品还原度 R/%	产品 TFe 含量/%	产品 C 含量/%	产率/t·h⁻¹
9.5	127	94	94	1.23	86.5

2.3.3.2　熔融还原

熔融还原法（smelting reduction）是在高温下，使渣铁熔融，再用碳把铁氧化物还原成金属铁的非高炉炼铁方法，其产品是液态生铁。熔融还原是以煤炭为主要能源，直接使用粉矿或块矿，对矿石品位要求相对较低，无需烧结和炼焦，具有良好的反应动力学条件，但缺点是燃料消耗高于高炉炼铁工艺，且铁水硫含量较高，铁水含硅不稳定，渣中含硅不稳定，渣中的 FeO 侵蚀炉衬导致设备操作寿命较短。

早期的技术思想是期望开发一种无需铁矿造块过程，不使用昂贵的冶金焦炭，没有环境污染，并能生产出符合质量要求的产品的理想炼铁工艺过程。但是经过多年实践，当前认为采用球团并且使用少量焦炭作辅助能源的非高炉炼铁方法也属于熔融还原的范畴，并更有实现的可能。

国内外的众多冶金专业对熔融还原工艺已研究多年。目前，真正实现工业化生产的主要是 COREX 工艺。

COREX 工艺是 20 世纪 70 年代后期由奥地利（VAI）和原联邦德国科夫（Korf）工程公司联合开发的，是世界上已经工业化的、以铁矿石和非焦煤为原料生产铁水的炼铁工艺。1985 年，在南非的伊斯科尔（Iscor）建设了 1 座年产 30 万吨的 COREX 设备（C-

1000 型)，此后又分别在韩国 POSCO、印度 JINDAL、南非 SALDANHA 等公司建设 4 座 C-2000 型COREX 设备，并于 1998 年 12 月 31 日投产运行，年生产能力达 70 万~90 万吨。最新的 COREX 设备是在我国八钢建成的 COREX-3000，其设计产能为 135 万吨/a，已于 2015 年 6 月 18 日成功点火开炉。2007 年 11 月正式投产的宝钢 COREX-3000 主要经济技术指标如表 2-4 所示。目前，全世界已投产的 COREX 装置共 7 座，设计年产铁水约 500 万吨。

表 2-4 COREX-3000 主要设计技术经济指标

项　　目	指标	项　　目	指标
铁水产量/万吨·a^{-1}	150	渣量/kg·t^{-1}	350
铁水产量/t·h^{-1}	180	煤气输出（标态）/m^3·h^{-1}	29
作业率/h·a^{-1}	8400	煤气热值（标态）/kJ·m^{-3}	8200
铁水温度/℃	1480	煤耗/kg·t^{-1}	931
小块焦炭量/kg·t^{-1}	49	电力消耗/kW·h·t^{-1}	90
块矿、球团矿/kg·t^{-1}	1464	新水耗/m^3·t^{-1}	1.33
石灰石/kg·t^{-1}	163	天然气/m^3·t^{-1}	1.5
白云石/kg·t^{-1}	144	回收能源/MJ·t^{-1}	13393
石英/kg·t^{-1}	37	工序能源/MJ·t^{-1}	12808
氧气（标态）/m^3·h^{-1}	528	劳动定员/人	360

COREX 工艺主体由上部预还原炉和下部终还原炉（即竖炉和熔化气化炉）组成（见图 2-17），匹配上辅助的上料系统和煤气除尘调温系统。预还原炉内可将含铁原料还原成金属化率达 92%~93% 的海绵铁；熔融气化炉内将海绵铁熔炼成铁水，同时产生还原煤气供上部预还原炉使用。

COREX 工艺的铁矿石预还原竖炉是一个活塞式反应容器。铁矿石从上部装入，设在竖炉底部的螺旋排料器控制其向下移动的速度。热还原煤气从竖炉下部输入，矿石被煤气加热并发生还原反应。铁矿石经 6~8h 变成海绵铁，经螺旋排料器输入下方的熔融气化炉。

熔融气化炉是一个气-固-液多相复杂反应的炼铁移动床容器。煤由速度可控的螺旋给料器加入炉内，与温度在 1100℃ 以上的还原气体接触，在向下移动过程中被干燥和热解，脱除挥发分，逐步成为半焦直至焦炭。在熔融气化炉的底部，形成一个类似高炉的死料柱。由均匀分布于炉缸周围的 26 个风口氧枪吹入氧气，在风口区燃烧产生 2000℃ 以上高温，使海绵铁进一步还原熔化、过热，渣铁分离，从铁口排出。

从炉顶排出的 1100℃ 左右的煤气中，含有 95%CO+H_2、1%CH_4 及 N_2 等。混入 20% 净化冷煤气，使煤气温度降到 900℃ 左右，经热旋风除尘器将含尘量从 100~200g/m^3 降至 20g/m^3 左右。除尘后的 850℃ 煤气输入竖炉作还原气，炉尘返吹入熔融气化炉。

为使铁水成分满足炼钢要求，需按造渣成分和碱度要求在预还原竖炉中加入石灰石、白云石和硅砂等熔剂，以使碳酸盐的预热和部分分解在还原竖炉内完成，然后随海绵铁一起加入熔融气化炉。

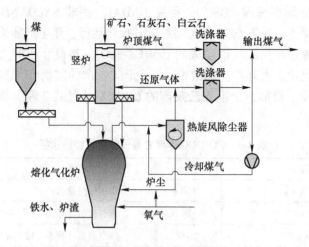

图 2-17　COREX 工艺流程

（1）煤压块技术。由于 COREX 工艺的入炉燃料主要为块煤（粒度不小于 5mm），若煤炭以 8~50mm 块煤购入，在运输与处理过程中会产生 30%~35% 小于 5mm 的粉煤。为将这些粉煤合理应用于熔融还原炼铁领域，韩国浦项公司率先在 FINEX 熔融还原炼铁工艺上开发并建设了粉煤压块系统。浦项公司将压制出的块煤加入到熔融气化炉中，达到利用粉煤的目的。目前，浦项公司 FINEX 炉所使用的 60%~70% 燃料煤为压制的成型煤（其中配入了 30%~50% 炼焦煤），15%~20% 为喷煤粉，其余为块煤。因此，粉煤压块入炉才是解决富余粉煤的最为便捷、有效的途径。

宝钢集团从 2005 年开始，在粉煤压块技术上自主研发，取得了突破，实现了工业化生产。宝钢 COREX 煤压块技术以粉煤（粒度不大于 5mm，水分质量分数为 4%~6%）为主要原料，工业糖蜜为黏结剂，生石灰、消石灰为固化剂，经过原料处理、搅拌混合、压制成型、养护等工艺流程，最终生产出合格型煤，煤压块技术流程如图 2-18 所示。

煤粉先经过破碎、筛分，将粒度降至不大于 3mm 储存在粉煤仓内。流程中还考虑加入煤输送过程中产生的除尘灰，固化剂和除尘灰也分开储存在各自的料仓中。各种原料采用连续称量连续搅拌的方式充分混合，混合均匀的原料送入成型机压块。搅拌流程采用一级和二级连续式搅拌机搅拌。一级搅拌时，搅拌机内混合的物料为粉煤和固化剂；二级搅拌时再加入糖蜜。由于成型机压制的型煤初始强度较低，所以先通过网式输送机筛去未成型的粉煤，然后再送入养护仓养护至型煤强度达到出仓要求。养护后的型煤再通过筛分，筛上合格型煤送入煤槽供 COREX 炉使用，筛下粉经破碎机破碎后返送至除尘灰仓内重新参与压块。粉煤压块的技术的发展，提高了 COREX 炉炉料结构的普适性。

八钢通过探索发现，可使用劣质燃料是 COREX 炉最大的优势，目前已经成功尝试使用高炉难以消化的艾矿煤、焦沫子和兰炭沫子等共达 11 种"垃圾燃料"并能保证炉况顺行。同时，考虑到 COREX 炉的拱顶高温、密闭、还原性气氛，具备处理各种厂内固废、社会危废的能力，目前八钢已经尝试使用 87t 污泥压块，后续将进一步扩大厂内固体废料和新疆地区各种废弃物资源，包括城市垃圾的入炉使用情况，积极探讨 COREX 炉消纳废弃物的技术和经济可行性。

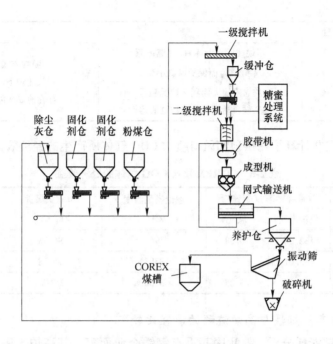

图 2-18 煤压块工艺流程简图

（2）COREX 竖炉喷吹焦炉煤气。单从能源利用方面讲，高炉一般是 300~420kg 冶金焦加 200~135kg 煤粉，折合综合能耗 481.0~588.5kg/t；COREX 炉一般为 987kg/t 燃料比，甚至更高。同时，传统高炉炼铁是由热风炉提供了炼铁所需的 19% 左右的热量，而热风的来源是由约 45% 高炉煤气燃烧获得的，是廉价的。熔融还原装置没有热风炉装置，也不能用热风，而是用氧气（不能加热）。因此，COREX 炉在能源利用上具有先天劣势。为降低 COREX 炉的固体燃料消耗，焦炉煤气（COG）作为一种清洁、高热值能源被引入到 COREX 炉中，以替代原有的循环冷却煤气。焦炉煤气可以从 GGD 管道、拱顶氧气烧嘴、风口三个地方进行喷吹，优劣对比如表 2-5 所示。由于熔融气化炉产出的煤气温度为 1000~1150℃，而还原气入炉温度在 850℃左右，可通过兑入的冷却煤气量进行调节，在 GGD 管道喷吹 COG，可减少冷却煤气的使用量。然而，喷吹 COG 气体在竖炉环境下 CH_4 很难分解，因此在 GGD 管道喷吹焦炉煤气不仅未有效利用其富含的 CH_4，还影响了竖炉冶炼效率，故该喷吹方式并不合适。

表 2-5 COREX 喷吹 COG 气体的优劣对比

用于补气的喷吹位置	优　势	劣　势
GGD 管道 喷吹 COG	喷吹方式简单 对气化炉冶炼不产生影响 避免冷煤气降温能量损耗	喷吹量大而块煤置换比低 影响竖炉还原效率 过剩煤气量大而降温能耗大
拱顶喷吹 COG	喷吹方式相对简单 对气化炉中下部冶炼无影响 甲烷改质而提升煤气还原势	分解/燃烧的调控较为复杂 氢气组分的利用效率不高 存在冷煤气降温能量损耗

用于补气的喷吹位置	优　　势	劣　　势
风口喷吹 COG	甲烷改质而发挥 H₂ 高温还原 降低 $T_{理}$ 而保护风口小套 块煤降幅大而利于炉况顺行 提高鼓风动能而改善炉缸通透性	喷吹方式相对复杂 对气化炉下部有致冷影响 存在冷煤气降温能量损耗

通过实验研究并计算了在拱顶和风口喷吹 COG 气体所产生的经济效益如表 2-6 所示。

表 2-6　COREX 喷吹 COG 气体的经济效益

方　案	数量（标态）/m³·t⁻¹		理论燃烧温度 /℃	节省块煤量 /kg·t⁻¹	节约成本 /元·t⁻¹
	焦炉煤气	氧气			
拱顶喷吹	132.00	10.38	3966	96.38	11.79
风口喷吹	133.01	—	3383	96.38	15.98
拱顶+风口喷吹	209.39	23.05	3300	213.76	22.89

2.3.3.3　非高炉炼铁与高炉流程的能耗比较

（1）高炉炼铁能耗分析。就我国某重点钢铁企业而言，其高炉工序的总能源消耗为 410.65kg 标准煤每吨，烧结工序的总能源消耗为 54.95kg 标准煤每吨，焦化工序的总能源消耗为 112.28kg 标准煤每吨，而球团工序的总能源消耗为 29.96kg 标准煤每吨。针对上述工序，计算冶炼 1t 生铁时，整个炼铁系统所需消耗的能源总量为：就焦化工序而言，取该年重点企业进行高炉炼铁的焦比为 374kg/t。则对 1t 生铁进行冶炼时，所需焦炭的焦化工序能耗为：112.28kg 标准煤每吨×0.374=41.99kg 标准煤每吨；就烧结工序而言，对 1t 生铁进行冶炼时，需要消耗 1674kg/t 的铁矿石。在实际的高炉炉料结构中，取烧结矿的实际配比为 75%。则对 1t 生铁进行冶炼时，所需烧结矿的实际烧结工序能耗为：54.95kg 标准煤每吨×1.674×75%=68.99kg 标准煤每吨。就球团工序而言，对 1t 生铁进行冶炼时，取炉料结构中球团矿的实际占比为 15%，则所需球团矿的用量为：1674kg/t×15%=251.1kg/t；故此，对 1t 生铁进行冶炼时，所需球团矿的实际球团工序能耗为：29.96kg 标准煤每吨×0.2511=7.52kg 标准煤每吨。

（2）非高炉炼铁能耗分析。对上述我国某重点钢铁企业与宝钢企业 COREX-3000 的燃料进行炼铁操作对比，发现宝钢燃料总用量为 987.1kg/t。之后一年，同样采用 CCOREX-3000 进行燃烧，其平均能耗明显增加，为 1057kg/t。对 CCOREX-2000 的燃料进行分析，印度京德 1 号为 977kg/t，印度京德 2 号为 994kg/t，两者的燃料比中，其焦比都是 15%~20% 范围内的值。南非拉尔达纳的范围值为 1020kg/t 到 1050kg/t，该燃料中，其焦比为 13%。而澳大利亚的喷煤比从以往的 2000kg/t 降低到了现在的 700kg/t。同时，韩国大多数企业在对煤气进行回收利用时，其燃料比也从以往的 780kg/t 或 850kg/t 降低到了现在的 700kg/t。通过数据分析可以知道，高炉炼铁的整体能耗水平小于非高炉炼铁的整体能耗水平，其差距范围为 250~600kg/t。

（3）发展非高炉炼铁技术的探讨和分析。针对现代化的钢铁领域而言，非高炉炼铁技术已经成为人们想要突破和探究的一种较为先进的前沿性技术。从一定程度上讲，这种技术代表了整个钢铁技术的未来发展方向。然而，在现实情况之下，由于某些关键性技术和机密性技术的不足和缺陷，使得非高炉炼铁技术还需要持续不断地突破和更新。其中，关键性技术如：第一点，针对实际生产过程中产生的煤气，应该怎样对其进行科学且合理的整治或使用，才能使得焦炭利用率在其具体的熔融还原过程中得到最大限度的降低；第二点，在进行普通铁精矿的生产冶炼时，怎样操作或使用，才能使得炼铁的技术以及炼铁的经济效益和社会效益得到多重提升和增强。现阶段而言，受能源以及资源等各方面因素约束，我国炼铁工艺的主导位置始终由以高炉流程为主的传统炼铁工艺占据。将高炉炼铁与非高炉炼铁进行对比分析，可以发现，无论是生产具体流程中的能源消耗，还是后续污染物的排放总量，前者都有不同程度的优化。尤其是生产规模、投资成本以及生产成本这三个方面，前者优势相当显著。另外，由于我国针对产能落后企业的淘汰力度一直在持续加大，但又不允许企业对钢铁产能进行扩大作业，所以，我国钢铁企业只能成为各大落后产能的直接替代品。在这种大环境下，还是有部分企业认为走非高炉炼铁的发展道路是符合社会经济发展中节能减排理念的正确道路，但是，从实际情况而言，这是一条行不通的道路。因为目前我国在非高炉炼铁方面，其技术完善和提升的空间和幅度都还很大。无论是要求条件，还是相关性能，如经济性、生产规模、可行性等，都需要不断经过科学论证。

2.4 基于新工艺开发的 CO_2 减排方法及研发动向

2.4.1 氧气高炉的炉顶煤气脱除 CO_2 循环喷吹新工艺

2.4.1.1 氧气高炉流程设计

氧气高炉有不同的工艺流程，根据煤气喷吹方式的不同可以将氧气高炉分为炉缸喷吹循环煤气流程，炉身喷吹循环煤气流程和炉缸炉身混合喷吹循环煤气流程，其流程如图2-19 所示。

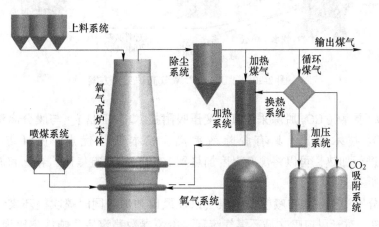

图 2-19 氧气高炉流程图

用纯氧代替热风与煤粉一起从炉缸风口鼓入，由于纯氧鼓风炉缸煤气量少，炉身热量不足。为了弥补炉身热量不足和提高炉料的预还原率，对炉顶煤气进行了循环利用，炉顶煤气除尘后一部分煤气脱除 CO_2 后循环利用，一部分用于将循环煤气加热到预定温度。其中，炉缸喷吹方式煤气加热温度为 120℃，炉身喷吹方式煤气加热温度为 900℃，剩余煤气向外输出。这样不仅可以节约焦炭资源，而且提高了煤气的利用率。

2.4.1.2 氧气高炉的工业化试验

（1）国外氧气高炉试验。1986 年日本 NKK 公司建立了一座容积 3.94m³，缸直径 0.95m，喉直径 0.7m，高为 5.1m 的氧气高炉进行试验。试验结果表明：喷吹煤粉碳氧比为 0.94kg/m³ 时，产率可以达到 5.1t/（d·m³）；喷吹预热循环煤气以后，降低了热流比，增大了炉子各区域热量；氧气高炉气体还原反应在温度较低区域反应较快而且碳的气化反应比例很低；氧气高炉生产的铁水硅含量要比普通高炉低。

（2）欧洲 ULCOS 炉顶煤气循环高炉试验。欧洲启动"ULCOS"项目以来，把高炉炉顶煤气循环利用（TGRBF）技术作为首要研发任务。通过炉顶煤气 CO_2 脱除和储存技术，努力将炼铁 CO 的排放量降低 10%~20%。2007 年"ULCOS"项目组通过对瑞典 LKAB 公司容积 8.2m³ 的试验炉（EBF）进行改造，开展了炉缸和炉身喷吹循环煤气试验，其工艺方案如图 2-20 所示。试验炉的主要参数有：炉缸直径 1.4m，工作高度 6.0m，炉顶压力 14.7N，设置 3 个风口，风口直径 54mm。

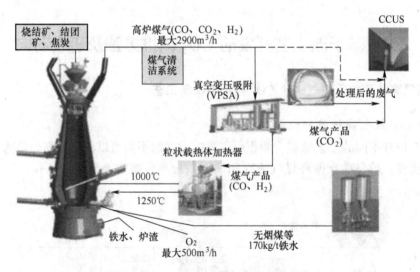

图 2-20 "ULCOS"氧气高炉工艺方案

TGRBF 炉顶煤气 CO_2 脱除采用真空变压吸附技术（VPSA）。与膜分离法和氨溶液吸收法脱除 CO_2 技术相比，具有脱除效率高、成本低等优点。循环煤气加热采用 Pebbleheaetr 进行加热，可以将煤气温度加热到 1250℃。试验焦比、煤比和循环煤气喷吹量如图 2-21 所示。

图 2-21 分别说明了风口喷吹循环煤气以及风口和炉身同时喷吹循环煤气后的冶炼参数。由图可知，对于风口喷吹循环煤气流程，冶炼参数稳定后，吨铁焦比为 360kg，煤粉喷吹量为 140kg，风口循环煤气喷吹量约为 650m³。对于风口和炉身同时喷吹循环煤气流程，冶炼效果最好参数是吨铁焦比 260kg，煤粉喷吹量 170kg，风口喷吹循环煤气量 550m³，炉身喷吹循环煤气量 550m³。由此可见，炉顶煤气循环利用以后，一次燃料消耗

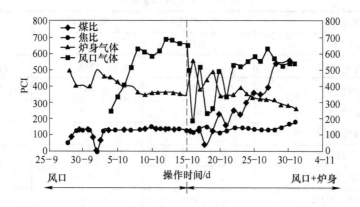

图 2-21 "ULCOS" 氧气高炉试验结果

明显降低，入炉焦比减少 20%~30%。两种流程相比，风口和炉身同时喷吹流程一次燃耗更低，燃料比只有 430kg，降低了 16%，但流程控制的难度要比风口喷吹循环煤气流程大。

（3）我国氧气高炉试验情况。我国的炼铁工作者对氧气高炉进行了长期的理论分析和试验研究，从理论上说明全氧鼓风炼铁的可行性。2009 年 6 月，钢铁研究总院先进钢铁流程及材料国家重点实验室与五矿营钢合作在营钢建立了一座 8m³ 氧气高炉，进行了工业化试验，迈出了我国全氧鼓风炼铁工业试验第一步。设计的氧气高炉流程如图 2-22 所示。

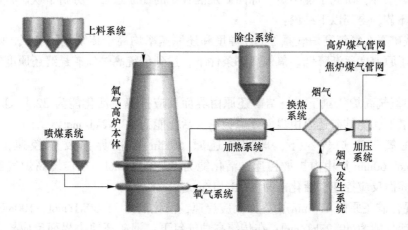

图 2-22 我国氧气高炉试验流程图

试验共进行了三个阶段：第一阶段试验实现了顺利出铁设备连续运行 15 天，吨铁喷煤量达到 300kg。第二阶段试验连续运行了 23 天，主要解决了氧煤喷吹装置的冷却和容易出现悬料的问题，吨铁喷煤量达到了 450kg 左右。第三阶段试验连续运行了 18 天，进行了炉身喷吹焦炉煤气试验。吨铁焦炉煤气喷吹量为 180m³，喷煤量降低到 400kg 左右，实现了预期目标。各阶段的主要试验结果如表 2-7 所示。

表 2-7　各阶段试验结果

试验阶段	第一阶段	第二阶段	第三阶段
产量/t·h^{-1}	1.8	2.2	2.7
焦比/kg·t^{-1}	872	583	497
煤比/kg·t^{-1}	316	452	403
氧耗/m^3·t^{-1}	767	633	551
喷吹焦炉煤气量/m^3·t^{-1}	—	—	180
焦炉煤气加热温度/℃	—	—	900
炉顶煤气 CO_2/($CO+CO_2$)	18.8	22.3	25.9
炉顶煤气温度/℃	286	264	326

由试验结果可知，氧气高炉可以实现超量喷煤生产，吨铁喷煤量最高可以达到 450kg。炉身喷吹预热的焦炉煤气以后，焦比和煤比大幅度下降，可以降低燃料消耗。由于氧气高炉不使用热风，炉腹煤气量减少，其生产率可比常规高炉大幅度提高，与常规高炉相比具有很大的以煤代焦潜力。氧气高炉尽管可以降低燃料消耗，减少 CO 排放，但是由于其需要消耗大量氧气和对炉顶煤气进行 CO_2 脱碳。在当前电力价格没有优势的条件下，生产铁水的成本与高炉相比没有竞争优势，需要对一些核心技术进行攻关。

2021 年由我国李家新教授研究团队采用热失重法研究铁矿石在氧气高炉及传统高炉气氛下的还原行为，通过分析铁矿石的还原失重及还原度变化规律，对可能的限制性环节进行讨论，总结铁矿石在氧气高炉气氛及传统高炉气氛下的还原行为规律。基于氧气高炉与传统高炉条件，研究了烧结矿、球团矿及混合矿的还原过程，分析了铁矿石还原过程中的限制性环节，得到以下结论：

1）铁矿石在氧气高炉气氛下的还原度和还原速率均高于传统高炉气氛，随着还原度的增高，还原速度逐渐降低。氧气高炉条件下，达到传统高炉铁矿最终还原度的时间大幅缩短。

2）在氧气高炉气氛下，烧结矿还原由界面反应控速，活化能为 32.88kJ/mol；在传统高炉气氛下，烧结矿还原由界面反应控速，活化能为 38.42kJ/mol。

3）在氧气高炉气氛下，球团矿还原 60min 前由界面反应控速，活化能为 38.26kJ/mol，60min 后由内扩散控速，活化能为 85.06kJ/mol；在传统高炉气氛下，球团矿还原由界面反应控速，活化能为 42.91kJ/mol。

4）混合矿还原前 100min 由界面反应控速，活化能为 31.39kJ/mol，100min 后由内扩散控速，活化能为 49.23kJ/mol；在传统高炉气氛下，混矿还原由界面反应控速，活化能为 46.77kJ/mol。

2021 年我国宝武集团八钢公司研究的氧气高炉高富氧冶炼工业试验探索中发现：八钢氧气高炉第一阶段工业试验，已突破了传统高炉富氧极限。在高富氧冶炼实践中，总结提炼出了一整套超高富氧操作技术，并根据试验效果，预测出最经济的富氧率操作指标区间，在富氧率 6%~7%时燃料比最优，较传统高炉降低燃料比 11%，焦比降低 14%。氧气高炉在高富氧冶炼试验过程中，炉况总体运行稳定，但还需要改进：如炉温控制不稳，燃料消耗及生铁中硅含量偏高；前期操作时对高富氧率下的崩滑料危害认识不足，造成补热不足，炉况出现反复；在高富氧下对煤枪调整不到位，高压氧气流引起喷吹煤粉流场发生变化，直接冲刷小套，导致风口小套磨损。八钢氧气高炉后期还将围绕低碳、绿色、高效的科研目标，持续开展脱碳煤气风口喷吹、焦炉煤气富氢冶金及炉身喷吹脱碳煤气工业试验，为从源头上减少冶炼工艺的碳排放提供实践方案。

2.4.1.3　发展氧气高炉需要解决的关键技术问题

（1）高效喷吹及全流程优化控制技术。氧气高炉可以增大喷煤量，降低一次燃料消耗和减少 CO_2 排放，但这是建立在风口煤粉高效燃烧和全流程优化控制基础之上。现代高炉炼铁工艺已经非常成熟，自动化水平很高，但氧气高炉尚未进行过工业化长期生产，未知数较多，还需要对整个流程的以下几个方面进行优化控制研究：

1）全氧鼓风风口前理论燃烧温度很高。需要研制新型耐高温、耐磨损的长寿氧煤枪，长寿风口及其冷却参数。

2）氧气高炉可以很大程度地降低焦炭的消耗量，而且对焦炭质量有了新的要求，需要研究适合全氧鼓风的合理焦炭理化性能指标。

3）氧气高炉的喷吹方式不同，炉内煤气流分布差异很大，气固反应会受到影响。需要研究不同喷吹方式下合理的高炉炉型设计参数、循环煤气喷吹量及煤气流分布状态。

4）为了实现炼铁高效节能和自循环利用，需要进一步提高氧气高炉工艺参数的动态优化和自动控制水平。

（2）循环煤气加热技术。氧气高炉为了降低能耗，对炉顶煤气进行了循环利用，而且需要将循环煤气加热到一定温度，否则大量冷煤气吹入氧气高炉破坏了炉内的热平衡，能耗反而升高。高炉热风加热技术已经很成熟，但煤气加热要比热风加热困难得多。一方面由于氧气高炉循环煤气中 CO 含量远远高于 H_2，所以煤气加热过程中 CO 会析碳，不但降低了有效煤气量，而且会影响煤气加热效率。另一面煤气加热存在安全隐患，加热过程中容易发生爆炸和煤气泄漏等事故。欧盟"ULCOS"炉顶煤气循环试验煤气加热采用卵石加热炉（pebble heater），工艺流程如图 2-23 所示，其基本原理也是基于换热，实际生产中具体存在什么问题未见报道。

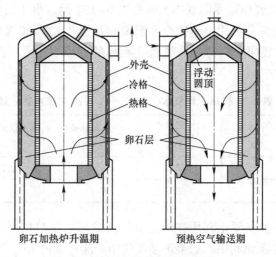

图 2-23　卵石加热炉工艺流程图

煤气加热是氧气高炉需要解决的关键问题。开发出安全可靠、工艺稳定、运行成本低廉的煤气加热技术是氧气高炉节能降耗的根本保证。尽管热风加热技术已经非常成熟，但由于煤气与热风的性质不同，热风加热技术直接用于煤气加热要有可靠的安全防爆措施。Midrex 和 HYL 的煤气加热技术比较成熟，但主要加热富氢气体，基本没有析碳的问题。氧气高炉循环煤气加热如果借鉴 Midrex 的煤气加热技术，需要解决析碳等技术难题。

（3）炉顶煤气 CO_2 脱除技术。CO_2 分离脱除方法有很多种，但主要是技术成本问题。常用的 CO_2 脱除方法主要有溶剂吸收法、低温精馏法、膜分离法和变压吸附法，见表2-8。

表 2-8　几种 CO_2 脱除技术优缺点对比

方法	优　点	缺　点
溶剂吸收法	工艺成熟 CO_2 纯度可达 99.99%	投资大，蒸汽消耗高，溶剂循环利用成本高
低温精馏法	适用于高浓度气体，如 CO_2 浓度为 60%	设备投资大，能耗高，分离效果差
膜分离法	工艺简单，操作方便，能耗低，经济合理	效率低，电耗高，需要前处理
变压吸附法	自动化程度高，环境效益好	需大量变压吸附罐，占地面积大，电耗高，不适合大流量煤气处理

目前冶金行业采用的 CO_2 脱除方法主要是变压吸附法。直接还原工艺 Midrex 和 HYL 都是通过变压吸附来脱除煤气中 CO_2。变压吸附技术占地面积大，而且需要消耗大量能量来加压气体。吸附分离所需的最低压力是 0.6MPa，适用压力是 0.6~13MPa，适用温度 <40℃，输出压力为 3.5MPa，输出温度 < 5℃，碳的脱除率 >75%（与气体组成、压力等有关）。

近几年，CO_2 变压吸附分离技术得到快速发展。通过对吸附塔结构、循环设计和吸附剂等技术进行改进，降低了操作能耗和运行成本。

由表2-9可知，当前变压吸附 CO_2 技术各项参数都有了很大的改进。投资成本和运行能耗都降低了很多。CO_2 的脱除成本降低了将近 1/3。氧气高炉冶炼 1t 铁水约产生 CO_2 量为 0.8~1.0t，1t 铁水 CO_2 脱除成本大概在 120~150 元。由于目前没有成熟的技术对分离得到的 CO_2 进行资源化利用，钢铁企业需要自身承担 CO_2 脱除成本，加重了钢铁企业的负担，所以现在需要研究出将 CO_2 资源化利用的低成本技术，提高企业脱除 CO_2 的积极性。

表 2-9　变压吸附技术在 1992 年和 2010 年技术参数对比

项　目	CO_2 纯度 /%	CO_2 回收率 /%	能量需求 /MW	成本投资（人民币）/元	CO_2 减排成本 /元·m^{-3}
1992 年 IEA 报告	75	80	200	2.23×10^8	63
2010 年 CO_2 PSA 技术	90	95	13.7~55	1.3×10^8	20~25

（4）CO_2 的储存及资源化利用技术。氧气高炉需要解决的另一个核心技术是将分离得到的 CO_2 储存及资源化利用。如果炉顶煤气中分离得到的 CO_2 没有储存或资源化利用，而直接排入大气，就不能从根本上降低 CO_2 排放。目前可行的 CO_2 储存方法主要有三种：

森林和陆地生态储存、海洋储存和地下储存。森林和陆地生态储存的成本最低，但需要大面积的森林资源，不可能作为主要的储存方式。海洋储存可以实现大规模长期储存，但需要长距离输送 CO_2，成本较高，而且海底储存 CO_2 可能破坏海洋生态平衡。地下储存包括油田储存，天然气田储存和煤田储存 CO_2。地下储存一方面可以减少 CO_2 向大气中排放，减缓温室气体给人类带来的危害；另一方面可以提高石油、天然气和煤层气的采收率，实现减排 CO_2 和油气增产的双赢效果。所以 CO_2 地下储存是氧气高炉 CO_2 储存的主要方向。目前 CO_2 地下储存仍处于前期研究阶段，许多技术难题尚未解决，有待进一步进行技术攻关。如果 CO_2 埋藏能够实现高效储存，提高石油、天然气等的采收率，而且创造的经济效益能够抵消 CO_2 分离和输送成本，那么氧气高炉就能从根本上实现节能减排和低碳冶金。

2.4.1.4 小结

（1）氧气高炉工业化试验结果表明氧气高炉能够实现全氧鼓风，大幅度增大喷煤量，降低一次燃料消耗和减少 CO_2 排放，但在当前的电力价格条件下，生产成本与现有高炉相比没有竞争力。

（2）氧气高炉需要解决炉顶循环煤气加热问题，由于循环煤气加热容易产生爆炸和析碳，所以加热技术必须安全可靠，热效率高。

（3）氧气高炉炉顶煤气 CO_2 脱除和储存采用变压吸附和油田埋藏技术有望大幅度降低成本，实现炼铁生产 CO_2 脱除和资源化利用的双赢。

2.4.2 转炉喷吹 CO_2 炼钢新工艺

2.4.2.1 研究提出

转炉炼钢以铁水、废钢、铁合金等为主要原料，靠铁水本身的物理热和铁水组分与氧气化学反应产生热量而在转炉中完成炼钢过程。转炉炼钢生产速度快、产量大，单炉产量高、成本低、投资少，为目前使用最普遍的炼钢工艺，占我国总钢产量的 90% 以上。转炉炼钢过程不需外加能源，且其自身化学反应产生的热量有富余，因而需加入适量的冷却剂，以准确地命中终点温度。常用的冷却剂有废钢、生铁块、铁矿石、氧化铁皮、球团矿、烧结矿、石灰石和生白云石等，其中主要是废钢和铁矿石。

2.4.2.2 转炉喷吹 CO_2 炼钢实验研究

北京科技大学朱荣教授研究梯队研究通过在炼钢过程中混合喷吹 CO_2，发现废钢为原料时，粉尘主要是由高温蒸发作用产生的；生铁为原料时，粉尘是在高温蒸发作用和气泡携带的共同作用下产生的。CO_2 的通入一方面降低熔池的温度，减弱了元素的蒸发；另一方面使得熔池搅拌加强，由气泡带走的元素增加。因此，CO_2 的通入应有一个合理的比例。

通过对转炉喷吹二氧化碳的研究得到以下重要结论：

（1）混合喷吹 CO_2 渣中 TFe 及 FeO 量都有所减少，表明混合喷吹 CO_2 有利于减少渣中铁损。

（2）废钢为原料时，原料中碳含量很低，粉尘主要是由高温蒸发作用产生的；生铁为原料时，粉尘是在高温蒸发作用和气泡携带的共同作用下产生的。

（3）CO_2 的通入一方面降低熔池的温度，减弱了元素的蒸发；另一方面，CO_2 的通入使得熔池搅拌加强，由气泡带走的元素增加。因此，CO_2 的通入应有一个合理的比例。

2.4.2.3　转炉应用 CO_2 技术

近年，冶金工作者将 CO_2 引入转炉吹炼，实现降低粉尘或提高脱磷效率的目的，还有用 CO_2 作为氧枪冷却剂、炉壳焊接保护气，甚至把 CO_2 应用到 LF 精炼过程，用于提高升温效率。但在洁净钢生产过程中，最为理想的转炉出钢目标是一次性拉碳实现碳、温双命中，这种近于苛刻的要求在现有的常规技术手段条件下往往难以准确实现，因此常常被迫采用"一拉增碳"或"高拉点吹"法（如倒炉检测或副枪 TSC），其结果不可避免地会导致钢液中氧质量分数超标，甚至钢液过氧化，这样不仅因多加增碳剂及脱氧合金而增加成本，而且还会降低钢液质量。因此，在实现目标碳出钢的同时，还能控制较低的氧质量分数，必将带来巨大的经济利益。

鞍钢集团钢铁研究院通过对转炉顶吹 CO_2 的热力学分析，结合实验室模拟转炉顶吹 O_2+CO_2 混合气体试验结果，确立了 CO_2 在转炉中应用的关键参数。得出在转炉中顶吹纯 CO_2 虽可脱碳，但温降较大，顶吹 CO_2 供气强度为 $3.0m^3/(t \cdot min)$ 时，钢液温降速率为 $15.1℃/min$；通过喷吹 O_2+CO_2 混合气体可实现温度平衡，但 CO_2 配比的最大理论比例为 79.1%；随着混合气体中 CO_2 比例增大，吹炼终点钢液碳氧积降低，当 $\varphi(CO_2):\varphi(O_2)=1:1$ 时可控碳氧积为 $(25\sim32)\times10^{-8}$。

2.4.2.4　喷吹 CO_2 作为冷却剂的转炉炼钢工艺探索

北京科技大学冶金与生态工程学院朱荣教授课题组近年来提出二氧化碳-氧气混合喷吹炼钢工艺，其目的是为了减少转炉炼钢烟尘及铁损量，并在福建三明钢铁集团有限公司做了试验，其试验结果发现 CO_2 可以明显地降低转炉炉温。CO_2 炼钢工艺的不足是炼钢初期就需加入 CO_2 从而不利于化渣而延长了转炉炼钢周期，但朱荣教授的研究成果充分证实了 CO_2 用作炼钢冷却剂的可行性。

2.4.2.5　小结

通过炼钢转炉顶部喷吹 CO_2-O_2、底部喷吹 CO_2 气体的工业试验研究，可得出以下结论：

（1）采用转炉顶底复吹 CO_2 气体炼钢工艺能有效减少炼钢过程烟尘量及烟尘铁损，冶炼前期和后期烟尘降低较多，中期烟尘降低较少。

（2）采用 CO_2 气体进行顶底复吹炼钢有利于去除钢液中 [N]、[P] 含量，且对减少炉渣铁损效果较好，降低炉渣中 TFe 含量。

（3）CO_2 可代替部分 O_2 用于转炉炼钢，采用转炉顶底复吹 CO_2 气体炼钢工艺可降低炼钢氧耗，同时不影响转炉冶炼节奏。

2.4.3　高炉喷吹富氢气体新工艺

2.4.3.1　研究背景

人类活动，特别是以化石能源大规模利用为主的能源活动，造成大气中 CO_2 温室气体浓度快速上升，是导致气候变暖的主要原因。作为高碳排放强度的钢铁行业，应该积极面对上述挑战。2018 年启动的全国碳排放交易体系将覆盖钢铁行业，此外部分地区为强

化 CO_2 排放控制，从源头入手，开始缩减钢铁企业用煤量的配额（如长三角地区）。煤炭用量及 CO_2 排放限制将成为钢铁企业生存和发展所面临的严峻挑战。因此，无论是对国家 CO_2 减排战略的支撑，还是企业可持续发展的自身需求，低碳化势必成为中国钢铁工业发展的必由之路。

2.4.3.2　高炉低碳化是规模化实现中国钢铁工业低碳的首要路径

理论上低碳技术可分为如下四类：一是节能减排技术，如反应过程强化、余热回收、多行业联产节能等；二是开发和应用可再生能源或无碳能源，如太阳能、风能、地热能、生物质能、核能等；三是 CO_2 捕集储存技术（CCS），首先将 CO_2 从烟气中分离出来，将其进行压缩并存储在地质构造中；四是 CO_2 捕集利用技术（CCU），如氯化镁矿化 CO_2 联产盐酸和碳酸镁、磷石膏矿化 CO_2 联产硫基复合肥等技术。从国际钢铁生产实践和技术发展趋势来看，必须开发新的技术以满足钢铁工业低碳化的需求。长流程钢铁生产总能耗的 70% 在高炉工序，且主要由煤炭提供，因此，低碳化的主要任务在高炉炼铁。

2.4.3.3　高炉低碳炼铁关键技术——炉顶煤气循环及富氢

目前传统高炉冶炼燃料比先进指标约为 500kg/t，从高炉冶炼 1t 生铁的能量支出来看，炉料还原、渣铁加热、炉顶煤气物理热以及热损失的热消耗约为 10GJ，先进高炉的热效率已达到 95% 以上。因此，降低热消耗的可能性很小。国内指标较好的高炉炉身效率可达到 95% 左右，进一步提高煤气利用率的潜力已很有限，但此时副产煤气仍具有约 4.6GJ 的化学能。将该煤气脱除 CO_2 后返回高炉使用是一种高效利用其化学能的途径，可以作为未来高炉低碳炼铁的重要技术组成单元，实现从源头减碳。脱除的 CO_2 还可用于地质存储或资源化利用，从而实现较大幅度碳减排。降低高炉碳耗的另一个技术途径是寻求新的还原剂替代碳的还原作用。氢作为还原剂其还原产物无污染，是碳的理想替代物。焦炉煤气和天然气是现阶段氢的主要来源，随着电解等制氢技术的进步，氢的来源会进一步拓宽。宝武集团与中核集团、清华大学签订了《核能-制氢-冶金耦合技术战略合作框架协议》，将核能技术与先进制氢工艺耦合进行氢的大规模生产。未来高炉规模化用氢来源的限制将会被逐渐突破，而提高氢碳置换比将成为高炉减碳的技术瓶颈，成为需要重点研究的课题。徐匡迪院士指出"中国钢铁业急需及早制定 CO_2 减排路线图，并进行相关的低碳炼铁技术研究，在钢铁工业设备达到服役期（2020～2030 年）时，首先考虑高炉炉顶煤气循环以及高炉喷吹焦炉煤气，从而降低碳排放"。因此，综合考虑各方因素，笔者认为"炉顶煤气循环"和"富氢"耦合的高炉炼铁技术是最具有可行性且效果明显的低碳炼铁技术路径，急需开展相关基础研究和工业化探索，突破炉顶煤气循环耦合氢气还原的关键技术瓶颈，促进高炉炼铁显著低碳化的进程。

2.4.3.4　高炉炉顶煤气循环耦合富氢还原炼铁需解决的关键问题

有关高炉炉顶煤气循环耦合富氢还原炼铁的技术，涉及几个主要问题：碳质还原剂与氢气还原的耦合竞争机制、过程中化学平衡与热平衡的矛盾统一关系、气体利用率与炉顶煤气循环的协调关系、高炉对物料性态变化引起的料柱结构改变的适应问题。从生产角度看，炉顶煤气循环耦合富氢低碳炼铁技术的关键问题是如何在保证煤气一次利用率的前提下提高氢碳置换比。CO 与 H_2 还原不同铁氧化物的难易及热效应不同，因此，需要合理的还原剂组成与温度制度匹配来实现高的氢碳置换比，操作层面上则主要体现在炉缸热质生成调控与循环煤气以及富氢煤气的喷吹制度上。

（1）高炉炉顶煤气循环。1970 年德国的 Wenzel 和 Gudenau 教授提出了氧气高炉概念，该工艺既能提高生产效率，又能外供高热值煤气，还为 CO_2 分离捕集进一步实现碳减排提供了可能，但是该工艺并没有实现工业应用。主要原因是，随着富氧率和煤粉喷吹量的增加，鼓风量和鼓风带入的物理热减少，使得炉身炉料加热不足，严重影响矿石的还原进程，使煤焦置换比下降，燃料比大幅升高。为解决上述问题，学者们提出了多种流程设想，理论计算表明：向炉缸和炉身循环喷吹脱除了 CO_2 并加热后的炉顶煤气可实现燃料比明显降低。

（2）高炉富氢还原。H_2 黏度低、密度小、导热性好（导热能力比其他气体强 7~10 倍），因此，将其喷吹进高炉内，会使煤气密度和黏度均减小，从而降低压差，并且能加速气体和炉料间的热交换，有利于提高煤气在高炉中的热能利用率。H_2 扩散速度是 CO 的 3.74 倍，能够更快地通过铁矿石孔隙到达反应界面，因此 H_2 与 CO 的体积比越高，还原速度越快。水煤气置换反应的存在也使 H_2 有促进 CO 还原的作用。因此，高炉间接还原得到显著发展。此外，热力学上，810℃以上 H_2 的还原能力强于 CO。钢铁联合企业的自产焦炉煤气用于高炉喷吹可能是有效发挥焦炉煤气价值的途径之一，无论其置换的是焦炭还是煤粉。富氢还原提高了炉料的预还原度，节约了直接还原耗热，但是喷吹富氢气体时，富氢气体预热后喷入高炉，与传统热风相比，风量减少且温度降低，导致风口热收入减少。与传统高炉相比，炉顶煤气循环耦合富氢高炉的热量供给仍然是风口前碳素燃烧和喷吹气体带入的物理热以及化学反应的热效应。但是，风口前存在 H_2、CH_4、CO、煤粉、焦炭等的竞争燃烧问题，如果碳氢气体在风口与氧气混合不好产生大量炭黑，必然影响 H_2 的利用率和炉况的顺行。因此，必须揭示炉顶煤气循环及富氢喷吹条件下风口回旋区复杂燃烧过程热量的高效生成及传递强化规律，为新工艺的开发提供科学指导。

（3）炉料性状及结构演变。在富氢碳热还原过程中，由于反应条件的改变，导致炉料反应的动力学过程发生重大改变。氢的加入不仅使铁氧化物还原反应平衡和反应极限发生改变，而且由于氢的特性造成的还原剂扩散能力与传统碳热还原过程差别很大，使得还原动力学过程和还原产物形态发生改变，进而影响到含铁炉料在炉内的还原进程、形态变化以及熔化行为；同时，由于氢参与铁氧化物还原的产物 H_2O 参与碳的熔损反应，使焦炭在炉内的变化过程更加复杂，进而影响高炉内焦炭的微观结构、强度演化以及最终的渗碳、熔损及燃烧过程。研究表明，高还原势气体会促进烧结矿的粉化，必须采用补热以缩短其在粉化温度区间的停留时间。有利的方面是富氢后在促进还原的同时会降低球团矿的膨胀，从而有利于料柱透气性。此外，同等浓度下，水蒸气比 CO_2 对焦炭的熔损能力更强，但是主要以均匀的微孔为主，等熔损率下焦炭强度下降不明显。上述研究结果表明，针对新型的炉顶煤气循环及富氢体系，有必要模拟其反应条件，对含铁炉料和焦炭的反应行为和性能演化进行系统研究，为新型高炉炉料结构的选择和低碳冶炼操作的制定提供依据。

（4）结论。

1）国内和国际发展形势要求中国钢铁工业必须走低碳化发展之路，对于中国以高炉-转炉流程为主的钢铁生产模式，全流程低碳的关键在于铁前工序的节能降碳。高炉炼铁未来仍将是中国钢铁生产过程中炼铁的主流，因此要实现中国碳排放强度降低的目标也必须基于现有高炉。而"炉顶煤气循环"和"富氢"耦合的高炉炼铁是最具有可行性且效果明显的低碳炼铁技术。

2）基于欧盟、日本低碳炼铁技术研发的经验和中国自身炼铁新技术的研发历程，笔者认为应在顶层设计的指引下组建低碳炼铁新技术研发联盟，由中国先进钢铁企业或钢铁企业联盟牵头，配套充足资金，集中优势科研力量，搭建低碳炼铁关键技术创新试验平台基地，研发低碳炼铁新技术，促进技术合作、技术交流、技术转化与知识产权共享，保障中国钢铁工业可持续发展。

2.4.3.5　氢冶金的一些基础研究及新工艺探索

为了阻止全球气候变暖，各国政府都高度重视无碳和低碳能源的开发和利用。氢能具有来源丰富、热效率较高、能量密度大、使用清洁、可运输、可储存、可再生等特点，已得到世界各国的普遍关注。发展氢经济成为 21 世纪世界经济新的竞争领域。中国应当审时度势，把建立取代化石能源的"氢经济"产业革命作为实现新型工业化、实现中国和平发展的重要战略目标。为此，1999 年的北京第 125 次香山科学会议上，徐匡迪院士提出了铁矿氢还原工艺设想，2002 年国家自然科学基金委员会在上海大学举办的冶金战略论坛上，徐匡迪院士再次提出了氢冶金的技术思想，国外冶金界纷纷提出氢冶金的战略设想。当前的氢冶金工艺有氢直接还原、氢熔融还原和氢等离子直接炼钢等工艺。氢冶金就是利用氢作为还原剂代替碳还原剂，减少 CO_2 排放，保证炼铁工业的可持续发展。

（1）氢的来源问题的探讨。钢铁生产规模巨大，大量氢从何而来是氢冶金必须面临的问题。目前成熟的制氢技术有石油类燃料的裂解转化、氧化等方法制氢和煤炭气化转化。该类技术使用的是高碳能源，仍然无法避免 CO_2 排放问题。此外，还涉及转化效率问题，因此不适合氢冶金。另外一种是水电解制氢，由于当前中国电能以煤发电为主，也存在 CO_2 排放问题，也不适合氢冶金。未来的制氢技术有微生物制氢、太阳能制氢和核能余热制氢，这些制氢技术无 CO_2 排放问题，虽然当前还无法实现大规模制氢，但为氢冶金的发展指明了方向。

1）燃冰制氢：20 世纪 70 年代，美国地质工作者在海洋中钻探时，发现可燃冰，可燃冰被称为"21 世纪能源"或"未来新能源"。对可燃冰全面了解的基础上，将会跟开采其他碳氢化合物一样开采。为此，可为钢铁企业提供大量氢资源。

2）废旧轮胎等制富氢还原气体：中国是世界上最大的汽车消费市场之一，汽车轮胎的消耗量也是与日俱增，接踵而来的大量废弃轮胎该如何处理才不会导致环境污染，已经成为一个严峻的现实问题。轮胎是高分子化合物（NR、SBR、BR 等）通过硫发生交联反应生成的。硫在轮胎中起到硬化橡胶并防止其高温变形的作用；炭黑用来强化橡胶并且增强摩擦阻力；加速剂、硬脂酸和氧化锌在轮胎生产过程中起到控制硬化过程及改善轮胎性能的作用。

在高温下，采用部分氧化技术，使废旧轮胎中的碳氢化合物在氧和水蒸气的作用下生成氢和一氧化碳，即：$C_nH_m+O_2+H_2 \rightarrow CO+H_2$，通过调节蒸汽的供给量来调节煤气中的氢含量，为氢冶金提供富氢还原气体，同时还实现了固体废弃物的回收利用。

（2）低温氢还原的基础研究。富氢煤气还原铁矿的生产工艺在 20 世纪中叶已实现了工业化，目前成熟的生产工艺有 Midrex 工艺和 HLY-Ⅲ工艺，然而，它们使用天然气和块矿。利用粉矿生产海绵铁虽然有许多的研究工作，但至今在生产过程中仍存在诸多问题，高温下还原后海绵铁黏结是关键问题。为了避免海绵铁黏结问题，提出了低温氢还原。低温氢冶金的关键技术是如何强化氢与铁矿的反应速度，提高生产效率。

（3）碳-氢熔融还原工艺及基础研究。氢冶金是钢铁工业的发展方向，但大规模廉价制氢方法还是难以在短期内商业化运行，此外，高磷矿的利用迫在眉睫。为此，在总结目前熔融还原工艺的基础上，提出了碳通过氧化成 CO 供热，再用 CO 制氢，氢作为还原剂还原铁矿的技术思想，为克服目前熔融还原存在的问题，实现降低能耗和合理利用资源，氢-碳熔融还原工艺中心思想是将碳作为热源和部分还原剂，用 H_2 作为重要还原剂。H_2 的来源是将炉气通过水煤气转化，即 $H_2O + CO = H_2 + CO_2$，通过变压吸附技术，将转化后的煤气中 CO_2 除去，通过煤气的转换实现 H_2 的循环利用。工艺原理为：

$$还原：\qquad Fe_2O_3 + 3H_2 === 2Fe + 3H_2O \qquad\qquad (2-4)$$

$$供热：\qquad\qquad 2C + O_2 === 2CO \qquad\qquad\qquad (2-5)$$

$$制氢：\qquad\qquad CO + H_2O === H_2 + CO_2 \qquad\qquad (2-6)$$

$$总反应：\qquad Fe_2O_3 + 3C + 3/2O_2 === 2Fe + 3CO_2 \qquad (2-7)$$

该工艺思想解决了当前熔融还原工艺碳直接还原需高热量和强还原气氛的矛盾。该工艺每吨铁的理论碳耗为 $30kg/t$。铁浴炉中铁氧化物的还原是一个非常复杂的过程，煤加入反应器中无法完全避免参与还原，因此，实际能耗要高于理论值。如何发挥氢气在熔融还原中的作用，是该工艺的关键。

在考察和总结目前熔融还原工艺（COREX、HISMELT、ROMELT、FINEX 等）的基础上，基于只能使用粉矿和煤的前提，提出铁粉矿终还原路线设想，如图 2-24 所示。

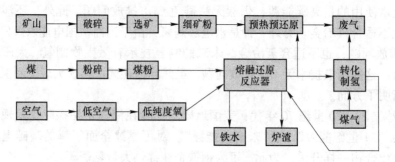

图 2-24　氢冶金工艺路线示意图

该工艺将终还原炉煤气预热到 $600 \sim 700℃$，预还原度 $30\% \sim 50\%$，用喷吹方式加入终还原炉。煤主要用作热剂，将其粉碎成煤粉，氧-煤燃烧为终还原炉提供热量。水煤气转化将终还原炉煤气中的 CO 转化为 H_2，从炉底吹入终还原炉作为部分还原剂。一方面利用了煤气中的化学热，另一方面降低了氢还原所需热量，从而减轻了炉缸的热负荷，有利于提高生产效率。由于炉渣中含 2% 左右的 FeO，有利于脱磷，生产铁水质量优于高炉。

（4）小结。可持续发展是中国经济运行必须遵守的原则，氢冶金是钢铁企业的发展方向之一。低温氢冶金不仅解决了环境问题，还开辟了钢铁材料生产新方法。碳-氢熔融还原工艺为利用高磷粉矿和非焦煤指明了方向。研究氢冶金工艺，探索氢冶金关键技术，开创环境友好新型生产方式将为中国经济腾飞和引领世界钢铁业提供机遇。

2.5 小 结

钢铁企业面临严峻的二氧化碳减排形势，建立全国性的碳排放交易市场势在必行，钢铁企业提前布局二氧化碳减排对企业生存具有重要意义。为了促进国内钢铁企业对减排二氧化碳技术的重视，应从国内外二氧化碳减排技术现状出发，同时从设备、原燃料、高炉操作等角度分析国内高炉减排二氧化碳的技术现状，重点研究认为探索焦炉煤气和生物质喷吹技术、生物质直接还原技术和废塑料促进高炉渣余热回收，推广烧结矿竖式冷却余热回收技术和高富氧高炉结合碳捕集封存技术等对于二氧化碳减排具有潜在应用价值。

相关企业必须高度重视二氧化碳减排技术，强化推进节能减排工作，注重细节管理，结合企业生产实际，灵活选择有效的减排手段，从生产环节以及烟集环节入手，双管齐下，尽可能地降低二氧化碳的排放，为企业的可持续健康发展增添动力，贯彻落实节能环保要求，为可持续发展战略贡献自己的力量。

思 考 题

2-1 针对钢铁企业 CO_2 排放的现状并结合其生产工艺和运行管理，对 CO_2 的减排如何分类？

2-2 近年来，连铸工序技术实现了哪些进步？

2-3 发展氧气高炉目前还存在哪些关键性问题？

2-4 双层布料和富氧烧结分别改善哪些问题？

2-5 我国目前有哪几种钢铁生产工艺？

2-6 钢铁厂的碳流程以及低碳、脱碳方法？

2-7 我国钢铁行业 CO_2 减排途径有哪些？

2-8 除钢铁企业减少 CO_2 排放外，对于长远目标的新减排 CO_2 技术有哪些？

2-9 对比中国和欧洲钢铁低碳技术路线的差异及原因。

2-10 钢铁企业 CO_2 减排技术有哪些启示？

参 考 文 献

[1] 李光强，朱诚意. 钢铁冶金的环保与节能 [M]. 北京：冶金工业出版社，2010.

[2] 张琦，张薇，王玉洁，等. 中国钢铁工业节能减排潜力及能效提升途径 [J]. 钢铁，2019，54 (2)：13~20.

[3] 赵沛，董鹏莉. 碳排放是中国钢铁业未来不容忽视的问题 [J]. 钢铁，2018 (8)：1~7.

[4] 吉立鹏，张丙龙，曾卫民. 基于石灰窑回收 CO_2 用于炼钢的关键技术分析 [J]. 中国冶金，2019，29 (3)：49~52.

[5] 朱荣，毕秀荣，吕明. CO_2 在炼钢工艺的应用及发展 [J]. 钢铁，2012，47 (3)：1~5.

[6] 陈伯瑜. 转炉连铸工序持续不断的技术进步 [C] // 中国钢铁年会论文集. 北京：冶金工业出版社，2001：699~703.

[7] 吴胜利. 钢铁冶金学 (炼铁部分) [M]. 4 版. 北京：冶金工业出版社，2019.

[8] 郭汉杰，孙贯永. 非焦煤炼铁工艺及装备的未来 (2)——气基直接还原炼铁工艺及装备的前景研究 (下) [J]. 冶金设备，2015 (4)：1~9，33.

[9] 郭汉杰，孙贯永. 非焦煤炼铁工艺及装备的未来 (2)——气基直接还原炼铁工艺及装备的前景研究

（上）[J]. 冶金设备, 2015 (3)：1~13.

[10] 刘浩, 钱晖. 宝钢 COREX 煤压块技术分析 [J]. 钢铁, 2015, 50 (1)：27~30.

[11] 徐少兵, 许海法. 熔融还原炼铁技术发展情况和未来的思考 [J]. 中国冶金, 2016, 26 (10)：33~39.

[12] 郑少波. 氢冶金基础研究及新工艺探索 [J]. 中国冶金, 2012, 22 (7)：1~6.

[13] 张京萍. 拥抱氢经济时代全球氢冶金技术研发亮点纷呈 [J]. 柳钢科技, 2019 (6)：58~59.

[14] 齐渊洪, 高建军, 周渝生, 等. 氧气高炉的发展现状及关键技术问题分析 [C]//全国冶金节能减排与低碳技术发展研讨会. 2011：80~86.

[15] 王广, 王静松, 左海滨, 等. 高炉煤气循环耦合富氢对中国炼铁低碳发展的意义 [J]. 中国冶金, 2019：1~6.

[16] 张生军, 赵奕程, 李鑫, 等. 高炉喷吹技术进展 [J]. 现代冶金, 2013 (6)：1~4.

[17] 王瑞军. 高炉喷吹焦炉煤气进展 [J]. 包钢科技, 2019, 45 (1)：36~40.

3 钢铁制造的 SO_2 治理技术

[本章提要]

本章介绍了钢铁生产过程中 SO_2 的排放现状，SO_2 对环境、社会及人类造成的危害，湿法脱硫与干法脱硫工艺对比，钢铁企业中 SO_2 的治理方法，分类对比及应用前景。

3.1 钢铁生产过程的 SO_2 排放

3.1.1 概述

钢铁行业是国家的基础工业，在国民经济中占有重要的地位。同时它又是高能耗、高物耗、重污染的行业。钢铁联合企业拥有从烧结、焦化、炼铁、炼钢、轧钢以及能源公辅设施等完整的生产体系，是资源、能源消耗和污染物排放大户。钢铁生产在其加热的过程中产生大量的烟气和 SO_2。随着我国环境质量要求的提高以及总量控制的需要，若不对其进行治理，环保指标将制约其产能的扩张。所以要从源头和生产的全过程控制资源消耗和污染物产生，及时采取综合治理措施以期达到改善环境质量的目的。

钢铁生产产生的废气量大，主要污染物为一氧化碳、二氧化碳、二氧化硫、烟尘、粉尘等。排放含 SO_2 废气的主要工序有焦化、烧结、炼钢、轧钢加热炉以及辅助设施中的热力锅炉。从某大型（700 万吨钢/年规模）钢铁联合企业的环境影响评价来看，由于焦炭、焦炉煤气的使用贯穿于整个钢铁企业各个工序，各工序均有含硫的废气或废水产生。因此硫化物的污染问题普遍存在于钢铁企业各个部位。原燃料带入的硫有近 60% 进入固体废物，这部分以硫化合物的形式存在，对环境影响较小，有 30% 左右的成为气态 SO_2、H_2S，随废气外排大气，造成空气污染，产品带走的不足 10%，很少的硫进入污水。

烧结生产是炼铁过程中的一个重要过程，可以改善铁矿石的冶金性能，去除原料中的有害杂质。但是烧结产生的废气量大，对大气的污染严重。有资料显示，2002 年，全国钢铁工业烧结烟气中 SO_2 排放量为 58.3 万吨，占整个钢铁行业 SO_2 排放量的 50%~60%。随着国家对 SO_2 限量排放的要求越来越高，城市性钢铁厂的烧结机烟气将被强制进行脱硫。目前，国内外烟气脱硫的方法有很多种，这些方法的应用主要取决于烟气的含硫率、脱硫效率、脱硫剂的供应条件及用户的地理位置、副产品的利用等因素。脱硫工艺相同但在不同的地区，其脱硫成本将不尽相同。因为它不但影响到脱硫系统的安全可靠运行，而且也直接关系到脱硫系统的运行成本等实际问题。因此，应该根据各钢铁企业的具体情况选择最适合的脱硫方法。

3.1.2 SO_2 的排放现状

目前，我国城市的大气污染十分严重，我国是世界上大量生产与消费煤炭的主要国家之一，以煤为主的能源结构、不成熟的脱硫技术以及排污收费标准偏低等一系列原因造成我国二氧化硫污染严重的事实，对社会环境产生很大的污染。SO_2 在大气中容易与水反应产生酸雨，使我国成为三大酸雨区之首，而且其范围不断扩大、危害程度加剧。目前酸雨区面积已占国土面积的 29%，酸雨对生态环境会造成极大的危害。SO_2 既是污染环境的罪魁祸首，又是宝贵的硫资源。我国是一个缺硫的国家，因为硫资源不足，影响磷肥的生产，致使氮磷化肥的比例严重失调，影响农业增产。如果我国在治理 SO_2 污染的同时能回收一部分硫资源，则可在很大程度上缓解我国目前硫资源紧张的局面，从而变废为宝。因此，加强对钢铁企业二氧化硫排放与治理的研究有着重要的现实意义。

随着社会经济的不断发展，我国煤炭的勘探与开采也是日益进步，但是在火电行业飞速发展的同时引发了二氧化硫的大量排放，使得我国燃煤火电厂的二氧化硫废气治理面临极其严峻的形势。火电厂二氧化硫排放量占全国工业二氧化硫排放量的 42%，并且还有逐年递增的趋势，而其去除率却一直保持在一个较低的水平；大型火电厂又是火电厂中二氧化硫的排放大户，而且主要集中于广东、江苏、河北、山东、河南等几个省。燃煤烟气中的 SO_2 是我国目前最主要的 SO_2 污染源，其量大面广，治理难度最大。

国内的二氧化硫污染源可归纳为三个方面：（1）硫酸厂尾气中排放的二氧化硫；（2）有色金属冶炼过程排放的二氧化硫：如铜、铅、锌、钴、镍、金、银等都是硫化矿，硫含量大，在冶炼过程中排放出大量的二氧化硫，由于受冶炼技术的限制，部分烟气的二氧化硫浓度较低，不能直接用于制造硫酸，形成二氧化硫污染；（3）燃煤烟气中的二氧化硫：我国煤炭产量居世界第一位，是以煤炭为主要能源的国家，煤炭在一次能源中约占 75%，大多为高硫煤（硫含量 2.5%），在全国煤炭的消费中，占总量 84% 的煤炭被直接燃用，燃烧过程中排放出大量的二氧化硫，特别是火力发电站及炼焦化工等行业，燃煤二氧化硫排放占总二氧化硫排放量的 85% 以上，造成严重的大气污染。据统计，我国大气排放的 SO_2 近 2000 万吨，目前居世界首位，造成的损失超过 1100 亿元。大量二氧化硫的排放，使我国的酸雨污染面积迅速扩大，经济损失严重，每年仅酸雨污染给森林和农作物造成的直接经济损失达几百亿元。为了进一步响应国家"十二五"规划的政策，进一步提升我国环境的整体质量，加快国产脱硫技术和设备的研究、开发、推广和应用，实现酸雨和 SO_2 污染控制成为了首要目标。因此，控制 SO_2 和酸雨污染是我国环保工作的中心任务之一，且研究开发适合我国国情的烟气脱硫技术和装置，以及吸收消化国外先进的脱硫技术是当前的迫切任务。

研究表明，我国大气中 87% 的 SO_2 来自煤和石油的燃烧，另外还有含硫金属矿的冶炼及硫酸工业、天然硫黄的直接氧化、机动车尾气、动植物的腐烂及硫化氢在空气中氧化等。根据环保部公布的《全国环境统计公报（2013 年）》，2013 年全国废气中 SO_2 排放量为 2043.9 万吨。其中，工业 SO_2 排放量为 1835.2 万吨，占总排放量的 89.8%，主要集中在火电、冶金、建材、石油化工等行业，城镇生活 SO_2 排放量为 208.5 万吨，占总排放量的 10.2%。因此，有效控制工业 SO_2 的排放，是解决酸雨问题的重点。而此时，了解我国 SO_2 污染现状及其成因，对于制定我国 SO_2 污染控制对策，可起到积极的促进作用。我国 SO_2 污染现状及成因主要表现在以下几个方面：

（1）长期以来，我国能源结构及工业结构的布局不合理，造成 SO_2 排放量大，局部地区 SO_2 污染严重。

（2）在过去很长一段时间，我国的经济增长方式是粗放型的，主要靠内涵扩大再生产，导致盲目无序地发展小火电以及容量小的锅炉投产运行。

（3）由于不少城市在制定城市发展规划与建设时，未能从城市可持续发展角度来把能源规划纳入城市总体规划中，切实解决城市能源结构与分配布局，集中供热、供气、热电联产、型煤等一系列问题。

（4）工业型煤和炉前成型煤技术研究进度缓慢。用型煤替代原煤燃烧，可提高锅炉热效率5%，节煤10%左右，减少 SO_2 40%（加固硫剂），但由于成本高，一次性投资大，未能被大多数企业采用，尤其是工业型煤普及率低。

（5）煤种供应不对路，煤炭洗选加工及动力配煤能力差，使高硫、颗粒煤粉直接入炉造成污染。

（6）脱硫技术没有得到普遍使用（特别是中小污染源基本没有采取脱硫措施），脱硫技术开发滞后。

按照时间顺序，我国大气污染治理先后走过了除尘、脱硫、脱硝的历程。近年来，伴随排放标准的加严，对减排烟尘和 SO_2 提出了更高的要求，更为科学全面、先进高效的治理措施和技术得到广泛应用。与此同时，挥发性有机物的治理也越来越受到重视，具体体现在涉及的治理行业不断拓宽、控制要求不断提高。毫无疑问，当前和今后较长的一段时间，减轻大气雾霾（$PM_{2.5}$）污染，将是大气污染控制的中心任务。从主要成分看，$PM_{2.5}$ 的主要组成是有机物、硝酸盐、硫酸盐、地壳元素和铵盐等。在典型城市的大气 $PM_{2.5}$ 中，约2/3是由气态污染物转化生成的二次细粒子。因此，除采用先进技术和装备进一步提高除尘效率、减少一次细粒子的排放之外，脱硫是大气污染控制工程的重点之一，也是本章的主要内容。

3.1.3　SO_2 的危害

SO_2 是一种无色具有强烈刺激性气味的气体，它常常跟大气中的飘尘结合在一起，进入人和其他动物的肺部，或在高空中与水蒸气结合成酸性降水，对人和其他动植物造成危害。由于 SO_2 易溶解于人体的血液和其他黏性液中，可导致呼吸道等多种疾病，并降低人体免疫力，影响青少年生长发育。同时，废气中的 SO_2 对动植物危害极大，它影响植物生长机能，在高浓度下甚至对植物产生急性危害，使植物枯萎；还可腐蚀钢结构等，造成大量金属腐蚀，产品产量和品质下降；威胁工业设施、生活设施和交通设施的安全，造成生命和财产损失，生态环境受到破坏。因此，对 SO_2 进行治理不仅能够保护动植物和生态环境，改善人类的生存环境，还能减少经济损失。

SO_2 还能在光化作用下与空气中的水反应生成硫酸，形成所谓的酸雨。由于 SO_2 形成的酸雨和酸雾排放量大，产生及污染面广，对环境的影响非常突出。随着全球工业发展和人口增长，环境酸化已成为当代严重的区域性问题之一，并且酸化趋势还在逐年加重。世界上许多地区出现了酸雨现象，西欧、北美一带尤为严重。天然雨水的 pH 值是雨水中 CO_2 饱和时的 pH 值。1标准大气压，25℃时，雨水的 pH=5.6。pH 值小于 5.6 的雨水则为酸雨。我国最近几年有关酸雨研究表明：长江以南酸雨区域已连成一片，并向长江以北蔓延，甚至在东北地区的丹东和东海海域也发现较强的酸性降水，降水的酸度不断升高，出现了世界罕见的降水 pH 值年均低于 4 的地区，这说明酸雨污染在我国正随着工业的飞速发展而逐渐扩大。酸雨对环境有多方面的危害：使土壤变酸，损害农作物和林木生长；使河流、湖泊以及地表水酸化，危害渔业生产（pH 值小于 4.8 时鱼类就会消失），污染饮用水源；酸雨还会腐蚀建筑物、工厂设备和文化古迹；危害人类健康破坏生态平衡。二氧化硫还是酸雨的重要来源，酸雨给地球生态环境和人类社会经济都带来严重的影响和破坏。目前我国有 40% 的地区常有酸雨发生，全国每年由此产生的经济损失达 200 多亿元，酸雨已成为当代全球性的环境问题之一，扼制酸雨泛滥是人类可持续发展的重要任务之一。

二氧化硫是大气中的主要污染物之一，是衡量大气是否遭到污染的重要标志。世界上有很多城市发生过二氧化硫危害的严重事件，使很多人中毒或死亡。在我国的一些城镇，大气中二氧化硫的危害较为普遍且严重。二氧化硫进入呼吸道后，因其易溶于水，故大部分被阻滞在上呼吸道，在湿润的黏膜上生成具有腐蚀性的亚硫酸、硫酸和硫酸盐，使刺激作用增强。上呼吸道的平滑肌因有末梢神经感受器，遇刺激就会产生窄缩反应，使气管和支气管的管腔缩小，气道阻力增加。上呼吸道对二氧化硫的这种阻留作用，在一定程度上可减轻二氧化硫对肺部的刺激，但进入血液的二氧化硫仍可通过血液循环抵达肺部产生刺激作用。

我国是世界产煤和燃煤大国，由燃煤排放的二氧化硫造成的酸雨已影响到全国 40% 近 400 万平方千米的区域，且还在扩大。1998 年国务院批文正式确定了控制二氧化硫污染的政策和措施，对二氧化硫排放进行总量控制。如到 2010 年二氧化硫排放量控制在 2000 年排放水平之内，"两控区"内所有城市环境空气二氧化硫浓度全部达到国家标准，酸雨控制区降水 pH < 4.5 地区的面积要明显减少，新建、改建燃煤含硫量大于 1% 的电厂必须建立脱硫设施。

3.2　治理 SO₂ 的工艺原理及方法分类

3.2.1　SO₂ 的治理原理

控制 SO₂ 排放已成为火电厂不可回避的问题。矿物燃料燃烧时控制排放 SO₂ 的对策有四个：（1）改用低硫燃料，如改用天然气，液化天然气，低硫油及低硫煤等；（2）使用脱硫煤或脱硫油；（3）建造高烟囱加强大气扩散；（4）使用烟道气脱硫。具体方法如下：

（1）改用低硫燃料。根据全球天然气蕴藏量与供求的情况，大规模使用天然气取代煤作为燃料并不是可行途径。以我国为例，进口液化天然气虽说是一个潜在的解决办法，但是成本将会大大增高。同时，更多地依赖国外市场提供清洁的燃料不可靠也不切合实际。从美国等一些国家的对策来看，使用原油或脱硫油对于小型工业和沿海地区的电厂可能是长期有效的方法。但是，尽管低硫原油可从国外获得，然而合理的能源政策还必须以国内为主。显然，对国内含硫较高的煤和石油进行脱硫处理及开发低硫燃料市场是必要的。

（2）煤和石油的脱硫。煤所含的硫可分为有机硫和无机硫两类。无机硫化合物（如黄铁矿）以分散的颗粒形态出现，可用重力洗选法进行物理除硫。黄铁矿与有机硫的比率因矿区而异。一般情况下，黄铁矿中硫含量为 40% 或稍低些，用水洗可使含硫总量减少 1%。有机硫则在煤的炭化过程中与碳原子结合于煤的母体中。因此，排除有机硫需用复杂、高费用的化学方法，例如煤的气化，或者把煤转化为合成油或固体物质等。国内外研究脱硫的方法包括：供料方法、气化阶段的供热方法、用固定床或流动床实现反应物接触的方法以及使用不同气化介质等。

用煤生产合成液体燃料也是一种较好的工艺方法。煤和石油在化学成分方面的重要差别是石油所含的氢比煤多。煤中的氢与碳原子数比值约为 0.7~0.9，而石油在 1.6 左右。因此，要用煤生产液态燃料，就必须在工艺过程中加入所需的氢。若无法从其他来源获得氢，则煤的液化通常要包括煤制氢这一中间步骤。用煤制取合成气体与液体燃料在技术上并不成问题，且能做到基本上不含硫。根据国外分析，尽管煤的脱硫费用昂贵，但与烟道气的脱硫费用相近。因此，这两种工艺技术将会同时进一步开发与利用。

石油脱硫已有实用的工艺。尽管脱硫费用高昂，但不存在技术上的困难问题。我国煤的储量丰富，煤在我国能源结构中将继续占据重要地位。因此，必须推动含硫量大于 0.5% 的煤的脱硫技术的发展。

(3) 建造高烟囱。目前，钢铁行业常见的 SO$_2$ 节能减排与控制方法主要包括高烟囱扩散稀释法、低硫原料配入法以及烟气脱硫法。钢铁生产过程中，SO$_2$ 的产生来源为原料煤和铁矿石，原料与燃料的含硫量直接与其产地相关。因产地不同，含量上下浮动能够达到 10 倍。因此，减少钢铁原料中硫含量是最为有效的 SO$_2$ 排放控制方法之一，且能够从源头上减少污染物质的排放，是首选的污染治理方法。选择原料与燃料时，钢铁行业采购人员需要结合企业生产需求选择适合的材料进行购买，尽可能地减少原料中的硫含量，以有效减少生产过程中 SO$_2$ 与其他污染物的排放。但是由于原料供应量以及成本的影响，普遍应用含硫少的原料与燃料的难度较大。高烟囱扩散稀释法是当前火电厂与钢铁企业普遍采取的一种减排方法，主要利用高烟囱进行地面与低空中 SO$_2$ 浓度的稀释，减少大气中 SO$_2$ 的排放量。高烟囱扩散稀释法成本较低，技术要求不高，是我国较为常用的钢铁废气控制排放方法。随着科学技术的发展以及各项环境保护技术的成熟，高烟囱扩散稀释法逐渐演变为烟气脱硫技术，可以使 SO$_2$ 的排放得到更有效的控制。

(4) 烟道气脱硫。要实现二氧化硫污染控制目标，关键是加快国产脱硫技术和设备的研究、开发、推广和应用，国内外早已对 SO$_2$ 脱硫进行研究。目前国内外采用的脱硫技术中，大多数采用的方法仍然是烟气脱硫。

从烟囱排出的烟气中脱除 SO$_2$。控制燃煤二氧化硫的方法分三种（湿法、干法和半湿半干法）。而烟气脱硫的方法按吸收剂和脱硫产物含水量的多少可分为两类：1) 湿法使用石灰水淋洗烟气，SO$_2$ 变成亚硫酸钙或硫酸钙的浆状物，即采用液体吸收剂洗涤以除去 SO$_2$；2) 干法是用浆状石灰石喷雾与烟气中的 SO$_2$ 反应，生成硫酸钙，水分被蒸发，干燥颗粒用集尘器收集，即用粉状或粒状吸收剂、吸附剂或催化剂以除去 SO$_2$。这两种方法都可使烟气中的 SO$_2$ 脱除 90% 以上。其中湿法烟气脱硫（FGD）以其良好的性能得到广泛应用，被认为是控制二氧化硫污染最行之有效的途径之一。

烟道气的脱硫方法包括：1) 脱硫过程，使包含二氧化硫的烟道气与包含镁化合物的吸收液体接触，吸收并除去烟道气中的二氧化硫；2) 氧化过程，来自脱硫过程处理过的液体用含氧气体进行处理；3) 双分解过程，来自上述氧化过程处理过的液体再与碱性钙化合物反应，来自双分解过程并在双分解过程中再生的包含氢氧化镁的浆液以包含石膏二水合物的状态返回脱硫过程或氧化过程。其中脱硫过程吸收液体的 pH 值保持在 5.5~7.0，其化学需氧量保持在不超过由吸收液体中硫酸镁浓度所确定的上限值。

3.2.2 湿法脱硫

采用与二氧化硫容易进行反应的化合物，溶解于水或形成悬浊液作为吸附剂来洗涤所排除的烟气，把烟气中的二氧化硫和三氧化硫转化为液体或固体化合物，从而把它们从排出的烟气中分离开来。常用的湿法脱硫技术有石灰石-石膏法、钠碱法和氨水吸收法等。

工艺特点：

（1）湿法烟气脱硫技术为气液反应，反应速度快，脱硫效率高（一般均高于 90%）。

（2）湿法脱硫技术比较成熟，适用面广。生产运行安全可靠，在众多的脱硫技术中，始终占据主导地位，占脱硫总量的 80% 以上。

（3）生成物是液体或淤渣，较难处理，设备腐蚀性严重。

（4）洗涤后烟气温度降低，影响烟气上升高度，需再热。

（5）能耗高，占地面积大，投资和运行费用高，且系统复杂，设备庞大，耗水量大，一次性投资高，一般适用于大型陶瓷窑炉。

3.2.3 干法脱硫

干法烟气脱硫是指应用粉状或粒状吸收剂、吸附剂或催化剂来脱除烟气中的 SO$_2$，即采用粉状脱硫剂在干态下与燃煤产生的二氧化硫反应，去除烟气中的二氧化硫。常用的干法脱硫技术有 MEROS 法和活性炭吸附法等。

工艺特点：

（1）由于反应无液相介入，反应产物为干粉状，因此不产生废水、腐蚀等问题。

（2）工艺过程简单，无污水、污酸处理问题，能耗低，特别是净化后烟气温度较高，有利于烟囱排气扩散，不会产生"白烟"现象。

（3）净化后的烟气不需要二次加热，腐蚀性小。

（4）脱硫效率较低，设备庞大，投资大，占地面积大，操作技术要求高。

（5）干粉状的钙基脱硫剂对二氧化硫的吸收、吸附速度慢，钙基脱硫剂利用率和脱硫效率均很低。

3.2.4 半干法脱硫

半干法烟气脱硫工艺用于电厂始于 20 世纪 80 年代。其脱硫工艺是利用含有石灰（氧化钙）的干燥剂或干燥的消石灰（氢氧化钙）吸收二氧化硫，也可以使用含适当碱性的飞灰。常用的半干法脱硫技术有循环流化床法、旋转喷雾法和密相干塔法等。

任何干法烟气脱硫工艺中，关键的控制参数都是反应区内，即反应器及其后的除尘器内的烟气温度。在相对湿度为 40% 至 50% 时，消石灰活性增强，能够非常有效地吸收二氧化硫。烟气的相对湿度是利用给烟气内喷水的方法提高的。在传统的干法烟气脱硫工艺中，水和石灰是以浆液的状态（不论是否循环）注入烟气的，但水分布在粉料微粒的表面，水在其中的含量仅占百分之几。这样，吸收剂的循环量比传统干法烟气脱硫要高得多，即用于蒸发的表面积非常大。进入烟气的粉料的干燥时间非常短，所以它可以采用比传统喷雾干燥技术小得多的反应器。提高了烟气的相对湿度，足以在典型的干法脱硫操作温度或高于饱和温度 $10 \sim 20 \text{℃}$（实践中这一温度范围是 $65 \sim 75 \text{℃}$）的条件下激活石灰吸收二氧化硫。

水在增湿搅拌机中加入吸收剂，然后才注入烟气。半干法技术的独到之处是所有的循环吸收剂都要在搅拌机中增湿，这样可以最大限度地利用循环吸收剂。经过活化和干燥之后，烟气中干燥的循环粉料在高效的除尘器，最好是袋式除尘器中被分离出来，进入搅拌机，补充石灰也是在这里加入的。注入搅拌机的水量要保证恒定的烟气出口温度。控制系统以烟气的出入口温度为基础，以烟气量为辅助，采用前馈信号控制，并有反馈微调。出口的 SO₂ 也采用类似的方法进行控制，入口和出口的 SO₂ 浓度加上烟气流量决定石灰的加入速率。副产品收集在除尘器灰斗内，当达到回斗的最高料位时，副产品溢流排出。

工艺特点：

（1）具有较高的脱硫效率和较低的钙硫比，脱硫效率可达 90% 以上，钙硫比小于 1.3。

（2）具有与静电除尘器、布袋除尘器适应性强的特点，对原有除尘器无影响。

（3）在接近烟气绝热饱和温度下运行，且高于酸露点温度 15℃ 以上，不存在酸腐蚀及带水情况。

（4）系统简单，检修维护量小，投资费用低，占地面积少。工程实施场地适应性好，尤其适合于老机组改造项目。

（5）脱硫产物呈干态，并与飞灰相混；脱硫副产物为干粉状，与粉煤灰一并处理，无二次污染产生。

（6）无须装设除雾器及烟气再热器，且设备不易腐蚀，不易发生结垢及堵塞。

（7）吸收剂的利用率低于湿法烟气脱硫工艺，用于高硫煤时经济性差。

（8）飞灰与脱硫产物的相混可能影响综合利用，且对干燥过程控制要求很高。

冶炼厂烧结烟气脱硫是环保关卡之一，具有烟气量特别大、温度高、SO₂ 浓度低、烟气成分相对复杂、脱硫技术难度大等特点。国内外脱硫工艺中钙法技术比较成熟，脱硫产物为石膏。钙法一次投资大，工艺复杂维护量大，运行成本高，且我国是天然石膏产量大国，脱硫产物没有市场，只能抛弃，导致占用大量土地。这些缺陷使得该技术前景不容乐观。研究、开发适合我国国情，既能满足环保要求，又能为企业乐于接受的先进脱硫技术十分重要。氨法脱硫技术近年来备受大家的关注，其工艺简单，前期投资少，日常维护量少，脱硫产物为化肥，其运行费用可通过副产物销售大幅度降低。

3.3 钢铁企业 SO₂ 治理方法及应用案例

目前，世界范围内的脱硫技术多种多样，达数百种之多。按脱硫工艺在燃烧过程中所处位置不同可分为：燃烧前脱硫、燃烧中脱硫、燃烧后脱硫以及煤转化过程中脱硫。

燃烧前脱硫主要是洗煤、煤的气化和液化。洗煤仅能脱去煤中很少一部分硫，只可作为脱硫的一种辅助手段；煤气化和液化脱硫效果好，是解决煤炭作为今后能源的主要途径。但目前从经济角度看，还不能与天然气及石油竞争。

　　燃烧中脱硫主要方式是循环流化床锅炉，循环流化床锅炉是近年来在国际上发展起来的新一代高效、低污染清洁燃烧技术，具有投资省、燃料适应性广等优点，是一种正在高速发展，并正在迅速得到商业推广的方法。但循环流化床燃烧技术在锅炉容量上受到限制，主要用于 135MW 以下机组。

　　燃烧后脱硫技术，即烟气脱硫技术（FGD）是公认的控制 SO_2 行之有效的途径，是目前唯一大规模商业应用的脱硫方式。烟气的脱硫工艺较多，按脱硫剂和脱硫产物的干湿状态可分为三大类，即湿法脱硫技术（脱硫剂和副产物均为湿态）、干法脱硫技术（脱硫剂和副产物均为干态）和半干法脱硫技术（脱硫剂在干态下脱硫，在湿态下再生，或脱硫剂在湿态下脱硫，脱硫产物为干态）；按使用的脱硫剂的种类，可分为以 $CaCO_3$（石灰石）为基础的石灰石-石膏法、以 MgO 为基础的镁法、以 Na_2SO_3 为基础的钠法、以 NH_3 为基础的氨法，以及以有机碱为基础的碱法；按副产品处置方式，又可分为抛弃法和回收再利用法。尽管报道的脱硫工艺有 200 余种，然而真正实现工业化应用的却只有十几种。本章着重以湿法、干法、半干法为分类主线介绍行业中常用的脱硫工艺及其应用。

3.3.1　石灰石-石膏法

　　石灰石-石膏法烟气脱硫工艺是目前应用最广泛、技术最成熟的脱硫技术，是我国电厂应用最多（约占 80%）、在烧结球团行业应用也较多的脱硫技术，日本、德国、美国的火力发电厂采用的烟气脱硫装置约 90% 采用该工艺。

　　我国煤的含硫量多在 0.5%~3.5% 之间。在燃烧过程中，硫被氧化为 SO_2，烟气中 SO_2 的体积浓度在 $(368\sim2579)\times10\%$ 之间，SO_2 含量在 $(7\sim52)\times10\%$ 之间。表 3-1 为某电厂脱硫前后烟气介质及浓度（标准状态下）。

表 3-1　脱硫前后烟气介质浓度与温度变化（设 GGH 装置）

脱硫状态	烟气介质/$mg \cdot m^{-3}$					H_2O（体积分数）/%	温度/℃
	SO_2	SO_3	SO_x	HCl	HF		
脱硫前	2180.0	110.0	2268.0	50.0	25.0	7.20	130
脱硫后	108.8	65.9	161.5	2.5	1.2	11.03	75

　　可见脱硫对于 SO_2、HCl、HF 的脱除效率都超过了 95%，但对于 SO_3 仅脱除 40%。脱硫后其烟气温度降幅很大，但湿度大幅度提高。早期为了提升烟气的抬升高度，湿法脱硫过程中安装了烟气换热器（GGH），使得从吸收塔排出的净烟气（50℃左右）被加热到 80℃左右。2006 年后，由于 GGH 在运行过程中积灰、结垢严重，影响了整个脱硫装置的正常运行，于是，随后建造的脱硫装置几乎都取消了 GGH。

　　未设 GGH 的湿法脱硫烟气湿度呈饱和状态，其冷凝酸液的 pH 值为 1~3。表 3-2 为某电厂烟囱冷凝酸液检测结果。

表 3-2　某电厂烟囱冷凝酸液检测结果

检测项目	1 号样	2 号样
pH 值	2.48	2.45
Ca^{2+}/$mg \cdot L^{-1}$	33.5	32.1

续表 3-2

检测项目	1 号样	2 号样
$Mg^{2+}/mg \cdot L^{-1}$	4.01	4.13
$TFe/mg \cdot L^{-1}$	5.31	5.09
$Na^+/mg \cdot L^{-1}$	0.12	0.10
$HCO_3^-/mg \cdot L^{-1}$	0.00	0.00
$CO_3^{2-}/mg \cdot L^{-1}$	0.00	0.00
$Cl^-/mg \cdot L^{-1}$	5.00	5.10
$NO_3^-/mg \cdot L^{-1}$	20.9	21.1
$SO_4^{2-}/mg \cdot L^{-1}$	275	301
$SO_3^{2-}/mg \cdot L^{-1}$	0.95	1.44

根据《烟囱设计规范》（GB 50051—2013）的规定，湿法脱硫烟气为强腐蚀性湿烟气，经过烟气换热器（GGH）加热后的湿法脱硫烟气为强腐蚀性潮湿烟气。

3.3.1.1 工艺原理

石灰石-石膏法脱硫工艺的工作原理是：采用石灰石粉制成浆液作为脱硫剂，进入吸收塔与烟气接触混合，浆液中的碳酸钙与烟气中的 SO_2 以及鼓入的氧化空气进行化学反应，最后生成石膏。经吸收塔排出的石膏浆液经浓缩、脱水，使其含水量小于 10%，然后用输送机送至石膏贮仓堆放。脱硫后的烟气经过除雾器除去雾滴，再经过换热器（GGH）加热升温后经烟囱排入大气，烟气排放温度约 80℃。当不经 GGH 直接排放时，烟气排放温度约 50℃。吸收液通过喷嘴雾化喷入吸收塔，分散成细小的液滴并覆盖吸收塔的整个横截面。这些液滴与塔内烟气逆流接触，发生传质与吸收反应，烟气中的 SO_2、HCl、HF 被吸收。SO_2 吸收产物的氧化和中和反应在吸收塔底部的氧化区完成并最终形成石膏。为了维持吸收液恒定的 pH 值并减少石灰石耗量，石灰石被连续加入吸收塔，同时吸收塔内的吸收剂浆液被搅拌机、氧化空气不停地搅动，以加快石灰石在浆液中的均匀和溶解。在吸收塔内吸收剂经循环泵反复循环与烟气接触，吸收剂利用率很高，钙硫比较低，一般不超过 1.05，脱硫效率超过 95%。

石灰石-石膏法烟气脱硫的基本反应过程如下，其反应体系包括吸收溶解、酸的离解、与石灰石的化学反应以及氧化和结晶过程。

（1）吸收塔中 SO_2、SO_3 溶解于水，生成亚硫酸和硫酸：

$$SO_2 + H_2O === H_2SO_3$$
$$SO_3 + H_2O === H_2SO_4$$

（2）酸的离解：

$$H_2SO_3 === H^+ + HSO_3^- \quad (较低 pH 值)$$
$$HSO_3^- === H^+ + SO_3^{2-} \quad (较高 pH 值)$$

（3）与石灰石反应：

$$CaCO_3(固态) + 2H^+ === Ca^{2+} + CO_2 + H_2O$$
$$Ca^{2+} + SO_3^{2-} === CaSO_3$$

（4）氧化与结晶反应：

$$HSO_3^- + \frac{1}{2}O_2 \Longrightarrow SO_4^{2-} + H^+$$

$$CaCO_3 + 2H^+ + SO_4^{2-} \Longrightarrow CaSO_4 + H_2O + CO_2$$

$$CaSO_4 + 2H_2O \Longrightarrow CaSO_4 \cdot 2H_2O$$

3.3.1.2　工艺流程

石灰石-石膏法脱硫工艺主要由吸收剂制备、吸收塔、烟气系统、氧化系统以及石膏脱水系统等构成，图 3-1 为石灰石-石膏法脱硫工艺流程图。锅炉烟气经电除尘器除尘后，通过增压风机、GGH（可选）降温后进入吸收塔。在吸收塔内烟气向上流动且被向下流动的循环浆液以逆流方式洗涤。循环浆液则通过喷浆层内设置的喷嘴喷射到吸收塔中，以便脱除 SO_2、SO_3、HCl 和 HF，与此同时在"强制氧化工艺"的处理下反应的副产物被导入的空气氧化为石膏（$CaSO_4 \cdot 2H_2O$），并消耗作为吸收剂的石灰石。

循环浆液通过浆液循环泵向上输送到喷淋层中，通过喷嘴进行雾化，可使气体和液体得以充分接触。每个泵通常与其各自的喷淋层相连接，即通常采用单元制。

在吸收塔中，石灰石与二氧化硫反应生成石膏，这部分石膏浆液通过石膏浆液泵排出，进入石膏脱水系统。脱水系统主要包括石膏水力旋流器（作为一级脱水设备）、浆液分配器和真空皮带脱水机。

经过净化处理的烟气流经两级除雾器除雾，在此处将清洁烟气中所携带的浆液雾滴去除。同时按特定程序不时地用工艺水对除雾器进行冲洗。进行除雾器冲洗有两个目的：一是防止除雾器堵塞；二是冲洗水同时作为补充水，稳定吸收塔液位。

在吸收塔出口，烟气一般被冷却到 46～55℃ 左右，且为水蒸气所饱和。通过 GGH 将烟气加热到 80℃ 以上，以提高烟气的抬升高度和扩散能力。

最后，洁净的烟气通过烟道进入烟囱排向大气。

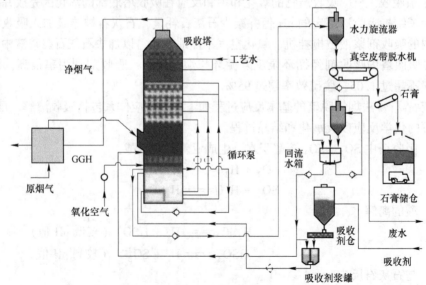

图 3-1　石灰石-石膏法脱硫工艺流程图

吸收塔是脱硫工艺的关键核心部件。吸收塔的常见类型主要有喷淋空塔、托盘塔、液柱塔及鼓泡塔等。目前应用最广泛的是喷淋空塔：塔内烟气处理区域除了喷淋层和除雾器以外，无其他填充物，在塔底设置强制氧化池。含硫烟气与吸收剂喷淋浆液在塔内逆流接触，SO$_2$ 的吸收、氧化、结晶过程均在同一个塔内进行。此种塔型具有压降小、堵塞风险小等特点，典型吸收塔外形如图 3-2 所示。由于吸收塔内吸收剂浆液通过循环泵反复循环与烟气接触，吸收剂利用率很高，脱硫效率可大于 95%，适用于任何含硫量的煤种的烟气脱硫。烟气脱硫方法是我国目前主要的脱硫手段，虽然烟气中 90% 以上的 SO$_2$ 被除去，但对 SO$_3$ 的脱除效果很低，一般不超过 40%。残余的低浓度的 SO$_3$（通常以 ppm 表示）结合水蒸气形成硫酸，导致了大部分烟囱出现腐蚀问题。

烟气脱硫后，需对脱硫副产物进行回收。石膏处理是 FGD 工艺中对副产物进行回收的系统，一般包括水力旋流器、石膏脱水机、回流水箱以及石膏储仓等。脱硫浆液通过一级旋流器浓缩后进入石膏脱水机，通常采用的是水平真空皮带脱水机，如图 3-3 所示。脱水机将石膏浆液上的空气和液体从脱水机滤布上抽吸分离出来，使滤饼含水量达到要求，脱过水的石膏从皮带落到卸料槽。

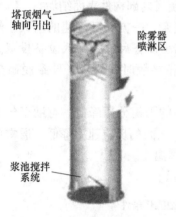

图 3-2　典型喷淋吸收塔外形

图 3-3　运行中的真空皮带脱水机

3.3.1.3　影响脱硫性能的主要因素

影响石灰石-石膏法脱硫性能的主要因素包括：SO$_2$ 浓度、浆液 pH、石灰石粒度、液气比、钙硫比、浆液固体含量、烟气流速和吸收温度等。

（1）SO$_2$ 浓度。脱硫效率一般随烟气 SO$_2$ 浓度增大而降低，其原因是随着 SO$_2$ 浓度的增大，浆液中的石灰石消耗加快，新鲜石灰石补充滞后，从而造成液膜阻力增加。不过，当烟气 SO$_2$ 浓度较低（一般低于 1000mg/m^3）时，其浓度增大对浆液中石灰石的消耗速率影响不大，但会增大气膜传质推动力，反而使脱硫效率提高。

（2）浆液 pH。如前所述，由于 Ca 的形成机理不同，石灰石-石膏法脱硫的 pH 也不相同。实际上，pH 对脱硫效率、Ca 的利用率、石膏品质以及 CaSO$_3$ 和 CaSO$_4$ 的溶解度都有重要影响。提高浆液 pH 有助于改善脱硫性能。但会降低 Ca 的利用率、降低石膏品质，反之亦然。另外，pH 太高，石膏的结晶会优先发生在小颗粒碳酸钙表面，从而影响碳酸钙的溶解。

（3）石灰石粒度。采用石灰浆液吸收时，液相传质阻力很小，而采用石灰石时，传质阻力相当大，就吸收传质而言，石灰优于石灰石。不过，当接触时间和持液量足够时，磨细的 CaCO$_3$ 在脱硫效率方面与石灰相当。正因为如此，石灰石浆液脱硫时，对石灰石颗粒粒度要求较高。

（4）液气比。在喷淋式脱硫塔设计中，循环浆液量决定了吸收 SO$_2$ 的传质面积。因此，在其他条件不变的情况下，在一定的液气比范围内，增大循环浆液量即增大液气比，能提高脱硫效率，还可防止结垢。

（5）钙硫比。钙硫比（Ca/S）即钙硫摩尔比，是表征达到一定脱硫效率时所需钙基吸收剂的过量程度，也可说是在用钙基吸收剂脱硫时钙的有效利用率。在一定范围内，提高 Ca/S 可增大脱硫效率，但 Ca/S 超过 1 后，继续提高会导致吸收剂消耗量增大，脱硫副产物品质下降。

（6）浆液固体含量。吸收 SO$_2$ 形成的产物（CaSO$_4$）会在循环浆液中的固体物（作为晶种）表面上不断地沉淀析出。增大循环次数、延长循环液在吸收塔的反应停留时间，会增大浆液的固体含量，有利于提高吸收剂的利用率，并提高石膏质量。但是，当固体物在溶液中的过饱和度高于某一定值时，可能导致其在脱硫塔内部构件表面结垢。

（7）烟气流速。烟气流速对脱硫效率的影响较为复杂。一方面随气速的增大，气液相对运动速度增大，传质系数提高，有利于脱硫，并缩小设备尺寸，降低设备投资。但是，当气速超过一定值时，继续增大气速会因气液两相接触时间缩短，导致脱硫效率降低。

（8）吸收温度。吸收温度较低时，吸收液面上 SO$_2$ 的平衡分压降低，有助于气、液相间传质，但温度过低时，H$_2$SO$_3$ 和 CaCO$_3$ 或 Ca(OH)$_2$ 之间的反应速率降低。通常认为吸收温度不是一个独立可变的因素，它取决于进气的湿球温度。

石灰石-石膏法烟气脱硫的典型操作条件如表 3-3 所示。

表 3-3 石灰石-石膏法烟气脱硫的典型操作条件

操作条件	石灰法	石灰石法
浆液 pH	6.0~8.0	5.8~6.2
石灰（石）粒度/μm		90%以上小于 44μm
液气比（标态）/L·m^{-3}	7.4	8~25
钙硫摩尔比	<1.03	1.03~1.05
浆液固体含量/%	10~15	10~15
塔内烟气流速/m·s^{-1}	3.5	3.5

3.3.1.4 技术优势与不足

石灰石-石膏法的主要优点是：首先，适用的煤种范围广，对锅炉煤质变化适应性好，系统运行稳定可靠，可用率可达 98%以上。不仅脱硫效率高（有的装置 Ca/S=1 时，脱硫效率大于 90%），吸收剂利用率高（可大于 90%），而且设备运转率高（可达 90%以上）和工作的可靠性高（目前最成熟的烟气脱硫工艺）。其次，脱硫剂石灰石来源丰富且价格低廉，钙硫比可低至 1.03，运行成本可控。而且较大幅度降低了液/气比（l/g），烟气压降小，脱硫系统能耗较低。最重要的是可得到纯度很高的脱硫副产品——石膏，利于综合利用。但是这种方法的缺点也是比较明显的，初期投资费用太高，运行成本较高，占地面积大。系统管理操作复杂，运行过程中存在易于结垢的问题，磨损腐蚀现象较为严重。副产物石膏很难处理，若抛弃处理易产生二次污染，而回收石膏市场基本趋于饱和（由于销路问题只能堆放），废水也较难处理。石灰石-石膏法烟气脱硫技术常见问题及具体的解决方法如下：

（1）吸收塔反应闭塞问题。吸收塔反应闭塞现象就是指在石灰石-石膏脱硫系统中，石灰石的溶解受到阻碍，使得反应不能继续进行，进而影响脱硫效率。石灰石反应闭塞产生的原因主要有两种：一种是氟化铝引起的；另一种是亚硫酸盐引起的。氟化铝引起的反应闭塞问题是因为飞灰、石灰石粉及工艺水中的氟和铝含量较高，它们在吸收塔浆池内形成稳定的化合物氟化铝，其附着在石灰石颗粒表面，影响石灰石的溶解和反应，最终导致石灰石调节 pH 值能力下降，脱硫效率降低。亚硫酸盐引起的反应闭塞现象是因为 pH 值会影响石灰石、$CaSO_4 \cdot 2H_2O$ 和 $CaSO_3 \cdot 1/2H_2O$ 的溶解度，随着 pH 值的升高，$CaSO_3$ 的溶解度明显下降。因此随着 SO_2 的吸收，溶液 pH 值降低，溶液中的 $CaSO_3$ 增加，并在石灰石颗粒表面形成一层液膜，液膜内部的 $CaCO_3$ 溶解导致 pH 值上升，pH 值上升使得 $CaSO_3$ 溶解度降低，从而使 $CaSO_3$ 析出并沉积在石灰石颗粒表面，形成一层外壳，使粒子表面钝化，阻碍 $CaCO_3$ 的继续溶解，抑制吸收反应的进行。

当出现了反应闭塞现象后，为了恢复脱硫系统的正常运行，需要采取的第一步是停止向吸收塔供浆，尽可能降低吸收塔内的 pH 值，使吸收塔内过剩的石灰石消耗殆尽，并不断向外排放石膏，降低系统内的杂质含量；第二步，恢复石灰石供浆，观察脱硫效率变化情况，如果系统未恢复正常需重复第一步。当氟化铝引起的闭塞相当严重时，需置换部分吸收塔浆液，减少系统内的杂质含量，恢复脱硫系统的正常运行。

（2）石膏脱水。国家要求脱硫石膏的含水率要低于10%，而目前石膏含水率一般都高于10%（12%以上），达不到国家要求，造成石膏脱水困难的原因有：

1）原烟气中的飞灰含量过高，粉煤灰的粒径比结晶石膏的粒径小得多，在真空皮带机上脱水时，细颗粒的粉煤灰很快通过石膏颗粒之间的间隙到达滤布表面，把滤布的细孔堵死，使得皮带上的真空度不能提高，影响脱水效率。

2）吸收塔反应池的体积过小，使得石膏的结晶时间太短，不能形成较大直径的石膏晶体，导致脱水非常困难。

解决办法有：1）降低入口烟气的粉尘浓度；2）加大废水排放量，由于旋流器顶流排出的废水中细颗粒含量比例高，因此加大废水排量可以减少浆液中细颗粒的比例；3）在脱水皮带的顶部加蒸汽罩，用热蒸汽来吹干石膏，使石膏的含水率从12%降低到10%以下。

（3）结垢问题。在湿法烟气脱硫中，设备常常发生结垢和堵塞现象。严重的结垢会造成压损增大，因此结垢已成为一些吸收设备能否长期正常运行的关键问题。湿法烟气脱硫系统可能形成的垢物包括亚硫酸钙半水合物和硫酸钙二水合物（石膏），其他几种垢物都是酸溶性的，因此通过适当调节浆液 pH 值可得到有效控制。控制石膏结垢主要从两个方面考虑：一是抑制氧化，抑制氧化就是通过在洗涤液中添加抑制氧化物质（硫乳剂），控制氧化率低于15%，使浆液中的 SO_2 的浓度远低于饱和浓度，这样生成的少量硫酸钙与亚硫酸钙一起沉淀；二是强制氧化，强制氧化主要是通过向洗涤液鼓入空气，使氧化反应趋于完全，氧化率高于90%，保证浆液有足够的石膏品种用于晶体成长，这样硫酸钙将首先在其晶体上沉淀，从而避免设备表面上的结垢。

（4）腐蚀问题。设备腐蚀的原因十分复杂，主要有以下几个方面：1）烟气中部分二氧化硫被氧化成三氧化硫，三氧化硫与水蒸气作用形成硫酸雾，硫酸雾沉积在管壁上而造成腐蚀；2）浆液中的中间产物亚硫酸和稀硫酸处于其活化腐蚀温度状态，渗透能力强，腐蚀速率快，对脱硫塔主体和浆液管道等产生腐蚀作用；3）烟气和工艺水中含有氯离子，氯离子会在浆液中累积，然后破坏金属表面钝化膜，造成麻点腐蚀，使腐蚀速率大增；4）温度越高腐蚀越严重。

腐蚀问题可以通过以下几个方法加以解决：1）采用内衬防腐技术，如玻璃鳞片树脂内衬技术和橡胶衬里技术；2）易腐蚀设备可采用防腐蚀非金属材料制作，如玻璃纤维增强塑料、花岗岩；3）易腐蚀设备可采用防腐蚀合金材料制作，如镍基合金，由于镍基合金防腐材料造价高昂，目前难以大量推广。

（5）磨损问题。含有烟尘的烟气高速穿过设备及管道，在吸收塔内同吸收液湍流搅动接触，造成设备磨损。解决磨损的主要方法有：1）采用更合理的工艺过程设计，如烟气进入吸收塔前进行高效除尘，以减少高速流动烟尘对设备的磨损；2）采用耐磨材料制作吸收塔及其有关设备；3）设备内壁内衬或涂敷耐磨损材料。

（6）副产物处置。烟气脱硫后，需对石灰石-石膏法脱硫技术回收的副产物（一般都是二水石膏 $CaSO_4 \cdot 2H_2O$）进行回收。石膏处理是 FGD 工艺中对副产物进行回收的系统，一般包括水力旋流器、石膏脱水机、回流水箱以及石膏储仓等。脱硫浆液通过一级旋流器浓缩后进入石膏脱水机。脱水机将石膏浆液上的空气和液体从脱水机滤布上抽吸分离出来，使滤饼含水量达到要求，脱过水的石膏从皮带落到卸料槽。

副产物二水石膏可以代替天然石膏广泛用作建筑材料，如石膏纸板、石膏多孔条板、水泥缓凝剂、路基材料等。其中，石膏纸板和石膏多孔条板可以用作墙壁隔板，耗用量最大，石膏纸板还可以用作墙壁的装饰面板。另外，石膏也可以用于石膏混凝土、石膏砌块、石膏-树脂聚合物复合材料及石膏-纤维复合材料等。将脱硫副产物应用于上述领域，不仅有效地解决了脱硫副产物的囤积、堆放、二次污染等问题，更能变废为宝，实现一定的经济效益，降低脱硫成本。

3.3.1.5　工程应用

石灰石-石膏法脱硫技术在我国已逐渐发展为成熟工艺，在燃煤电厂、冶金、石油化工以及垃圾焚烧等行业都有比较好的应用，其中，电厂燃煤机组的应用尤其广泛，对不同容量机组均有良好脱硫效果，已成为火力发电厂的主导脱硫技术。例如华电国际莱州电厂一期工程建设 2×1000MW 国产超临界燃煤发电机组。机组同期配套 2 套石灰石-石膏法烟气脱硫装置，与机组同步投入运行。

西安西联热电有限公司现有 4 台 150t/h 循环流化床锅炉投入使用。采用石灰石-石膏法脱硫，处理能力为 340000m³/h，处理效率 SO_2 排放量小于 0.015%，不会对建设地区大气环境造成危害。根据环保要求，需要配套建设相应的脱硫除尘设施，将排放烟气中的二氧化硫浓度控制在 150mg/m³ 以下。烟尘排放浓度（标准状态）≤50mg/m³。

本脱硫工程技术先进，安全可靠，投资少，运行费用低，操作简单，运行安全可靠，不产生二次污染，适合电厂实际情况，项目实施期间不影响锅炉安全生产运行，项目实施后可以保证企业的可持续发展。本项目实施后，每年减少二氧化硫排放总量 2094.4t，极大改善了周边地区的环境质量，具有良好的经济、环境效益和社会效益。

3.3.2　钠碱法

钠碱法脱硫工艺是先用活性极强的钠碱作为吸收剂吸收 SO$_2$，然后再用钙碱对吸收液进行再生，由于在吸收和吸收液处理中使用了不同类型的碱，故称为钠钙双碱法。该湿法工艺是以钠碱为脱硫剂，该工艺系统简单，适应性好，脱硫效率高。因此近些年来在国外得到极为广泛的应用。

3.3.2.1　工艺原理

钠碱法脱硫工艺原理是运用钠基碱（氢氧化钠、碳酸钠等）水溶液作为开始吸收剂脱除烟气中的 SO$_2$，脱硫剂吸收 SO$_2$ 生成亚硫酸钠。在循环过程中起吸收作用的主要是亚硫酸钠，它吸收 SO$_2$ 后生成亚硫酸氢钠，后经强制氧化，生成硫酸钠。生成的吸收液是包含 Na$_2$SO$_3$ 和 NaHSO$_3$ 的混合液。将吸收液中的 NaHSO$_3$ 用 NaOH 中和，得到 Na$_2$SO$_3$。由于 Na$_2$SO$_3$ 溶解度较 NaHSO$_3$ 低，它则从溶液中结晶出来，经分离可得副产物 Na$_2$SO$_3$，而得到的 Na$_2$SO$_3$ 结晶经分离溶解后返回吸收系统循环使用。

钠碱法脱硫一般只有一个循环水池，NaOH、石灰与除尘脱硫过程中捕集下来的烟灰同在一个循环池内混合，在清除循环水池内的灰渣时烟灰、反应生成物亚硫酸钙、硫酸钙及石灰渣和未完全反应的石灰同时被清除，清出的灰渣是一种混合物不易被利用而形成废渣。

该方法使用 Na$_2$CO$_3$ 或 NaOH 液吸收烟气中的 SO$_2$，生成 HSO$_3^-$、SO$_3^{2-}$ 与 SO$_4^{2-}$，具体的反应方程式如下：

（1）脱硫过程：

$$Na_2CO_3 + SO_2 \longrightarrow Na_2SO_3 + CO_2 \tag{3-1}$$

$$2NaOH + SO_2 \longrightarrow Na_2SO_3 + H_2O \tag{3-2}$$

$$Na_2SO_3 + SO_2 + H_2O \longrightarrow 2NaHSO_3 \tag{3-3}$$

以上三式均视吸收液酸碱度不同而异。其中：式（3-1）为启动阶段，碱性稍微降低时以式（3-1）Na$_2$CO$_3$ 溶液吸收 SO$_2$ 的反应为主要反应；式（3-2）为再生液 pH 值较高时（pH>9），溶液吸收 SO$_2$ 的主反应；式（3-3）为溶液的碱性到中性甚至酸性时（5 < pH < 9）的主反应。

（2）氧化过程：

$$Na_2SO_3 + \frac{1}{2}O_2 \longrightarrow Na_2SO_4 \tag{3-4}$$

式（3-4）为脱硫副反应。

3.3.2.2　工艺流程

钠碱法的主要工艺过程是：清水池一次性加入氢氧化钠溶剂制成氢氧化钠脱硫液（循环水），用泵打入脱硫除尘器进行脱硫。其钠碱法脱硫工艺流程如图 3-4 所示。3 种生成物均溶于水。在脱硫过程中，烟气夹杂的烟道灰同时被循环水湿润而捕集进入循环水，从脱硫除尘器排出的循环水变为灰水（稀灰浆），一起流入沉淀池。烟道灰经沉淀定期清除，回收利用，如制内燃砖等。上清液溢流进入反应池与投加的石灰进行反应，置换出的氢氧化钠溶解在循环水中，同时生成难溶解的亚硫酸钙、硫酸钙和碳酸钙等，可通过沉淀清除后回收，是制水泥的良好原料。因此可做到废物综合利用，降低运行费用。

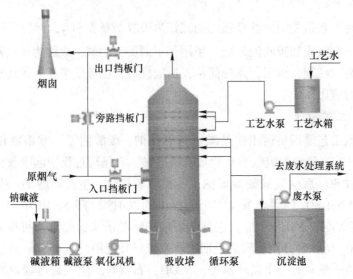

图 3-4 钠碱法脱硫工艺流程图

3.3.2.3 技术优势和不足

钠碱法脱硫工艺具有"三高、二低、一小"的特点。具体包括：脱硫效率高、可利用率高、可靠性高；投资成本低，运行费用低；占地面积小。即：

（1）脱硫效率高。钠碱法采用钠基脱硫剂作为 SO₂ 吸收剂，由于钠基脱硫剂的碱性强、溶解度大、反应活性远大于石灰石（或石灰），所以只用很低的液气比就可达到高效率的脱硫效果，脱硫效果能达到95%以上，对高硫烟气处理效果更明显。

（2）可利用率高。钠基脱硫剂吸收 SO₂ 后，通过循环利用，每小时只需补充少量的钠碱即可保证系统钠离子浓度平衡，整个系统的钠碱浓度及 pH 值在合理可控的范围内，同时由于置换反应是速度极快的离子反应，因此可以有效利用钠基脱硫剂。

（3）可靠性高。工艺流程简单，技术成熟运行稳定可靠，钠碱溶解度较高，吸收系统不存在结垢、堵塞。主要设备故障率低，对烟气变化的适应性强，可根据烧结矿的变化适当调节 pH 值、液气比等因子，以保证实际脱硫率的实现。因此不会因脱硫设备故障影响电站锅炉的安全运行。

（4）投资成本低。与其他湿法脱硫工艺相比，钠碱法工程投资仅为其他湿法技术的55%左右。

（5）运行费用低。工艺先进，运行费用低。因钠碱活性极强极高，则液气比较小，故循环浆液量也相应较小，所以只用很低的液气比就可达到高效率的脱硫效果，有效降低了环泵的电力消耗。又因用廉价的钙碱再生、钠碱重复利用，钙硫比也很小，所以有效节省脱硫剂消耗，降低了运行成本。

（6）占地面积小。该系统简洁、布置灵活，工程投资少、经济效益高。钠钙双碱法工程投资仅为其他湿法技术的 2/3~3/4；系统所需设备也小于其他湿法脱硫工艺，故整套脱硫装置可以根据场地情况合理布局，有效节省占地面积。脱硫后的 SO_2 和烟尘排放完全满足环保要求。

除此之外，钠碱法脱硫技术用钠碱液作为脱硫剂，工艺吸收效果好，吸收剂利用率高，可根据锅炉煤种变化，适当调节 pH 值、液气比等因子，以保证设计脱硫率的实现。经过喷淋、吸收、吸附、再生等物理化学过程，以及脱水、除雾，达到脱硫、除尘、除湿、净化烟气等一体化的目的。钠碱吸收活性高，液气比低，电耗小。但该方法耗碱量大，吸收剂价格贵，运行费用高。因此只适于中小气量烟气的治理和自产碱液的企业使用。

3.3.2.4 工程应用

如锅炉烟气脱硫回收实例分析。$2\times20t/h$ 锅炉采用了钠碱回收法脱硫，每台锅炉燃煤量为 3.8t/h，煤含硫量为 1.2%，烟气量为 $50000m^2/h$，排烟温度为 140℃，采用钠碱回收法，脱硫效率为 92%，SO_2 排放浓度小于 $200mg/m^3$，年回收亚硫酸钠 1000t，每年收益约 170 万元。脱硫的投入和产出基本可保持平衡（见表 3-4）。

表 3-4 锅炉烟气脱硫投入和产出情况

	指标	纯度/%	小时用量	单价/元	小时费用/元	年用量	年费用/元
投入	纯碱/t	95	0.124	2100	261.1	621.7	130.6×10⁴
	耗电量/kW·h⁻¹		150	0.65	97.50	750000	48.75×10⁴
	水耗量/m³		6	2	11.53	28800	5.76×10⁴
	合计费用				370.1		185.1×10⁴
产出	焦亚硫酸钠/t	95	0.201	1700	341.9	1006	171.0×10⁴

钠碱法回收硫的代表性工艺是威尔曼-洛德（Wellman-Lord，简称 W-L）法，该方法由美国威尔曼洛德公司创造，特别适用于高硫煤，脱硫效率高（95%），能够回收硫（SO_2）资源，循环使用吸收剂（NaOH），废料少，无结垢、堵塞现象。

工艺流程如下：烟气首先进入换热器和预洗涤塔，使烟气的温度由 500℃ 降至 140℃，经过除尘设施除去氯化物和烟灰，使气体中固体颗粒物降至 5% 以下，然后进入吸收塔，与喷淋浆液（NaOH、Na_2SO_3 溶液）接触，在低温（60~80℃）下吸收烟气中的 SO_2，生成 Na_2SO_3，Na_2SO_3 继续吸收 SO_2 生成 $NaHSO_3$，这样达到脱除烟气中的 SO_2 的目的。最后，烟气经除雾器、GGH 升温至 130℃ 后入烟囱排空或者直接通过塔顶烟囱排空。与烟气发生反应后的吸收液，由于其中的 $NaHSO_3$ 不稳定，将富含 $NaHSO_3$ 的吸收富液送至蒸发器，在 96℃ 下使其分解再生，所产生的 SO_2 富气送入下一段工序进行处理，进行浓缩、干燥可制成硫酸，副产品为硫黄或液体 SO_2 等。尾气送回烟气脱硫系统。同时，脱硫吸收液经蒸发、过滤、清洗后，其中的亚硫酸钠因溶解度小而冷却析出结晶，再经冷凝水溶解送回吸收系统继续吸收烟气中的 SO_2。

该方法虽不存在钙法的结垢问题，其钠吸收液还可再生循环使用，但由于采用热解吸法再生钠碱，能耗大，且仍需部分排出吸收过程中的副产物 Na_2SO_4，热解法运行费用很高，并无广泛应用。而目前使用的电解方法包括循环再生钠碱法脱硫吸收液和阴离子交换膜的二室电解循环再生法等。

综上所述，钠碱（$NaOH\text{-}Na_2SO_3$）混合溶液对 SO_2 气体吸收能力强，钠盐（Na_2SO_3）溶解度大，可避免吸收塔及管道系统内的结垢和堵塞；而且亚硫酸钠-亚硫酸氢钠溶液固有的化学特性适应于 SO_2 吸收与盐析结晶的循环操作。钠碱法脱硫在工业上已有应用，采用常规喷淋空塔，吸收系统能够实现低投入、高效率、连续稳定的运行。促进钠碱法脱硫设备在工业企业的推广应用，减缓二氧化硫对大气的污染，获得较好的社会效益、环境效益及经济效益。

3.3.3　氨水吸收法

随着 SO_2 对环境污染越来越严重，国家环保局对发电、冶炼行业烟气 SO_2 排放严格控制，氨法技术的研究和开发已成为一股潮流。其投资省、运行成本低，同时显著的经济、社会和环境效益的特点使其得到迅速的发展。

3.3.3.1　工艺原理

氨法脱硫工艺是用氨吸收剂吸收烟气中的二氧化硫，吸收液经压缩空气氧化生成硫酸铵，再经加热蒸发结晶析出硫酸铵，过滤干燥后得到产品。主要包括吸收、氧化和结晶过程。

（1）吸收过程。在吸收塔中，烟气中的 SO_2 与氨吸收剂接触后，发生如下反应：

$$NH_3 + H_2O + SO_2 \longrightarrow NH_4HSO_3$$
$$2NH_3 + H_2O + SO_2 \longrightarrow (NH_4)_2SO_3$$
$$(NH_4)_2SO_3 + H_2O + SO_2 \longrightarrow 2NH_4HSO_3$$

在吸收过程中所生成的酸式盐 NH_4HSO_3 对 SO_2 不具有吸收能力，随着吸收过程的进行，吸收液中的 NH_4HSO_3 数量增多，吸收液的吸收能力下降，因此需向吸收液中补充氨，使部分 NH_4HSO_3 转化为 $(NH_4)_2SO_3$，以保持吸收液的吸收能力。

（2）氧化过程。氧化过程实际上是用压缩空气将吸收液中的亚硫酸盐转变为硫酸盐，主要的氧化反应如下：

$$2(NH_4)_2SO_3 + O_2 \longrightarrow 2(NH_4)_2SO_4$$
$$2NH_4HSO_3 + O_2 \longrightarrow 2NH_4H_SO_4$$
$$NH_4HSO_4 + NH_3 \longrightarrow (NH_4)_2SO_4$$

氧化过程可在吸收塔内进行，也可在吸收塔后设置专门的氧化塔。而在氧化塔中发生的氧化反应仅有上面第二步反应，这是由于吸收液在进氧化塔前已经过加氨中和，使其中的 NH_4HSO_3 全部转变为 $(NH_4)_2SO_3$，以防止二氧化硫逸出。

（3）结晶过程。氧化后的 $(NH_4)_2SO_4$ 经加热蒸发，形成过饱和溶液，$(NH)_2SO_4$ 从溶液中结晶析出，过滤干燥后获得副产品硫酸铵。

3.3.3.2　工艺流程

近年来我国发展了烟气氨法脱硫，使工艺技术得到完善和提高。目前工业化运行的几种氨法烟气脱硫，虽具体设备结构及布局有所不同，但工艺流程基本相似，脱硫装置大体可分为脱硫液浓缩、二氧化硫脱除、空气氧化及副产品回收四个系统，如图 3-5 所示。

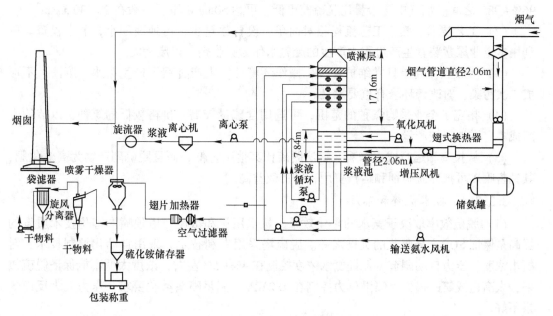

图 3-5 氨法脱硫工艺流程图

其工艺流程简述如下：

（1）吸收系统。由烟道来的烧结尾气先进入脱硫塔塔顶，由氨水喷淋洗涤、吸收，90%的 SO$_2$ 被脱除，含硫量达到 146mg/m^3 以下，然后在引风机抽吸下经大烟囱排入大气。稀氨水由液氨槽车运来的液氨稀释配置，存入 5%氨水贮槽，由喷氨泵打入脱硫塔顶进行雾化吸收。塔底吹入压缩空气进行氧化。

（2）蒸发浓缩系统。吸收 SO$_2$ 后的塔底吸收液是浓度约 24%的硫酸铵溶液，由副产物输送泵送出先进入过滤器滤除其中所含杂质，然后进入蒸发系统的一效加热器被蒸汽加热到 90℃ 左右，加热蒸发出来的气液混合物进入一效分离器，一效分离器内分离出的二次蒸汽进入二效加热器作为二效加热的热源。分离出的液体一部分通过一效循环泵打到一效加热器进行循环加热，一部分进入二效加热器进一步二次蒸发。二效分离器分离出的二次蒸汽进入表面冷凝器经冷却后冷凝液回厂污水处理系统。分离出的液体一部分通过二效循环泵打到二次加热器循环加热，一部分（浓度在 45%~50%）流入结晶槽。蒸发系统采用真空蒸发，真空度为 0.09MPa。

（3）干燥包装系统。结晶槽内分离的硫铵结晶及少量母液排放到离心机内进行离心分离滤除母液。离心分离出的母液与结晶槽溢流出来的母液一同流回母液槽经母液泵打到蒸发系统循环蒸发，经从离心机分离出的硫铵结晶，由螺旋输送机送至沸腾干燥器，经热空气干燥后进入硫铵贮斗，然后称量包装送入成品库。

沸腾干燥器用的热空气是由送风机从室外吸入空气经热风器用低压蒸汽加热后送入，沸腾干燥器排出的热空气经旋风除尘器捕集夹带的细粒硫铵结晶后，由排风机抽送至湿式除尘器进行再除尘，最后排入大气。

3.3.3.3 氨水法脱硫的特点

（1）脱硫化学吸收反应速度快，脱硫效率高。脱硫效率能达到 95% 以上，一般在

96%~98%之间。烟气中含尘量比脱硫前更低，可达 50mg 以下，一般在 20~30mg/m^3。

（2）工艺技术成熟，工艺流程相对简单，设备数量少，占地面积小，节省投资。可利用本企业尿素装置生产过程中产生的废氨水作为吸收剂，以废治废。

（3）吸收操作简单日常维护量少，操作环境佳。生产过程不产生废水、废渣，不形成二次污染，对改善环境有重要意义。

（4）拓宽了企业采购煤种的范围，可选用含硫量较高、价格较低的煤种，以节约生产成本，增加硫铵产量。

（5）从投资和运行成本来看，氨法脱硫比其他工艺低，而且脱硫副产物为高效化肥，其销售收入可抵冲脱硫剂和运行费用，经济效益高。

3.3.3.4　技术优势和不足

（1）脱硫效率取决于氨水的雾化效果、氨水用量和浓度。塔顶喷淋雾化技术质量的提高是保证 SO_2 充分吸收的关键之一。脱硫塔采用专利技术，采用自动化控制技术，对氨水浓度、压力自动调节，保证氨水浓度控制在 4%~5%左右，浓度太低不能保证脱硫效率，太高造成氨的损失。喷淋压力控制在 1.2MPa，满足喷头雾化要求，压力太大反而效果不好。

（2）根据稀硫酸铵溶液量，要将硫铵全部回收，蒸发溶剂处理量大，故选用双效外循环加热真空蒸发技术，采用成套的蒸发装置。一次蒸发的气体作为二次加热的热源，以降低能耗，二次蒸发为减压 50℃左右蒸发，确保硫酸铵晶体的析出。

（3）干燥采用传统的沸腾干燥器，利用流态化技术，气固相接触面积大，干燥效率高，技术成熟操作稳定，成本低。

（4）干燥尾气采用二级除尘，除尘效率达 99.5%以上，实现无废物排放。

3.3.3.5　氨水吸收法的分类

氨水吸收法脱硫是利用氨作为二氧化硫吸收剂的脱硫方法。因吸收液再生方法不同而形成不同的脱硫方法，其中以氨-酸法、氨-亚硫酸钠法和氨-硫铵法较为成熟。氨-酸法是将吸收 SO_2 后的吸收液用硫酸分解，可副产浓二氧化硫气体和硫酸铵化肥；氨-亚硫酸钠法是将脱硫后的吸收液直接加工为亚硫酸铵产品；氨-硫铵法则是将吸收液氧化为硫酸铵作为产品。与其他碱类相比，氨易得、价廉，且吸收液的 NH^{4+} 可为氮素肥料的主要原料，经适当处理（如酸化或氧化）可制得氮素肥料，不需花费再生费用。但氨易挥发，使吸收剂消耗量增加。

A　NKK 氨法

NKK 氨法是日本钢管公司开发的工艺，该工艺流程主要分三部分，即 SO_2 的吸收、$(NH4)_2SO_3$ 氧化、$(NH_4)_2SO_4$ 结晶。

NKK 氨法应用塔型为填料塔，填料为聚丙烯格栅式。该塔有一定的特点，按其功能可分为三段。下段（从塔底开始）是预洗涤段，主要作用是除尘和降温，在该段不加吸收剂 NH_3；中段是第一吸收段，加有吸收剂 NH_3；上段为第二吸收段，没有 NH_3 加入，仅用工业水来洗涤。NKK 氨法对 $(NH_4)_2SO_3$ 的氧化在单设的一台氧化反应器中进行。其氧化用氧由压缩空气补充，氧化后的余气（含有 SO_2 和 NH_3）排入系统中，压缩空气压力为 0.5~1.0MPa。NKK 氨法 SO_2 吸收部分的流程如图 3-6 所示。

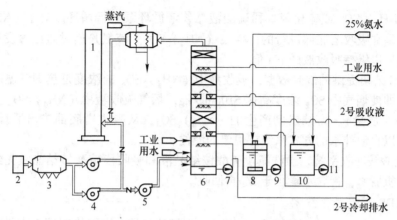

图 3-6 NKK 氨法 SO₂ 吸收部分的流程

1—烟囱；2—锅炉；3—电除尘器；4—引风机；5—脱硫风机；6—吸收塔；
7—吸收塔循环泵；8—吸收液循环槽；9—吸收液循环泵；10—稀薄溶液循环槽；11—稀薄溶液循环泵

B　GE 公司氨法

GE 公司氨法的工艺流程如图 3-7 所示，主要由预洗涤、SO₂ 吸收、亚硫酸铵氧化和结晶四个工序构成所需工艺系统。

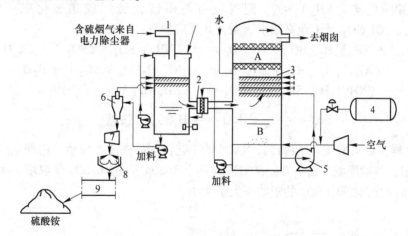

图 3-7　GE 氨法流程

1—预洗涤器；2—除雾器；3—喷淋吸收塔（A 为除雾器，B 为吸收段）；
4—氨储罐；5—吸收液循环泵；6—水力旋流器；7—离心机；8—挤压成型机；9—干燥器

（1）烟气系统。烟气经过静电除尘器除尘后，进入烟气预洗涤段，由于预洗涤段也具有对 SO₂ 的吸收作用，所以该技术也可视为两段吸收或称双循环吸收。烟气在预洗涤器中能起脱除 SO₂ 的作用，但其吸收量较小，这是由预洗涤器尚未通入氨气，其 pH 值小于 2 所致。烟气经过预冷却器冷却饱和后进入吸收塔，经氨水洗涤脱硫，净化后烟气经除雾器除去水滴，由烟囱排出。

（2）SO₂ 吸收系统。氨法 SO₂ 吸收反应在 SO₂ 吸收塔中进行。来自预洗涤器的已被冷却饱和的烟气进入 SO₂ 吸收塔，烟气与喷淋的氨液逆向流动接触，SO₂ 与稀硫酸铵液反应，生成 $(NH_4)_2SO_3$ 或硫化氢。稀硫酸液靠浆液循环泵进行循环。对于 $(NH_4)_2SO_3$ 的氧化工序，是在吸收塔底部进行的，生成 $(NH_4)_2SO_4$。液氨是通过减压蒸发后同空气同时送入塔底，以维持吸收液的 pH 值。

根据 GE 公司提供的试验数据，吸收液中 $(NH_4)_2SO_4$ 的浓度是热烟气温度和 SO_2 含量的函数，即使烟气中 SO_2 浓度高达 6100mg/kg，烟气吸收液中 $(NH_4)_2SO_4$ 的浓度也不会超过 30%（质量）。为排出已产生的 $(NH_4)_2SO_4$，从吸收塔底部排出适量的吸收液，但同时必须以自动补水的方式来维持恒定的液位。

（3）硫酸铵回收系统。预洗涤段硫酸铵结晶液和吸收段硫酸铵结晶液先经旋流器浓缩，经离心机脱水，使含水量小于 2%再回收。

C NADS 脱硫净化技术

NADS（novel ammonia de-sulphurization，氨-肥法）是由中国华东理工大学开发成功的一种新的脱硫方法，它是采用氨来吸收烟气中的 SO_2，可根据不同情况生成 NH_4HSO_3、$(NH_4)_2SO_3$，结合化肥生产，将脱 SO_2 产物生成硫氨、磷铵或硝铵等化肥，并生产工业用高浓度硫酸。

相关化学反应：

$$SO_2 + xNH_3 + H_2O \rightleftharpoons (NH_4)_xH_2 - xSO_3$$

上式中 x 值现有氨法中 $x=2$，而 NADS 法的 $x=1.2 \sim 1.4$。

NADS 除能生产 $(NH_4)_2SO_4$，同时也可与磷铵化肥厂或硝铵化肥厂联合生产 $(NH_4)_3PO_4$、NH_4NO_3 及工业高浓度硫酸，其反应如下：

$$2(NH_4)_xH_{2-x}SO_3 + xH_2SO_4 \rightleftharpoons x(NH_4)_2SO_4 + 2SO_2\uparrow + 2H_2O$$
$$(NH_4)_xH_{2-x}SO_3 + xH_3PO_4 \rightleftharpoons xNH_4H_2PO_4 + SO_2\uparrow + H_2O$$
$$(NH_4)_xH_{2-x}SO_3 + xHNO_3 \rightleftharpoons xNH_4NO_3 + SO_2\uparrow + H_2O$$
$$SO_2 + \frac{1}{2}O_2 + H_2O \rightleftharpoons H_2SO_4 + 热量$$

工艺流程：以硫酸铵-硫酸为例，NADS 的工艺流程如图 3-8 所示。由静电除尘器来的烟先经 GGH，冷段降温（由 140~160℃冷却到小于 80℃）进入 SO_2 吸收塔，吸收塔内吸收温度约 45~60℃之间，SO_2 的吸收率大于 95%。

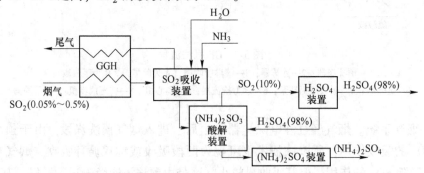

图 3-8　NADS 工艺流程框图

吸收塔内烟气中 SO_2 与 NH_3 和 H_2O 的吸收结合生成含有 $(NH_4)_2SO_3$，NH_4HSO_3 和少量 Na_2SO_4 的过程与其他氨法一样，在 NADS 技术中 NH_3 和 H_2O 是分别进入吸收塔，这样做有三大好处：

(1) 吸收塔出口 NH_3 含量低，氨损耗小；

(2) 吸收液循环量小，气液比大，能耗低；

(3) 生成 $(NH_4)_2SO_3$ 浓度高，有利于硫铵化肥生产，节约成本。

混合液中，总盐含量约为 30%~50%，具体值与烟气中的 SO_2 浓度有关，净化后烟气中含 SO_2 量约为 $10~100mL/m^3$。NADS 法中吸收系统阻力通常在 1.96~2.9kPa 之间，引风机富余压头难以满足，需装增压风机。吸收 SO_2 后产生的亚硫酸铵浆液用其酸解装置、硫酸生产装置和硫酸铵生产装置来完成后续工序。

(1) 亚硫酸铵溶液酸解装置。该装置是将 $(NH_4)_2SO_3$（包括 NH_4HSO_3）与 H_2SO_4（或者 H_3PO_4、HNO_3）反应，生成 $(NH_4)_2SO_4$（或 $NH_4H_2PO_4$、NH_4NO_3）溶液和 SO_2 气体，同时酸解过程送入空气，使得 SO_2 在空气混合物中浓度达 10%~20%（质量）。酸解中硫酸原料的浓度为 98%（质量），酸解是放热反应，温度可达 70~80℃，所以 SO_2 解析不需外部热源。最后，用氨调节 pH 值，中和富余的硫酸。

(2) 硫酸生产装置。包括 SO_2 催化氧化（催化剂为 V_2O_5/SiO_2）为 SO_2 的转化器和换热器，SO_2 气体干燥塔和 SO_2 气体吸收塔及酸循环槽等设备。

(3) 硫酸铵生产装置。硫酸铵溶液经蒸发、分离、干燥，包装出厂。

D 氨-亚铵法

氨-亚铵法是直接吸收 SO_2 后的母液加工成产品-亚硫酸铵（简称亚铵）。亚铵可替代烧碱用于制浆造纸工业。该法工艺流程简单，它可用气氨、氨水及碳酸氢铵作氨源，取材灵活。

(1) 反应原理。液吸收 SO_2，主要反应为：

$$2NH_4HCO_3 + SO_2 \longrightarrow (NH_4)_2SO_3 + H_2O + 2CO_2$$
$$(NH_4)_2SO_3 + SO_2 + H_2O \longrightarrow 2NH_4HSO_3$$

烟气中一般含有一定量的氧，在溶液中还会发生副反应：

$$(NH_4)_2SO_3 + \frac{1}{2}O_2 \longrightarrow (NH_4)_2SO_4$$

对于硫酸尾气，含有少量 SO_3，会发生如下反应：

$$2(NH_4)_2SO_3 + SO_3 + H_2O \longrightarrow (NH_4)_2SO_4 + 2NH_4HSO_3$$

吸收 SO_2 后，母液主要含 NH_4HSO_3，加固体 NH_4HCO_3 中和，可析出亚铵晶体，反应如下：

$$NH_4HSO_3 + NH_4HCO_3 \longrightarrow (NH_4)_2SO_3 + CO_2 + H_2O$$

此反应为吸热反应，溶液不经冷却即可降至 0℃左右。

(2) 工艺流程。氨-亚铵工艺流程如图 3-9 所示，全部工艺可分为吸收、中和、分离、氧化四个阶段。

1) 吸收。含 SO_2 的气体依次进入串联的吸收塔 I 和 II，在塔内 SO_2 被循环喷淋的吸收液吸收后排放。在第 I 塔中吸收液尽量保持较高的浓度，以便生成较多的 NH_4HCO_3，并不断抽取部分溶液送至中和工序，以便制取固体 $(NH_4)_2SO_3$ 产品。在第 II 塔中，吸收液浓度可降低些，保持高碱度，使 $(NH_4)_2SO_3$ 含量高些。为保持各塔循环液碱度和液位不变，要不断地补充固体 NH_4HCO_3。

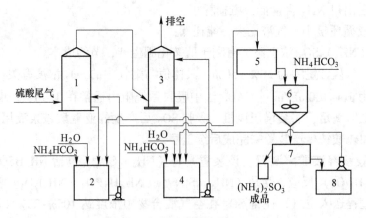

图 3-9　氨-亚铵法工艺流程

1—吸收塔Ⅰ；2—循环槽；3—吸收塔Ⅱ；4—循环槽；5—高位槽；

6—中和器；7—离心机；8—地下槽

2）中和。由于 NH_4HSO_3 比 $(NH_4)_2SO_3$ 在水中溶解度大，Ⅰ塔引出高浓度 NH_4HSO_3 溶液，在中和器内加入 NH_3HSO_3 进行反应，反应后 NH_4HSO_3 转化成 $(NH_4)_2SO_3$，而 $(NH_4)_2SO_3$ 的溶解度小，大量晶体析出。

3）分离。由中和器底部引出含有 $NH_4HSO_3 \cdot H_2O$ 晶体的悬浮液通过离心机分离，分离出白色固体 $NH_4HSO_3 \cdot H_2O$ 产品，滤液送回Ⅱ塔继续吸收。

4）氧化。烟气中存在氧对 NH_4HSO_3 氧化率可达 5%~14%，而晶体亚铵氧化成为硫铵氧化率一般为 0.3%~7%，最高可达 50%。

3.3.3.6　工程应用

湖北化肥分公司动力站二期工程扩建过程中，按国家环保标准要求和"以新代老"的原则，对现有的 2 台 240t/h 煤锅炉及新增 1 台 220t/h 煤锅炉配套建设烟气脱硫设施。对国内的双碱法、钙法、镁法、氨法等湿法脱硫工艺进行了反复比较分析，结合各种工艺技术的开发进度和本企业现有废氨水的实际情况，动力站烟气脱硫项目选择了湿式氨法脱硫工艺。氨法烟气脱硫装置建成后，通过技术完善和整改，目前运行效果较好。在运行过程中，对脱硫系统进行了考核，主要考核指标数据见表 3-5。

表 3-5　氨法烟气脱硫主要考核指标数据

序号	主 要 指 标	考核值	实测值
1	脱硫效率 φ/%	≥95	96~98
2	烟气出口 SO_2 含量/mg·m^{-3}	≤200	<180
3	烟尘/mg·m^{-3}	≤50	20~40
4	脱硫岛的压力降/Pa	<1500	<1200
5	每吨硫酸铵耗氨（100%）/t	0.26	初步测算为 0.30
6	污水排放	零排放	正常情况下零排放
7	产品硫酸铵含氮量/%	≥20.5(GB)	20.6
8	产品硫酸铵含水量/%	≤1.0(GB)	0.4
9	产品硫酸铵游离酸含量/%	≤0.2(GB)	0.12

3.3.4 循环流化床法

循环流化床法烧结烟气脱硫工艺 20 世纪 80 年代中期，德国 LLB（Lurgi LenOes Bischoff）公司在原来用于炼铝等尾气处理技术的基础上，开发了适用于电站锅炉的烟气循环流化床脱硫工艺（circulating fluid-ized bed-flue gas desulfurization，简称 CFB-FGD）。目前，烟气循环流化床脱硫工艺已达到工业化应用的主要有三种工艺流程：（1）德国 LLB 公司开发的烟气循环流化床脱硫工艺（CFB）；（2）德国 Wulff 公司的回流式烟气循环流化床脱硫工艺（RCFB）；（3）丹麦 F. L. Smith 公司研究开发的气体悬浮吸收烟气脱硫工艺（GSA）。在空气预热器和除尘器之间安装循环流化床系统，烟气从流化床反应器下部布风板进入反应器，与消石灰颗粒充分混合，SO_x、SO_2 及其他有害气体，如 HCl、HF 等与消石灰发生反应，生成 $CaSO_4 \cdot 1/2H_2O$、$CaSO_3 \cdot 1/2H_2O$ 和 $CaCO_3$ 等。反应器内的脱硫剂呈悬浮的流化状态，反应表面积大，传热/传质条件很多，且颗粒之间不断碰撞、反应。随后夹带着大量粉尘的烟气进入除尘器中，被除尘器收集下来的固体颗粒大部分又返回流化床反应器中，继续参加脱硫反应过程，同时循环量可以根据负荷进行调节。由于脱硫剂在反应器内滞留时间长，因此使得脱硫效果和吸收剂的利用率大大提高。另外，工业水用喷嘴喷入反应器下部，以增加烟气湿度降低烟温，从而提高了脱硫效率。循环流化床烟气脱硫系统主要包括给料系统、反应器系统、物料循环系统、喷水系统、旁路烟道。

3.3.4.1 工艺原理

循环流化床烟气脱硫技术的主要化学反应原理是：在自然界垂直的气固两相流体系中，在循环流化床状态（气速为 4~6m/s）下可获得相当于单颗粒滑落速度数十至上百倍的气固滑落速度。从化学反应工程的角度看，SO_2 与氢氧化钙的颗粒在循环流化床中的反应过程是一个外扩散控制的反应过程；SO_2 与氢氧化钙反应的速度主要取决于 SO_2 在氢氧化钙颗粒表面的扩散阻力，或说是氢氧化钙表面气膜厚度。当滑落速度或颗粒的雷诺数增加时，氢氧化钙颗粒表面的气膜厚度减小，SO_2 进入氢氧化钙的传质阻力减小，传质速率加快，从而加快 SO_2 与氢氧化钙颗粒的反应。物料的传质往往比传热更重要，而且能更快达到更好的效果，单纯的传热速度较慢，而且热力场有热力梯度，很难使各点的温度在短时间内很均匀。循环流化床良好的传质特性能够使得物料各部分的温度均匀，提高吸附脱硫的效率。循环流化床的主要化学反应如下：

$$CaO + SO_2 + 2H_2O \longrightarrow CaSO_3 \cdot 2H_2O$$

$$CaSO_3 \cdot 2H_2O + \frac{1}{2}O_2 \longrightarrow CaSO_4 \cdot 2H_2O$$

同时也可脱除烟气中的 HCl 和 HF 等酸性气体，反应为：

$$CaO + 2HCl \longrightarrow CaCl_2 + H_2O$$

$$CaO + 2HF \longrightarrow CaF_2 + H_2O$$

3.3.4.2 工艺流程

整个循环流化床脱硫工艺由吸收剂制备、吸收塔、脱硫灰再循环、除尘器及控制系统等部分组成，其工艺流程如图 3-10 所示。该工艺一般采用干态的消石灰粉作为吸收剂，也可采用其他对二氧化硫有吸收反应能力的干粉作为吸收剂。由窑炉排出的未经处理的烟气从吸收塔（即流化床）底部进入。吸收塔底部为一个文丘里装置，烟气流经文丘里管后速度加快，并在此与很细的吸收剂粉末互相混合，颗粒之间、气体与颗粒之间剧烈摩擦，形成流化床，在喷入均匀水雾降低烟温的条件下，吸收剂与烟气中的二氧化硫反应生成 $CaSO_3$ 和 $CaSO_4$。脱硫后携带大量固体颗粒的烟气从吸收塔顶部排出，进入再循环除尘器，被分离出来的颗粒经中间灰仓返回吸收塔。由于固体颗粒反复循环达百次之多，故吸收剂利用率较高。

该工艺所产生的副产物呈干粉状，其化学成分与喷雾干燥法脱硫工艺类似，主要由飞灰、$CaSO_3$、$CaSO_4$ 和未反应完的吸收剂 $Ca(OH)_2$ 等组成，适合用于废弃矿井回填、道路基础等。

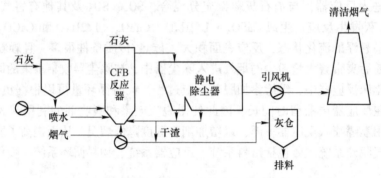

图 3-10　循环流化床烟气脱硫（CFB-FGD）工艺流程

3.3.4.3　技术优势和不足

循环流化床烟气脱硫的主要优点是脱硫剂反应停留时间长，对锅炉负荷变化的适应性强。但目前循环流化床烟气脱硫系统只在较小规模电厂锅炉上得到应用，尚缺乏大型化的应用业绩。

该脱硫工艺的燃煤含硫量为 2% 左右，钙硫比不大于 1.3 时，脱硫率可达 90% 以上，排烟温度约 70℃。该工艺在国外目前应用在 10 万~20 万千瓦等级机组。其占地面积少，投资较省，尤其适合于老机组烟气脱硫。广东宝丽华电力公司二期 135MW 2 号锅炉和 2×300MW 3 号锅炉均采用循环流化床脱硫工艺。

3.3.4.4　工程应用

A　奥地利能源与环境工程公司的 Turbosorp 法（循环流化床技术）

奥地利能源与环境工程公司（AEE 公司）采用 Turbosorp 法（循环流化床技术）加布袋除尘器脱硫技术，脱除 SO₂、烟尘和重金属等污染物，可预留脱硝接口。该工艺主要由烟气系统、湍流器脱硫塔、脱硫灰再循环系统、吸收剂制备及输送系统、脱硫后布袋除尘器系统、工艺水系统、终产物收集系统、压缩空气辅助系统、电气仪表控制系统等组成。Turbosorp 脱硫脱硝系统工艺流程见图 3-11。

该脱硫工艺采用熟石灰作为脱硫剂，同时可添加少量活性炭以提高脱硫效率。熟石灰是采用专门的石灰消化器由生石灰消化而得。石灰消化系统采用卧式双轴搅拌干式消化器。

烧结烟气通过引风机由脱硫塔底部进入文丘里管，流速增大，并形成循环流化床体，

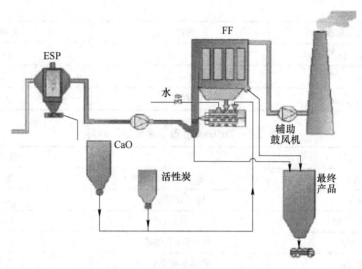

图 3-11　脱硫除尘系统工艺流程图

在脱硫塔底部高温烟气与脱硫剂、循环脱硫灰充分预混合，进行初步脱硫反应，主要完成脱硫剂与 SO_2、SO_3 的反应以及重金属吸附，烟气在脱硫塔内与脱硫剂反应脱除 SO_2，从顶部排入布袋除尘器脱除灰尘，灰尘固体颗粒通过除尘器下的脱硫灰再循环系统，返回吸收塔继续参加反应，往复循环。烟气经脱硫塔底部进入，由于气固两相流的作用进行湍流接触，上升过程中不断形成絮状物向下返回，在激烈湍动中又不断解体重新被气流提升，形成类似循环流化床。锅炉所特有的内循环颗粒流，使气固间滑落速度高达单颗粒滑落速度的数十倍。脱硫塔顶部结构进一步强化絮状物的返回，提高塔内颗粒的床层密度，使床内 Ca/S（离子个数比）值高达 50% 以上。循环流化床内气固两相流机制，极大地强化了气固间的传质与传热，为实现高脱硫率提供根本保证。多余的少量脱硫灰渣通过气力输送至脱硫灰库内，再通过罐车或二级输送设备外排。

　　该脱硫技术和除尘工艺具有以下技术特点：无污水外排，单塔处理能力大，无须防腐措施，脱硫装置对负荷变化的适应性强。1999 年，奥地利 AEE 公司为德国某厂设计建造了烧结废气回收处理净化装置，主要由喷淋吸收塔、活性褐煤喷射器和石灰乳喷射器以及布袋除尘过滤器组成，生石灰经加水形成石灰乳后通过高达 13000r/min 的旋转喷射器在吸收塔下部逆向气流喷射而出，石灰乳与烟气中的硫化物混合发生化学反应，形成石膏，完成脱硫过程。脱硫后的烟气通过管道进入布袋除尘器，管道上还安装活性褐煤喷射器，将褐煤喷入管道与烟气进行混合以脱除二噁英，烟气进入布袋除尘器后，完成气与尘的分离，尘循环使用一定次数后外排，用于填埋废旧矿山。Turbosorp 脱硫效果及运行消耗见表 3-6、表 3-7。

表 3-6　Turbosorp 脱硫效果

有害质量浓度（标准状态）	脱除前	脱除后
SO_2/mg·m^{-3}	600~800	220
粉尘/mg·m^{-3}	50	10

续表 3-6

有害质量浓度（标准状态）	脱除前	脱除后
HF/mg·m^{-3}	10~40	1
HCl/mg·m^{-3}	20~120	1
二噁英/mg·m^{-3}	20~50	0.1

表 3-7　Turbosorp 脱硫系统运行消耗

项　目	单　位	数　据
生石灰	kg/t-烧结矿	8.5
褐煤	kg/t-烧结矿	1.1
粉尘产生量	kg/t-烧结矿	14.4
电费消耗	kW·h/t-烧结矿	14.2
维修费	欧元/t-烧结矿	5.55

B　中国福建龙净脱硫脱硝公司的循环流化床脱硫工艺

福建龙净脱硫脱硝公司研发的循环流化床脱硫工艺已应用于福建三明钢铁公司 2 号 180m^2 烧结机上，烧结烟气经脱硫后，SO$_2$ 质量浓度由 3896~5061mg/m^3 降低到 132~421mg/m^3，脱硫效率很高，改善了周边空气质量，取得显著的环保效益和社会效益。福建龙净循环流化床脱硫工艺流程图如图 3-12 所示。

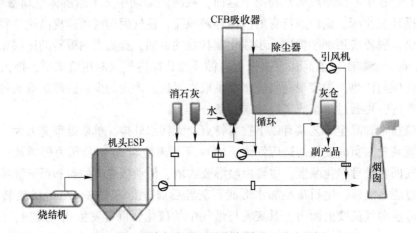

图 3-12　福建龙净循环流化床脱硫工艺流程图

该脱硫技术具有以下特点：

（1）脱硫剂和降温水两者分别进入吸收塔，分别进行控制，克服了吸收塔内因水分不能很好蒸发造成的烟气湿度大、吸收塔下游设备腐蚀、布袋除尘器糊袋易堵的工艺缺陷。

（2）设置清洁烟气再循环回路，当负荷降低到满负荷的 70% 以下时，开启循环烟道阀，将引风机后的清洁烟气引入吸收塔，能够适应负荷变化情况下保持吸收塔内的烟气量和物料床层不变，这是该脱硫装置最显著的特点。清洁烟气再循环可以实现脱硫系统独立于烧结机主系统单独调试和运行，非常适合烧结紧急停机或脱硫系统出现故障等特殊情况下，烧结烟气通过旁路排往烟囱的应急处理。

现有的脱硫工艺在应用中的问题主要表现在脱硫系统难以适应烧结生产过程的波动和变化，造成输灰系统堵塞、脱硫效率降低、净化烟气温度不稳定、运行成本高等问题，一个很重要的改进方向是，如何着手改善烧结生产过程，使之与脱硫系统很好地融合和匹配，应该从以下几个方面开展工作，以促进烧结烟气脱硫系统的稳定、经济运行。

（1）进行持续的烧结抽风系统漏风率的治理，进一步降低烟气含氧量，保证脱硫效率的改善和系统运行的安全。

（2）进行提高烧结烟气量和烟气温度稳定性的攻关，使烧结烟气量和烟气温度的波动有效降低，烟气量波动值控制在 100m³/h 之内，烟气温度的波动控制在 10℃ 之内。

（3）进行优化烧结配料研究，进行原料长周期规划，稳定烧结混合料中原始硫负荷，尽可能控制在脱硫系统的设计范围内。

（4）进行生产操作的改良，稳定生产过程参数，减小脱硫系统外围各个工况的波动。

（5）提高脱硫前烧结烟气含尘量的净化效率，降低脱硫系统的粉尘处理负荷。

（6）对烧结主抽风机实施变频调速改造，实现低负压低风量烧结，降低脱硫系统烟气处理量，降低脱硫系统运行成本。

（7）开发烟气脱硫与烧结生产智能联动的专家控制系统。

3.3.5 MEROS 法（高性能烧结废气净化）

MEROS（Maximized Emission Reduction of Sintering）是西门子 VAI 金属工艺股份有限公司（Siemens VAI Metals Technologies GmbH&Co，以下简称 SVAI）为处理烧结废气开发的高效干法烟气清洁工艺，是基于带有选择性废气循环利用的 MEROS（高性能烧结废气净化）脱硫系统。选择性废气循环系统可以使脱硫烟气减少近 40%，从而大大降低脱硫系统的工作负荷，减少占地面积，大幅降低综合投资和运行成本。废气循环利用是基于一部分烧结热废气（包括烧结抽风系统和热矿冷却系统的两类废气）被再次引入烧结过程的原理。热废气再次通过烧结料层时，其中的二噁英和氮氧化物能够通过热分解被部分破坏，硫氧化物和粉尘能够被部分吸附并滞留于烧结料层中，废气中的一氧化碳在烧结过程中再次参加还原，有降低能耗的可能。

MEROS 脱硫是一种用属于脉动喷气式过滤器从化合物中通过半干法脱硫的先进技术，所使用的脱硫剂有小苏打（$NaHCO_3$）、CaO 或 $Ca(OH)_2$。其中小苏打有较高的脱硫效率（>90%），消耗量也相对较低，但其成本高于 CaO 或 $Ca(OH)_2$，但是如果用 CaO 作脱硫剂，需要在系统增加石灰消化器，通过向消化器内喷入一定量的水使 CaO 消化为 $Ca(OH)_2$，系统对消化器性能要求比较高，要求消化后的 $Ca(OH)_2$ 符合 MEROS 工艺的要求。此技术可获得小于 10mg/m³ 的粉尘浓度（标准状态），去除大于 95% 的重金属，大于 98% 的二噁英/呋喃，约 90% 的酸性气体，约 100% 的有机挥发物。脱硫程度取决于用户要求，对不同的脱硫剂，可取得如下结果：消石灰>70%；碳酸氢钠>90%。

我国是钢铁生产工业大国，其中原燃料中的硫在偏氧化性气氛环境中以气态氧化物形式释放到烧结烟气中排入大气，是钢铁行业 SO_x 的主要排放源，使用 MEROS 法脱硫就能很好进行脱硫，减少污染。

3.3.5.1　工艺原理

MEROS 脱硫工艺原理：将添加剂均匀高速并顺流喷射到烧结烟气中，然后应用调节反应器中的高效双流喷嘴加湿冷却烧结烟气。离开调节反应器之后含尘烟气通过脉冲袋滤器去除烟气中的粉尘颗粒。为了提高气体净化效率和降低添加剂费用，滤袋除尘器中的大多数分离粉尘循环到调节反应器之后的气流中。其中部分粉尘离开系统输送到中间存储筒仓。MEROS 法集脱硫、脱 HCl 和 HF 于一身并可以使 VOC 可冷凝部分几乎全部去除。

根据不同的脱硫方式，采用消石灰或碳酸氢钠作为化学脱硫剂。其反应机理如下：

（1）消石灰的吸收反应。加湿石灰颗粒与烧结废气中的所有酸性气体发生反应并生成反应物。主要反应有：

$$2Ca(OH)_2 + 2SO_2 \longrightarrow 2CaSO_3 \cdot \frac{1}{2}H_2O + H_2O$$

$$Ca(OH)_2 + SO_2 \longrightarrow CaSO_4 \cdot H_2O$$

$$2CaSO_3 \cdot \frac{1}{2}H_2O + O_2 + 3H_2O \longrightarrow 2CaSO_4 \cdot 2H_2O(部分)$$

$$Ca(OH)_2 + 2HCl \longrightarrow CaCl_2 \cdot 2H_2O$$

$$Ca(OH)_2 + 2HF \longrightarrow CaF_2 + 2H_2O$$

（2）碳酸氢钠的吸收反应：

$$2NaHCO_3 \xrightarrow{\triangle} Na_2CO_3 + CO_2 + H_2O$$

主要化学反应：

$$2NaHCO_3 + SO_2 + \frac{1}{2}O_2 \longrightarrow Na_2SO_4 + H_2O + 2CO_2$$

$$NaHCO_3 + HCl \longrightarrow NaCl + H_2O + CO_2$$

$$NaHCO_3 + HF \longrightarrow NaF + H_2O + CO_2$$

采用碳酸氢钠的酸中和包含热激活过程，碳酸氢钠与热烟气接触，部分转换成碳酸钠，增加了比表面积及多孔性。

3.3.5.2　工艺流程

脱硫工艺种类繁多，MEROS 法脱硫工艺是比较有代表性的一种。MEROS 工艺根据吸收剂的不同，其工艺流程有所不同，但主要的过程相似。MEROS 工艺主要由反应塔和布袋除尘器组成，吸收剂从反应塔顶部注入，同时采用双流体喷嘴往反应塔内注水，使烟气温度降低到 70℃ 左右，以提高脱硫效率。从布袋除尘器收集的脱硫副产物，循环返回到布袋入口，提高吸收剂的利用率。其具体工艺流程如图 3-13 所示。

根据 MEROS 工艺流程，在对废气进行净化处理当中采用一些污染物吸附材料，例如经专门处理的木质褐煤焦炭或活性炭，以及脱硫反应剂，例如熟石灰或碳酸氢钠等。使用这些材料时，以均匀的料流及与废气流方向相反，用极快的流速将这些吸附材料投入烧结废气流中。在调节反应器的特殊装置里上述各种吸附材料与重金属类，含硫化合物及有机化合物（二噁英、呋喃）等化合。接着用此反应装置中下部所装双作用高效率喷嘴湿润废气及降低废气温度，借此加速二氧化硫及其他含硫成分的化学化合反应。数量很少的零星颗粒物（碎烧结矿及烧结混合料残粒），从反应装置底部卸出用皮带运输机系统收集，待运。

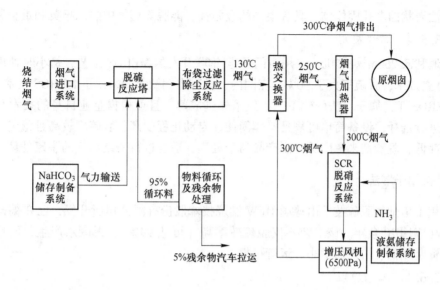

图 3-13　MEROS 工艺流程图

3.3.5.3　技术优势和不足

该技术工艺流程简单，投资少，运行安全可靠，对烟气温度变化适应范围广，脱硫效率达到 90% 以上，但存在 CO₂ 排放问题。

MEROS 法烧结烟气脱硫与吸附净化工艺，专门针对烧结烟气脱硫及综合净化需要开发。本技术的主要特点如下：

（1）工艺流程简单，运行稳定性好。整个脱硫工艺系统仅由喷射烟道和袋式除尘器构成，造价低，运行稳定性高。

（2）入口温度要求低，温度变化适应范围广。烧结烟气在一年中烟气变化范围较大，一般在 90~200℃ 之间波动，其中低温段冬天出现的情况较多。典型的钙基干法/半干法脱硫工艺对入口烟气温度有一定的要求（一般在 120℃ 以上）。如果温度低，则增湿水蒸发变慢，袋式除尘器的入口温度不能保证，会导致除尘器内部结露，引起结构腐蚀，严重的会导致粉尘糊袋现象。因此，钙基干法/半干法脱硫工艺用于烧结烟气，当原烟气温度处于低温波段时，其脱硫效率和工艺稳定性均得不到保障。而 SVAI-MEROS 小苏打法脱硫工艺，由于取消了烟气增湿降温过程，能适应更宽的烟气温度变化范围，最低入口烟气温度仅要求 90℃，在烧结烟气的可能变化范围内均能正常工作。

（3）可控性高，脱硫后的 SO₂ 排放值稳定。采用小苏打为脱硫剂，脱硫效率可保证在 95% 以上。可采用出口 SO₂ 排放浓度恒定的方法控制脱硫过程，在入口 SO₂ 浓度变化时，保证出口 SO₂ 浓度值不变，从而节省脱硫剂消耗；也可用出口 SO₂ 排放浓度变化的方法控制 SO₂ 排放浓度，可满足未来环境污染控制的要求，而不需要改变任何装置。

（4）二噁英和重金属防治。烧结是继垃圾焚烧之后，二噁英污染的第二大来源；烧结烟气中的重金属也是污染源之一，其包含的微细粉尘有许多重金属盐，难于被除尘装置捕获。为此，国外许多烧结机均在脱硫过程中，同时考虑去除二噁英和重金属的措施。这也是国内烧结烟气污染物综合治理的发展趋势。MEROS 工艺的脱硫过程中，还会形成类似活性炭状的多孔固体物，具有很高的吸附性，能脱除烟气中的二噁英和重金属。

3.3.5.4　工程应用

奥地利茨 $260m^2$ 烧结机，采用西门子-奥钢联开发的 MEROS 工艺，每小时处理烟气量约 90 万立方米，脱硫率大于 90%。在国内，马鞍山钢铁集团采用了 MEROS 技术。

MEROS 工艺属于干法脱硫工艺，技术先进成熟，且可根据企业自身的技术和经济环境状况进行选择，设备简单可靠且操作简便、自动化程度高、脱硫率较高且稳定、运行成本与能耗低、脱硫剂来源广泛、副产品易于处理，适合进行烧结烟气的脱硫处理。

3.3.6　密相干塔法

密相干塔烟气脱硫技术由德国 HFW 燃烧技术股份有限公司所开发，已在德国及其他国家成功应用 20 余年。该工艺不仅脱硫效率高（可达 99%）、无废水产生，而且流程简单、投资费用低、占地面积小、运行可靠。

3.3.6.1　工艺原理

密相干塔烟气脱硫技术属于半干法脱硫技术，适合进行烧结烟气的脱硫处理。它是利用干粉状的钙基脱硫剂，与密相干塔及布袋除尘器除下的大量循环灰一起进入加湿器内进行增湿消化，使混合灰的水分含量保在 3% 到 5% 之间，加湿后的循环灰由塔上部进料口进入塔内。含水分的循环灰有极好的反应活性和流动性，与由塔上部进入的烟气发生反应。脱硫剂不断循环利用，脱硫效率可达 95%，脱硫副产物由灰仓溢流出循环系统，通过气力输送装置送入废料仓。其反应过程如下：

主反应
$$CaCO_3 + SO_2 = CaSO_3 + CO_2$$
$$CaO + H_2O = Ca(OH)_2$$
$$Ca(OH)_2 + SO_2 = CaSO_3 + H_2O$$

中间反应
$$CaSO_3 + SO_2 + H_2O = Ca(HSO_3)_2$$

氧化反应
$$CaSO_3 + \frac{1}{2}O_2 + 2H_2O \longrightarrow CaSO_4 \cdot 2H_2O$$

副反应
$$CaCO_3 + 2HCl = CaCl_2 + CO_2 + H_2O$$
$$Ca(OH)_2 + 2HF = CaF_2 + 2H_2O$$

3.3.6.2　工艺流程

经预除尘的烧结烟气由主抽风机后引入脱硫塔顶部，与经过加湿活化后的脱硫剂石灰一起从脱硫塔的顶部向下流动，在流动过程中石灰与水、SO₂ 进行系列反应，净化后的烟气经布袋除尘器和增压风机返回主抽烟机后的烟道，从烟囱外排。反应后的物料经脱硫塔和收尘器底部灰斗送入刮板机，然后经斗提机送入加湿活化机，完成灰系统的循环，少部分失去活性的脱硫灰作为脱硫副产物排出系统。

密相干塔烟气脱硫的工艺流程如图 3-14 所示，主要包括 SO₂ 的吸收和吸收剂的循环利用两个过程。

（1）SO₂ 的吸收：预除尘后的锅炉烟气经过热交换器（主要是回收余热，并非必要的工艺过程）后由干塔上部入口进入干塔，烟气在干塔内与由干塔上部连续加入的活化后的钙基吸收剂进行 SO₂ 吸收反应，反应后的烟气由干塔下部的出口进入除尘器（静电除尘器或布袋除尘器）除尘，净化后的烟气经除尘器除尘净化后通过烟囱排入大气。

（2）吸收剂的循环利用：干塔内的反应副产物、除尘器收集的颗粒物和来自料仓的新吸收剂一起通过提升装置提升到干塔上部的加湿器内，在加湿器内加少量水活化后再次进入干塔与烟气进行反应，从而实现吸收剂的循环利用和稳定的脱硫效率。

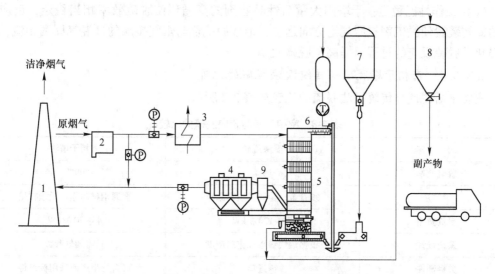

图 3-14 密相干塔烟气脱硫工艺流程示意图

1—烟囱；2—预除尘器；3—换热器；4—除尘器；5—干塔；
6—加湿器；7—原料仓；8—废料仓；9—机械除尘器

3.3.6.3 工艺特点

（1）该工艺是一种半干法脱硫工艺，能耗低。整个系统脱硫剂用量少而且利用率高，循环倍率达到 250。循环过程中脱硫剂颗粒在机械力的作用下，不断裸露出新表面，使脱硫反应不断充分地进行。SO$_2$ 脱除效率高达 99%，同时可以去除 SO$_3$、HCl、HF 等有害气体，脱硫剂在整个脱硫过程中都处于干燥状态，操作温度高于露点，没有腐蚀或冷凝现象，没有废水产生及相应的处理问题。

（2）该工艺的循环系统采用机械输送方式，系统对不同 SO$_2$ 浓度的烟气及负荷变化的适应能力极强，可以保证烧结烟气负荷在 10%~100% 范围内波动时，脱硫系统都能够保持稳定运行。无须合金、涂覆和橡胶衬里等特种防腐措施，吸收剂（石灰石、石灰、生石灰）价格便宜。烟气无须再加热即可排放，烟囱的出口没有白烟现象。

（3）烟气在脱硫塔内的流速较低，流场平稳，吸收塔全塔压降仅为几百帕，在设计之初尽量考虑烟道的布置，降低烟道阻力，故整个系统压损很小，采用低压高效轴流风机，效率可达 83% 以上，有效节约系统运行能耗。脱硫塔内的搅拌器可强化传质过程，延长脱硫反应的时间，系统的运行效果好。

（4）系统流程简洁紧凑、设备少、控制简单、运行可靠。系统占地面积小，布置灵活。整个脱硫系统密闭负压运行，有效避免了烟气泄露和二次扬尘问题。

（5）脱硫系统设置有烟气进口及旁路挡板门，不影响原有的烧结系统。

（6）系统耗水量低，通常循环脱硫剂的含湿量很低，大约 3%~5%，不结块，无腐蚀。脱硫剂利用加湿提高其活性所用的水非常少，且系统通过控制加水量使塔内始终处于理想的脱硫反应条件，维持比较高的脱硫效率。

（7）整个系统检修通道布置合理，在脱硫装置底部有工艺故障处理设施及通道，在链式输送机底部装有紧急排灰口，可以在事故状态下有效保护脱硫设备。

（8）工作性能稳定：干塔内大量活性吸收剂的高循环使脱硫效率相当稳定，反应塔内的旋转装置使脱硫剂按照规定方向运动，形成脱硫剂与烟气接触的预混气固两相流，极大强化了脱硫反应的过程，提高了脱硫效率。

3.3.6.4　密相干塔脱硫与传统湿法脱硫的比较

密相干塔脱硫与传统湿法脱硫的比较如表 3-8 所示。

表 3-8　密相干塔与传统脱硫的比较

内　　容	湿法脱硫	密相干塔法
脱硫效率	99%	99%
吸收塔	须合金、橡胶衬里和涂覆	普通钢材制作、无须衬里
投资费用	70~120 $/kW	45~70 $/kW
系统设计	根据烟气参数和排放浓度	只需烟气参数
关键部件	需进口	可自行生产或采用标准件
废水	有	无
能耗	占火电厂发电量 2%	占火电厂发电量 0.5%~0.6%
适应 pH 值变化能力	弱	强
控制系统	复杂	简单
腐蚀现象	严重	无
副产品	石膏	用于土壤改良剂或筑路

与传统湿法脱硫相比较，密相干塔脱硫的脱硫效率都很高，能达到 99%。且吸收塔只需普通钢材制作、无须衬里；投资费用低，即 45~70 $/kW；系统设计只根据烟气参数即可；关键部件摆脱进口，可自行生产或采用标准件；能耗低，无废水产生，无腐蚀现象。适应 pH 值变化能力强；控制系统简单。产生的副产品可用作土壤改良剂或筑路。

3.3.6.5　工程应用

密相干塔法烟气脱硫技术在德国等欧洲国家 20 多家不同规模的电站锅炉和工业锅炉上进行了工业化应用。表 3-9 列出了这种技术在德国 Kaiserslautern 和 Sandreuth 两个电厂的实际运营数据。

密相干塔烟气脱硫技术是一种先进的脱硫技术，世界各国都在竞相开发和使用。从经济角度分析，其投资费用低、运行费用低、可靠性高、维护量小、系统使用寿命长、副产物可以利用、关键设备可完全国产化且价格低廉；从生态角度分析，其脱硫效率高、环境效益显著、无废水产生、专用设备技术成熟且运行可靠、能耗低等。密相干塔烟气脱硫技术因为其独特的优势，特别适合在我国推广使用，尤其是在一些水资源相对短缺的电厂，其环境、社会和经济效益会更加突出。

表 3-9 密相干塔法烟气脱硫系统运行概况

电　厂	Kaiserslautern		Sandreuth
燃料	无烟煤	长焰煤	烟煤
锅炉/台	2		2
燃烧能力/MW	14	28	125
反应器类别	水平反应器	竖直反应器	竖直反应器
进口烟气温度/℃	125~145	110	157
出口烟气温度/℃	100~115	78	85~100
烟气湿度/%	5	5	85~100
SO_2 浓度处理前/后（标态）/mg·m^{-3}	1400/300	1400/300	1800/90
$Ca(OH)_2$ 消耗量（标态）/kg·1000m^{-3}·h^{-1}	1.5	1.7	1.8
能耗/%	0.5	0.6	0.6
压缩空气消耗量/m^3	0.4	0.3	0.4

3.3.7 活性炭吸收法

活性炭对 SO_2 的吸附包括物理吸附和化学吸附。在干燥无氧条件下主要是物理吸附，在有氧和水蒸气存在条件下会发生化学吸附。活性炭再生的方法有热再生法、还原气体再生法、洗涤再生法。为了解决洗涤再生过程所得稀硫酸的利用问题，我国研究出了磷铵肥法，利用天然磷矿石和氨为原料，在烟气脱硫过程中直接生产磷铵复合肥料。据说，糠醛渣活性炭无须添加任何活性组分便具有良好的脱硫性；用活性炭纤维吸附，平衡吸附量比一般活性炭大 5~6 倍，且吸附、解吸速度快，具有物理吸附及化学吸附特征。由此不难想到，如果把这两种技术结合起来，活性炭吸附法的前景不可估量。

最初，日本最先采用活性炭吸附法来处理烟气净化，将烧结机排烟的除尘、脱硫、脱硝的 3 种功能集于一身，开发了更为经济的烧结排烟脱硫、脱硝、除尘设备，使烧结排烟脱硫技术提高到新的阶段。活性炭法烟气脱硫不同于其他的烟气脱硫技术，是以传统的微孔吸附原理为理论基础的一门技术。然而，这种吸附作用与常用的工业吸附净化水的技术有着很大的区别，由于涉及多组分物质的吸附传质，使其吸附作用十分复杂。有水存在的条件下，在活性炭表面附近、表面上、中孔大孔内以及微孔内，均可能形成水、水蒸气、SO_2、SO_3^{2-}、SO_4^{2-} 等多种组分的复杂混合体，这些分子或离子的存在和数量可能促进吸附性能的提高，也有可能制约活性炭的吸附能力。H_2O 的参与从根本上改变了 SO_2 在炭表面的反应机理。

我国大部分火电厂面临着加强控制 SO_2 和 NO_x 排放问题。目前限制推广脱硫脱氮技术的主要因素是初投资大、运行费用高、治污产物利用难、存在一定程度的二次污染。活性炭吸附法脱硫脱氮技术具有能够实现治污产物资源化利用，脱硫脱氮效率高等优点，被认为是一种有发展前景的脱硫脱氮技术。在各种烟气治理方法中，活性炭吸附法是唯一一种能脱除烟气中每一种杂质的方法，其中包括 SO_2、氮氧化物、烟尘粒子、汞、二噁英、重金属、挥发分有机物及其他微量元素。发展此类烟气脱硫脱氮技术，有效控制我国燃煤 SO$_2$ 和 NO$_x$ 排放，对于国民经济的可持续性发展意义重大。

3.3.7.1 工艺原理

活性炭对 SO$_2$ 的吸附包括物理吸附和化学吸附。当烟气中无水蒸气和氧气存在时，主要发生物理吸附，吸附量较小。当烟气中含有足量水蒸气和氧，活性炭法烟气脱硫除尘器是一个化学吸附和物理吸附同时存在的过程，首先发生的是物理吸附，然后在有水和氧气存在的条件下将吸附到活性炭表面的 SO$_2$ 催化氧化为 H$_2$SO$_4$，二氧化硫的吸附量增大。

活性炭（焦）干法烟气脱硫主要是吸附与催化耦合的物理化学过程。烟气中的 SO$_2$ 被活性炭（焦）吸附并发生催化氧化反应而脱除。对活性炭（焦）加热再生得到含高浓度 SO$_2$ 的脱附气，接后续工序可制浓硫酸、硫黄或其他含硫化工产品。同时，反应过程中也可以脱硝、脱汞。脱硫反应式如下：

$$2SO_2 + O_2 + 2H_2O \Longrightarrow 2H_2SO_4$$

3.3.7.2 工艺流程

活性炭（焦）干法烟气净化系统由活性炭（焦）烟气脱硫塔、活性炭（焦）烟气再生装置、活性炭（焦）物料输送系统和副产品加工等部分组成。烟气由脱硫塔入口进入，在流动过程中与活性炭（焦）层充分接触，在适宜的条件下发生吸附和催化氧化反应，SO$_2$ 被脱除。吸附饱和的活性炭（焦）经过物料循环系统进入再生塔再生。

烧结主抽风机引出的烟气经增压风机，进入吸收塔脱硫，吸收塔内设置活性嵌移动层，净化的烟气排入烟囱。活性炭吸附硫氧化物后，经过输送机送至解吸塔，被加热至 450℃ 以上解吸。解吸后的活性炭经冷却再次送入吸收塔，循环使用。解吸出的 SO$_2$ 气体一般送往制酸。活性炭烧结烟气脱硫工艺流程如图 3-15 所示。

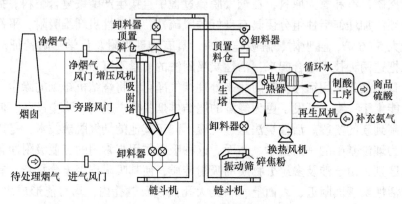

图 3-15 烧结烟气活性炭脱硫工艺流程

3.3.7.3 活性炭的吸附性能

活性炭法烟气脱硫除尘器技术最大的问题就是活性炭的吸附容量有限，因而吸附剂使用量较多，导致吸附器体积庞大。如果要减小占地面积，则气流速度过高，而且需要增加床层厚度，导致过大的流动阻力。因而提高活性炭的吸附容量有如下方法。同时，对于活性炭吸附性能衰减的问题也有相关研究。

（1）提高活性炭吸附容量。提高活性炭的吸附容量的方法有两种：一是通过改善活性炭表面化学特性;二是改善其孔隙结构。目前已研究出的新型活性炭有含碘活性炭、含氮活性炭、糠醛渣活性炭、活性炭纤维(ACF)等。

含碘活性炭是以碘为活性组分,使活性炭具有较强的催化氧化性能,因而吸附性能增强。然而,该活性炭在运行过程中会出现碘流失,使运行成本增加,同时会影响其寿命以及系统的稳定运行。含氮活性炭同样具有一定的催化氧化性能,且不存在氮的流失问题,但由于活性态的氮衰减,使得该活性炭寿命缩短。糠醛渣活性炭由玉米芯制糖醛的废料经改性后制得,改性后的糠醛渣活性炭具有更强的吸附和催化氧化能力,因而无须添加任何活性组分,且其成本低,受工况变化的影响小。

ACF 由有机纤维炭化、活化而制得,尽管生产工艺复杂,但 ACF 在综合性能上优于普通的柱状活性炭(GAC)。ACF 巨大的外表面积增加了吸附剂与吸附质的接触面积,使其吸附能力大大提高。另外,ACF 表面的含氮官能团对 N、S 化合物表现出独特的吸附能力。ACF 的吸附系数比 GAC 提高 16.6 倍,吸附剂的使用量减少 94% 以上,损耗减少到 GAC 的 1/14,脱附效率接近 100%。以 CF 为工质,降低了补充新工质的次数,大大减少了吸附剂用量,降低了设备的投资和运行费用。所以,ACF 在技术经济上具有一定的优越性。

(2)活性炭吸附性能衰减。活性炭法的一个优越之处是吸附剂的再生,再生过程主要有加热脱附和水洗涤脱附 2 种方式。加热脱附过程中,残留吸附量很小,一般只有 1%~5% 的残留吸附量。但是加热温度较高时,活性炭会发生局部烧损、微孔结构改变等现象,最终导致活性吸附容量下降。

活性炭法中所指的吸附容量并不是在足够的时间内,纯吸附质环境下测得的吸附剂的静态吸附容量,而是受许多因素制约的动态吸附容量,即活性炭经过反复吸附-脱附以后达到的平衡吸附容量。通过对水洗涤脱附条件下的活性动态吸附容量进行理论分析,指出经过 10 次以上吸附-脱附循环,吸附剂的吸附性能会到达稳定值,吸附性能衰减主要由深层活性中心的失效、吸附滞后和水洗涤脱附三方面的因素导致。对于水洗涤脱附过程,残留吸附容量较大是活性炭动态平衡吸附容量下降较快的根本原因。

3.3.7.4 技术优势和不足

活性炭(焦)干法烟气脱硫技术有以下优势:

(1)活性炭法可以实现一体化联合脱除 SO$_2$、NO$_x$ 和粉尘,SO$_2$ 脱除率可达到 98% 以上,同时吸收塔出口烟气粉尘含量小于 20mg/m^3。还能除去废气中的碳氢化合物,如二噁英、重金属(如汞)及其他有毒物质,高度环保。

(2)脱硫过程烟气温度不降低,不需增加烟气再热系统,能耗低,设备腐蚀小,运行可靠;脱硫过程中基本不耗水,深度节水,适用于缺水地区。

(3)可回收硫,制硫产品,副产品(浓硫酸、硫酸、硫黄)可以出售。利于资源回收利用,具有循环经济的特点,且适宜用于烟气条件变化大的各种工况。

(4)无须工艺水,避免了废水处理。净化处理后的烟气排放前不需要再进行冷却或加热,节约能源。

也具有不足之处:

(1)活性炭(焦)相比其他脱硫剂,来源有限且原材料价格较贵,初次投资较高,工程造价高。

（2）活性炭（焦）再生是关键，运行成本较高；副产物深加工流程较复杂。

（3）喷射氨增加了活性焦的黏附力，造成吸附塔内气流分布的不均匀性，由于氨的存在产生对管道的堵塞、腐蚀及二次污染等问题。

（4）系统安全性要求极高，对入口烟气温度，粉尘含量有严格要求，容易发生火灾。

3.3.7.5　工程应用

活性炭脱硫技术可广泛应用于有色冶金、锅炉、钢铁、化工、焚烧等领域各种不同规模和生产负荷的烟气治理工程中，从小规模系统直到几百万烟气量的大系统。

例如，江西铜业二期环集烟气活性炭（焦）脱硫工程，处理烟气量为 $550000m^3/h$，SO_2 入口浓度为 $1188mg/m^3$，设计脱硫率为 80%，副产物为硫酸，于 2010 年投入运行。又如 1987 年日本某钢铁厂的 3 号烧结机利用活性炭排烟脱硫、脱硝设备（标准状态）（$90×10^4 m^3/h$），积累了烧结机防酸露点腐蚀和运转、设备技术等方面的经验。该装置经过长期运转业绩证明，净化效率高，超过设计值 95%，接近 100%，完全能够达到预期的效果。该钢铁厂的 1 号和 2 号烧结机已引进该处理装置设备（标准状态）（$130×10^4 m^3$），于 1999 年 7 月投入使用。某钢厂 $450m^2$ 烧结机活性炭脱硫于 2010 年 9 月投产，另一台 $660m^2$ 烧结机活性炭脱硫于 2011 年 9 月投产。目前，该钢厂脱硫效率可控制在 95% 以上，除尘效率一般达到 80%，对二噁英的去除率较高，出口烟气二噁英经检测 TEQ 小于 $0.2mg/m^3$。

我国已成功开发出活性炭烟气治理的技术装备，永钢、前进钢铁和包钢已开始应用，设备价格比引进的低 60% 以上，可实现脱硫、脱硝、脱二噁英及脱除重金属。

3.4　小　　结

我国二氧化硫减排工作进展缓慢，主要是二氧化硫排放管理措施不到位，二氧化硫减排工作没有引起重视；脱硫经济政策不落实，国产化脱硫技术和设备水平不高等。通过分析认为实现我国二氧化硫减排目标应从技术及管理等多方面入手，在提高煤炭质量、采用清洁燃烧技术以及脱硫措施的同时，应加强相应的经济管理措施，严格二氧化硫的排放标准，开展二氧化硫排污交易，以实现对二氧化硫污染排放的有效控制。二氧化硫对环境及人类的危害越来越严重，对其的治理是保护大气环境的重要方面，说明了环境治理中要尽量采用"绿色技术"，变废为宝，体现环境保护的新思维，实现循环经济的发展要求。

首先应加强二氧化硫污染治理技术和设备的研制、开发、推广和使用。同时加强对煤炭清洁燃烧技术的研究与开发工作。其次调整煤炭结构，建设相应煤炭洗选设施，提高原煤入洗率。限制高硫份煤炭的开采，制定经济政策引导全社会提高洗选煤炭消费的需求，使煤炭清洁燃烧。对于火电厂应修订现行的燃煤电厂二氧化硫排放标准。严格火电厂二氧化硫排放标准，建设相应的烟气脱硫设施，推动电厂脱硫治污步伐，提高火力发电的煤炭使用效率，减少二氧化硫污染。

污染源排污水与原燃料的选用、生产工艺和处理技术密切相关，钢铁工业控制 SO_2 污染大气的最有效途径是采用清洁原燃料，从生产的源头减少污染产生；再次是积极采用技术成熟、经济合理的无污染或少污染的新工艺、新设备、新技术，尽可能把钢铁生产对环境污染的排放物消除在生产过程之中；其次是辅以末端有效治理，达标排放，同时强化能源与环境的科学管理，努力杜绝非正常及事故情况下的污染物排放，以减少 SO_2 等污染物对周围大气环境的影响。

针对 SO_2 对空气环境的影响，防止和减少 SO_2 的污染的方法和措施很多，除了采用以污染预防为主的无污染或少污染的清洁生产工艺外，还可采取高烟囱排放、采用低硫原燃料或原燃料脱硫、烟气脱硫等技术措施。例如，之前很多钢铁企业中采用最多的方法是高烟囱排放（烟囱高度为 $60 \sim 120m$，最高达 $200m$），增加出口处烟气排放速率，利用大气稀释扩散能力，降低 SO_2 落地浓度，减少对地面上人和动植物等的危害，该法存在扩大污染面、形成酸雨区等问题，对控制排放总量没有贡献，同时烟道的造价与高度平方成正比，所以此方法只能作为一种辅助和过渡方式。而随着我国环境保护法规的不断完善和日趋严格，以及清洁生产和总量控制的实施，许多钢铁企业开始为减少 SO_2 的排放总量，从传统的高烟囱放散向原燃料脱硫、烟气脱硫和全过程控制方向转移。

从上面的简单介绍可以看出脱硫方法之多，说明脱硫问题很受人们的重视。对于采用什么方法进行脱硫处理，一定要具体情况具体分析，不能盲目地赶时髦、求新颖。要针对烟气特点并结合现场的情况，做出合理的选择。例如，中日两国合作的排烟脱硫示范项目——潍坊化工厂简单排烟脱硫装置，采用的是石灰石-石膏法；德国的 Lentjes Bischoff 公司在处理印度尼西亚一座电厂的烟气时，采用的是海水洗涤法。我们认为，投资省、脱硫效率高、运转费低、长期运转稳定可靠、不产生二次污染的治理方法就是好方法。烧结过程中，烟气中 SO_2 的浓度是变化的，有时变化的幅度大且频率高，其头部和尾部烟气含 SO_2 浓度低，中部烟气含 SO_2 浓度高。为减少脱硫装置的规模，可只将含 SO_2 浓度高的烟气引入脱硫装置，减少投资费用。且应加快推进烧结烟气脱硫技术的工业应用，逐步消除烧结烟气污染对经济发展和对环境带来的消极影响，促进钢铁企业的可持续发展。

思 考 题

3-1 钢铁生产流程中，哪一部分是 SO_2 产生最多的环节？

3-2 钢铁工业产生的 SO_2 都有哪些方面的危害？

3-3 SO_2 的治理方式都有哪些，每一种治理措施的工艺原理分别都是什么？

3-4 针对不同 SO_2 的治理方法，对比分析其异同点及优缺点。

3-5 简述石灰石-石膏法烟气脱硫的工艺过程，写出每一步对应的方程式。

3-6 你认为 SO_2 治理方法中哪些技术是目前实用性最高的？哪个技术是发展前景是最好的？并说出你的理由和见解。

3-7 请针对章节中 SO_2 的危害和烟气脱硫技术进行深入思考，给出对于未来烟气脱硫技术的规划导图。

3-8 对于目前钢铁企业 SO_2 排放现状，我们应该如何从实际出发，进一步优化 SO_2 治理技术？

参 考 文 献

[1] 施永杰. 我国钢铁行业的大气污染及整治措施 [J]. 工程技术研究，2020：245~246.

[2] 李艳青，李志峰，闫志华. 钢铁企业 SO_2 减排技术应用浅析 [J]. 环境保护与循环经济，2010 (30)：57~59.

[3] 邰学. 我国烧结球团行业脱硫现状及减排对策 [J]. 烧结球团，2008 (33)：1~5.

[4] 曹湘玲. 二氧化硫的危害和烟气脱硫技术探讨 [J]. 理论实践探索，2010 (3)：176~179.

［5］龚佑发．钢铁企业二氧化硫排放预测模型的建立［D］.哈尔滨：哈尔滨工业大学，2017.

［6］田贺忠，程轲，许嘉钰．焦化行业 SO_2 排放现状及减排潜力分析［J］.环境污染与防治，2011，33（5）：1~6.

［7］赵玲．二氧化硫污染治理现状及其研究进展［J］.长春工程学院学报，2001（2）：16~19.

［8］许艳玲，杨金田，蒋春来．我国钢铁行业二氧化硫总量减排对策研究［J］.环境与可持续发展，2013，38（2）：30~34.

［9］靳长国．钢铁行业 SO_2 和氮氧化物的治理及排放控制［J］.工程建设与设计，2019（18）：140~141.

［10］邹志康．二氧化硫对大气的污染及防治［J］.中国科技投资，2017，26：343.

［11］翟晓雨．二氧化硫的危害及预防措施信息化分析［J］.科学与信息化，2018，14（2）：49~52.

［12］姜晓娟．煤炭行业二氧化硫的危害及防治［J］.煤炭加工与综合利用，2010：47~49.

［13］韩宝宝．烟气脱硫技术研究［J］.资源节约与环保，2013（11）：75~76.

［14］赵晓红． SO_2 的污染现状及控制措施［J］.内蒙古科技与经济，2010（17）：48~49.

［15］燕中凯，刘媛，岳涛，等．我国烟气脱硫工艺选择及技术发展展望［J］.环境工程，2013（31）：58~66.

［16］张凡，张伟，杨霓云，等．半干半湿法烟气脱硫技术研究［J］.环境科学研究，2004（13）：60~64.

［17］曹建宗，刘琦，陈文通，等．典型湿法脱硫系统存在的问题及人工智能在优化运行中的应用［J］.化工进展，2020（39）：242~249.

［18］高丕强，葛程程．钢铁企业湿法脱硫废水零排放处理技术研究与展望［J］.矿业工程，2021（19）：56~60.

［19］马双忱，周权，曹建宗，等．湿法脱硫系统动态过程建模与仿真［J］.化工学报，2020（71）：3741~3751.

［20］张占晓，刘大勇，刘万平，等．氨-硫酸铵法烟气脱硫工艺研究进展［J］.广州化工，2013（41）：25~32.

［21］梁婉．干法脱硫系统稳定性和效率提升对策研究［J］.区域管理，2020，11（3）：180~183.

［22］吕彦强．碳酸氢钠干法脱硫+中低温 SCR 脱硝技术的生产实践［J］.硫酸工业，2019（12）：33~35.

［23］常凤．半干法烧结烟气脱硫灰的理化特性与综合利用［J］.安徽冶金，2019，4（3）：26~28.

［24］崔名双，周建明，等．半干法脱硫剂的性能及脱硫机理［J］.煤炭转化，2019（42）：55~61.

［25］泰中良，李子国，羊晓磊．半干法脱硫工艺在催化裂化装置中的应用［J］.石油化工安全环保技术，2021（37）：48~53.

［26］李喜，李俊．烟气脱硫技术研究进展［J］.化学工业与工程，2006（23）：351~355.

［27］徐蕾．石灰石-石膏法脱硫工艺及系统［J］.管理与信息化，2018，2（1）：625.

［28］李海翠，陆军，胡飞，等．石灰石-石膏湿法烟气脱硫旋流凝并器的工程应用和改进［J］.江苏建材，2021（1）：5~8.

［29］武春锦，吕武华，梅毅，等．湿法烟气脱硫技术及运行经济性分析［J］.化工进展，2015（34）：4368~4374.

［30］张威，顿磊，曹晓润，等．石灰石-石膏法、钠钙双碱法烟气脱硫工艺比较［J］.河南建材，2020，7（2）：25~26.

［31］产文兵，万皓，宋桂东，等．钠碱法烟气脱硫工艺技术［J］.上海大学学报，2013，19（5）：474~478.

［32］陈立新．钠碱法脱硫实现硫酸装置 SO_2 超低排放［J］.石油石化绿色低碳，2017（2）：37~41.

［33］程立国，武岩鹏，周铁柱，等．"钠钙双碱法"脱硫技术探析［J］.有色金属科学与工程，2011，

2（4）：16~20.

[34] 胡敏. 催化裂化烟气钠法脱硫技术问题分析与对策 [J]. 炼油技术与工程, 2014（44）：6~12.

[35] 高峰, 齐慧敏, 方向晨, 等. 烟气氨法脱硫脱碳技术研究进展 [J]. 当代化工, 2021, 50（5）：1241~1244.

[36] 汪波, 叶勇. 氨法在烧结烟气脱硫中的应用 [J]. 技术与工程应用, 2009（2）：26~31.

[37] 齐朋. 氨法烟气脱硫技术的环保优势和风险分析及对策 [J]. 中国高新科技, 2021（3）：153~154.

[38] 刘颖. 浅谈循环流化床高温干法脱硫机理 [J]. 广西节能, 2021（1）：55~56, 64.

[39] 孙冰冰, 吕建明, 苏伟, 等. 降低密相干塔半干法脱硫系统消耗成本生产实践 [J]. 冶金能源, 2017, 36（3）：59~61.

[40] 王小明. 干法及半干法脱硫技术 [J]. 电力科技与环保, 2018（34）：45~48.

[41] 岳川. 焦炉煤气干法脱硫工艺研究进展 [J]. 化工设计通讯, 2015（41）：55~62.

[42] 曲晓龙, 孙彦民, 苏少龙, 等. 国内脱硫技术进展与应用现状 [J]. 工业催化, 2020, 28（5）：22~26.

4 钢铁制造的 NO_x 治理技术

[本章提要]

本章介绍了钢铁制造过程中的 NO_x 排放特征，从源头削减、过程抑制、末端治理等方面介绍了钢铁制造中 NO_x 减排方法，通过国内外钢铁企业的应用案例，介绍了低氮燃烧技术、烧结料层自脱硝技术、SCR 方法、活性炭移动床法以及烧结烟气循环脱硝技术。

4.1 钢铁生产过程的 NO_x 排放

氮氧化物具有多种的环境效应。我国的氮氧化物排放近年来增长迅猛，导致区域 O_3 和 $PM_{2.5}$ 污染的加重，大范围的雾霾现象时有发生。我国酸雨正在由硫酸型酸雨向硫酸-硝酸复合型酸雨过渡，氮氧化物排放增加引起的氮沉降成为我国水体富营养化的重要原因之一。氮氧化物中的 NO_2 更对人体健康也有着直接的危害。

我国钢铁工业经历了不平凡的发展历程，改革开放以来取得了举世瞩目的成就。新中国成立初期，粗钢产量只有15.8万吨，而到了2019年粗钢产量已达9.963亿吨，是新中国成立初期的6300多倍，占世界粗钢总产量的53.3%以上。然而钢铁工业快速发展所引起的环境污染问题也不容忽视。特别是我国一直未针对钢铁行业氮氧化物开展控制工作，目前急需对其排放、控制及相关政策开展研究。

4.1.1 NO_x 的排放特征

随着中国国民经济持续增长和人口增加，以各种炉窑等燃烧设备和机动车为代表的大气污染排放固定源和移动源急剧增加，由此造成的 NO_x 排放及污染问题也变得愈来愈严重。目前，我国 NO_x 超标城市不断增多，在国家统计的城市中，有近50%的城市 NO_x 浓度超过国家二级年日均值标准，在一些人口密集、经济发达和机动车保有量大的城市，已经发现有发生光化学污染的趋势，尤其是在北京、广州、上海等特大城市已经检测到了光化学污染的发生。因此，科学分析和掌握我国 NO_x 排放现状、地域和行业分布状况及发展趋势，可为将来开展 NO_x 排放及控制的相关研究奠定基础，并将有助于我国政府制定相关的法规及控制对策，以缓解 NO_x 排放造成的局部空气污染、区域酸沉降、光化学烟雾对公众及生态系统的危害。

4.1.1.1 NO_x 的简介

氮氧化物指的是只有氮、氧两种元素组成的化合物。作为空气污染物的氮氧化物是 NO 和 NO_2 的总称，用 NO_x 表示。NO_x 是主要的大气污染物之一，直接或间接与大气环境问题相关，如光化学烟雾、酸沉降、平流层臭氧损耗和全球气候变化。此外，氮沉降量的增加会导致地表水的富营养化和陆地、湿地、地下水系的酸化和毒化，从而对陆地和水生态系统造成破坏，最终对人体健康和生态环境安全产生不利影响。

4.1.1.2 NO$_x$ 的分类

氮氧化物（NO$_x$）种类很多，造成大气污染的主要是一氧化氮（NO）和二氧化氮（NO$_2$），因此环境学中的氮氧化物一般就指这二者的总称。

一氧化氮（NO）为无色气体，相对分子质量为 30.01，熔点为 -163.6℃，沸点为 -151.5℃，蒸气压为 101.31kPa（-151.7℃），溶于乙醇、二硫化碳，微溶于水和硫酸，水中溶解度为 4.7%（20℃）。性质不稳定，在空气中易氧化成二氧化氮（$2NO+O_2 \rightarrow 2NO_2$）。一氧化氮结合血红蛋白的能力比一氧化碳还强，更容易造成人体缺氧。不过，人们也发现了它在生物学方面的独特作用。一氧化氮分子作为一种传递神经信息的信使分子，在使血管扩张、免疫、增强记忆力等方面有着极其重要的作用。

二氧化氮（NO$_2$）在 21.1℃ 时为红棕色刺鼻气体；在 21.1℃ 以下时呈暗褐色液体。在 -11℃ 以下温度时为无色固体，加压液体为四氧化二氮。相对分子质量为 46.01，熔点为 -11.2℃，沸点为 21.2℃，蒸气压为 101.31kPa（21℃），溶于碱、二硫化碳和氯仿，微溶于水。性质较稳定。二氧化氮溶于水时生成硝酸和一氧化氮。工业上利用这一原理制取硝酸。二氧化氮能使多种织物褪色，损坏多种织物和尼龙制品，对金属和非金属材料也有腐蚀作用。

NO$_x$ 按其起源和生成途径可以分为：

（1）热力型 NO$_x$。热力型 NO$_x$ 主要是在温度高于 1500℃ 时，空气中的 N$_2$ 和 O$_2$ 反应而生成。其中的生成过程是一个不分支连锁反应，生成机理可以用捷里多维奇（Zeldovich）反应式表示。随着反应温度 T 的升高，其反应速率按指数规律增加。当 $T<$ 1500℃ 时，NO 的生成量很少，而当 $T>$1500℃ 时，T 每增加 100℃，反应速率增大 6~7 倍。

（2）快速型 NO$_x$。快速型 NO$_x$ 是 1971 年 Fenimore 通过实验发现的。在碳氢化合物燃烧过程中，当燃料浓度过大时，在反应区附近会快速生成 NO$_x$。由于燃料挥发物中碳氢化合物高温分解生成的 CH 自由基可以和空气中氮气反应生成 HCN 和 N，再进一步与氧气作用以极快的速度生成，其形成时间只需要 60ms，生成物与炉膛压力的 0.5 次方成正比，与温度的关系不大。

（3）燃料型 NO$_x$。由燃料中氮化合物在燃烧中氧化而成。由于燃料中氮的热分解温度低于煤粉燃烧温度，在 600~800℃ 时就会生成燃料型 NO$_x$，它在煤粉燃烧 NO$_x$ 产物中占 60%~80%。在生成燃料型 NO$_x$ 过程中，首先是含有氮的有机化合物热裂解产生 N、CN、HCN 等中间产物基团，然后再氧化成 NO$_x$。由于煤的燃烧过程由挥发分燃烧和焦炭燃烧两个阶段组成，故燃料型的形成也由气相氮的氧化（挥发分）和焦炭中剩余氮的氧化（焦炭）两部分。

4.1.1.3 NO$_x$ 的排放

大气中的 NO$_x$ 污染物来源于两个方面：一是自然源，二是人为源。

自然源的 NO$_x$ 数量比较稳定，主要来自微生物活动、生物体氧化分解、火山喷发、雷电、平流层光化学过程、土壤和海洋中的光解释放等。火山喷发和闪电过程产生大量的 NO 和 NO$_2$，土壤细菌分解活动的产物多为 NO$_2$。据统计，全球自然源 NO$_x$ 的年排放量在 150 亿吨左右（以氮计），可见该数量之巨大；不过，自然源产生的 NO$_x$，数量比较稳定，且相对基本平衡，否则就会造成灾乱。

变化较大的是人为源。人为源的 NO$_x$ 由人类的生活和生产活动产生并排放进入大气。产生 NO$_x$ 的人类活动主要有：

（1）化石燃料燃烧过程产生的 NO$_x$，如燃煤电站、交通车船、燃气和飞机燃料燃烧等。

（2）生产产品过程产生的 NO$_x$，如硝酸生产、冶炼等过程。

（3）处理废物过程产生的 NO$_x$，如垃圾和污泥的焚烧等。

实际上，人为排放的 NO$_x$ 绝大部分源于化石燃料的燃烧过程，并且随着社会经济发展水平的提高而呈现增长的趋势。现代火力发电厂是最大的固定源，机动车辆是主要的移动源。除此之外，工业窑炉、垃圾焚烧、某些工业生产过程及居民生活等都是 NO$_x$ 的人为源。

NO$_x$ 是自然界循环的重要部分，是生命圈中不可少的一环。在控制环境污染中，NO$_x$ 的平均浓度为 1×10^{-9}，但由于人类的生产和生活的活动破坏了这一平衡，给环境人为造成 NO$_x$ 的污染，在都市区 NO$_x$ 的平均浓度为 $(40 \sim 80) \times 10^{-9}$，甚至有的地方日平均浓度达到了 $(0.3 \sim 0.4) \times 10^{-6}$。

目前全国氮氧化物排放来源主要由机动车、工业和城镇生活三部分组成。其中，工业生产排放的 NO$_x$ 占比达到了 68.75%，是机动车和城镇生活的 NO$_x$ 排放总量的 2 倍，如图 4-1 所示。

因此，NO$_x$ 的工业排放问题已经成为目前降低 NO$_x$ 排放要趋于解决的主要问题。火力发电仍旧为 NO$_x$ 排放的最大固定源，每年火力发电导致的 NO$_x$ 排放量达到了497.6 万吨；水泥制造业紧随其后，每年的 NO$_x$ 排放量也有 170.6 万吨之多。相较于前两者，钢铁行业的 NO$_x$ 排放量明显降低，包括钢铁冶炼的 55.1 万吨和有色冶炼的 32.7 万吨，但也是不容忽视的巨大数字。

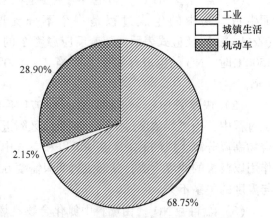

图 4-1   全国氮氧化物排放主要来源

钢铁工艺过程中燃料以气体燃料为主（含氮量较低），除了烧结工艺中使用焦粉为燃料以及焦炉干馏过程中可能有燃料型氮氧化物产生外，氮氧化物的产生以高温型为主。大型钢铁联合企业生产工艺中包括的烧结、焦化、炼铁、炼钢、轧钢等过程均因是高温工艺而成为潜在的氮氧化物排放源。图 4-2 所示的是欧盟统计的钢铁行业各工艺的氮氧化物排放均值。

（1）烧结工艺的氮氧化物排放。烧结工艺中燃料型氮氧化物一般是最重要的氮氧化物生成形式，可占到总量的 80%，但热力型氮氧化物最大也可占到总量的 60% ~ 70%。来自欧盟 5 国代表性的 5 个钢铁烧结厂的数据表明氮氧化物的排放因子为 400 ~ 650g/t（以烧结矿计标准状态下），按 2100m^3/t 烧结矿计算，氮氧化物质量浓度约为 200 ~ 310mg/m^3。烧结工艺氮氧化物按风箱来划分浓度差别很大，如图 4-3 所示。

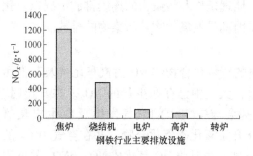

图4-2 烧结、焦化、高炉、炼钢
氮氧化物排放均值（欧盟）

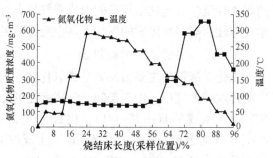

图4-3 烧结机氮氧化物排放
浓度依风箱分布特征

（2）焦化工艺的氮氧化物排放。焦化过程氮氧化物排放源较多，且主要为无组织排放，其排放浓度随时间有较大波动（例如炉门、炉盖、上升管的逸散及推息焦过程的排放等），因此排放很难定量。不同企业间的排放与其操作维护水平相关也很难进行比较。根据欧盟的 BAT 文件，欧盟焦化工艺的氮氧化物排放因子为 $230 \sim 600g/t$（以液态钢计）。其中来自焦炉操作中炉盖的为 $0.01 \sim 0.15g/t$（以液态钢计），来自上升管的为 $0.01 \sim 0.05g/t$（以液态钢计），而来自焦炉燃烧室的为 $80 \sim 600g/t$（以液态钢计）。

（3）炼铁工艺的氮氧化物排放。炼铁工艺中的主要氮氧化物排放源是热风炉，氮氧化物主要由炉内的高温热生成。根据欧盟 BAT 文件，整个炼铁工艺的氮氧化物排放因子为 $30 \sim 120g/t$（以液态钢计），其中热风炉的氮氧化物排放因子为 $10 \sim 580g/t$（以生铁计），氮氧化物排放质量浓度（标准状态下）为 $70 \sim 400mg/m^3$。另外在高炉操作现场还存在一定量的无组织氮氧化物排放。

（4）炼钢工艺的氮氧化物排放。转炉炼钢工艺的氮氧化物排放浓度较低，根据欧盟 BAT 文件统计，来自 4 个国家的 4 台转炉的氮氧化物排放因子大约为 $5 \sim 20g/t$（以液态钢计）。来自德国和瑞典的检测数据表明，电炉的氮氧化物排放因子相对较高，为 $120 \sim 240g/t$（以液态钢计）。

4.1.2 NO_x 的排放危害

NO_x 对环境的污染已成为一个世界性的环境问题。随着经济的发展，煤耗的增加和机动车拥有量的迅速增长，目前 NO_x 是我国大气污染的主要根源之一，有效控制氮氧化物造成的环境污染刻不容缓。因此，国家"十二五"期间把氮氧化物作为减排指标考核，严格要求控制氮氧化物的排放量。

氮氧化物对环境的污染包括：（1）产生光化学烟雾；（2）导致酸雨的产生；（3）破坏臭氧层；（4）导致温室效应加剧。

4.1.2.1 产生光化学烟雾

光化学烟雾是在强日光，低湿度条件下，大气中存在的氮氧化物和碳氢化合物，在阳光照射下发生化学物反应生成二次污染物，如 O_3、PAN、H_2O_2 等，形成的一种强氧化性和刺激性的烟雾，一般发生在相对湿度较低的夏季晴天，高峰出现在中午或刚过中午，夜间消失。光化学烟雾呈白色雾状（有时带紫色或黄褐色），使大气能见度降低且具有特殊的刺激性气味。光化学烟雾的形成受气候条件，地理条件及污染物的连续排放情况以及化学反应性质等多种因素的影响，其中最根本的原因就是氮氧化物等污染物的排放。

A 光化学烟雾形成的机理

光化学烟雾的主要污染源是氮氧化物。大量的碳氢化合物和 NO 由汽车尾气及其他污染源排放到大气中，由于夜间 NO 被氧化的结果，大气中已存在少量的 NO$_2$。在日出时，NO$_2$ 见光生成氧自由基（O），生成的氧自由基会与空气中的氧气发生反应生成臭氧（O$_3$），同时进行一系列的次级反应，生成的 HO 开始氧化碳氢化合物，并在空气中 O$_2$ 的作用下生成 H$_2$O、RO$_2$、RC(O)O$_2$ 等自由基，这些自由基将 NO 氧化成 NO$_2$，NO$_2$ 的体积分数进一步上升，碳氢化合物和 NO 的体积分数下降。当 NO$_2$ 的体积分数达到一定值时，O$_3$ 开始积累。又由于自由基与 NO$_2$ 所发生的终止反应使 NO$_2$ 增长受到限制，当 NO 向 NO$_2$ 转化速率等于自由基与 NO$_2$ 的反应速率时，NO$_2$ 的体积分数达到极大值。此时 O$_3$ 仍然不断地增加，当 NO$_2$ 下降到一定程度时，光解产生的 O 量不断减少，于是就会减少 O$_3$ 的生成速率。当 O$_3$ 的增加与消耗达到平衡时，O$_3$ 的体积分数达到最大。随着光照强度的减弱，NO$_2$ 的光解受到限制，于是反应趋于缓慢，产物体积分数相继下降。

光化学烟雾的形成主要是因为在大气中发生了一系列复杂的反应，生成二次污染物，如 O$_3$、醛、PAN（过氧化乙酰硝酸酯）、H$_2$O$_2$ 等。光化学烟雾是一个链反应，其中关键性的反应可以简单地分为三组：

（1）引发反应（NO$_2$ 的光解导致 O$_3$ 的生成）：

$$NO_2 \xrightarrow{h\nu} NO + O$$
$$O + O_2 + M \longrightarrow O_3 + M$$
$$NO + O_3 \longrightarrow NO_2 + O_2$$

（2）自由基传递反应（碳氢化合物氧化生成具有活性的自由基如 HO、HO$_2$、RO$_2$ 等）：

$$RH + HO \longrightarrow RO_2 + H_2O$$
$$RCHO + HO \longrightarrow RC(O)O_2 + H_2O$$
$$RCHO \xrightarrow{h\nu} RO_2 + HO_2 + CO$$
$$RO_2 + NO \longrightarrow NO_2 + HO$$
$$HO_2 + NO \longrightarrow NO_2 + R'CHO + HO_2$$
$$RC(O)O_2 + NO \longrightarrow NO_2 + RO_2 + CO_2$$

其中，R 为烷基；RO$_2$ 为过氧烷基；RCO 为酰基；RO(O)O$_2$ 为过氧酰基。

（3）终止反应：

$$HO + NO_2 \longrightarrow HNO_3$$
$$RC(O)O_2 + NO_2 \longrightarrow RC(O)O_2NO_2$$
$$RC(O)O_2NO_2 \longrightarrow RC(O)O_2 + NO_2$$

其中，RO 为烷氧基；RCHO 为醛。

将上述反应综合起来可以得到如图 4-4 所示的反应链。

B 光化学烟雾形成的危害

（1）对人体的危害。光化学烟雾发生时，气象条件往往不利于污染物的扩散，会使

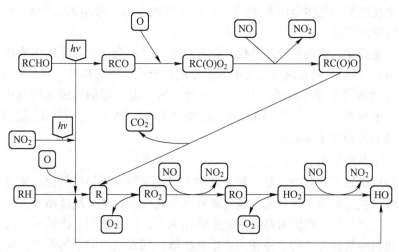

图 4-4　光化学烟雾中自由基传递示意图

人体及动植物较长时间暴露在一次污染物和二次污染物中。对于单独暴露臭氧条件下所产生的健康危害流行病研究比较复杂而且极为困难。从对动物的实验研究发现，吸入过量的臭氧时会对生命体的局部机制造成伤害，吸入浓度过高时，会对肺部结构功能造成不可逆的损害。臭氧、过氧化乙酰硝酸酯（PAN）、醛类等超过一定的浓度就会对细胞有明显的刺激性。当臭氧浓度超过 $100×10^{-9}$，会使眼睛和黏膜受刺激，而在 $2×10^{-6}$ 时会引起头痛、呼吸障碍、慢性呼吸道疾病恶化。Lippmann 研究显示，即使暴露于臭氧浓度为（20~50）$×10^{-9}$，仅仅 5min 也会导致生命体肺功能异常，浓度在 $400~600μg/m^3$ 时，只要接触两小时就会出现气管刺激症状，引起胸骨下疼痛和肺通透性降低，使肌体缺氧；浓度再高，就会出现头痛，并使肺部气道变窄，出现肺气肿等，时间再长会发生思维紊乱。1970 年和1971 年在日本东京发生过此类污染，1971 年夏扩展到神奈川、千叶、琦玉、爱知等处，受害人数达五万人之多。

（2）对植物的危害。光化学烟雾还会使植物的正常生长受到抑制，使农作物受损、降低植物对病虫害的抵抗能力。1944 年在美国洛杉矶附近发现农作物产生一种新形式的叶斑病，Middletonetal 研究指出此症状是由光化学烟雾所造成的；1952 年的烟草叶斑病，在 1959 年确定是由于臭氧导致的。由城市传输到小区和森林的臭氧会导致森林的生产力降低，树木对各种病虫害抵抗力降低，抵抗各种生物性和非生物性环境压力能力降低，易造成生态系统的破坏。

（3）光化学烟雾的其他影响。光化学烟雾中的 O_3 具有很强的氧化性，它能与有机物发生反应，能加速橡胶制品的老化和龟裂，促进纤维、塑料、涂料的降解，使染料褪色等。世界卫生组织、美国、日本等国家已把光化学烟雾的标志——臭氧，作为大气污染质量的标准之一。除此之外，光化学烟雾的生成产物中还含有一定量的硝酸，硝酸能够腐蚀建筑材料、设备器材和衣物，而且对植物的生长还有一定的影响。

4.2.1.2　导致酸雨的产生

酸雨通常指 pH 值低于 6.5 的降水，但现在泛指酸性物质以湿沉降或干降的形式从大气转移到地面上。湿沉降是指酸性物质以雨、雪形式降落地面；干沉降是指酸性颗粒物以重力沉降、微粒碰撞和气体吸附等形式由大气转移到地面。酸雨被认为是"空中死神"，已成为重要的国际问题。

酸雨的产生是化石燃料燃烧的结果。化石燃料的燃烧会产生硫化物类物质（SO_3）和氮氧化物（NO_x），它们能分别与大气中的水分结合形成硫酸（H_2SO_4）和硝酸（HNO_3）。这种现象称为"酸降"更为恰当，因为酸也会以雪、雨和雾的形式从空气中沉降下来。酸雨会降低土壤和湖泊的 pH 值，同时酸化也能导致树木的死亡，并使有毒金属（如铅和汞等）从土壤和沉积物中释放出来。

A　酸雨的形成机理。

酸雨的形成机制相当复杂，是一种复杂的大气化学和大气物理过程。酸雨中绝大部分是硫酸和硝酸，主要来源于排放的二氧化硫和氮氧化物。就某一地区而言，酸雨发生危害有两个条件，一个是发生地区有高度的经济活动水平，广泛使用矿物燃料，向大气排放硫化物和氮氧化物等酸性污染物，并在局部地区扩散，随着气流向更远距离传输；二是发生区域的土壤、森林和水生生态系统缺少中和酸性污染物的物质或者其对酸性污染物比较敏感。如酸性的土壤地区和针叶林就对酸性雨污染物比较敏感，易于受到损害。

酸雨的形成包括两个大过程，即排入大气中的酸性物质（SO_2、NO_x）被氧化后与雨滴作用，或在雨滴形成过程中同时被吸收氧化，雨滴降落（冲刷）过程中把酸性物质一起冲刷下来；二氧化硫变为硫酸的关键的一步是被氧化成三氧化硫，然后再与水作用生成硫酸，其形成机理如下：

（1）被光化学氧化剂氧化。SO_2 在波长为 $290\sim400nm$ 的紫外光的作用下，发生光化学反应，形成 SO_3，其简化的反应为：

$$SO_2 + 1/2O_2 \xrightarrow{h\nu} SO_3$$
$$SO_3 + H_2O \longrightarrow H_2SO_4$$

（2）大气中有充足的氧，有一定的水分和微粒，包括各种金属元素。在这样的情况下，一些还原性污染物在金属的触媒作用下，易产生氧化作用。即，$SO_2+1/2O_2 \xrightarrow{h\nu} SO_3$ 在 Fe、Mn 的催化作用下，具体为：

$$SO_2 + Mn^{2+} + O_2 \longrightarrow 2MnSO_3^{2+}$$
$$MnSO_3^{2+} + H_2O \longrightarrow Mn^{2+} + H_2SO_4$$

（3）被空气中的固体粒子吸附和催化，形成硫酸烟雾。关于 NO_3^- 的形成，理查德认为主要由羟基团引起。夜间和秋季阳光较少，NO_3^- 的形成与 O_3 相关。威纳德认为白天的 HO^- 基团和夜间的 O_3 对 NO_x 形成硝酸盐的反应可能是：

$$NO_2 + O_3 \longrightarrow NO_3 + O_2$$
$$NO_3 + NO_2 + M \longrightarrow N_2O_5 + M$$
$$N_2O_5 + H_2O \longrightarrow 2HNO_3$$

NO_2 易被吸收到颗粒物中，所生成的气态 HNO_3 再通过许多途径生成硝酸盐。其中包括均相反应过程，比如气态的 NH_4 直接与气态的 HNO_3 反应生成 NH_4NO_3。大气中的微粒及液滴均在形成硝酸盐气溶胶的过程中起促进作用。

（4）气、液、固相的多相反应（非均相氧化反应）。多相反应有：水滴中过渡金属的催化氧化反应；液相中强氧化剂如 H_2O_2、O_3 等的氧化；NO_x、SO_2 和固体颗粒，特别是与煤炭颗粒碰撞的表面氧化等。

（5）此外还有其他酸性气体溶于水导致酸雨，例如氟化氢、氟气、氯气、硫化氢等其他酸性气体。

B　酸雨形成的危害

（1）危害土壤和植物。我国南方土壤本来多呈酸性，再经酸雨冲刷，加速了酸化过程；土壤中含有大量铝的氢氧化物，土壤酸化后，可加速土壤中含铝的原生和次生矿物风化而释放大量铝离子，植物长期和过量的吸收铝，会中毒，甚至死亡；酸雨会加速土壤矿物质营养元素的流失，改变土壤结构，导致土壤贫瘠化，影响植物正常发育。

（2）危害人类的健康。酸雨对人类最严重的影响就是呼吸方面的问题，硫化物和氮氧化物会引起多种症状，例如哮喘、干咳、头痛，眼睛、鼻子、喉咙的过敏。酸雨间接的影响就是它会溶解水中的有毒金属，被水果、蔬菜和动物的组织吸收后，吃下这些东西会对人类的健康产生严重影响。

（3）腐蚀建筑物、机械和市政设施。酸雨能使非金属建筑材料（混凝土、砂浆和灰砂砖）表面硬化水泥溶解，出现空洞和裂缝，导致强度降低，从而损坏建筑物，造成建筑物的使用寿命下降，影响城市市容和景观，同时可能引发安全问题。

4.1.2.3　破坏臭氧层

在离地面 10~15km 的大气平流层，集中了大气中的 90% 的臭氧，其中离地面 20~25km 臭氧浓度值达到最高，称其为臭氧层。但是在臭氧层里，其臭氧浓度是很稀的（约 10×10^{-6}），不过它的作用却不可忽视。首先臭氧是地球生物的保护伞，因为臭氧层阻断了太阳辐射中大部分紫外线，避免地球上的人类和动植物受到短波紫外线的伤害，保证了地球生物的生存繁衍；其次是由于臭氧层的高度分布，臭氧将吸收太阳光照中的紫外线转化为热能并加热大气，由此才使地球存在平流层；最后臭氧层也具有温室的作用，由于在对流层上部和平流层底部这一段温度很低的高空有了臭氧的存在，才能有效地保证地面气温不下降。

虽然臭氧层的作用巨大，但是由于臭氧化学性质十分活泼，很容易与其他物质发生化学反应，因此臭氧层的破坏也日趋严重。1984 年，英国科学家首次发现南极上空出现臭氧洞。1985 年，英国科学家法尔曼等人在南极哈雷湾观测站发现：在过去 10~15 年间，每到春天南极上空的臭氧浓度就会减少约 30%，有近 95% 的臭氧被破坏。从地面上观测，高空的臭氧层已极其稀薄，与周围相比像是形成一个"洞"，直径达上千公里，卫星观测表明，此洞覆盖面积有时比美国的国土面积还要大。到 1998 年，臭氧空洞面积比 1997 年增大约 15%，几乎相当于三个澳大利亚那么大。可见，如果任此速度发展，臭氧将损耗殆尽，而氮氧化物就是对臭氧层造成破坏的主要污染物之一。

A　氮氧化物对臭氧层的破坏机理

氮氧化物主要来自工业排放的废气，包括 NO、NO_2、N_2O 等，此外农业氮肥和土壤中的硝酸盐经反硝化细菌的脱氮作用，会分解产生氮氧化物 N_2O，其本身不与臭氧发生反应，但受光照可转化为 NO。此外，飞机在平流层中飞行也能造成氮氧化物的增加。

氮氧化物破坏臭氧层的机理为：

$$NO + O_3 \longrightarrow NO_2 + O_2$$
$$NO_2 + O \longrightarrow NO + O_2$$

$$O_3 + O \longrightarrow 2O_2$$

由反应可见，NO 在反应中起催化作用，一个催化剂分子可以同氧原子和臭氧组合多次反应，从而臭氧被氮氧化物所破坏，而随着氮氧化物的增多，对臭氧层的破坏也明显加快。

B　臭氧层破坏带来的影响

臭氧层的耗减产生的直接结果就是使太阳光中的紫外线 UV-B 到达地面的数量增加。紫外线 UV-B 能破坏蛋白质的化学键，杀死微生物，破坏动植物的个体细胞，损害其中的脱氧核糖核酸（DNA），引起传递遗传特性的因子变化，发生生物的变态反应。如此一来，人类将受到不可估量的灾难。

（1）对人类健康的影响。由于臭氧层的破坏，太阳紫外线中的短波紫外线将更容易地通过臭氧到达地面，短期照射会使人得皮肤病，白内障患者增加，长期反复照射将引起人体细胞内 DNA 的改变，细胞的自身修复能力减弱，免疫机能减退，皮肤发生弹性组织变性，角质化以致皮肤癌变等。据统计，臭氧层减少 1% 可使有害短波紫外线增加 2%，其结果是将皮肤病的发病率提高 2%。

（2）对陆生植物的影响。紫外线 UV-B 辐射强会引起某些植物物种的化学组成发生变化，影响农作物在光合作用中捕获光能的能力，造成植物获取的营养成分减少，生长速度减慢。

（3）对水生生物的影响。紫外线 UV-B 辐射对鱼、虾、蟹、两栖动物和其他动物的早期发育阶段都有危害作用，最严重的影响是繁殖力下降和幼体发育不全。

（4）对城市环境的影响。城市工业在燃烧矿物燃料时排放的氮氧化物，与某些工业和汽车所排放的挥发性有机物，同时在紫外线照射下会更快地发生光氧化反应，引起光化学烟雾污染，进而恶化城市环境，损害人体健康。

（5）对建筑材料的影响。紫外线辐射的增加会加速建筑、喷涂、包装及电线电缆等所用材料，尤其是聚合物材料的降解和老化变质。由于这一破坏作用造成的损失估计全球每年达到数十亿美元。

（6）对气候变化的影响。温室效应及光化学烟雾污染都与 CFC 排放有关。据分析，目前全球气候有变暖的趋势，在众多的相关因素中，约有 10%~25% 是由 CFC 的作用引起的。

4.1.2.4　导致温室效应加剧

NO_x 和 CO_2 等都是形成温室效应的主要气体。NO_x 的温室能力是 CO_2 的 100 倍，它能够大量地吸收地面放出的长波辐射，会导致温室效应的加剧，对全球气候及人类健康等方面带来影响。

4.1.3　国家相关限排政策

当前，我国氮氧化物（NO_x）污染问题十分突出。NO_x 排放总量居高不下，成为导致我国大气酸沉降、臭氧、灰霾等一系列环境问题的重要根源，如不加以控制，可能会显著抵消二氧化硫减排带来的环境效益。经过多年的努力，我国大气 NO_x 污染防治政策法规逐渐完善、技术日益成熟，产业初具规模，但仍然面临一些发展瓶颈问题。做好 NO_x 污染防治，急需制定科学的总体技术路线、修订完善相关的标准和法律法规、促进控制技术和产业发展、加强有关基础研究，为 NO_x 污染防治提供有力支撑。

国际上控制 NO_x 排放的措施大致可以分为政策手段和经济手段两类。所谓政策手段，是指通过制定法律和空气质量标准等方法，要求采用"最佳可用技术"对污染源进行治理，以降低 NO_x 排放量；而经济手段则是通过排污收费、征收污染税或能源税、发放排污许可证和排污权交易等多种途径，刺激和鼓励削减 NO_x 排放量。针对我国 NO_x 排放现状、发展趋势及其分布特征，参照美、日、欧等发达国家经验，结合我国经济、技术发展水平，提出如下的 NO_x 排放的综合控制对策建议。

4.1.3.1 实施日趋严格的 NO_x 排放标准

美、日、欧等西方发达国家控制 NO_x 排放的经验表明，制定并实施日趋严格的 NO_x 排放标准是控制各类燃烧设备 NO_x 排放量的根本手段。例如，美国通过制定并实施 1990 年 CAAA 中第 1 条（臭氧达标）和第 4 条（酸沉降控制）中的 NO_x 排放限制标准，已使全美的 NO_x 排放由 1990 年的 2316 万吨降至 2000 年的 2105 万吨。

各国都对 NO_x 排放做出了严格的限制，如表4-1所示，其中：欧洲新建大型燃气、燃油和燃煤电站 NO_x 排放限值为 $(30\sim50)\times10^{-6}$，$(55\sim75)\times10^{-6}$，$(50\sim100)\times10^{-6}$。中国有72.3%的 NO_x 来自煤燃烧，要对 NO_x 进行有效控制，燃煤电厂脱硝势在必行。

表4-1 不同国家和组织 NO_x 环境标准 （单位：mg/m^3）

		小时均值	日均值	年均值
欧共体			0.35	0.05
加拿大				0.06
美国				0.10
前苏联			0.85	
联邦德国		0.30		
世界健康组织		0.40	0.15	
澳大利亚		0.32		
中国 NO_x	一级标准			0.05
	二级标准			0.10
	三级标准			0.15

4.1.3.2 强化对 NO_x 排放源的监督管理

根据《大气法》的规定和要求，在"两控区"内 NO_x 污染严重的部分地区进行 NO_x 区域总量排放控制、NO_x 排污收费和排污许可证制度的试点工作。建立健全国家酸雨监测网，加强 NO_x 污染排放源的在线监测。进一步加强城市 NO_x 污染环境监测和污染源监测工作，完善城市和区域环境监测网络的能力建设，推进 NO_x 污染源的在线监测。

以实际案例进行分析：唐山是重工业城市，环境空气质量在全国位居后列，唐山钢铁、水泥企业众多，SO_2 和氮氧化物排放所占比重很大。唐山市通过采用先进与适用的 SO_2 和氮氧化物治理措施，加之采取超低排放标准要求，使唐山的 SO_2 和氮氧化物排放浓度与排放量明显下降，环境空气质量大幅改善。唐山 2017 年年均浓度值（标准状态）情况：SO_2 的年均浓度值为 $40\mu g/m^3$，达到国家标准，比上年下降 13.0%；NO_2 的年均浓度值为 $59\mu g/m^3$，超过国家标准 47.5%，比上年上升 1.7%；唐山 2018 年年均浓度值情况：

SO_2 浓度 $34\mu g/m^3$，同比下降 15%；NO_2 浓度 $56\mu g/m^3$，同比下降 5.1%；唐钢 2017 年 SO_2 排放 1367.57t，2018 年排放 961.6t，下降 44.94%；2017 年氮氧化物排放 3757.57t，2018 年排放 3332.67t，下降 11.3%。2017 年 SO_2 平均排放浓度为 $71.16mg/m^3$，2018 年 SO_2 平均排放浓度为 $38.66mg/m^3$，下降 45.67%；2017 年氮氧化物平均排放浓度为 $142.99mg/m^3$，2018 年氮氧化物平均排放浓度为 $114.38mg/m^3$，下降 20.01%。

4.1.3.3　我国氮氧化物控制政策

国外对氮氧化物进行严格控制已有近 30 年的历史。我国长期以来对火电厂产生的大气污染物的控制主要集中在烟尘和二氧化硫上，对氮氧化物的排放的治理尚处于起步阶段，对氮氧化物的总量控制也刚列入工作日程。我国现阶段与氮氧化物控制有关的法规政策及标准如下：

（1）关于 NO_x 限排的国家政策。《国家酸雨和二氧化硫污染防治"十一五"规划》中要求：将氮氧化物纳入环境统计范围，摸清氮氧化物排放基数；修订氮氧化物排放标准；开发推广适合国情的氮氧化物减排技术，对烟气脱硝示范工程进行评估总结；制订火电行业氮氧化物排放控制技术政策；启动编制国家火电行业氮氧化物治理规划相关工作；强化氮氧化物污染防治，促进企业达标排放；达不到排放标准或所在地区空气中二氧化氮、臭氧浓度超标的新建火电机组必须同步配套建设烟气脱硝设施，现役火电机组应限期建设烟气脱硝设施。

《国家环境保护"十二五"规划》明确提出在"十二五"期间要深化主要污染物的总量减排，规划期末包括氮氧化物在内的主要污染物排放应比上一轮规划期末有较大幅度的减少，其中氮氧化物的减排幅度将达到 8% 以上。

2018 年，国务院发布实施的《打赢蓝天保卫战三年行动计划》，提出推进重点行业污染治理升级改造。重点区域二氧化硫、氮氧化物、颗粒物、挥发性有机物（VOCs）全面执行大气污染物特别排放限值。推动实施钢铁等行业超低排放改造，重点区域城市建成区内焦炉实施炉体加罩封闭，并对废气进行收集处理。强化工业企业无组织排放管控。开展钢铁、建材、有色、火电、焦化、铸造等重点行业及燃煤锅炉无组织排放排查，建立管理台账，对物料（含废渣）运输、装卸、储存、转移和工艺过程等无组织排放实施深度治理。2018 年底前京津冀及周边地区基本完成治理任务，长三角地区和汾渭平原 2019 年底前完成，全国 2020 年底前基本完成。

钢铁行业是我国大气污染的重要来源，为了深化工业污染治理、坚决打赢蓝天保卫战，生态环境部会同有关部委研究发布了《关于推进实施钢铁行业超低排放的意见》，它的实施将稳步改变我国钢铁行业发展水平参差不齐的现状，降低钢铁行业大气污染物排放量，显著改善环境空气质量。据初步测算，到 2025 年，《关于推进实施钢铁行业超低排放的意见》任务全面完成后，将带动钢铁行业二氧化硫、氮氧化物、颗粒物排放量分别削减 61%、59% 和 81%。

（2）关于 NO_x 限排的法律法规。1995 年 8 月 29 日第八届全国人民代表大会常务委员会第十五次会议通过修正的《中华人民共和国大气污染防治法》在增加的有关条款中要求："企业应当对燃料燃烧过程中产生的氮氧化物采取控制措施。"首次将燃煤过程产生的氮氧化物控制纳入法律体系之中。

2003 年 2 月 28 日，国家环保局、国家发展计划委员会、国家经济贸易委员会联合颁布了《排污费征收标准管理办法》，该办法规定：从 2004 年 7 月 1 日起，按每一当量 0.6 元的规定，征收锅炉 NO$_x$ 排放费。

（3）环境标准。

1）火电厂。1996 年出台的《环境空气质量标准》（GB 3095—1966）经 2000 年修订后，标准中对大气中的 NO$_2$ 的浓度限值做了明确的规定。

2003 年修订的《火电厂大气污染物排放标准》（GB 13223—2003），则按时段和燃料特性分别规定了燃煤、燃油锅炉的氮氧化物排放限值，规定了火电厂氮氧化物的排放限值。

2003 年 12 月 23 日发布、2004 年 1 月 1 日实施的《火电厂大气污染物排放标准》中对火力发电锅炉氮氧化物最高允许排放浓度进行了规定，如表 4-2 所示，并且规定第三时段火力发电锅炉须预留烟气脱除氮氧化物装置空间。北京市在污染控制方面一直走在全国前列，2002 年北京市环境保护局颁布的《锅炉污染物综合排放标准》（DB 11/139—2002）中对燃煤锅炉中氮氧化物的排放限制规定为 250~300mg/m^3（标准状态），目前正准备进一步提高标准。

表 4-2　火力发电锅炉及燃气轮机组 NO$_x$ 最高允许排放浓度（单位：mg/m^3）

时　段		第一时段	第二时段	第三时段
实施时间		2005.1.1	2005.1.1	2004.1.1
燃煤锅炉	$V_{daf}<10\%$	1500	1300	1100
	$10\% \leqslant V_{daf} \leqslant 20\%$	1100	650	650
	$V_{daf}>20\%$			450
燃油锅炉		650	400	200
燃气轮机	燃油			150
	燃气			80

除国家标准之外，个别地方根据当地实际情况，颁布更为严格的地方性排放标准。例如，北京市 2007 年 9 月 1 日实施的《锅炉大气污染物排放标准》（DB 11/139—2007）、山东省实施的《火电厂大气污染物排放标准》（DB 37/664—2007）。北京市锅炉大气污染物排放限值见表 4-3。

表 4-3　北京《锅炉大气污染物排放标准》规定的在用锅炉大气污染物排放限值

污染物	电站锅炉		工业锅炉		
	1 时段	2 时段	1 时段		2 时段
			≤45.5MW	>45.5MW	
烟尘/mg·m^{-3}	30	20	50	30	30
二氧化硫/mg·m^{-3}	100	50	150	100	50
氮氧化物/mg·m^{-3}	250	100	300	250	200

污染物	电站锅炉		工业锅炉		
	1 时段	2 时段	1 时段		2 时段
			≤45.5MW	>45.5MW	
烟气不透光率/%	15	15	20	15	15
烟气黑度（林格曼，级）	1 级				

注：1. 自备电站锅炉执行工业锅炉大气污染物排放限值。

2. 第 1 时段为自本标准实施之日起至 2008 年 6 月 30 日；第 2 时段为自 2008 年 7 月 1 日起。

2009 年 3 月 23 日，国家环境保护部在印发《2009—2010 年全国污染物防治工作要点》的通知中指出，要全面开展氮氧化物污染防治。以火电行业为重点，在京津冀、长三角和珠三角地区，新建火电厂必须同步建设脱硝装置，2015 年年底前，现役机组全部完成脱硝改造。同年 7 月 7 日，国家环境保护部发布的《火电厂大气污染物排放标准（征求意见稿）》中规定了更加严格的排放标准：从 2010 年 1 月 1 日起，重点地区 NO$_x$ 排放浓度为 200mg/m^3，其他地区为 400mg/m^3，同时要求第三时段位于除重点地区外的其他地区的火力发电锅炉须预留烟气脱硝装置空间。

2）钢铁厂。钢铁行业作为"高能耗、高污染"的"两高"行业，其排放的污染物在全国的污染物排放总量中占有相当比重，以氮氧化物为例，2010 年钢铁行业排放的氮氧化物占工业企业排放氮氧化物总量的 6.3%，由此也成为氮氧化物减排的重点。

2006 年国家标准化管理委员会批准制定《燃煤烟气脱硝技术装备》国家标准。该标准是由浙江大学热能工程研究所等 15 家事业单位负责起草，是我国在烟气脱硝方面的第一个技术标准。

2011 年 3 月 14 日，全国人大审议通过了"十二五"规划纲要，将氮氧化物首次列入约束性指标体系，要求在"十二五"期间，氮氧化物排放量减少 10%，同时指出，"十二五"时期，要推进火电、钢铁、有色、化工、建材等行业二氧化硫和氮氧化物治理，强化脱硫脱硝设施稳定运行。新建燃煤机组配套建设脱硫、脱硝装置，新建水泥生产线安装效率不低于 60% 的脱硝装置。

为控制和减少我国钢铁行业氮氧化物的排放量，国家环保部和质检总局于 2012 年中联合颁布实施了《钢铁烧结、球团工业大气污染物排放标准》《炼焦化学工业污染物排放标准》《炼铁工业大气污染物排放标准》《轧钢工业大气污染物排放标准》等涉及钢铁、焦化行业的系列污染物排放标准，对各主要生产工序排放烟气中所含有的氮氧化物浓度设置了排放限值，如《钢铁烧结、球团工业大气污染物排放标准》就明确规定：现有烧结、球团所排放烟气的氮氧化物浓度在 2015 年前应控制在 500mg/m^3 以内，自 2015 年起则应控制在 300mg/m^3 以内，新建烧结、球团所排放烟气的氮氧化物浓度应控制在 300mg/m^3。纵观我国目前烧结工序，氮氧化物控制的实际状况与国家的要求存在很大的差距，刚处于起步阶段，我国 90m^2 以上烧结机已达 500 多台，但仅有太钢在其 450m^2 及 660m^2 烧结机上配套建设了脱硫脱硝一体化治理设施。虽然烟气脱硝的方法很多，但由于烧结烟气自身固有的复杂性和特殊性，决定了它不能完全照搬火电厂的方法，各种脱硝技术在烧结领域的应用尚不成熟，加之其较高的初期投资及长期运行成本，在一定程度上阻碍了烧结烟气氮氧化物控制与减排工作的全面展开。

2019 年 4 月，生态环境部颁布的《钢铁企业超低排放改造工作方案》中规定了烧结烟气污染物超低排放标准，如表 4-4 所示。

表 4-4 烧结烟气污染物超低排放标准 （单位：mg/m³）

烧结烟气污染物	颗粒物	二氧化硫	氮氧化物
限排值 （现行→超低）	50→10	200→35	300→50

4.2 治理 NO_x 的工艺原理及方法分类

钢铁工业是国家工业发展的基础，同时也是环境污染的大户。近年来，中国环保形势日益严峻，2015 年执行新的环境保护法，且新的钢铁行业污染物排放标准对 NO_x 的排放也提出了愈发严格的要求。虽然钢铁工业在除尘、脱硫等方面取得了长足的进步，但是对于氮氧化物的污染防治尚处于起步阶段，因此要对治理 NO_x 的工艺原理及方法进行探索，这对于钢铁工业氮氧化物的污染防治显得尤为重要。

4.2.1 钢铁生产中 NO_x 的生成机制

钢铁联合企业的 NO_x 生成机理比较复杂，其产生量与燃烧方式特别是燃烧温度、热工设备型号等因素密切相关，因此摸清 NO_x 的生成机理对其减排与控制具有重要意义。根据燃烧条件和产生途径的不同，生成的 NO_x 主要分为热力型 NO_x、快速型 NO_x、燃料型 NO_x。

4.2.1.1 热力型 NO_x 的生成机制

热力型 NO_x（thermal NO_x）是指燃烧空气中的氮气，在高温下氧化产生的氮氧化物。热力型 NO_x 的生成机理是由前苏联科学家泽尔多维奇提出的，因而被称为泽尔多维奇机理。按这一机理，NO 生成可用如下一组不分支连锁反应来说明。

$$O_2 \longrightarrow O + O$$
$$N_2 + O \longrightarrow NO + N$$
$$N + O_2 \longrightarrow NO + O$$

上述反应是一个连锁反应，决定 NO 生成速度的是原子 N 的生成速度，反应式 N + $O_2 \rightarrow NO + O$ 相比较于 $N_2 + O \rightarrow NO + N$ 是相当迅速的，因而影响 NO 生成速度的关键反应链是反应式 $N_2 + O \rightarrow NO + N$。反应式 $N_2 + O \rightarrow NO + N$ 是一个吸热反应，反应的活化能由反应式 $N_2 + O \rightarrow NO + N$ 反应和氧分子离解反应的活化能组成，其和为 540×10³ J/mol。正因为氧分子和氮分子反应的活化能很大，而原子氧和燃料中可燃成分反应的活化能又很小，在燃烧火焰中生成的原子氧很容易和燃料中可燃成分反应，在火焰中不会生成大量的 NO，NO 的生成反应基本上在燃料燃烧完了之后才进行。

在锅炉燃烧水平下，NO 生成反应还没有达到化学平衡，因而 NO 的生成量将随烟气在高温区内的停留时间增长而增大。另外，氧气的浓度直接影响 NO 的生成量，氧浓度水平越高，NO 的生成量就会越多。当温度高于 1500℃ 时，NO 生成反应变得十分明显，随着温度的升高，反应速度按阿累尼乌斯定律按指数规律迅速增加。可见温度具有决定性影响。因此也把这种在高温下空气中的氮氧化物称之为温度型 NO_x。

4.2.1.2　快速型 NO_x 的生成机制

快速型 NO_x（prompt NO_x）是空气中的氮分子在着火初始阶段，与燃料燃烧的中间产物烃（CH_i）等发生撞击，生成中间产物 HCN 和 CN 等，再经氧化最后生成 NO_x。其转化率取决于过程中空气过剩条件和温度水平。

快速型 NO_x 的产生是由于氧原子浓度远超过氧分子离解的平衡浓度。测定发现氧原子的浓度比平衡时的浓度高出十倍，并且发现在火焰内部，由于反应快，O、OH、H 的浓度偏离其平衡浓度，其反应如下：

$$H + O_2 \Longleftrightarrow OH + O$$
$$O + H_2 \Longleftrightarrow OH + H$$
$$OH + H_2 \Longleftrightarrow H_2O + H$$

可见，快速型 NO_x 的生成可以用扩大的泽尔多维奇机理解释，但不遵守氧分子离析反应处于平衡状态这一假定。

另外，快速型 NO 产生首先经过以下中间反应：

$$CH + N_2 \Longleftrightarrow HCN + N$$
$$2C + N_2 \Longleftrightarrow 2CN$$
$$CH_3 + N_2 \Longleftrightarrow HCN + NH_2$$
$$CH_2 + N_2 \Longleftrightarrow HCN + NH$$

生成中间产物 N、CN、HCN 等在经过以下反应生成 NO：

$$HCN + O \Longleftrightarrow NCO + H$$
$$HCN + OH \Longleftrightarrow NCO + H_2$$
$$CN + O_2 \Longleftrightarrow NCO + O$$
$$NCO + O \Longleftrightarrow NO + CO$$

经实验发现，随着燃烧温度上升，首先出现 HCN，在火焰面内到达最高点，在火焰面背后降低下来。在 HCN 浓度降低的同时，NO 生成量急剧上升，有大量的 NH_i 存在，这些胺化合物进一步氧化生成 NO。其中 HCN 是重要的中间产物，90% 的快速型 NO_x 是经 HCN 而产生的。快速型 NO_x 的生成量受温度的影响不大，而与压力的 0.5 次方成正比。

4.2.1.3　燃料型 NO_x 的生成机制

燃料型 NO_x（fuel NO_x）是指燃料中的氮的有机化合物（C_5H_5N，C_9H_7N）在燃烧过程中氧化而生成的氮的氧化物。燃料中氮的化合物中氮是以原子状态与各种碳氢化合物结合的，与空气中氮相比，其结合键能量较小，因而这些有机化合物中的原子氮较容易分解出来，氮原子的生成量大大增加，液体与固体燃料燃烧时，由于氮的有机化合物放出大量的氮原子，因此无论是挥发燃烧中还是焦炭燃烧阶段都生成大量的 NO。就煤而言，燃料氮向 NO_x 转化过程大致有三个阶段：首先是有机氮化合物随挥发分析出一部分，其次是挥发分中氮化合物燃烧，最后是炭骸中有机氮燃烧。

燃料燃烧时，燃料氮几乎全部迅速分解生成中间产物 I，如果有含氧化合物 R 存在时，则这些中间产物 I（指 N、CN、HCN 和 NH_i 等化合物）与 R（指 O、O_2 和 OH 等）反应生成 NO，同时 I 还可以与 NO 发生反应生成 N_2。

燃料（N）$\rightarrow$ I：

$$I + R \longrightarrow NO + \cdots$$

$$I + NO \longrightarrow N_2 + \cdots$$

燃煤中的氮分为挥发性氮和焦炭氮，其中挥发性氮被释放后含有一定量的 NH_3，并按下式进行反应：

$$NH_3 + O \longrightarrow NH_2 + OH$$

$$NH_i + H(OH) \longrightarrow NH_i + H_2(H_2O)$$

$$NH_2 + O \longrightarrow HNO + H$$

$$HNO + M \longrightarrow NO + H + M$$

$$NHO + O_2 \longrightarrow NO + OH$$

$$NH + O \longrightarrow NO + H$$

而焦炭则按下式进行反应：

$$N + O_2 \longrightarrow NO + \cdots$$

燃煤中的氮生成 NO_x 主要取决于煤中的含氮量，显然煤中的含氮量越高，生成的 NO_x 越多。当锅炉内生成 NO_x 时，还存在一系列氧化还原反应。

$$2NO + 2C \longrightarrow N_2 + 2CO$$

$$NH_3 + NO \longrightarrow N_2 + \cdots$$

$$NO + H_2O \longrightarrow NO_2 + H_2$$

$$NO + CO \longrightarrow N_2 + \cdots$$

$$NO + H_2 \longrightarrow N_2 + \cdots$$

燃料氮的转化率主要受温度、过量空气系数（富裕氧浓度）和燃料含氮量的影响，一般在 10%~45% 范围内。随着氮的转化率（主要受温度影响）升高，燃料氮转化率不断提高，但这主要发生在 700~800℃ 温度区间内。因为燃料 NO 既可通过均相反应又可通过多相反应生成，燃料温度很低时，绝大部分氮留在焦炭内；而温度很高时，70%~90% 的氮以挥发分形式析出。浙江大学研究表明，850℃ 时，70% 的 NO 来自焦炭燃烧；1150℃ 时，这一比例降至 50%。由于多相反应的限速机理，在高温时可能向扩散控制方向转变，故温度超过 900℃ 以后，燃料氮转化率只有少量升高。

挥发分氮向 NO 的转化对当地氧浓度变化很敏感，通过造成区域性还原性气体可以有效地抑制 NO 的生成量；而焦炭中的氮对氧浓度不敏感，因此不可能通过造成还原性气体全部消除 NO 的生成量。

煤在通常的燃烧温度下以产生燃料型和热力型 NO_x 为主，对不含氮的碳型燃料，只在较低温度燃烧时，才需要重点考虑快速型 NO_x，而当温度超过 1000℃ 时，则主要生成热力型 NO_x。可见，降低燃烧温度可有效减少 NO 的生成，但当温度降低到 900℃ 以下时，燃料燃烧时，N 向 N_2O 的转化率将提高。因此，仅通过降低燃料燃烧温度来控制 NO_x 的排放是不够的，需要兼顾各方面因素。

钢铁工业工艺过程中燃料以气体燃料为主（含氮量较低），除了烧结工艺中使用焦粉为燃料以及焦炉干馏过程中可能有燃料型 NO_x 产生外，氮氧化物的产生以热力型为主。

4.2.2　源头削减 NO_x 方法

烧结工序产生的 NO_x 主要为燃料型 NO_x，90% 以上是由烧结燃料（煤粉、焦粉）燃烧产生。因此，控制所用焦粉中氮元素含量及其存在形式，可有效控制 NO_x 排放量。

控制焦粉中氮元素含量最直接有效的方法是选用含氮量较低的焦粉作为烧结燃料，但这增加了选煤的难度。一方面含氮量较低焦粉的供给量远远达不到烧结需求量；另一方面，此类焦粉的价格高于普通焦粉，会增加烧结成本。

NO_x 的脱除与烧结温度、料层厚度、烧结料粒度及碱度等因素有关。矿石粒度越小，越有利于脱氮反应的进行。料层厚度越高，NO_x 的生成量越低。此外，提高烧结矿碱度有利于脱氮反应的进行。烧结前，对上层烧结料进行微波加热预处理，也可以降低 NO_x 的排放量。

在烧结原料中加入添加剂以降低 NO_x 生成量，是当今的研究热点之一。有研究表明，在烧结料中加入一定量的含钙化合物可降低 NO_x 生成量，添加碳氢化合物（锯末、稻壳、蔗糖等）也可显著抑制 NO_x 生成。Yanguang Chen 等人发明了通过焦粉改性降低烧结 NO_x 排放的新工艺，焦粉中负载的 K_2O_3、CaO 和 CeO_2 均能在焦炭燃烧过程中减少燃料氮向 NO_x 的转化，三者效率大小排序为：$CeO_2 > CaO > K_2O_3$。在烧结杯实验中，以 2.0% CeO_2 和 2.0% CaO 改性焦粉作固体燃料时，NO_x 减排率分别为 18.8% 和 13.5%。

原料低氮控制技术具体有：（1）采用低氮燃料；（2）控制燃料粒度；（3）燃料改性。

4.2.2.1　采用低氮燃料

要减少烧结过程 NO_x 的排放量，应尽可能减少焦粉中或其他烧结燃料带入氮的绝对量。

一般来讲，燃料中焦粉氮含量小于煤粉，但个别优质煤种（如无烟煤）中氮含量平均值低于焦粉。中南大学研究发现，焦粉中的氮主要以吡咯五元环形式存在，但这种形式不稳定，极易释放。山钢在 $120m^2$ 烧结机上进行了一系列的工业实验，探索不同原燃料条件下，烟气中 NO_x 的变化情况。结果发现，将使用的原燃料焦粉更换为含氮量较低的无烟煤，NO_x 浓度降低了 $18mg/m^3$；研究还发现停用石灰石粉后，NO_x 浓度进一步降低了 $5mg/m^3$；此外，将烧结中和料去掉污泥后，NO_x 含量降低了 $44mg/m^3$。实验室及工业试验结果均表明，烧结烟气中 NO_x 含量及生成速率会随着燃料中氮配加量的减少而降低；NO_x 的生成量还与石灰石粉以及中和料污泥的配加量有关；减少烧结燃料的挥发分含量，也可以降低 NO_x 的生成。因此，在烧结烟气中 NO_x 超标时，在不影响烧结矿质量的前提下，要及时降低石灰石粉以及中和料污泥的配加量，尽量提高料层的厚度，降低固体燃料用量。同时，应尽可能选含氮量较低的烧结原燃料，从源头上减少烧结 NO_x 的生成。通过在烧结原燃料方面采取的措施，降低了烟气 NO_x 含量；最大限度地提高了烧结矿产量，烧结机利用系数由 $1.25t/(m^2 \cdot h)$ 提高到 $1.30t/(m^2 \cdot h)$，烧结矿吨矿成本降低 1.21 元，每月节省减排费用 5.45 万元。

春铁军等人通过改变焦粉和煤粉的配比对 NO_x 减排效果做了初步探索。燃料化学成分和减排效果如表 4-5、表 4-6 所示。

表 4-5 燃料化学成分　　　　（单位:%）

燃料名称	氮	碳	氢
进口煤	0.35	80.83	1.04
山西煤	1.02	82.07	2.43
焦粉	0.86	84.61	0.65

表 4-6 不同燃料配比下 NO$_x$ 排放情况

组　合	NO$_x$ 平均浓度/mg·m^{-3}	NO$_x$ 增加率/%
100%进口煤	238.45	—
30%焦粉+70%进口煤	265.23	11.23
50%焦粉+50%进口煤	301.56	26.47
100%焦粉	324.32	36.01
100%进口煤	238.45	—
100%焦粉	324.32	36.01
100%山西煤	348.53	46.16

从表中可以看出,使用 100% 的进口煤作为燃料效果最好,但也会增加成本,采用 30%焦粉+70%进口煤作为燃料,NO$_x$ 的平均排放浓度为 265.23mg/m^3,与使用 100% 的进口煤对比其增加率仅为 11.23%,可获得相对较好的减排效果。

除了传统的以低氮燃料代替高氮燃料以外,通过中天烧结工业试验发现,采用瓦斯灰代替烧结用燃料可以降低 NO$_x$ 排放,以 550m^2 试验时对比如图 4-5 所示。

可见,随着采用瓦斯灰替代部分焦粉,标准状态下 NO$_x$ 降低约 15mg/m^3。分析认为,在采用瓦斯灰替代焦粉时,在烧结配料中总碳量相等的条件下,烧结总带入氮量可能存在差异。测试发现,瓦斯灰和焦粉的氮含量对比如图 4-5 所示。

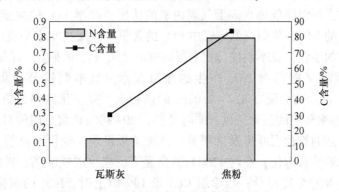

图 4-5 瓦斯灰和焦粉的碳和氮含量对比

对 NO$_x$ 降低的原因进行分析:一方面,瓦斯灰的氮含量相对较低,瓦斯灰的 N/C 比为 0.005,而焦粉的为 0.0095,相差接近两倍。即使在折算等碳量条件后,贡献的氮含量仍低于原先全部使用焦粉贡献的氮含量;另一方面,瓦斯灰的粒度较细,基本为 0.5mm,特别细粒度的燃料,可能 NO$_x$ 的转化率相对较低,最终造成 NO$_x$ 排放减少。同时值得注意的是，瓦斯灰的粒度及其他成分如碱金属、含铁化合物等也可能影响 NO_x 的生成和转化，最终呈现出在烧结过程中替代焦粉后 NO_x 降低的现象。

4.2.2.2　控制燃料粒度

燃料的粒度也对 NO_x 的排放有着重要的影响，如表4-7所示。细粒度的焦粉比表面积大，能释放出大量还原气体，在燃料表面及孔隙中以还原气氛为主，不仅使焦炭中的氮不易转化成 NO，也增加了 NO 还原反应发生的概率；另外，细粒径焦粉的比表面积相对较大，孔隙度较高，增大焦炭的表面积，提高焦 NO 还原反应的能力。粗粒径的焦粉燃烧时，由于整体的比表面积较小，氧气与焦粉的接触区域大大减少，使焦粉本身氧化生成的 NO 量减少。

表4-7　不同焦粉粒度下 NO_x 排放情况

焦粉粒度	NO_x 平均浓度/mg·m^{-3}
< 0.5	195
0.5~3	212
3~5	284
5~8	238
> 8	178

4.2.2.3　燃料改性

虽然采用低氮含量的燃料是一种有效降低 NO_x 排放的方法，但是低氮含量燃料资源有限。有部分学者提出了将燃料改性降低烧结过程 NO_x 排放的新工艺，燃料经添加剂改性后作为烧结固体燃料，抑制燃料中的氮向 NO_x 转化，实现烧结过程中 NO_x 的低排放。

（1）石灰涂覆焦炭技术。石灰涂覆焦炭技术（lime coating coke，LCC）原理是将 CaO 原料涂覆在粉焦表面，通过燃烧过程产生的铁酸钙催化 NO_x 分解。将 CaO 涂覆在燃料焦炭的表面，一方面可以降低焦炭表面气膜内氧的浓度，抑制 NO_x 的生成，另一方面可以催化分解已生成的 NO_x，从而降低烟气中 NO_x 的含量。涂覆技术水平直接影响减排效果，甚至影响烧结矿的质量。日本制铁公司对凝结材的涂层进行了改性，研发了一种既能保持凝结材功能，同时又能抑制 NO_x 产生的涂覆技术。日本制铁公司将 CaO 和铁矿粉（0.25mm 以下）混合物涂覆在 1.4~2.0mm 的焦粉上，并变化涂料的组成和剂量，得出 NO 生成量与两种涂覆料的变化关系。同时考察了 20~300s 内混合时间对 NO_x 生成量的影响，从而探寻合适的涂覆层厚度及涂覆量。试验结果发现，涂覆在焦粉表面的 CaO 与烧结床涂覆层内的铁矿石熔化，在约 1200℃ 的高温下反应生成铁酸钙，铁酸钙催化 NO_x 的分解反应，促进 NO_x 浓度降低；当涂覆 CaO 量 10% 以上时，NO_x 的减排效果达到饱和。在提高 CaO 涂覆层强度等方面进行了实用化研究后，在大分厂 2 号烧结机原料制粒用的二次搅拌机后面设置了 LCC 设备。LCC 生产线由生石灰与水合处理设备、涂覆用搅拌机和 PP 构成，如图4-6所示。设备自投入运行以来，已经稳定达到降低 NO_x 15% 以上的效果。

（2）原燃料预处理工艺。针对烧结烟气中 NO_x 主要来源于燃料中的氮，中冶长天发明一种基于原燃料预处理的低 NO_x 烧结工艺。该工艺一方面对原燃料进行高温脱氮预处

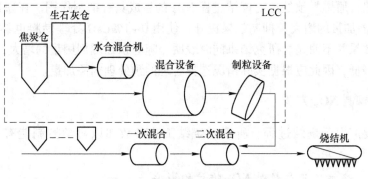

图 4-6 典型的 LCC 工艺流程

理，降低燃料中的氮含量，另一方面将含铁原料包裹在燃料周围，减少其与氧气的接触，维持燃烧的低氧环境，从而降低 NO_x 的生成速率。此外燃烧过程中会产生铁酸钙催化 NO_x 的还原。中冶长天烧结机采用该工艺，烧结烟气中 NO_x 的生成量和浓度降低 20%～40%，实现了 NO_x 减排的过程控制。

包钢通过添加尿素和 CaO 对烧结燃料进行预处理，得到尿素用量和 CaO 用量对烧结过程 NO_x 排放的影响结果，如图 4-7、图 4-8 所示。

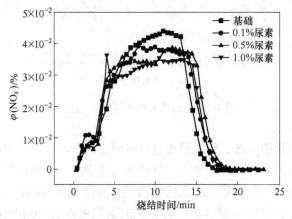

图 4-7 尿素用量对烧结过程 NO_x 排放的影响

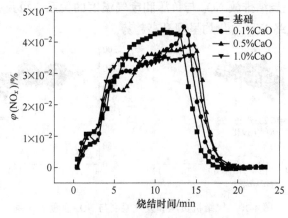

图 4-8 CaO 用量对烧结过程 NO_x 排放的影响

可以看出，原燃料预处理对烧结过程 NO_x 的生成具有抑制作用。在尿素添加量为 0~1% 时，随着添加量的增大，抑制效果提升；使用 0~1% CaO 处理燃料也具有 NO_x 减排效果，但减排效果并不明显。研究结果同时表明，随着预处理剂用量的增大，烧结机的利用系数会略有降低，因此应根据实际情况选择合理的预处理剂添加量。

4.2.3 过程抑制 NO_x 方法

NO_x 主要产生于烧结过程，所以对烧结工艺参数加以科学控制能有效降低 NO_x 生成量。

4.2.3.1 烧结工艺参数对 NO_x 排放的影响

（1）烧结上料量对烧结 NO_x 排放的影响。从实际烧结机运行发现，在燃料配加基本稳定条件下，烧结过程中 NO_x 含量却常出现波动，这说明烧结过程参数的波动对 NO_x 排放有一定影响。影响尤其明显的是烧结机的上料量，如图 4-9 所示。

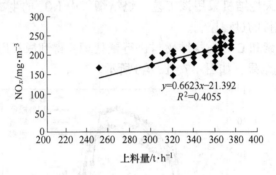

图 4-9 烧结机上料量与 NO_x 的关系

可见，随着上料量的提高，NO_x 排放呈现很明显的升高趋势。分析认为，随着上料量的增加，物料在烧结机上停留时间变短，烧结透气性下降，燃料燃烧时间缩短。同时，上料量增加后终点位置有一定后移，进入烧结机尾部料层空气量的减少，没有空气的稀释，NO_x 数值上也较高（折算 16% 氧含量后 NO_x 的升高幅度应适当减小）。

（2）料层透气性对烧结 NO_x 排放的影响

图 4-10 所示的是烧结排放 NO_x 与负压和废气温度的关系。可见，随着负压的升高和废气温度的降低，最终 NO_x 含量均呈现升高趋势。

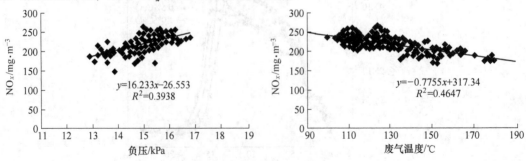

图 4-10 烧结机负压和废气温度与 NO_x 含量的关系

基于上述分析也可得到：适当降低烧结负压和提高烧结废气温度，应有助于降低烧结 NO_x 排放。因此，寻找恰当的实现降低负压和提高废气温度的措施，可成为实现 NO_x 减排的措施之一。

（3）烧结矿碱度对烧结 NO_x 排放的影响。从烧结实践看，随着碱度的提高，NO_x 呈现降低趋势（如图 4-11 所示）。分析认为，随着碱度的提高，一方面有利于烧结铁酸钙相含量的增加，一定程度增加了催化还原 NO_x 的能力；另一方面烧结矿碱度适当提高有助于改善料层整体的透气性，最终使 NO_x 排放减少。梅钢进行了工业试验表明，烧结矿碱度由 1.9 提高到 2.2 后，NO_x 排放浓度由 245mg/m³ 降低至为 210mg/m³，排放浓度减排率达到 14.23%。

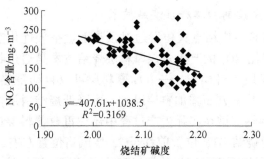

图 4-11　烧结矿碱度与 NO_x 含量关系

4.2.3.2　烧结烟气选择性循环技术

控制燃烧过程 NO_x 生成的常用方法有：低 NO_x 燃烧法、低氧燃烧法、分级燃烧法、烟气选择性循环技术等。由于烧结过程需要保持特定的温度以及氧气浓度，为了保证烧结矿质量，一般不采用低 NO_x 燃烧法、低氧燃烧法和分级燃烧法，而适合采用烟气选择性循环技术。

烧结烟气选择性循环技术是选择性地将风箱支管的部分烟气再次引入烧结过程的循环技术，如图 4-12 所示。

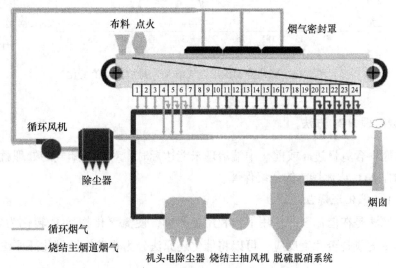

图 4-12　选择性烧结烟气循环工艺流程

热烟气再次通过烧结层时，一方面，可降低混合气中的氧浓度，起到热量吸收体的作用，避免燃烧温度变得过高，从而抑制 NO$_x$ 的生成；另一方面，其中的 NO$_x$ 能够通过热分解被部分破坏，废气中的 CO 在烧结过程中再次参加还原可降低固体燃料消耗。烟气选择性循环技术可根据烟气减量、污染物减排、降低能耗等选择循环方式，从而达到 NO$_x$ 减排与节能相耦合的目的。河钢邯钢 4 台烧结机均进行了烟气选择性循环改造。烟气循环装置投运后，4 台烧结机高温段废气余热均得到有效回收利用，同时降低了烧结固燃燃耗，且节能减排效果明显。以 2 号 360m² 烧结机为例，同等工况下烟气排放总量降低了 22.4%，CO 排放总量降低 22.5%，固体燃耗降低 10.8%，同时 NO$_x$ 排放总量降低 23.4%。

4.2.3.3　烧结点火控制和厚料层烧结技术

烧结点火控制技术是在烧结点火位置通过预热助燃空气优化空燃比及点火炉温度分布，减少煤气用量，降低 NO$_x$ 的产生量。厚料层烧结技术是通过将烧结料层厚度提升到 825mm 左右，实现厚料层压料操作，一方面厚料层可以自动蓄热，降低固体燃料消耗，达到减排 NO$_x$ 的目的；另一方面增加料层厚度，可降低烧结料层内的氧气含量，抑制烧结过程 NO$_x$ 的产生。河钢邯钢在实际生产过程中还注重改善料层透气性，调整烧结过程中风箱风量的分配，使烧结 BTP 位置前移至 23 号风箱位置左右，烧结终点温度不低于 350℃，减少了由于矿层烧不透而产生的烟气 NO$_x$ 的浓度。通过该优化控制操作，河钢邯钢西区炼铁厂烧结烟气中 NO$_x$ 的排放浓度均值由原来的 310mg/m³ 以上降低至 290mg/m³ 以下，减排效果明显，如图 4-13 所示。

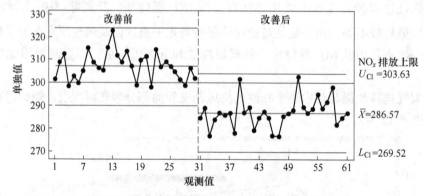

图 4-13　优化控制前后烟气中 NO$_x$ 排放量均值变化

4.2.4　末端治理 NO$_x$ 方法

当烧结原料含氮量过高或前、中端治理未能达标时，对烧结烟气的处理就显得尤为重要，这是确保 NO$_x$ 达标排放的最终保障。

4.2.4.1　催化还原法

催化还原法是在催化剂的作用下，利用还原剂，使氮氧化物 NO$_x$ 转化为 N$_2$。按照还原剂与气体中的氧是否发生反应，可以将催化还原法分为非选择性催化还原法和选择性催化还原法。

A 非选择性催化还原法

含 NO_x 的气体,在一定温度和催化剂的作用下,与还原剂发生反应,其中的二氧化氮还原为氮气,同时还原剂与气体中的氧气发生反应生成水和二氧化碳。还原剂有氢、甲烷、一氧化碳和低烃类化合物。在工业上可选用合成氨释放气、焦炉气、天然气、炼油厂尾气和气化石脑油等作为还原剂。一般将这些气体统称为燃料气。

(1) 化学反应:

$$H_2 + NO_2 \longrightarrow H_2O + NO$$
$$2H_2 + O_2 \longrightarrow 2H_2O$$
$$2H_2 + 2NO \longrightarrow 2H_2O + N_2$$
$$CH_4 + 4NO_2 \longrightarrow CO_2 + 4NO + 2H_2O$$
$$CH_4 + 2O_2 \longrightarrow CO_2 + 2H_2O$$
$$CH_4 + 4NO \longrightarrow CO_2 + 2N_2 + 2H_2O$$
$$4CO + 2NO_2 \longrightarrow N_2 + 4CO_2$$
$$2CO + O_2 \longrightarrow 2CO_2$$
$$2CO + 2NO \longrightarrow N_2 + 2CO_2$$

反应的前 6 步是将有色的 NO_2 还原为无色的 NO,通常称为脱色反应,反应过程大量放热;后 3 步将 NO 还原为 N_2,通常称为消除反应。消除反应比脱色反应和还原剂的氧化反应慢得多,因而必须用足够的还原剂,才能保证反应的充分进行。工程上把还原剂的实际用量与理论计算量的比值(又称燃料比)控制在 1.10~1.20 的范围内,相应的净化率可达 90% 以上。

(2) 催化剂。用贵金属铂、钯可作为非选择性催化还原的催化剂,通常以 0.1%~1% 的贵金属负载于氧化铝载体上。催化剂的还原活性随金属含量的增加而增加,以 0.4% 为宜。另外也可将铂或钯镀在镍合金上,制成波纹网,再卷成柱状蜂窝体。

铂和钯的比较:低于 500℃ 时,铂的活性优于钯,高于 500℃ 时,钯的活性优于铂。钯催化剂的起燃温度低,价格又相对便宜,但对硫较敏感,高温易于氧化,因而它多用于硝酸尾气的净化,而对烟气等含硫化物气体的净化,则需预先脱硫。

(3) 技术特点:

1) 废气中氧气参加反应,放热量大,还原剂消耗高;

2) 需贵金属作催化剂,成本高;

3) 需增加热回收装置,投资大。

(4) 影响脱除效率的主要因素。

1) 催化剂的活性。催化剂的活性是影响脱除效率的重要因素之一。要选用活性好、机械强度大、耐磨损的催化剂,并注意保持催化剂的活性,减少磨损,防止催化剂的中毒和积炭。减少磨损的方法是采取较低的气流速度,并尽量使气流稳定。防止中毒的办法是预先除去燃料气和废气中的硫、砷等有害杂质。防止积炭的办法是控制适当的燃料比,在燃料气中添加少量水蒸气也利于避免积炭。

2) 预热温度和反应温度。用几种不同的燃料气体作还原剂时,其起燃温度不同,因而要求的预热温度也不同。如果作为还原剂的燃料气达不到要求的预热温度,则不能很好地进行还原反应,脱除效果不好。

推荐废气处理装置：活性炭吸附装置（塔），废气净化塔，碱液喷淋塔，酸雾净化塔。

反应温度控制在 823K 到 1073K 之间，脱除效率最高。温度低，氮氧化物的转化率低；而温度超过 1088K，催化剂就会被烧坏，以致催化剂活性降低，寿命减少。

反应温度除与起燃温度、预热温度有关外，还与废气中氧含量有关。当起燃温度高、废气中氧含量大时，反应温度高；反之，反应温度低。

3）空速。空速的选择与选用的催化剂即反应温度有关。国内试验用铂、钯催化剂，在 773~1073K 的温度条件下，空速在 11.1~27.8s^{-1}，能使氮氧化物浓度降到 200×10^{-6} 以下。

4）还原剂用量。根据废气中氮氧化物和氧气的含量，可计算出还原剂的用量。由试验可知，当燃料比等于和大于 100% 时，氮氧化物的转化率一般可达 92% 以上。但燃料比降为 90% 时，转化率降到 70%~80%。这说明还原剂的量不足，会严重影响对氮氧化物的脱除效果。但还原剂量过大，不仅使原料消耗增加，还会引起催化剂表面积炭。一般将燃料比控制在 110%~120% 为宜。

B　选择性催化还原法（SCR）

从技术的成熟性角度来说，选择性催化还原法（SCR）由于具有较高的脱硝效率（最高可达 90%），目前在日本、德国、北欧等国家和地区的燃煤电厂得到广泛应用。在我国，越来越多的燃煤电厂已认可并开始广泛使用该技术，效果良好。考虑到钢厂烧结烟气的实际状况（烟气量波动大、含湿量高、粉尘成分复杂）与燃煤锅炉烟气的不同，只有在燃煤电厂中使用的烟气脱硫脱硝技术成熟，同时，也需要在设计时结合钢厂烧结烟气的实际状况来进行优化，在钢厂烧结烟气的处理才有可能使用成功。

（1）化学反应。在 SCR 工艺中，将氨喷入烧结烟气中，在催化剂的作用下发生反应。主要的化学反应方程式如下：

$$4NO + 4NH_3 + O_2 \longrightarrow 4N_2 + 6H_2O$$

$$6NO_2 + 8NH_3 \longrightarrow 7N_2 + 12H_2O$$

烟气中的 NO$_x$ 主要由 NO 和 NO$_2$ 组成，其中 NO 约占 NO$_x$ 总量的 95%，NO$_2$ 约占 NO$_x$ 总量的 5%。因此，$4NO + 4NH_3 + O_2 \rightarrow 4N_2 + 6H_2O$ 被认为是脱硝反应的主要反应方程式，它的反应特性为：1）NH$_3$ 和 NO 的反应摩尔比为 1；2）脱硝反应中需要 O$_2$ 参与反应；3）典型的反应温度窗口为 320~400℃。脱硝反应的产物是氮气和水，为了使脱硝反应得以进行，需要持续不断的氧气供应，而氧气可以用来自钢厂烧结机的烧结烟气。在反应温度较高时，催化剂会产生烧结或结晶现象；在反应温度较低时，催化剂的活性会因为硫酸铵在催化剂表面凝结堵塞催化剂的微孔而降低。

（2）催化剂和还原剂。选择性催化还原法用氨（NH$_3$）作还原剂，用 Cu、Fe、V、Cr、Mn 等作催化剂，其中 NH$_3$ 有选择性地将废气中的 NO$_x$ 还原成 N$_2$，并不与废气中的氧发生反应，整个过程中还原剂用量下降。

（3）技术特点：

1）技术成熟，净化效率高（>90%）；

2）可净化氧化度高的含 NO$_x$ 气体；

3）由于氨是宝贵的化肥，应用受一定限制。

SCR 的一次性投资较高，根据脱硝效率的不同要求，投资费用存在一定的差别。一般来说，在脱硝效率为 75% 时，SCR 催化剂需要布置两层；当脱硝效率要求在 50% 以下时，一层催化剂即可满足脱硝要求。催化剂占整个 SCR 脱硝系统的投资比例达到 30% ~ 40%。可依据钢厂烧结烟气的实际状况，确定最终的脱硝效率，以便设计和布置相应的催化剂层数，达到最大限度节省投资和运行成本的目的。SCR 系统的最大优点是脱硝效率高，系统运行稳定，可以满足严格的环保标准。

C 选择性非催化还原法（SNCR）

选择性非催化还原技术的脱硝效率一般为 30% ~ 40%。该技术的工业应用是从 20 世纪 70 年代中期日本的一些燃油、燃气电厂开始的；欧盟国家的一些燃煤电厂从 80 年代末也开始 SNCR 技术的工业应用；美国的 SNCR 技术在燃煤电厂的工业应用是在 90 年代初开始的。目前世界上燃煤电厂 SNCR 工艺的总装机容量在 5GW 以上。

SNCR 烟气脱硝技术是用氨气、氨水、尿素等还原剂喷入燃烧室内与 NO_x 进行选择性反应，不用催化剂，因此必须在高温区加入还原剂。还原剂喷入燃烧室温度为 850 ~ 1100℃ 的区域，该还原剂（尿素）迅速热分解成 NH_3 并与烟气中的 NO_x 进行 SNCR 反应生成 N_2，该方法是以燃烧室为反应器。NH_3 或尿素还原 NO_x 的主要反应如下：

$$4NH_3 + 4NO + O_2 \longrightarrow 4N_2 + 6H_2O$$

$$2NO + CO(NH_2)_2 + 1/2O_2 \longrightarrow 2N_2 + CO_2 + 2H_2O$$

由于 SNCR 工艺需要的反应温度太高（850~1100℃），因此该技术不适用于钢厂烧结烟气脱硝。

4.2.4.2 液体吸收法

用水或其他溶液吸收 NO_x 的方法较多，在硝酸厂和金属表面处理行业中应用广泛。湿法工艺及设备简单、投资少，能够以硝酸盐等形式回收 NO_x 中的氮，但由于 NO 极难溶于水或碱溶液，吸收效率一般不很高。可以采用氧化、还原或络合吸收的办法以提高 NO 的净化效果。

A 水吸收法

水吸收 NO_x 时，水与 NO_2 反应生成硝酸（HNO_3）和亚硝酸（HNO_2）。生成的亚硝酸很不稳定，快速分解后会放出部分 NO。常压时 NO 在水中的溶解度非常低，0℃ 时，每 100g 水中的溶解量为 7.43mL 水，沸腾时完全逸出，它也不与水发生反应。因此常压下该方法效率很低，不适用于 NO 占 NO_x 总量 95% 的燃烧废气脱硝。提高压力（约 0.1MPa）可以增加对 NO_x 的吸收率，通常作为硝酸工厂多级废气脱硝的最后一道工序。

B 硝酸吸收法

由于 NO 在 12% 以上硝酸中的溶解度比在水中大 100 倍以上，故可用硝酸吸收 NO_x，进行废气吸收处理。硝酸吸收 NO_x 以物理吸收为主，最适用于硝酸尾气处理，因为可将吸收的 NO_x 返回原有硝酸吸收塔回收为硝酸。影响吸收效率的主要因素有：

（1）温度。温度降低，吸收效率急剧增大。温度从 38℃ 降至 20℃ 时，吸收率由 20% 升至 80%。

（2）压力。吸收率随压力升高而增大。吸收压力从 0.11MPa 升至 0.29MPa 时，吸收率由 4.3% 升至 77.5%。

（3）硝酸浓度，吸收率随硝酸浓度增大呈现先增加后降低的变化，即有一个最佳吸收的硝酸浓度范围。当温度为 20~24℃时，吸收效率较高的硝酸浓度范围为 15%~30%。

此法工艺流程简单，操作稳定，可以回收 NO_x 为硝酸，但气液比较小，酸循环量较大，能耗较高。由于我国硝酸生产吸收系统本身压力低，至今未用于硝酸尾气处理。

C　碱液吸收法

该方法的实质是酸碱中和反应。在吸收过程中，首先 NO_2 溶于水生成硝酸（HNO_3）和亚硝酸（HNO_2）；气相中的 NO 和 NO_2 生成 N_2O_3，N_2O_3 也将溶于水而生成亚硝酸。然后硝酸和亚硝酸与碱（NaOH、Na_2CO_3 等）发生中和反应生成硝酸钠（$NaNO_3$）和亚硝酸钠（$NaNO_2$）。对于不可逆的酸碱中和反应，可不考虑化学平衡，碱液吸收效率取决于吸收速度。

研究表明，对于 NO_2 浓度在 0.1%以下的低浓度气体，碱液吸收速度与 NO_2 浓度的平方成正比。对于较高浓度的 NO_x 气体，吸收等分子的 NO 和 NO_2 比单独吸收 NO_2 具有更大的吸收速度。因为 $NO+NO_2$ 生成的 N_2O_2 溶解度较大。当 NO_x 的氧化度（NO_2/NO_x）为 50%~60%（即 $NO_2/NO = 1~1.3$）时，吸收速度最大。可采用先将 NO 氧化，再用碱液回收 NO_x 以提高吸收效率。由于低浓度下 NO 的氧化速度非常缓慢，因此 NO 的氧化速度成为吸收 NO_x 效率的决定因素。氧化方法有直接氧化和催化氧化两种，氧化剂包括液相氧化剂和气相氧化剂：液相氧化剂有 HNO_3、$KMnO_4$、$NaClO_2$、H_2O_2、$K_2Cr_2O_7$ 等的水溶液；气相氧化剂有 O_2、O_3、Cl_2 和 ClO_2 等。硝酸氧化时成本较低，国内硝酸氧化—碱液吸收工艺已用于实际生产，其他氧化剂因成本高，国内很少采用。

碱液吸收法广泛用于我国的 NO_x 废气治理，其工艺流程和设备比较简单，还能将 NO_x 回收为有用的亚硝酸盐、磷硝酸盐产品，但一般情况下吸收效率不高。考虑到价格、来源、不易堵塞和吸收效率等原因，碱吸收液主要采用 NaOH 和 Na_2CO_3，尤其以 Na_2CO_3 使用更多。但 Na_2CO_3 效果较差，因为 Na_2CO_3 吸收 NO_x 的活性不如 NaOH，而且吸收时产生的 CO_2 将影响 NO_2、特别是 N_2O_2 的溶解。

D　氨-碱两级吸收法

（1）净化原理。首先是氨在气相中和 NO_x 通过水蒸气反应对氨气进行处理，然后再与碱液进行吸收反应。反应式如下：

$$2NH_3 + NO + NO_2 + H_2O \longrightarrow 2NH_4NO_2$$

$$2NH_3 + 2NO_2 + H_2O \longrightarrow NH_4NO_3 + NH_4NO_2$$

$$NH_4NO_2 \longrightarrow N_2 + 2H_2O$$

$$2NaOH + 2NO \longrightarrow NaNO_3 + NaNO_2 + H_2O$$

$$2NaOH + NO + NO_2 \longrightarrow 2NaNO_2 + H_2O$$

（2）工艺流程。含 NO_x 的尾气与氨气在管道中混合，进行第一级还原反应，反应后的混合气体经缓冲器进入碱液吸收塔，进行第二级吸收反应，吸收后的尾气排空，吸收液循环使用。

（3）工艺操作指标如表 4-8 所示。

表 4-8 氨-碱溶液两级吸收法的工艺操作指标

空速 /m·s^{-1}	喷淋密度 /m^3·(m^2·h)$^{-1}$	氨气加入量 /L·h^{-1}	碱液回收量 /t·h^{-1}	湍流强度 /t·(m·h)$^{-1}$	气流中含 NO$_x$ 浓度		平均效率 /%
					入口 /mg·m^{-3}	出口 /mg·m^{-3}	
2.2	8~10	50~200	9~9.5	18	1000	62~108	90

（4）影响因素：当吸收设备固定时，吸收效率与下列因素有关：

1）NO$_x$ 浓度：入口 NO$_x$ 浓度高，吸收效率也高；

2）喷淋密度：增大喷淋密度，有利于吸收反应，一般常用 8~10m^3/(m^2·h)；

3）空塔速度：空塔速度既不宜太大，亦不可过小，取值要适宜，斜孔板塔一般取 2.2m/s；

4）氧化度：氧化度即 NO$_2$ 和 NO$_x$ 体积之比，氧化度为 50% 时，吸收效率最高；

5）氨气量：通入的氨气量以 50~200L/h 为宜。

（5）吸收液的选择。考虑到价格，来源、操作难易及吸收效率等因素，工业上应用较多的吸收液是 NaOH 和 Na$_2$CO$_3$，尤其是 Na$_2$CO$_3$ 应用更广。尽管 Na$_2$CO$_3$ 的吸收效果比 NaOH 的吸收效果差，但 Na$_2$CO$_3$ 价廉易得。

若选 NaOH 做吸收液，则应将其浓度控制在 30% 以下，以免溶液中 NaOH 未消耗完就出现 Na$_2$CO$_3$ 结晶，引起管道和设备堵塞。

E 硫代硫酸钠法

（1）净化原理。硫代硫酸钠在碱性溶液中是较强的还原剂，可将 NO$_2$ 还原为 N$_2$，适于净化氧化度较高的含 NO$_x$ 的尾气，主要化学反应是：

$$4NO_2 + 2Na_2S_2O_3 + 4NaOH \longrightarrow 2N_2 \uparrow + 4Na_2SO_4 + 2H_2O$$

（2）其工艺流程如图 4-14 所示，含 NO$_x$ 的废气进入吸收塔，与吸收液逆流接触，发生还原反应，净化后直接排空。

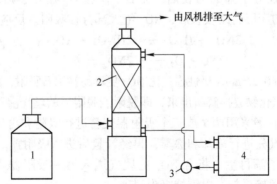

图 4-14 硫代硫酸法处理氮氧化物废气的工艺流程
1—氮氧化物气柜；2—填料吸收塔；3—泵；4—循环槽

（3）工艺操作指标如表 4-9 所示。

（4）影响因素。

表 4-9　硫代硫酸钠法的工艺操作指标

吸收液浓度/%		空塔速度	液气比	pH 值	净化效率/%
NaOH	$Na_2S_2O_3$	/m·s^{-1}	/L·m^{-3}		
2~4	2~4	<1.28	>3.5	>10	约 94

1）氧化度：氧化度增大，净化效率就高；当氧化度 > 50% 后，净化效率变化不大。

2）吸收液浓度：对于氧化度为 50% 的含 NO_x 的废气，吸收液的浓度对吸收效率影响不大。

3）液气比及空塔速度：液气比越大，空塔速度越低，净化效率就越高。

4）初始 NO_x 浓度：初始 NO_x 浓度对氮氧化物废气处理效率影响不大。

4.2.4.3　固体吸附法

固体吸附法是利用吸附剂多孔表面与各气体之间结合力的不同，有选择性地吸附一种或多种废气组分。根据吸附力性质的不同可将吸附过程分为物理吸附和化学吸附。吸附剂对 NO_x 的吸附量随着温度和压力的改变而改变，因此通过改变温度和压力可以有效控制 NO_x 的吸附和脱附。

吸附法作为一种脱硝方法具有效率较高、工艺相对简单且操作简便等优点，同时能在一定程度上实现废物资源化。其缺点在于吸附容量小、所需吸附剂量大和吸附剂抗水性较差等。因此，固体吸附法较适合处理 NO_x 浓度较小的烟气，目前常用的固体吸附剂为分子筛、活性炭、沸石和硅胶等。

A　分子筛吸附法

（1）吸附原理。丝光沸石是一种蕴藏量较多、硅铝比很高（>10~13）、热稳定性及耐酸性强的天然铝硅酸盐，其化学组成为 $Na_2Al_2Si_{10}O_{24} \cdot 7H_2O$。用 H^+ 代替 Na^+ 可得到氢型丝光沸石。其分子筛呈笼型孔洞骨架的晶体脱水后空间十分丰富，具有很高的比表面积（500~1000m^2/g），同时内晶表面高度极化，微孔分布单一均匀并有普通分子板大小。由 12 圆环组成的直筒型主孔道截面呈椭圆形。在主孔道之间虽有 8 圆环孔道互相沟通，但由于孔径仅 0.28nm 左右，一般分子通不过，因而吸附主要在主孔道内进行。H_2O 和 NO_x 被选择性地吸附在分子筛的内表面，而后 NO 和 O_2 在分子筛表面上被催化氧化成 NO_2，最后经过一定的床层高度吸收后，NO_x 绝大部分被吸附。反应方程式如下：

$$3NO_2 + H_2O \longrightarrow 2HNO_3 + NO$$
$$2NO + O_2 \longrightarrow 2NO_2$$

由于水分子直径为 0.276nm、极性强，比 NO_x 更容易被沸石吸附，因此使用水蒸气可将沸石内表面上吸附的氮氧化物置换解析出来，即脱附。脱附后的丝光沸石经干燥后得以再生。

（2）工艺流程。一般采用两个或三个吸附器交替进行吸附和再生。

含氮氧化物的尾气先进行冷却和除雾，再经计量后进入吸附器。当净化气体中的 NO_x 达到一定浓度时，分子筛再生，将含 NO_x 的尾气通入另一吸附器，吸附后的净气排空。吸附器床层用冷却水间接冷却，以维持吸附温度。

再生时，按升温、解吸、干燥、冷却四个步骤进行。先用间接蒸汽升温，然后再直接通入蒸汽，使被吸附的 HNO_3 和 NO_2 解吸，经冷凝浓缩的 NO_2 返回 HNO_3 吸收系统。干燥时，用加热后的净化气体，同时也用未加热的净化气体置换水分，并对吸附床层进行间接水冷，至常规温度即可结束再生。

（3）影响因素：

1）NO_x 浓度对转效时间的影响：自开始吸附到吸附后净气中 NO_x 气含量超过规定值的时间为转效时间，它随废气中 NO_x 浓度的增大而逐渐缓慢地缩短。

2）NO_x 浓度对吸附量的影响：吸附剂在转效时间内吸附 NO_x 的量称为 NO_x 转效吸附量，它随 NO_x 浓度增大而增加。当 NO_x 浓度>1%时，增加幅度减小。

3）空速和温度对吸附量的影响：相同温度下，吸附量随空速的增大而降低；相同空速下，吸附量随温度上升而下降。

4）尾气中水蒸气对吸附量的影响：由于水蒸气更易被沸石吸附，而且放出大量的吸附热，使床层温度升高，降低了对 NO_x 的吸附能力，减少了吸附量。

5）解吸程度对吸附量影响：解吸时间越长，温度越高，解吸就越彻底，对吸附就越有力。通常解吸时间为 $20\sim30min$，温度为 $150\sim190℃$。

6）干燥时间对干燥程度和吸附量的影响：干燥时间越长则干燥程度越高，越有利于吸附。但时间过长，效果不明显，却增加了能耗。

B　活性炭吸附法

活性炭对低浓度氮氧化物 NO_x 有很高的吸附能力，其吸附量超过分子筛和硅胶。但活性炭在300℃以上又有自燃的可能，给吸附和再生造成较大困难。

（1）吸附原理。活性炭不仅能吸附 NO_2，还能促进 NO 氧化成 NO_2，特定品种的活性炭还可使 NO_x 还原成 N_2，即：

$$2NO + C \longrightarrow N_2 + CO_2$$
$$2NO_2 + 2C \longrightarrow N_2 + 2CO_2$$

活性炭定期用碱液再生处理：

$$2NO_2 + 2NaOH \longrightarrow NaNO_3 + NaNO_2 + H_2O$$

法国氮素公司发明的 COFAZ 法，其原理是含 NO_x 的尾气经过水或稀硝酸喷淋的活性炭相接触，NO 被氧化成 NO_2，再与水反应，即：

$$3NO_2 + H_2O \longrightarrow HNO_3 + NO$$

（2）其工艺流程如图 4-15 所示，NO_x 尾气进入固定床吸附装置被吸附，净化后气体经风机排至大气，活性炭定期用碱液再生。此法系统简单，体积小，费用省，且能回收 NO_x，是一种较好的方法。

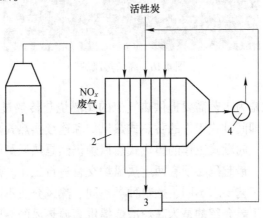

图 4-15　活性炭净化 NO_x 的工艺流程

1—酸洗槽；2—固定吸附床；3—再生器；4—风机

（3）特点：

1）对低浓度 NO$_x$ 吸附力强；

2）吸附能力比分子筛法（丝光沸石）高；

3）净化效率较高（＞95%）；

4）温度高于300℃，活性炭有自燃的可能。

（4）影响因素：

1）含氧量：NO$_x$ 尾气中含氧量越大，则净化效率越高；

2）水分：水分有利于活性炭对 NO$_x$ 的吸附，当湿度大于50%时，影响更为显著；

3）吸附温度：低温有利于吸附；

4）接触时间和空塔速度：接触时间长，吸附效率高；空塔速度大，吸附效率低。

4.3　钢铁企业 NO$_x$ 治理方法及应用案例

4.3.1　低氮燃烧技术

4.3.1.1　热风炉概述

高炉热风炉（如图4-16所示）是炼铁厂高炉主要配套的设备之一，一般一座高炉配3~4座热风炉，热风炉的作用是为高炉持续不断地提供1000℃以上的高温热风。目前先进的现代热风炉风温可以达到1300℃。

图4-16　高炉热风炉

热风炉顾名思义就是为工艺需要提供热气流的集燃烧与传热过程于一体的热工设备，一般有两个大的类型，即间歇式工作的蓄热式热风炉和连续换热式热风炉。在高温陶瓷换热装置尚不成熟的当今，间歇式工作的蓄热式热风炉仍然是热风炉的主流产品。蓄热式热风炉为了持续提供热风，最起码必须有两座热风炉交替进行工作。热风炉被广泛应用在工业生产的诸多领域，因工艺要求不同、燃料种类不同、热风介质不同而派生出不同用途与不同结构的热风炉。这里要介绍的是为高炉冶炼提供高温热风的热风炉，且都是蓄热式热风炉，因其间歇式的工作方式，必须多台配合以实现向高炉连续提供高风温。

A 分类

高炉热风炉按工作原理可分为蓄热式和换热式两种。蓄热式热风炉，按热风炉内部的蓄热体分球式热风炉（简称球炉）和采用格子砖的热风炉，按燃烧方式可以分为顶燃式、内燃式、外燃式等几种（如图4-17所示），提高热风炉热风温度是高炉强化冶炼的关键技术。如何提高风温，是业内人士长期研究的方向。常用的办法是混烧高热值煤气，或增加热风炉格子砖的换热面积，或改变格子砖的材质、密度，或改变蓄热体的形状（如蓄热球），以及通过种种方法将煤气和助燃空气预热。

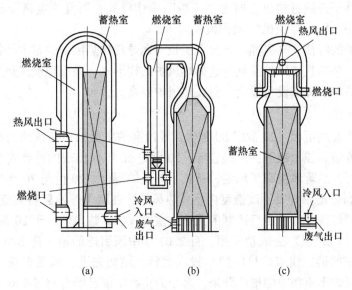

图 4-17 蓄热式热风炉的三种炉型
(a) 内燃式；(b) 外燃式；(c) 顶燃式

蓄热式格子砖热风炉是现代高炉，尤其是大高炉最常用的热风炉形式。优点：换热温度高，热利用率高，工作风量大，适合于大高炉生产需要。缺点：体积大，占地面积大，购置成本高。

换热式热风炉，主要是使用耐高温换热器为核心部件，此部件不能使用金属材质换热器，只能使用耐高温陶瓷换热器，高炉煤气在燃烧室内充分燃烧，燃烧后的热空气，经过换热器，把热量换给新鲜的冷空气，可使新鲜空气温度达到 1000℃ 以上。优点：换热温度高，热利用率高，体积小，购置成本低。缺点：换热温度没有蓄热式高，使用规模较小。

B 所需燃料

热风炉一般采用高炉煤气加焦炉煤气作燃料。现代热风炉在仅使用高炉煤气的条件下，采用预热助燃空气和煤气的方法，也可提高风温至 1200~1300℃ 以上。

C 技术特征

高风温是现代高炉的重要技术特征。提高风温是增加喷煤量、降低焦比、降低生产成本的主要技术措施。近几年，随着引进卡卢金顶燃式热风炉技术，国内钢铁企业高炉的热风温度逐年升高，特别是新建设的一批大高炉（大于 2000m^3）热风温度均超过 1200℃，达到国际先进水平。如曹妃甸京唐公司 5500 立方米高炉采用卡卢金顶燃式热风炉，热风温度达到了 1300℃的世界水平。

热风炉基本结构。热风炉是为高炉加热鼓风的设备，是现代高炉不可缺少的重要组成部分。现代大高炉最常用的是蓄热式格子砖热风炉，蓄热式热风炉按燃烧方式可以分为顶燃式、内燃式、外燃式等几种。其工作原理是先燃烧煤气，用产生的烟气加热蓄热室的格子砖，再将冷风通过炽热的格子砖进行加热，然后将热风炉轮流交替地进行燃烧和送风，使高炉连续获得高温热风。蓄热式热风炉有烧炉、送风两种主要操作模式：将高炉煤气燃烧对蓄热室的格子砖进行加热，即为"烧炉"操作模式，用蓄热室格子砖对冷风进行加热并送风到高炉，即为"送风"操作模式。

先进热风炉的特征。高风温、低投资、长寿命是现代热风炉的基本特征。理论研究和生产实践表明，顶燃式热风炉是最先进的热风炉结构形式，采用顶燃式热风炉结构，可以提高热风炉热效率、降低设备投资、延长热风炉寿命。

D　结构优化

热风炉技术发展历程。20 世纪 50 年代，我国高炉主要采用传统的内燃式热风炉。这种热风炉存在着诸多技术缺陷，风温较低；20 世纪 60 年代出现的外燃式热风炉，将燃烧室与蓄热室分开，显著地提高了风温，延长了热风炉寿命。20 世纪 70 年代，荷兰霍戈文公司（现达涅利公司）开发了改造型内燃式热风炉，在欧美等地区得到应用并获得成功。与此同时，我国炼铁工作者自行研制的无燃烧室的顶燃式热风炉，于 20 世纪 70 年代末在首钢 2 号高炉（1327m³）上成功应用。自 2002 年中国引进的第一座 KALUGIN 顶燃式热风炉（无燃烧室的第二代卡式热风炉）投入运行，结构先进、风温提高、运行稳定的卡卢金顶燃式热风炉迅速在中国推广开来，迄今为止在中国已经有超过 100 座原创的卡式热风炉在运行，近 5 年新建的大高炉和超大高炉（例如曹妃甸京唐公司 1 号、2 号 5500m³ 高炉）普遍使用了卡式热风炉，在中国以外的日本、俄罗斯、乌克兰等国家也有 100 多座 KALUGIN（卡卢金）顶燃式热风炉投入使用，其中俄罗斯北方钢厂的 5500m³ 高炉、日本 JFE 公司的 5000m³ 高炉改造工程，都使用了卡式热风炉。顶燃式热风炉是最具发展潜力的热风炉。卡式顶燃式热风炉由于具有结构稳定性好、气流分布均匀、布置紧凑、占地面积小、投资省、热效率高、寿命长等优势，已成为世界上最具发展潜力的热风炉。生产实践证实，卡式顶燃式热风炉是一种长寿型的热风炉，完全可以满足两代高炉炉龄寿命的要求。但是，国内对于高风温热风炉管系的结构设计方面还存在一些问题，耐材质量不高、施工质量差也日益成为影响热风炉质量的关键；针对国内有的企业高炉煤气含水量高、煤气质量差的情况，对热风炉高温热风出口、热风管道的可靠性设计，还需要进一步加强；高风温热风炉出现后，大高炉接受高风温的结构改进，也正在进一步研究中。

E　提高寿命

现代高炉多采用蓄热式热风炉，因此，提高热风炉传热效率对提高风温有着重要意义。而增加格子砖的加热面积是提高传热能力的重要技术措施之一。卡卢金公司首先发明并正在着力推广的 20mm 孔径格子砖，与常规的 30mm 孔径格子砖相比，单位体积加热面积由 48m²/m³ 提高到 64m²/m³，并且在热风炉整个运行期间不会发生渣化现象。

热风炉耐火材料内衬在高温、高压环境下的工作条件十分恶劣。为了使热风炉满足高风温的要求，延长其使用寿命，对热风炉耐火材料的质量以及砌体的设计都有很严格的要求。如何根据热风炉各部位的工作温度、结构特点、受力情况及化学侵蚀的特点，选用不同性能的耐火材料，是钢铁企业关注的重点。

此外，加强热风炉热风管系的受力分析与计算，对热风管路进行优化设计，也是提高风温的重要措施。对承受高风温、高压管道的波纹补偿器以及管道支架的设置应进行详细的受力分析，特别是对承受高温热膨胀位移和高压产生的压力位移的管道，在设计中要给予充分的重视。

F 技术措施

燃烧理论和生产实践已证实，提高煤气热值是提高风温的有效措施。而国内钢铁企业高热值煤气燃料缺乏是高风温的主要制约因素之一。为实现高风温，钢铁企业应采取以下针对性技术措施：

一是采用煤气、助燃空气低温双预热技术。该技术利用助燃空气和煤气通过热管换热器对热风炉进行预热，当预热温度达到 200℃时，可以提高热风炉的理论燃烧温度和拱顶温度。首钢 3 号高炉采用煤气、助燃空气双预热技术以后，风温提高了 50~70℃。

二是采用高炉煤气低温预热及助燃空气高温预热技术。利用热风炉烟气余热，通过分离式热管换热器将热风炉用高炉煤气预热到 200℃；利用卡式助燃空气预热炉将助燃空气预热到 600℃。京唐公司 5500m^3 高炉热风炉采用了此技术。但由于大型高炉煤气清洗系统处理能力不足，造成煤气温度高、饱和水和机械水含量高，使煤气热值严重降低。他们随后在煤气管道上配置了旋流脱水装置，降低了煤气含水量。实测表明这项技术的实施，可提高风温 15~20℃。

三是采用高炉煤气干法除尘技术。采用高炉煤气干法除尘，可显著减少高炉煤气中的含水量。在同等条件下，高炉煤气热值可提高约 200kJ/m^3。

我国高炉风温水平有显著提高，新型卡式热风炉利用高炉煤气即可达到 1250℃以上的高风温，并且正在发展 1300℃以上的高风温热风炉。我国热风炉结构形式比较复杂，还有大量的内燃式、外燃式热风炉处于待改造阶段。结合国内钢铁企业的实情，推广引进新型高风温热风炉技术，高效利用低热值高炉煤气实现高风温将是炼铁工作者今后工作的重点。

4.3.1.2 热风炉氮氧化物形成原理

高风温可以有效强化高炉冶炼、提高产量、降低焦比。伴随着高炉冶炼技术的不断发展，钢铁企业对高炉风温要求不断提高，已经由 1200℃提高到 1250℃以上。高炉热风炉极少生产燃料型 NO$_x$，且在这样的高温下，氮氧化物的存在形式以热力型 NO$_x$ 为主。

A 热力型 NO$_x$ 的反应机理

燃烧是复杂的物理和化学过程，要想控制污染物的产生就必须弄清污染物在热风炉内的生成机制。热风炉运行中的颗粒物、二氧化硫生成量主要取决于燃料中夹带的颗粒物和含 S 气体的含量，热风炉的运行工况对其影响并不大。氮氧化物的生成量与炉内运行工况紧密相关，根据 NO$_x$ 的反应机理，燃烧形成的 NO$_x$ 主要可分为燃料型、热力型、快速型 3 类。燃料型 NO$_x$ 是由含 N 化合物经过热分解和氧化而来，快速型 NO$_x$ 是由 N$_2$ 与碳氢化合物反应并进一步氧化生成，热力型 NO$_x$ 是 N$_2$ 在高温环境下氧化生成氮氧化物。根据高炉煤气的组分，主要考虑热力型（温度型）NO$_x$ 的生成机理，其产生的 NO$_x$ 主要含有

95%的 NO 和 5%的 NO_2，除此之外还有少量的 N_2O 和其他氮氧化合物。

苏联学者 Zeldovich 于 1946 年提出热力型 NO_x 生成机理，后被学术界广泛接受和应用。该理论认为，混合气体中的 N_2 与 O_2 反应生成热力型 NO_x 可以通过以下链式反应原理来描述：

$$M + O_2 \longrightarrow M + 2O$$
$$N_2 + O \longrightarrow NO + N$$
$$N + O_2 \longrightarrow NO + O$$
$$N + OH \longrightarrow NO + H$$

依据化学反应机理，NO_x 生成速率的表达式为：

$$\frac{d[NO]}{dt} = 3 \times 10^{14} [N_2][O_2]^{1/2} \exp\left(\frac{-542000}{RT}\right)$$

式中，$[NO]$、$[N_2]$、$[O_2]$ 为氮氧化物、氮气、氧气的浓度，mol/m^3；t 为反应某时刻，s；R 为通用气体常数，$8.31441J/(K \cdot mol)$；T 为热力学温度，K。

根据 NO_x 反应机理表达式可以看出，温度是热力型 NO_x 生成最主要的影响因素，与热力型 NO_x 的生成速率几乎呈指数函数关系，随着反应温度每升高 100℃，反应速度要增加 7~9 倍。热力型 NO_x 的生成速率与反应环境中的氮浓度、氧浓度的平方根成正比。反应气体在高温区的停留时间越长，混合气体中 NO_x 的浓度越高，当反应时间达到一定值时 NO_x 反应达到动态平衡。$N_2 + O \longrightarrow NO + N$ 对于链式反应起主导作用，又由于 O 原子与 N_2 反应的活化能比 O 原子与可燃成分反应所需的活化能要高得多，故热力型 NO_x 生成反应要比可燃物的燃烧反应困难得多。这表明 NO_x 反应不会在火焰燃烧区发生，而是在主燃烧区之后靠近火焰前端的高温区域（燃料的燃尽区）进行的。因此，可主要通过以下方法控制热力型 NO_x 的生成量：降低燃烧反应温度、减少高温区的氧浓度、缩短气体在高温燃尽区的滞留时间。

B 热风炉不同运行阶段的 NO_x 反应分析

热风炉是一种间歇式蓄热换热器，运行过程包括燃烧、送风、换炉 3 个状态。热风炉系统一般采用两烧一送或两烧两送的运行模式，单座热风炉运行状态为燃烧（焖炉）→换炉→送风→换炉的循环工作过程。不同运行状态下，炉内的运行工况差别较大，影响热力型 NO_x 反应速率的主要因素也不同。热风炉烟囱排放烟气主要来自热风炉燃烧期排放的烟气，还有少量来自换炉期间通过废气阀排放的废气。以某高炉热风炉项目各气体成分为例（见表 4-10），结合热风炉不同时期的运行状态对热力型 NO_x 生成过程及影响因素进行计算分析。

表 4-10 某高炉热风炉各气体组分（体积分数）

项 目	CO/%	CO_2/%	H_2/%	N_2/%	O_2/%	绝对压力/MPa
高炉煤气	23.5	19.10	2.1	55.1	0.2	0.11
助燃空气		0.04		78.0	21.0	0.11
冷风		0.04		78.0	21.0	0.55
烟气（0.1 的富氧率）		26.90		68.4	0.8	0.11

（1）燃烧期。燃烧期是高炉煤气燃烧释放出燃烧热并储存到蓄热体中的过程。燃烧过程燃烧中心区温度最高，热力型 NO$_x$ 的产生主要是在此高温区域火焰前锋（燃尽区）进行的，因此热力型 NO$_x$ 反应的环境气体组分接近于烟气成分（见表4-11）。以某项目高炉热风炉为例，实际参与反应的氮气和氧气占比为 68.4% 和 0.8%（以 10% 过氧量计），根据热力型 NO$_x$ 生成速率的理论公式，求出 NO$_x$ 的反应速率与温度和过氧量对应的关系曲线（如图4-18、图4-19所示）。

表 4-11　燃烧期和送风期的热力型 NO$_x$ 反应速率（1500℃）

组　分	绝对压力 /MPa	N$_2$	O$_2$	d[NO]/dt /mol·m^{-3}·s^{-1}
		%(mol·m^{-3})	%(mol·m^{-3})	
燃烧期	0.11	68.4（30.54）	0.8（0.36）	0.59
送风期	0.55	78.0（174.11）	21.0（46.88）	38.60

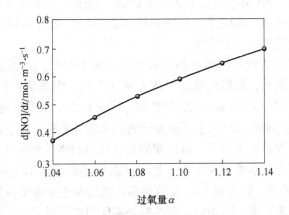

图 4-18　1500℃燃烧条件下 NO$_x$ 的生成速率与过氧量的关系

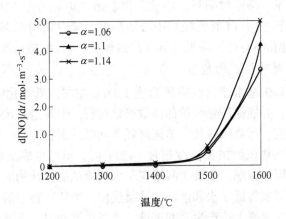

图 4-19　不同燃烧期 NO$_x$ 的生成速率与温度的关系

从曲线图可以看出，过氧量 α 越小，热力型 NO$_x$ 的反应速率越低，但要合理控制燃烧的过氧量以防止过低的过氧量导致炉内燃烧不充分，影响炉内燃烧效率。当温度<

1400℃时，热力型 NO_x 生成速率较慢；当温度进一步升高时，NO_x 生成速率由 1400℃时的 $0.066mol/(m^3 \cdot s)$ 迅速增加到 1500℃时的 $0.59mol/(m^3 \cdot s)$，反应速率增加近 9 倍。热力型 NO_x 主要在高温区会大量产生，重点是采取有效措施降低燃烧中心区温度，均衡炉内燃烧温度场。

在燃烧达到目标的拱顶温度时，会停止燃烧并关闭烟气阀进入焖炉状态，此过程 N_2 和 O_2 在高温区接触时间会大幅提高。由于焖炉期产生的 NO_x 会随送风期的热风进入高炉，因此并不会影响烟气中 NO_x 的排放浓度。

（2）送风期。送风期绝对压力为 $0.55MPa$、氧气占比为 21%，而燃烧绝对压力约为 $0.11MPa$、燃尽区氧气占比仅为 0.8%（以 10% 过氧率计）。依据热力型 NO_x 的理论公式可计算出，相同温度下送风期的 NO_x 反应速率约为燃烧期的 65 倍，送风期炉内平均温度虽比燃烧期炉内平均温度低，但送风期的 NO_x 反应速率仍然是燃烧期的数倍。送风期产生的 NO_x 随热风进入高炉，高炉内的还原性气氛使 NO_x 重新还原成 N_2 和 O_2，故送风期的 NO_x 并不会对烟气中 NO_x 的排放量产生影响。然而，气体中 NO_x 会与炉壳表面的冷凝水结合生成酸性腐蚀液，同时送风期的高风压会使 NO_x 更容易穿过耐火材料缝隙侵蚀到炉壳表面，加剧炉壳晶间应力腐蚀。

（3）换炉。换炉分为送风转燃烧和燃烧转送风两个阶段。送风转燃烧换炉期间会通过废气阀向烟囱排放废气，虽然此期间炉内温度并不高，但是炉内的 N_2 和 O_2 浓度都较高且有足够的接触时间（$3 \sim 5min$），热力型 NO_x 产量较大、浓度极易超标。有研究表明，此阶段 NO_x 的浓度达 1000×10^{-6} 以上，远高于送风和燃烧阶段。由于标准规定 95% 以上时段小时均值排放浓度满足要求即可，所以控制好送风转燃烧换炉废气排放时间也可以满足标准要求，但这并不是根本的解决方案。燃烧转送风换炉期间不仅炉内温度高，而且 N_2 和 O_2 浓度也会快速提高，热力型 NO_x 反应速率比燃烧期还要高出数倍，但高浓度的 NO_x 气体会随着送风期的热风进入高炉内，仅在换炉期间对炉壳晶间应力腐蚀产生一定威胁。

综合分析热力型 NO_x 反应机理及热风炉运行过程，影响热风炉 NO_x 排放量的主要因素有反应温度、富氧量、停留时间等。因此，抑制热风炉热力型 NO_x 的产生，主要可以通过以下措施进行控制：1）降低燃烧期中心区温度，减少炉内局部高温区；2）缩短燃尽烟气在高温区的滞留时间；3）降低高温区的过氧量；4）缩短送风转燃烧换炉时间。

C   热力型 NO_x 对热风炉的危害

目前国内新建热风炉基本能保证热风温度 1200℃左右，氮氧化物的排放满足钢铁行业超低排放的新要求，并能保证热风炉的高效稳定运行。但是进一步提高热风温度就会给热风炉带来材料耐受度、污染物排放、节能降耗等问题的困扰。

研究资料表明，当热风炉拱顶温度超过 1420℃时，NO_x 生成量将迅速增加。在热风炉内，氮氧化物与冷凝水接触，生成硝酸根离子水溶液的腐蚀性物质，如果热风炉炉壳外部没有绝热，则炉壳温度将低于水和溶液的冷凝温度，燃烧产物中的水、鼓风湿分，或者砌体中的水分将凝结在炉壳上，产生硝酸溶液。当温度波动时，溶液反复发生蒸发和冷凝的过程，使硝酸盐溶液的浓度升高。

高温热风炉的炉壳，在应力的作用下受酸性液体的腐蚀而开裂。在热风炉、膨胀器及热风主管等外炉壳上也出现晶界应力腐蚀开裂。

既要维持热风炉的高风温又要控制氮氧化物排放，是摆在所有炼铁厂面前的严峻课题。要想使热风炉达到高温、环保、长寿的目的，控制 NO$_x$ 生成以减缓其带来的环境污染和炉壳晶间腐蚀是进一步工作的重点。

4.3.1.3 热风炉低氮燃烧技术及案例

A 低氮燃烧技术

低 NO$_x$ 燃烧技术是指根据一定的燃烧学原理，通过改变燃烧条件或燃烧工艺来降低燃烧产物（烟气）中 NO$_x$ 生成量的技术。主要包括以下几种方法：

（1）空气分级燃烧技术。空气分级燃烧技术是目前比较成熟的低 NO$_x$ 燃烧技术之一。该技术的主要原理是：将燃烧所需的空气分成两级送入。第一级燃烧区内燃料在缺氧的富燃烧条件下（氧气过剩系数 $\alpha < 1$），然后将剩余空气以二次风的形式送入，使燃料在空气过剩的情况下充分燃烧，形成富氧燃烧区。基于空气分级燃烧技术，国内外厂商开发了多种低 NO$_x$ 燃烧器，可使 NO$_x$ 排放量降低 30% ~ 40%。

（2）燃料分级燃烧技术。燃料分级燃烧技术又称再燃烧技术，是将燃料分级送入炉膛燃烧，共分 3 个燃烧区间。第一燃烧区称为主燃区，在 $\alpha > 1$ 的条件下燃烧；第二燃烧区称为再燃区，在 $\alpha < 1$ 的条件下燃烧，强的还原性气氛可使主燃区生成的 NO$_x$ 通过该区时被还原成 N$_2$；第三燃烧区称为燃尽区，$\alpha > 1$，燃料充分燃烧。燃料分级燃烧技术可使 NO$_x$ 排放量降低 50% 左右。

（3）低过量空气燃烧技术。低过量空气燃烧又称低氧燃烧，是通过计算合理的风分配比，使燃料尽可能在接近理论空气量的条件下进行燃烧。根据研究表明，低过剩空气燃烧可减少 15% ~ 20% 的 NO$_x$ 排放量。

（4）烟气再循环技术。烟气再循环技术原理是在空气预热器前抽取一部分低温烟气直接送入炉膛，或者掺入一次风或二次风中，因烟气的吸热和对氧气的稀释作用会降低燃烧速度和炉内温度。研究表明，烟气再循环率为 15% ~ 20% 时，煤粉炉的 NO$_x$ 排放量可降低约 25%。

（5）富氧燃烧技术。富氧燃烧技术是指比通常空气（氧气体积分数 20.9%）含氧浓度高的富氧空气进行燃烧，其极限为纯氧燃烧，它是一项高效节能的燃烧技术，在玻璃工业、冶金工业及热能工程领域均有应用。由于富氧燃烧减少了助燃空气中 N$_2$ 的含量，因此可以相应减少 NO$_x$ 的排放量。美国、英国等西方发达国家认为富氧燃烧技术是一项具有前景的低碳燃烧技术。

（6）浓淡偏差燃烧技术。浓淡偏差燃烧技术是针对装有两个以上燃烧器的燃烧设备设计的，使部分燃烧器供应较多的空气，即燃料过淡燃烧；部分燃烧器供应较少的空气（$\alpha < 1$），即燃料过浓燃烧。浓淡燃烧时，燃料过浓部分因氧气不足，燃烧温度较低燃料型 NO$_x$ 和热力型 NO$_x$ 就会减少；而燃料过淡部分因空气量过大，燃烧温度低，热力型 NO$_x$ 生成量也减少。最终，NO$_x$ 的总生成量将低于常规燃烧技术。

（7）稀释氧燃烧技术。稀释氧燃烧技术（dilute oxygen combustion，DOC）是由美国普莱克斯公司（Praxair）研究开发。DOC 技术的基本原理是燃料和热稀释氧化剂进行反应以产生低火焰温度的反应区域。该系统采用两只喷嘴从不同方向分别向炉子内部喷吹氧气和燃料，通过稀释氧化剂来降低燃烧温度。炉内将反应区和混合区分开，以防止未稀释的氧化剂和燃料直接混合燃烧。DOC 技术目前在轧钢加热炉上得到广泛的应用，可有效

降低 NO_x 的排放。

B 高温低氧顶燃式热风炉的设计开发

（1）高温空气燃烧技术（HTAC）。高温空气燃烧技术（HTAC）是 20 世纪 90 年代开发成功的一项燃料燃烧领域中的新技术。HTAC 包括 2 项基本技术措施：一是最大限度回收或称极限回收燃烧产物显热；二是燃料在低氧气氛下燃烧。燃料在高温和低氧空气中燃烧，燃烧过程和体系内的热工条件与常规的燃烧过程（空气为常温或低于 600℃，氧的体积分数量不小于 21%）具有显著的差异。这项技术为当今以燃烧为基础的能源转换带来变革性的发展，具有高效烟气余热回收和高预热空气温度、低 NO_x 排放等多重优越性，被认为是 21 世纪核心工业技术之一。

目前高温低氧燃烧技术已开始在轧钢加热炉上逐渐采用，但从未在高炉热风炉上得到应用。基于以上高温低氧燃烧理论，将高温低氧燃烧技术运用于高炉热风炉燃烧过程，使燃烧产生的烟气与高温预热后的助燃空气混合，可降低氧气浓度，实现热风炉高温低氧燃烧。

（2）高温低氧顶燃式热风炉结构开发。高温空气燃烧技术的基本原理是使煤气在高温低氧气氛中燃烧。目前采用的助燃空气高温预热技术，已经能将助燃空气温度预热到 800℃以上；通过采用煤气分级燃烧和高速气流卷吸燃烧产物，稀释反应区氧浓度，获得氧浓度（体积分数）低于 15% 的低氧气氛。煤气在这种高温低氧气氛中形成与传统燃烧过程完全不同的热力学条件，在与低氧气体作延缓状燃烧下释放热能，消除了传统燃烧过程中出现的局部高温高氧区。

热风炉高温低氧燃烧方式一方面使燃烧室内的温度整体升高且分布更加均匀，使煤气消耗显著降低，相应减少了 CO_2 等温室气体的排放；另一方面还有效抑制了热力型 NO_x 的生成。热力型 NO_x 的生成速度主要与燃烧过程中的火焰最高温度及氮、氧的浓度有关，其中温度是影响热力型 NO_x 的主要因素。在高温空气燃烧条件下，尽管热风炉内平均温度升高，但由于消除了传统燃烧的局部高温区；同时在热风炉内高温烟气与助燃空气旋流混合，降低了气氛中氮、氧的浓度；另外，在热风炉内气流速度高、燃烧速度快，因此 NO_x 排放浓度大幅度降低。

图 4-20 是高温低氧顶燃式热风炉的基本结构。置于拱顶燃烧室的高温低氧燃烧器设有 4 层或以上的环状煤气、空气环道，每层环道上有一定数量的喷口。煤气和空气经喷口喷出，进入燃烧室内进行燃烧。各层喷口由上至下依次为：第 1 层为煤气喷口，第 2 层为空气喷口，第 3 层为空气喷口，第 4 层为煤气喷口。由于煤气、空气入口位置对煤气、空气喷口气流分配的均匀性影响较大，因此各煤气、空气喷口尺寸、间距根据煤气、空气入口管的数量和位置呈渐变分布或对称分布。

第 1 层煤气喷口喷出的煤气与第 2 层空气喷口喷出的空气在旋流扩散的条件下混合后燃烧，导致高温烟气向燃烧室下部流动；由第 3 层空气喷口喷出的空气与燃烧室内向下流动的高温烟气混合后，其温度可达到 800~1000℃，氧浓度（体积分数）低于 15%，形成高温低氧的助燃空气，在燃烧室内向下旋转流动；由第 4 层煤气喷口喷出的煤气在燃烧室内高温低氧的气氛中燃烧，燃烧过程成为扩散控制反应，不再存在传统燃烧过程中出现的局部高温高氮区域，NO_x 的生成受到抑制。同时低氧状态下燃烧的火焰体积增大，在整个燃烧室内形成温度分布均匀的高温强辐射黑体，传热效率显著提高，NO_x 排放量大幅度降

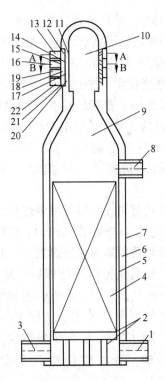

图 4-20 高温低氧顶燃式热风炉的基本结构

1—冷风入口；2—炉箅子及支柱；3—烟气出口；4—格子砖；5—蓄热室；6—炉衬；7—炉壳；8—热风出口；9—燃烧室；10—高温低氧燃烧器；11—第 1 层煤气喷口；12—第 1 层煤气环道；13—第 1 层煤气入口；14—第 1 层空气喷口；15—第 1 层空气环道；16—第 1 层空气入口；17—第 2 层空气喷口；18—第 2 层空气环道；19—第 2 层空气入口；20—第 2 层煤气喷口；21—第 2 层煤气环道；22—第 2 层煤气入口

低，还可节约 25% 的燃料消耗，相应可减少 CO$_2$ 排放。

（3）高温低氧热风炉的燃烧特性如表 4-12 所示。

表 4-12 高温低氧热风炉的燃烧特性

燃烧特性	与常规热风炉比较
温度场与火焰形状	火焰形状更短，燃烧室空间更大，形成弥散性火焰，温度更高且分布均匀
浓度分布	球顶空间死区有效利用率高，CO 浓度降低，燃烧效率提高，CO 消耗降低
NO$_x$ 生成量	显著抑制 NO$_x$ 在高温条件下的急剧生成，减少燃烧器 NO$_x$ 排放；同时减少 NO$_x$ 在炉壳处于冷凝水结合形成酸性水溶液，有效抑制热风炉炉壳出现晶间应力腐蚀，延长热风炉的使用寿命

C 低氮燃烧技术应用案例

（1）太钢空气分级燃烧技术。2013 年，太钢能源动力总厂对 2 号 300MW 机组锅炉进行了低氮燃烧技术改造，通过采用低氮燃烧器加空气分级燃烧技术，使锅炉的 NO$_x$ 排放浓度稳定在 70~90mg/m^3，满足国家要求的排放标准，同时降低了 SCR 脱硝的运行成本。

（2）韶钢富氧燃烧技术。韶钢小型轧钢厂推钢式加热炉曾进行了富氧燃烧试验，富氧率达到 3.43% 时，产量提高 15%，单位燃耗降低 31%，折算后的吨钢加热成本降低了 27.1%。太钢对其 4 台轧钢加热炉进行了富氧改造，使煤气热值从改造前的 9447kJ/m³ 降至 7106kJ/m³，吨钢煤气成本下降 4 元，同时降低了烟气中 NO$_x$ 的体积分数。

（3）安塞洛米塔尔稀释氧燃烧技术。2005 年，安塞洛米塔尔北美公司 Indiana Harbor 钢厂（IHW）在 84in（1in=0.0254m）热带轧机 3 号加热炉应用了稀释氧燃烧加热技术。2007 年安塞洛米塔尔又在该轧机的 2 号加热炉上应用 DOC 技术。IHW 钢厂采用稀释氧燃烧技术后，与传统空气燃烧相比吨钢节能 9.37kι，标准煤节能约 50%；吨钢降低用氧 0.026t，燃料和氧气联合使吨钢成本降低了 1.33 美元；同时 NO$_x$ 排放减少了 25%；生产效率提高 10%~30%。

（4）新日铁、JFE 及浦项钢铁蓄热式高温低氧燃烧技术。蓄热式高温低氧燃烧技术在轧钢工业炉上的应用有：均热炉、钢坯连续式加热炉、辊底炉、台车式退火炉、热处理炉等，此外，也被广泛用在钢包烘烤器和辐射管加热器上。日本新日铁住金、JFE 等都有蓄热式加热炉、蓄热式钢包烘烤器和高速带钢热处理炉。浦项在 2000~2003 年间先后对热轧加热炉、厚板厂再加热炉、冷轧热处理炉、炼钢钢包烘烤器进行蓄热式改造。

（5）德国 Prosper 厂焦炉烟气再循环技术。德国 Prosper 厂 71m 1 号和 3 号焦炉为 Carl. still 型，分 6 段供空气，2 号焦炉 Otto 型分 3 段供空气，其中 NO$_x$ 的实测为 390mg/m³。Dilingem 厂 6.25m 捣固焦炉，分三段供空气和贫煤气，NO$_x$ 月平均为 290~310mg/m³。

4.3.2　烧结料层自脱硝技术

近年来，随着工业和交通运输业等行业的迅猛发展，化石燃料的大量使用，导致空气中 NO$_x$ 的浓度不断升高，而 NO$_x$ 不仅会对人体产生直接危害，而且在大气条件下形成的光化学烟雾、酸雨、雾霾等污染物严重危害人类健康和社会发展。根据《2015 中国环境状况公报》，全国氮氧化物排放总量为 1851.8 万吨，钢铁行业废气中氮氧化物的排放量占全国的 3% 左右，其中烧结工序是产生 NO$_x$ 的主要环节之一，约占钢铁行业 NO$_x$ 排放总量的 50%。对此，一方面，中国环境保护部新颁布的《钢铁烧结、球团工业大气污染物排放标准》中规定：烧结烟气氮氧化物排放浓度限值为 300mg/m³；另一方面，中国各省份环保部门均大幅提高氮氧化物排放的收费标准，如：北京市和河北省环保局对废气中氮氧化物排放的收费标准由原来的 0.67 元/kg 分别提高到目前的 10 元/kg 和 2.52 元/kg，平均增幅达 9.34 倍。因此，减少烧结工序 NO$_x$ 排放势在必行。

4.3.2.1　烧结过程中 NO$_x$ 的形成机理

烧结过程中形成的 NO$_x$，绝大多数为 NO，且该 NO$_x$ 为燃料型 NO$_x$，NO$_x$ 主要来源于烧结过程中焦粉、无烟煤等固体燃料中的氮与空气中的氧在高温下燃烧产生。铁矿石烧结过程是一个多组分、多温区、多相共存的复杂动态系统，其工艺特征决定了烧结料层内 NO$_x$ 形成过程的复杂。根据佐佐木晃等人测定的烧结过程中燃烧带内各气体浓度分布情况（如图 4-21 所示）可知，在燃烧带上部氧化带中固体燃料开始燃烧，O$_2$ 充足，此时固体燃料燃烧充分，生成 CO$_2$，无 CO 生成，同时 NO 开始生成；随着燃烧反应的进行，O$_2$ 浓度逐渐降低，CO$_2$ 和 NO 浓度升高，但在进入燃烧带下部后，CO 开始生成，且在 CO 和

NO 浓度基本同时达到最大值之后，NO 浓度呈现逐渐减小的趋势，而 CO 浓度基本保持不变，且 O$_2$ 浓度继续减小、CO$_2$ 浓度继续增加，这可能是由于生成的 CO 与 NO 发生了还原反应。由此可知，在烧结料层内燃烧带中既存在着 NO 的生成，又存在 NO 的还原，两者交互发生，故烧结过程 NO$_x$ 的形成机理较为复杂。基于此，本文将结合铁矿石烧结工艺特征分别从固体燃料燃烧过程 NO$_x$ 的生成和还原机理阐述烧结料层内 NO$_x$ 的形成机理。

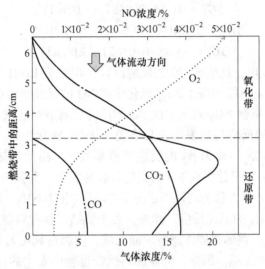

图 4-21　烧结料层燃烧带中各气体浓度分布

A　NO$_x$ 生成机理

烧结过程常用的焦粉、无烟煤等固体燃料中氮元素一般存在于吡咯、吡啶、季氨等官能团中。在固体燃料燃烧初期条件下，固体燃料中的含氮官能团被裂解生成 HCN、NH$_3$ 等含氮小分子前驱物。在后续的燃烧过程中，一部分 HCN、NH$_3$ 等前驱物与氧气反应生成 NO，如反应式（4-1）和反应式（4-3）所示；另一部分则会与已生成的 NO 反应生成 N$_2$，见反应式（4-2）和反应式（4-4）。其中，上述所涉及化学反应的标准吉布斯自由能如图 4-22 所示。

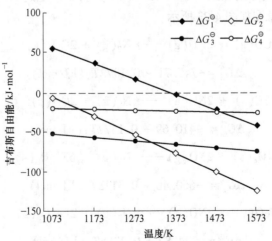

图 4-22　NO$_x$ 生成过程各类反应的标准吉布斯自由能变化图

$$HCN(s) + O_2(g) \longrightarrow NO(g) + \cdots \tag{4-1}$$

$$\Delta G_1^{\ominus} = 264.39 - 0.1945T \text{ (kJ/mol)}$$

$$HCN(g) + NO(g) \longrightarrow N_2 + \cdots \tag{4-2}$$

$$\Delta G_2^{\ominus} = 251.05 - 0.2389T \text{ (kJ/mol)}$$

$$NH_3 + 5/4O_2 \longrightarrow NO + 3/2H_2O \tag{4-3}$$

$$\Delta G_3^{\ominus} = -0.23 - 0.048T \text{ (kJ/mol)}$$

$$NH_3 + 3/2NO \longrightarrow 5/4N_2 + 3/2H_2O \tag{4-4}$$

$$\Delta G_4^{\ominus} = -0.45 - 0.0162T \text{ (kJ/mol)}$$

从图 4-22 中可以看出，就生成 NO 的反应而言，在低于 1373K 时前驱物 HCN 氧化生成 NO 的反应的吉布斯自由能远高于 NH$_3$ 氧化生成 NO 的反应的吉布斯自由能，且其吉布斯自由能大于零，故前驱物 NH$_3$ 氧化生成 NO 的反应更易发生；就生成 N$_2$ 而言，前驱物 HCN、NH$_3$ 转化为 N$_2$ 的反应均能发生，且高温下 HCN 转化为 N$_2$ 的吉布斯自由能低于 NH$_3$ 情形，故前驱物 HCN 转化为 N$_2$ 的反应更容易发生。由此可知，整体而言，相比于前驱物 HCN，前驱物 NH$_3$ 氧化生成 NO 的反应较容易发生，而其与 NO 反应生成 N$_2$ 的反应则较难发生，且 Wu Z 等人认为高温下部分 HCN 将转化为 NH$_3$，故焦粉燃烧过程 NO 的生成可能主要来源于 NH$_3$ 的氧化反应。此外，由于烧结过程中料层内整体为氧化型气氛，局部区域为还原性气氛，在远离固体燃料表面区域，前驱物氧化为 NO 的反应动力学条件较其转化为 N$_2$ 的反应更优越。因此，固体燃料燃烧过程中发生的主要反应为前驱物 NH$_3$ 与氧气反应生成 NO。

B　NO$_x$ 还原机理

在燃烧带下部生成 NO 的同时，亦会在料层中发生 NO 的还原反应。一方面，在焦粉等固体燃料与 O$_2$ 发生剧烈燃烧反应的红热带区域（烧结料层内 1000~1300℃ 的区域），O$_2$ 被不断消耗而浓度逐渐降低，不完全燃烧反应的程度加大而形成 CO，而完全燃烧反应生成的 CO$_2$ 亦会在高温下与固体燃料中的 C 反应而生成 CO，故在此氧分压相对低、CO 浓度较高的红热带区域，存在 NO 被 CO 还原成 N$_2$ 的化学反应，如式（4-5）所示。另一方面，在烧结料层的红热带区域，NO 被固体燃料颗粒表面的 C 及铁的低价氧化物 Fe$_3$O$_4$、FeO 还原成 N$_2$，反应式分别如式（4-6）~式（4-8）所示。上述 NO 还原反应的标准反应吉布斯自由能变化示意图如图 4-23 所示。

$$2CO(g) + 2NO(g) \longrightarrow N_2(g) + 2CO_2(g) \tag{4-5}$$

$$\Delta G_5^{\ominus} = -745.71 + 0.1972T \text{ (kJ/mol)}$$

$$2C(s) + 2NO(g) \longrightarrow N_2(g) + 2CO(g) \tag{4-6}$$

$$\Delta G_6^{\ominus} = -410.69 - 0.1477T \text{ (kJ/mol)}$$

$$4Fe_3O_4(s) + 2NO(g) \longrightarrow N_2(g) + 6Fe_2O_3(s) \tag{4-7}$$

$$\Delta G_7^{\ominus} = -660.40 + 0.3178T \text{ (kJ/mol)}$$

$$4FeO(s) + 2NO(g) \longrightarrow N_2(g) + 2Fe_3O_4(s) \tag{4-8}$$

$$\Delta G_8^{\ominus} = -774.82 + 0.2265T \text{ (kJ/mol)}$$

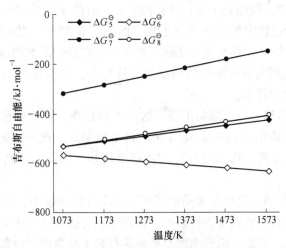

图 4-23 各类 NO 还原反应的标准吉布斯自由能变化图

在热力学层面而言，高温下 NO 可以被 Fe_3O_4、FeO、CO、C 所还原。对于铁的低价氧化物还原 NO，葛西荣辉等人研究结果表明，当 Fe_3O_4、FeO 作为还原剂时，NO 的脱除率分别达到 17%、93%。然而，在实际烧结过程中，由于烧结料层整体为氧化性气氛，铁的低价氧化物 Fe_3O_4、FeO 的数量很少，致使铁的低价铁氧化物还原 NO 的效果不明显。另外，虽然 C 还原 NO 的热力学条件较 CO 优越，但是其属于异相（固相-气相）还原反应，且烧结工艺固体燃料的配加量很少，故存在反应表面积小的不足，影响其还原反应效率。

至于 CO 还原 NO，其属于同相（气相-气相）还原反应，动力学条件优越，且在烧结料层的红热带区域，特别是在燃烧的固体燃料颗粒近旁，气相中 CO/NO 的浓度比值较大，有助于 CO 还原 NO 反应的有效进行。因此，烧结料层内 NO 的还原反应主要为 CO 还原 NO 的同相还原反应。

此外，张秀霞的研究表明，锅炉中固体燃料燃烧过程中 N 转化为 NO 的转化率约为 50%~80%，而肥田行博、葛西荣辉、笔者等人研究结果表明在实际烧结过程中该转化率约为 30%~40%。由此可以推断，烧结料层内存在能够有效减少 NO_x 排放的热力学和动力学条件。基于此，若通过调控烧结料层内温度及气氛等条件，进一步抑制料层内 NO_x 的生成，或促进 NO_x 的还原，将能有效提高烧结料层内脱除 NO_x 的效率。

4.3.2.2 烧结过程中 NO_x 的影响因素

影响烧结过程 NO_x 形成的因素很多，主要受烧结原料、配料参数、烧结工艺参数等的影响。

（1）烧结原料的影响。烧结原料中的 N 含量最高的为煤粉，其次为焦粉、除尘灰、铁精粉。原料中 N 含量越高烧结过程生成的 NO_x 量越大。因此，要尽可能减少原燃料带入的 N。此外，随着燃料挥发分含量的增加，NO_x 排放浓度和燃料 N 的转化率逐渐上升；随着燃料反应性（燃料与气体介质如 CO_2、O_2、水蒸气等发生化学反应的能力）的升高，NO_x 排放浓度和燃料 N 的转化率逐渐下降。

（2）配料参数的影响。

1）水含量的影响。烧结料中加入适量的水分，有助于提升制粒效果，改善料层透气性，从而提高了燃烧过程中的过剩空气系数，促进了 N 向 NO_x 的转化。另一方面，烧结中的水分具有提高烧结料导热性及传热速率的作用，在合理范围内增加水分会提高烧结温度，促进 N 的氧化。当水分过高导致料层透气性变差，料层温度下降、过剩空气系数变低时，原料 N 的转化率降低。

2）煤粉配比的影响。由于原料中煤粉的含 N 量较高，随着煤粉配比的增加，原料中的 N 含量增加，所以烧结过程中形成的 NO_x 量也会增加。此外，随着煤粉配比的增加，烧结温度也有相应的提高，热力型 NO_x 的生成会增加。因此，原料中应尽量使用含氮量少的焦粉来代替煤粉。

3）返矿配比的影响。返矿是成品烧结矿经破碎后粒径较小，不能直接冶炼还需要二次烧结的成品矿，它的主要成分为铁酸钙，有研究表明铁酸钙对于 $CO-NO_x$ 的同相还原反应有较强的催化作用。因此，适量增加返矿含量有利于减少烧结过程中 NO_x 的排放。

4）碱度的影响。碱度即烧结矿中碱性氧化物与酸性氧化物的比值。碱度提高料层中 CaO 含量增加，有利于在较低温度下（500~700℃左右）生成铁酸钙，而铁酸钙可以催化 NO_x 向 N_2 的还原，另一方面还可以降低燃烧区的温度，使烧结过程中 NO_x 的排放浓度降低。因此，控制原料的碱度有利于减少烧结过程中 NO_x 的排放。

（3）烧结工艺参数的影响。

1）点火时间与负压。刘瑞鹏等人研究表明，点火时间增加后，上层的烧结温度和燃烧带厚度增加。随着燃烧带的下移和下层的蓄热作用，中下层的烧结温度越来越高，焦炭燃烧加剧，NO_x 总体排放量增大。点火负压提高后，点火器中天然气火焰被拉长，火焰进入料层的深度增大，烧结料中被点燃的焦炭量增多，燃烧带厚度增大，NO_x 排放增大。因此，应适当控制点火时间和点火负压。目前大多数工厂已采用微负压或零负压点火，因此其对 NO_x 排放的影响减小。

2）温度。温度对 NO_x 的生成有决定性的影响，温度越高 NO_x 的最大生成浓度和速度越高。尤其在温度超过 1300℃后，NO_x 的生成量大幅增加。因此，应尽量采用低温烧结技术。

3）料层高度。料层作业有利于发挥料层的自蓄热作用，节约燃料用量，因而减少了燃料带进的 N 量。料层越厚透气性越差，氧含量会有所降低，抑制 N 向 NO_x 的氧化。此外，厚料层作业还能延长高温保持时间，有利于铁酸钙的形成，铁酸钙可以促进 NO_x 向 N_2 的还原，所以高料层烧结可减少 NO_x 的排放。

4）粒度。原料粒度对 NO_x 排放的影响比较复杂，目前尚未有较为详细的研究。有人认为，燃料粒度存在一个临界值，使得 NO_x 排放达到最低，小于或超过此值，NO_x 排放浓度均升高，且这个临界值随着燃料种类的不同而变化。

4.3.2.3　烧结料层自脱硝技术原理

烧结料层发生 NO_x 的形成反应和还原反应，通过调整烧结工艺参数以抑制 NO_x 的形成和促进 NO_x 的还原，达到降低烧结工艺 NO_x 排放的目的。

（1）调控固体燃料燃烧行为。

1）温度。由图 4-24 可知，四种烧结温度条件下，焦粉在高温燃烧过程中生成 NO_x

的平均浓度在 $88 \sim 110 mg/m^3$，NO$_x$ 浓度随着烧结温度的升高先升高后降低，当烧结温度在 1100℃时，NO$_x$ 的平均浓度最高，为 $110 mg/m^3$。当烧结温度低于 1100℃时，随着烧结温度的升高，焦粉的燃烧速度加快，焦粉在升温过程中生成的 CO 和 NO$_x$ 在烧结烟气中的浓度均增加，但此时的烧结温度，对生成的 CO 还原 NO$_x$ 的作用较弱，因此当烧结温度由 1000℃升高到 1100℃时，烧结烟气中 NO$_x$ 的平均浓度升高。烧结温度继续升高，烧结烟气体积迅速膨胀，单位体积气体的氧含量降低，焦粉生成 NO$_x$ 的反应受到抑制，同时不完全燃烧加剧，烟气中 CO 含量增加，有利于 CO 在高温过程中还原 NO$_x$，因此当温度超过 1100℃时，即烧结温度由 1100℃升高到 1200℃时，烟气中 NO$_x$ 的平均浓度急剧降低，由 $110 mg/m^3$ 降低到 $90 mg/m^3$。继续升高烧结温度，烧结烟气中的 NO$_x$ 浓度降低，但是降幅较小。

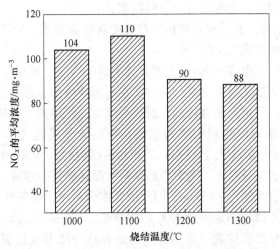

图 4-24　烧结温度对烟气中 NO$_x$ 平均浓度的影响

2）氧气浓度。氧气浓度对氮氧化物的影响如图 4-25 所示。

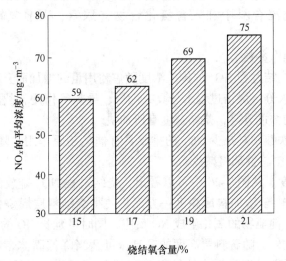

图 4-25　烧结氧含量对烟气中氮氧化物平均浓度的影响

焦粉周围 O_2 浓度增加，NO_x 排放浓度增大，但 N 转化为 NO 的转化率降低。由图 4-25 可知，四种烧结氧含量条件下，焦粉在高温过程中 NO_x 的平均浓度为 59～75mg/m^3，随着烧结氧含量的增加，NO_x 的平均浓度呈现升高趋势，当烧结氧含量由 15% 升高到 21%，NO_x 浓度由 59mg/m^3 升高到 75mg/m^3。主要原因是随着烧结氧含量的升高，焦粉的燃烧速度加快，燃烧强度加大，此时焦粉在升温过程中生成的 NO_x 浓度增加，同时，氧含量的升高有利于焦粉充分燃烧，烧结烟气中 CO_2 含量增加，CO 含量降低，烧结烟气中 CO 对燃料型 NO_x 的还原作用减弱，因此烧结烟气中燃料型 NO_x 的平均浓度随着氧含量的升高而升高。

3）气体流速。气体流速增大，焦粉燃烧产生的 CO_2、NO 浓度降低。

4）固体燃料粒度。NO_x 排放浓度与固体燃料粒度存在一个临界粒度，固体燃料粒度需与烧结产质量进行结合，选择适宜的燃料粒度。

5）固体燃料预制粒。通过对焦粉预制粒改变其燃烧状态，阻止氧气的扩散，强化不完全反应的发生，进而促进 NO 的还原。

在烧结过程中，由于生成的 NO，大部分为燃料型 NO_x，所以从源头上来控制 NO_x 产生，对原燃料的控制必然是重中之重。一方面在不影响烧结过程的前提下，应尽可能减少原燃料带入的氮。如：采用低氮含量的焦粉代替煤粉、使用挥发分低的煤粉、焦炭提前脱氮等。另一方面应加强对原燃料粒度的控制，中南大学潘建等人的研究表明，粒度细（小于 0.5mm）或粒度较粗（大于 5mm）的焦粉在燃烧时，其 NO 的生成浓度都要低于其他粒级。但就烧结工艺本身而言，还需考虑燃料粒度对燃烧带厚度、烧结温度以及料层透气性的影响，一般要求粒度为 1～3mm，因此需要综合考虑，选择合适的燃料粒度。此外，可以通过向原料中加入添加剂来降低 NO_x 的生成量，Koichilvlorioka 发现在烧结原料中添加 Ca-Fe 氧化物对 NO_x 的脱除起一定的作用，这种作用随着反应温度的升高和氧气浓度的降低更加明显。Chin-Lu MO 等人通过在烧结料中添加碳氢化合物来减少 NO 生成，取得显著效果；稻壳和糖类物质在料层中有良好的渗透性，并降低燃烧带高温持续时间，添加 1% 的糖，NO 的浓度可降低 28%，排放量可降低 47%；添加 1% 的稻壳可使脱氮效率提高 15%。此外，向烧结混合料中加入含氨化合物（尿素、碳酸氢铵），脱硝效率可达到 66.7%。

（2）调节工艺操作参数。

1）焦粉用量。烧结过程 NO_x 的排放浓度随焦粉用量的增加而升高。

2）烧结混合料水分。烧结过程水分具有助燃、导热等作用，故随烧结水分提高，烧结烟气中排放 NO_x 的浓度升高，烧结速度有所加快。

3）烧结碱度。铁酸钙对减少 NO_x 的排放具有催化还原作用，随着烧结碱度的提高，NO_x 的排放浓度和排放总量都将减少。

4）烧结料层高度。从图 4-26 中可以看出，烧结过程 NO_x 排放浓度与料层高度成负相关关系，这可能是由于增加料层高度一方面将使得烧结料层燃烧带温度升高和宽度增加，进而可抑制 NH_3 前驱物的氧化生成 NO 反应，同时可延长 NO 的还原时间，进而降低烧结 NO_x 的排放。此外，随着料层高度的升高，可适当降低固体燃料的配比，进而可以减少 N 的带入量，可进一步降低烧结过程 NO_x 排放。因此，应尽可能发展厚料层烧结，但需注意确保烧结料层的透气性良好。

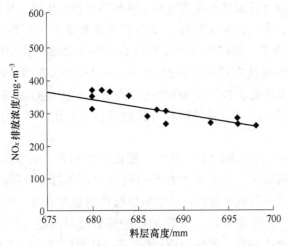

图 4-26　料层高度对烧结过程 NO$_x$ 排放的影响

　　综上可知，通过改善烧结料层冷态透气性、增加料层高度等工艺参数优化方法，能有效降低烧结过程 NO$_x$ 的排放。

　　（3）优化熔剂结构。由图 4-27 可以看出熔剂结构对烟气 NO$_x$ 排放质量浓度的影响，其中石灰石和生石灰比例与 NO$_x$ 排放质量浓度呈负相关关系，如图 4-27（a）和（b）所示。根据图 4-27（c）可知，白云石的比例与 NO$_x$ 排放质量浓度呈正相关关系。即提高石灰石和生石灰的比例，降低白云石的使用比例有利于降低烟气中 NO$_x$ 的排放质量浓度。

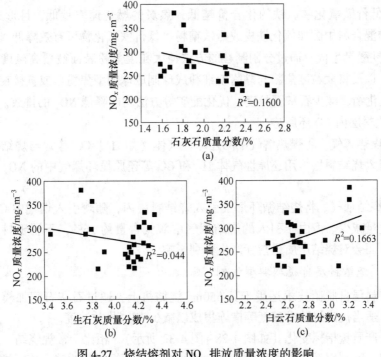

图 4-27　烧结熔剂对 NO$_x$ 排放质量浓度的影响

（a）石灰石；（b）生石灰；（c）白云石

这是因为石灰石或生石灰比例提高有利于铁酸钙矿物的生成，从而促进 CO 对 NO_x 的还原分解作用。另外，研究和实践表明 CaO 具有捕捉和还原 NO_x 的作用，可以降低烧结烟气 NO_x 的排放质量浓度。而白云石中的 MgO 将会影响烧结过程中铁酸钙的形成，减弱 NO_x 的还原。此外，根据反应式 $4FeO+2NO(ads)\rightarrow 2Fe_2O_3+N_2$ 可知，由于 Mg^{2+} 抑制了 Fe^{2+} 向 Fe^{3+} 的转化，也降低了 Fe^{2+} 对 NO 的还原作用。而且 MgO 本身对 NO 还原反应的催化作用也较弱，远低于 CaO 和铁酸钙矿物。故提高白云石比例不利于 NO_x 排放质量浓度的控制。

此外，对比图 4-27 (a) 和 (b) 可知，相比于生石灰，石灰石比例的提高对抑制 NO_x 排放质量浓度更有效。这是由于在升温过程中石灰石分解后产生的生石灰活性更高。相同条件下，石灰石与铁氧化物反应生成铁酸钙的能力更强，生成量更多，这无疑将有利于催化 CO 对 NO_x 的还原反应，降低 NO_x 的排放质量浓度。另外，根据碳素熔损反应可知，石灰石分解生成 CO_2，有利于 CO 的生成，从而增加了气相还原剂 CO 的生成量，促进 NO_x 的还原。

1) 固体燃料改性。焦粉中负载的 K_2CO_3、CaO 和 CeO_2 均能在焦炭燃烧过程中减少燃烧 N 向 NO 的转化。

2) 改变生石灰配比。NO、CO 及 CO_2 的浓度会随着生石灰配比的增加而降低，而 O_2 的浓度则随着生石灰配比的增加而升高。

3) 改变熔剂与固体燃烧的接触形式。基于 CaO 的减排 NO_x 效果，通过将熔剂被覆于固体燃料表面，进而开发了 LCC 技术，可有效降低 NO_x 浓度和总量约为 15%。

(4) 优化含铁原料。

1) 配加低价铁氧化物。铁的化合价越低，焦炭的燃烧速率越低，且形成的 NO_x 越少，故在烧结混合料中配加氧化铁皮或磁铁精粉等低价铁氧化物可有效降低 NO_x 的排放。

2) 促进铁酸钙生成。通过分割制粒的方法使大粒度焦粉表面被覆高碱度黏附粉制成被覆型焦粉，以及将大粒度焦粉与黏附粉细粉成球制成球团型焦粉，或直接在烧结原料中添加 Ca-Fe 氧化物、减少石灰石粒度、优化配矿等方法均能降低 NO_x 的排放。

(5) 强化料层内 CO 还原势。

1) 循环煤热解气。将煤热解气中的还原性气体（如 H_2、CO 等）与烧结循环烟气以及空气一同通入烧结料层，用还原性气体 H_2 和 CO 等还原循环烟气中的 NO_x，使 NO_x 的浓度降低。

2) 循环烧结烟气。将烧结循环烟气引入烧结料层内，随着引入烟气中 CO 浓度的升高，NO_x 排放量减少。但由于引入的烧结烟气中氧气含量约 16%，不利于料层内固体燃料的燃烧，进而会对烧结产质量指标产生不利影响。

4.3.2.4　烧结料层自脱硝典型案例

某钢企将料层自脱硝技术运用于其 $550m^2$ 烧结机上，通过石灰石配加模式优化、熔剂结构优化、适当提高烧结矿碱度等措施集成以减少 NO_x 排放浓度。

根据主要产质量指标变化（如图 4-28~图 4-32 所示），相比于常规烧结，使用料层自脱硝技术时期，除利用系数有所降低，其余烧结产质量指标明显改善。NO_x 排放浓度降幅达到 29.71%。

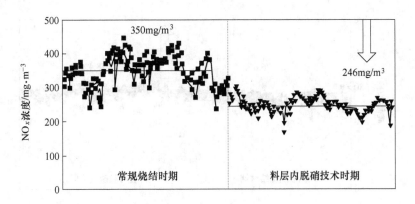

图 4-28　烧结烟气中 NO$_x$ 浓度变化规律

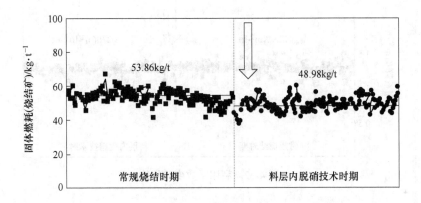

图 4-29　固体燃耗变化规律

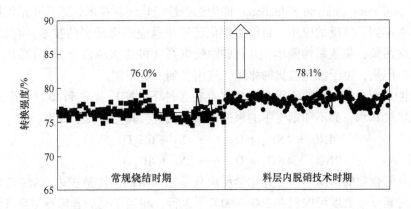

图 4-30　转换强度变化规律

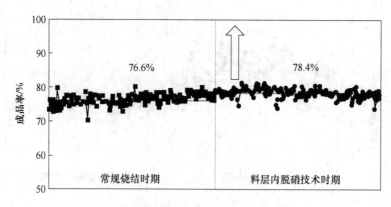

图 4-31   成品率变化规律

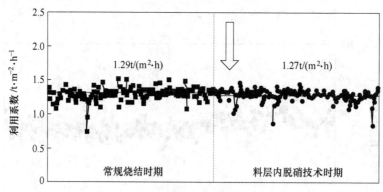

图 4-32   利用系数变化规律

4.3.3   SCR 法

4.3.3.1   SCR 法脱硝原理

SCR（selective catalytic reduction）即为选择性催化还原技术，近几年来发展较快，在西欧和日本得到了广泛的应用，目前氨催化还原法是应用得最多的技术。它没有副产物，不形成二次污染，装置结构简单，并且脱除效率高（可达 90% 以上），可净化纯度高的含 NO$_x$ 气体。但是，由于氨是宝贵的化肥，应用受到一定限制。

选择性是指在催化剂的作用和在氧气存在条件下，NH$_3$ 优先和 NO$_x$ 发生还原脱除反应，生成氨气和水，而不和烟气中的氧进行氧化反应，其主要反应式为：

$$4NO + 4NH_3 + O_2 \longrightarrow 4N_2 + 6H_2O$$
$$2NO_2 + 4NH_3 + O_2 \longrightarrow 3N_2 + 6H_2O$$

在没有催化剂的情况下，上述化学反应只是在很窄的温度范围内（980℃）进行，采用催化剂时其反应温度可控制在 300~400℃ 下进行，相当于锅炉省煤器与空气预热器之间的烟气温度，上述反应为放热反应，由于 NO$_x$ 在烟气中的浓度较低，故反应引起催化剂温度的升高可以忽略。

SCR 法烟气脱硝工艺流程示意图如图 4-33 所示。

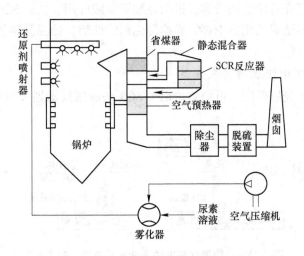

图 4-33 SCR 法烟气脱硝工艺流程示意图

4.3.3.2 焦炉烟气的 SCR 脱硝技术

A 焦炉烟气的特点

由备煤车间来的洗精煤，由运煤通廊运入煤塔，由煤塔漏嘴经装煤车按序装入炭化室，在 950~1050℃ 的温度下高温干馏成焦炭。焦炉加热用回炉煤气由外管送至焦炉各燃烧室，在燃烧室内与经过蓄热室预热的空气混合燃烧，燃烧后的废气经跨越孔、立火道、斜道，在蓄热室与格子砖换热后经分烟道、总烟道，最后从烟囱排出。

焦炉因其生产工艺的特殊性，烟囱排放的热烟气中含二氧化硫、氮氧化物、粉尘，氮氧化物含量较高，烟气需要进行脱硫脱硝除尘处理后方可满足排放要求。烟气中 NO$_x$ 主要是在煤气高温燃烧条件下产生的，焦炉煤气含 50% 以上的氢气，燃烧速度快，火焰温度高达 1700~1900℃，煤气中氮气与氧气在 1300℃ 左右会发生激烈的氧化反应，生成 NO$_x$。

总体来说，焦炉烟气具有以下特点：

(1) 焦炉烟气温度范围基本为 180~300℃，温度波动范围较大；

(2) 焦炉烟气成分复杂，NO$_x$ 含量差别大，浓度一般为 350~1200mg/m^3；

(3) 焦炉烟气中含有 SO$_2$，在 180~230℃ 温度区间内，SO$_2$ 易与氨反应转化为硫酸铵，造成管道堵塞和设备腐蚀；

(4) 焦炉烟囱必须始终处于热备状态。也就是说，烟气经脱硫脱硝后，最后排放温度还得保证在 130℃ 左右。

在 SCR 系统设计中，烟气温度是选择催化剂的重要运行参数。SCR 技术需要高温条件（320~400℃），催化反应只能在一定的温度范围内进行，同时存在催化的最佳温度，这是每种催化剂特有的性质，因此烟气温度直接影响反应的进程。所以，焦炉烟气需要安装烟气加热系统。反应产物是 N$_2$ 和 H$_2$O，不能回收利用，只消耗原料和动力，不产生经济效益，催化剂每三年更换一次，成本很高。

SCR 法脱硝工艺经催化剂改良，可以适当地降低反应温度（230℃），但是低温 SCR 工艺都处于实验室研究阶段，均没有经过工业装置实践应用。低温 SCR 工艺由于 SO_2、水及氨易形成氨盐，易造成催化剂中毒，影响催化剂的性能；低温脱硝催化剂采购途径具有垄断性，价格较高。

B　焦炉烟气 SCR 法脱硝技术分类

根据脱硫脱硝的先后顺序，可将焦炉烟气 SCR 法脱硝技术划分为两大类，如图 4-34、图 4-35 所示。

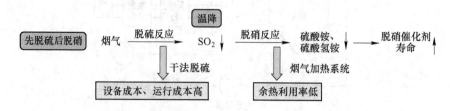

图 4-34　焦炉烟气 SCR 法先脱硫后脱硝工艺流程图

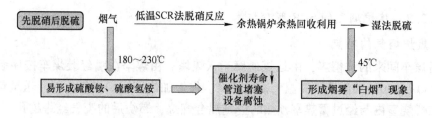

图 4-35　焦炉烟气 SCR 法先脱硝后脱硫工艺流程图

具体的工艺路线如表 4-13 所示。

表 4-13　四种具体的工艺路线

工艺路线	优　点	缺　点
半干法脱硫→低温 SCR 脱硝→余热回收→排放	避免 SCR 催化剂的硫化物中毒；避免设备腐蚀；降低了 SCR 催化剂磨损；更换 SCR 催化剂方便	脱硫装置烟气温度过高；SCR 催化剂还原性及其寿命受影响；余热回收装置的利用率降低；工艺路线复杂
低温 SCR 脱硝→余热回收→半干法脱硫→布袋除尘→排放	能达到很好的脱硝效果；无催化剂中毒问题；无碱金属影响；余热锅炉经济效益高；避免设备及管道的腐蚀	工艺路线较长，系统阻力高，装置电耗高；装置占地面积大，一次投资高；存在煤气燃烧不充分，存在安全隐患
低温 SCR 脱硝→余热回收→湿法脱硫→排放	能达到很好的脱硝效果；无催化剂中毒问题；余热锅炉经济效益高；装置动力消耗少；一次投资少，占地面积少；脱硫效率高	装置造成腐蚀；废水排放受限；存在煤气燃烧不充分，存在安全隐患

工艺路线	优 点	缺 点
低温 SCR 脱硝→余热回收→湿法脱硫→烟气换热→排放	能达到很好的脱硝效果；无催化剂中毒问题；余热锅炉经济效益高；装置动力消耗少；一次投资少，占地面积少；脱硫效率高；杜绝了腐蚀问题	工艺流程相对较长，硫酸镁废水需进一步处理

C 焦炉烟气 SCR 法脱硝技术案例

（1）河钢集团邯宝钢铁有限公司焦化厂案例。

目前河钢邯钢邯宝公司焦厂 1~4 号的焦炉烟道气主要污染物为二氧化硫和氮氧化物，建设两套烟气净化系统，每套系统每小时的处理量为 30 万立方米，项目于 2018 年 3 月投入运行，4 月通过验收，运行良好。

其工艺路线如图 4-36 所示。首先通过 SDA（旋转喷雾吸收法）对烟气进行脱硫，然后采用布袋除尘器对烟气中粉尘及反应后的干燥浆液颗粒进行去除，用热风炉补燃对烟气进行升温达到合适温度，低温脱硝后排放。布袋除尘器收集到的除尘灰有一部分未反应的碱性物质，可重新进入浆液制备系统，保证吸收剂的利用率。监控脱硝反应器出口温度，调节热风炉补燃量甚至不用，保证脱硝反应温度在合理的范围之内。

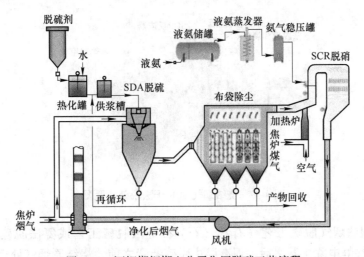

图 4-36 河钢邯钢邯宝公司焦厂脱硝工艺流程

主要工艺运行和控制参数为：布袋除尘器过滤风速为 0.8m/min，脱硝温度为 180~220℃。投资费用为：项目总投资 9800 万元，单位产品投资成本为 48 元/t 焦。运行费用为：单位产品运行费用 12 元/t 焦。最终达到的污染防治效果和达标情况为：NO$_x$ 排放浓度<150mg/m^3，SO$_2$ 排放浓度<30mg/m^3，颗粒物排放浓度<10mg/m^3。

（2）河北峰煤焦化有限公司案例。

在焦化过程中的主要污染源特征为：有组织固定污染源，入口烟气温度为 180~300℃，入口 NO$_x$ 浓度为 1000~1500mg/m^3，入口 SO$_2$ 浓度≤300mg/m^3，入口颗粒物浓度≤100mg/m^3。

工艺流程：烟气净化装置主要由 SDA 脱硫塔、除尘脱硝反应器、喷氨系统、引风机、烟气管道、煤气加热炉等组成。温度约为 200~260℃ 的焦炉烟气被引风机抽取先进入 SDA 脱硫塔，SO_2 与塔内雾化的碳酸钠溶液（Na_2CO_3）充分混合反应，生成 Na_2SO_3 和 Na_2SO_4 随烟气进入布袋除尘器。脱硫除尘后烟气进入低温 SCR 脱硝反应器，NO_x 在反应器内催化剂作用下与 NH_3 生成 N_2 和 H_2O。烟气中的颗粒物被除尘滤袋过滤，经压缩空气反吹后由输灰系统收集，其中未反应的 Na_2CO_3 可循环利用，净化后的烟气通过系统风机送入原有焦炉烟囱达标排放。

污染防治效果和达标情况：治理前烟气温度为 285℃，NO_x 浓度为 869mg/m³，治理后烟气温度为 219℃，NO_x 浓度为 39mg/m³。满足《炼焦化学工业污染物排放标准》（GB 16172—2012）中表 6 NO_x 150mg/m³ 排放限值要求。

4.3.3.3 烧结烟气的 SCR 法脱硝技术

（1）烧结烟气 SCR 装置布置特点。烧结机烟气 SCR 脱硝系统布置需考虑前后系统的影响。目前，主要考虑与除尘（静电除尘器）、湿法或半干法脱硫工艺净化处理的配合。

1）若采用干法/半干法烟气脱硫工艺（循环流化床脱硫工艺或 NID 半干法脱硫工艺等），干法烟气脱硫工艺示意图如图 4-37 所示。

在喷入 CaO 或熟石灰同时喷入相应的活性炭或褐煤等脱硝剂，可实现脱硝，但脱硝效率低，需在其下游增设 SCR 脱硝装置。

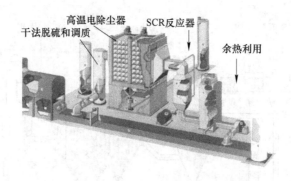

图 4-37　烧结烟气 SCR 干法脱硝装置图

2）采用湿法烟气脱硫工艺（石灰（石）-石膏法脱硫工艺或氨法脱硫工艺等）。将 SCR 系统布置在静电除尘器之后，现有湿法脱硫装置之前。烧结原烟气处于高硫分区域，SCR 脱硝催化剂选型相对苛刻。将 SCR 系统布置在除尘器和现有脱硫装置之后。脱硝原烟气初始温度较低，GGH 气体换热器热负荷更大，设备一次性投资较大，且设备占地空间更大。

（2）烧结烟气的 SCR 脱硝技术案例。当前烧结 SCR 脱硝技术包括首钢京唐的"循环流化床+SCR"、唐山中厚板的"循环流化床+SCR"、宝钢的"活性焦法+SCR"等。

宝钢 4 号烧结机：

在烧结过程中的主要污染源特征为：SO_2 入口浓度为 600~1000mg/m³；NO_x 入口浓度为 300~450mg/m³；颗粒物入口浓度平均为 80mg/m³ 左右；二噁英入口浓度平均为 1~3ng-TEQ/m³。

污染防治效果和达标情况：SO$_2$ 出口浓度平均为 30mg/m^3 左右，脱硫率 96% 以上；NO$_x$ 出口浓度平均为 100mg/m^3 以内，脱硝效率达到 80% 以上，具备达到 50mg/m^3 以下的能力；颗粒物出口浓度 <20mg/m^3；二噁英出口浓度 <0.5ng-TEQ/m^3。按照目前试运行实绩测算，烟气净化投运后（包括脱硫脱硝）烧结工序能耗上升 7.16kgce/t，吨烧结矿成本上升 10.92 元。

4.3.4 活性炭移动床法

4.3.4.1 活性炭移动床烟气处理工艺原理

活性炭是一种黑色多孔的固体炭质。早期由木材、硬果壳或兽骨等经炭化、活化制得，后改用煤通过粉碎、成型或用均匀的煤粒经炭化、活化生产。主要成分为碳，并含少量氧、氢、硫、氮、氯等元素。活性炭在结构上由于微晶碳是不规则排列，在交叉连接之间有细孔，在活化时会产生碳组织缺陷，因此它是一种多孔碳，堆积密度低，比表面积大。普通活性炭的比表面积在 500~1700m^2/g 间。具有很强的吸附性能，是用途极广的一种工业吸附剂。

由于其独特的性质，不仅可以吸收烟气温度范围内的主要污染物硫、硝、汞等，还可实现这些污染物的同时脱除。国内外大量研究表明，活性炭法是唯一能同时脱除烟气中多种污染物（包括 SO$_2$、NO$_x$、烟尘、重金属、二噁英、呋喃、挥发性有机物及其他微量元素）的方法。吸附法是利用吸附剂对 SO$_2$、NO$_x$ 的吸附量随温度或压力的变化而变化的原理达到物理吸附，加之与其他物质反应产生化学吸附，进而实现将污染物从烟气中脱除出来的目的。刘志国等认为，SO$_2$ 必须先经过物理吸附才能进行化学吸附，物理吸附量的减少会导致反应介质减少，从而限制化学反应速率。若是在整个活性炭系统中再适当加入氨，即可同时脱除 NO$_x$ 和 SO$_2$，其主要反应如下：

$$2SO_2 + 2O_2 + 2H_2O \longrightarrow 2H_2SO_2$$
$$4NO + 4NH_3 + O_2 \longrightarrow 4N_2 + 6H_2O$$

与此同时还存在以下的副反应：

$$NH_3 + H_2SO_4 \longrightarrow NH_4HSO_4$$
$$2NH_3 + H_2SO_4 \longrightarrow (NH_4)_2HSO_4SO_2$$

其中，对于 SO$_2$ 的脱除反应会比对 NO$_x$ 的脱除反应优先完成。当烟气中 SO$_2$ 的浓度比较低的时候，NO$_x$ 的脱除反应会占据主导地位；当烟气中 SO$_2$ 的浓度比较高的时候，活性炭中进行的是脱除 SO$_2$ 的反应。张鹏宇研究发现，当 SO$_2$ 和 NO 同时存在时，SO$_2$ 和 NO 相互竞争吸附位。根据吸附理论，SO$_2$ 的分子直径、沸点、偶极矩等都大于 NO 的，SO$_2$ 要优先吸附。唐强对 SO$_2$ 和 NO$_x$ 在活性炭上竞争吸附的机理进行了深入的研究。结果表明，SO$_2$ 和 NO$_x$ 共同存在于活性吸附中心，活性炭优先选择性吸附 SO$_2$，物理吸附的 NO$_x$ 被 SO$_2$ 置换解析，化学吸附的 NO$_x$ 能够促进活性炭对 SO$_2$ 的吸附，同时 SO$_2$ 也能够促进活性炭对 NO$_x$ 的吸附。

目前工业使用的脱硫脱硝活性炭多为直径 9mm 的圆柱状活性炭，与常规活性炭不同，脱硫脱硝活性炭是一种综合强度（耐压、耐磨损）高、比表面积比较小、硫容大的吸附材料，并且在使用过程中，加热再生相当于对活性炭进行再次活化，使其脱硫、脱硝性能还会有所增加。该方法对 SO_2 的去除率可以达到 98% 以上，对氮氧化物的去除率可达到 80% 以上，还可以吸收每立方米的范围 20mg 左右的粉尘含量。Kim 等研究指出氢键的存在对活性炭脱硫脱硝起着关键性的作用，可以对碳氢化合物等进行同时去除，从而可以实现烧结烟气多种有害组分集并处理。

（1）活性炭解吸再生。活性炭在吸收了 NO_x 和 SO_2 之后，活性炭表面的细小微孔会把生成的物质存储于微孔之中，这样就会造成活性炭的吸附力降低，因此对用于吸附 SO_2 之后在表面形成了硫酸的活性炭要采取定期的加热再生，实现循环利用。将已吸附 H_2SO_4、NH_4HSO_4、$(NH_4)_2SO_4$ 的活性炭，经过再生加热段 400℃ 的加热再生，该过程会产生以下反应：

$$H_2SO_4 \longrightarrow H_2O + SO_3$$
$$2SO_3 + C \longrightarrow 2SO_2 + CO_2$$
$$(NH_4)_2SO_4 \longrightarrow SO_2 + N_2 + 4H_2O$$

通过加热段再生及活化后的活性炭经冷却后送至净化单元循环使用。活性炭的解析与加热段的温度有关，温度越高，解析效果越好，但过高温度也易引起活性炭自燃，所以在运行过程中应该严格控制加热段的温度，以保持系统平稳运行。在实际操作过程中，由于活性炭自身的黏附性会与气态污染物发生反应，导致微孔堵塞而丧失活性。在长期使用后活性炭产生磨损，对管道造成阻塞，则需要频繁再生和更新。

（2）活性炭改性。活性炭属于非极性、疏水性材料，有较高的化学稳定性和热稳定性，还具有一定的催化能力、独特的孔隙结构和表面化学特性，其负载性能和还原性能较好，可对活性炭进行活化和改性。这种特性可以很好地应用于化学性质复杂的烧结烟气，高效吸附有害气体，防止二次污染。

国内张丽丹等采用酸、碱交替处理改性的活性炭比表面积增大，苯吸附量增加。邱琳等研究发现用碳酸钠溶液改性的活性炭比普通纯活性炭脱硫剂的硫容提高近 30%。石清爱等以硝酸改性活性炭表面官能团，改性后的活性炭含氧官能团，尤其是碱性含氧官能团增加，脱硫脱硝效率随之均有大幅提高。北京化工大学刘振宇教授等研究 V_2O_5/AC 吸附催化剂用于同时脱硫脱硝时，进行了负载钒量、再生方法、SO_2 影响脱硝反应机理等一系列研究，发现其脱硫脱硝率均随着钒质量分数的增加而增加。清华大学李俊杰等采用活性炭负载锰的化合物方法进行脱硫脱硝反应，发现在低温条件下具有很高的脱硝效率。熊银伍通过模拟烟气组分，在微型反应器上研究活性焦脱除过程中污染物交互影响，并提出一套联合脱硫脱硝工艺，然后采用 2 套固定床反应器模拟与验证该联合脱硫脱硝工艺，考察工艺的可行性，以期为开发可工业化的活性焦干法联合脱硫脱硝技术提供依据。杨斌武等也用微波对活性炭进行改性来去除 SO_2，SEM 图谱表明微波改性后活性炭的表面更加粗糙和不平整，许多闭塞的孔隙打开并向内延伸，利于 SO_2 的传质过程，相应提高了活性炭的脱硫速率；元素分析结果显示，改性后活性炭表面氮元素含量和表面碱性基团数量增加，而氧元素含量减少，从而对 SO_2 的吸附量增加。

4.3.4.2 活性炭移动床烟气处理工艺流程

移动床吸附是气体吸附工艺中一种典型的处理设备，设备示意图如图 4-38 所示，其优点是工艺流程短，无设备腐蚀，处理气量大，吸附剂可循环使用，适用于稳定连续量大的气体净化工艺，缺点是吸附剂的磨损较大，吸附剂吸附量有限，且活性炭价格目前相对较高。移动吸附床主要包括上下两层，中间为锁气排料装置。在床层上部，吸附剂不断向下移动与上升的气体逆流接触，完成污染气体的吸附。在床层的中部，吸附剂在下降的过程中，经历了解吸再生阶段。然后进入最底端冷却后通过气力输送返回到塔顶重新进行吸附。脱附下来的浓集气体通过冷凝回收部分污染物。整个系统内，吸附和脱附连续完成，包括了吸附、脱附，冷却，提升、冷凝等过程。但由于其结构较为复杂，人们往往对于其处理流程及操作较为模糊。

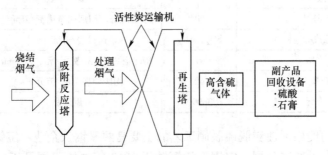

图 4-38　活性炭移动法烟气处理工艺流程

吸附塔采用多塔并联或串联运行方式；活性炭移动床为多仓结构，移动速度可调以达到最佳净化效果，设备示意图如图 4-39 所示。

再生塔加热段将烟气加热至 400℃ 以上，冷却段将活性炭冷却 130℃ 以下排出再生塔，移送至吸附塔循环使用。活性炭加热和冷却均采用非接触方式，以避免其在高温时遇空气着火。

4.3.4.3　工业应用案例

日本新日铁住友活性炭烟气净化工艺如图 4-40 所示。

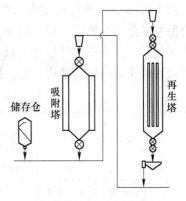

图 4-39　活性炭再生系统

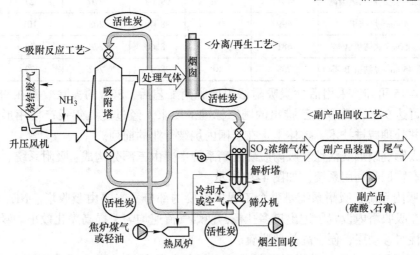

图 4-40　日本住友活性炭烟气脱硫脱硝净化工艺

1977 年日本电源开发株式会社和住友重机械工业株式会社共同开发了活性炭吸附法。该方法为两段法脱硫脱硝，即在脱硫塔后加一个脱硝塔，这样装置分为脱硫和脱硝两部分，分别加入 NH₃，使脱硝率可以达到 80% 以上。该工艺商业化应用程度较高，广泛应用于日本烧结机设备，2010 年太原钢铁公司引进该技术。具体的工艺参数如表 4-14 所示。

表 4-14　日本住友活性炭烟气脱硫脱硝技术工艺参数及费用

参　数	值	参　数	值
流量/m³·h⁻¹	90	单位烧结面积烟气净化费/万元·m⁻²	128.57
目标脱除成分	SOₓ、NOₓ	运行费/万元·a⁻¹	6700
脱硫率/%	97	每吨烧结矿运行费用/元·(t-sinter)⁻¹	21.85
脱硝率/%	40	固废处理费用/万元·a⁻¹	415.6
总投资/万元	36000	副产品	硫酸

目前我国国内使用活性炭脱硫脱硝工艺的主要是两家钢铁企业：宝钢湛江钢铁有限公司和太钢不锈钢股份有限公司。宝钢湛江钢铁于 2013 年主体工程开工建设，其烧结工序分别配有 1 台 550m² 和 1 台 600m² 的烧结机，单台烧结机烟气量达 1.8×10⁶m³/h，粉尘浓度约 120mg/m³，SO₂ 浓度为 300~1000mg/m³，NOₓ 浓度为 100~500mg/m³。太钢不锈钢股份有限公司炼铁厂（以下简称太钢）于 2006 年建成 450m² 烧结机，并于 2010 年正式投入使用。太钢现烟气量为 1.40×10⁶m³/h，年排放 SO₂ 约 9800t。宝钢与太钢采用活性炭干法脱硫脱硝的烟气净化工艺，烧结烟气净化指标见表 4-15。

表 4-15　宝钢、太钢烧结烟气净化指标对比

项　目		SO₂			NOₓ		
		净化前浓度/mg·m⁻³	净化后浓度/mg·m⁻³	脱除效率/%	净化前浓度/mg·m⁻³	净化后浓度/mg·m⁻³	脱除效率/%
宝钢	550m² 烧结机单级吸附	678	3	99.56	330	105	68.18
	600m² 烧结机双级吸附	441	1.4	99.68	270	27	90.00
太钢	450m² 烧结机	499	8	98.40	203	101	50.25
	新 450m² 烧结机 A 塔	681	9	98.68	278	93	66.55
	新 450m² 烧结机 B 塔	508	8	98.43	242	79	67.36

由表 4-15 可知，采用活性炭吸附法脱硫脱硝工艺后，SO₂ 的去除效率在 98% 以上，NOₓ 最高可达 90%，符合最新推出的国家标准的要求。经过近几年投产使用形成了多种污染物集并处理减排技术，整体上走在了国内烧结行业的前列。

其中太钢烧结烟气活性炭吸附脱硫脱硝系统主要由三部分构成：吸附系统、解吸再生系统、副产物回收利用系统，如图 4-41 所示。

（1）吸附系统：吸附系统是整个工程中重要的部分，主要由吸收塔、NH₃ 添加系统等组成。在吸收塔内设置了进出口多孔板，使烟气流速均匀，提高净化效率。吸收塔内设置 3 层活性炭移动层，便于高效地脱硫。

（2）解吸再生系统：吸附了二氧化硫和氮氧化物的活性炭，从上至下送至解吸塔，经过加热段加热至 400℃ 以上，将活性炭所吸附的物质解吸出来。解吸后的活性炭，在冷

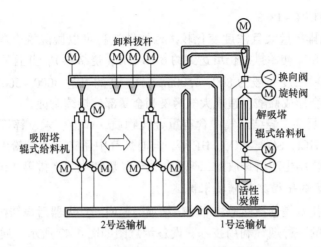

图 4-41 太钢烧结烟气活性炭吸附脱硫脱硝系统

却段中冷却到 150℃ 以下，然后经过输送机再次送至吸附塔，循环使用。解吸塔本体由 6 个部分组成，从上到下依次为：装料段、分配段、解吸段、分离段、冷却段和卸料段。

活性炭再循环利用是通过如图 4-41 所示的两条链式输送机将活性炭在吸附塔和解吸塔间循环输送。图 4-41 中的 1 号运输机位于解吸塔的下部，将解吸后的活性炭输送至吸附塔的上部，2 号运输机位于吸附塔下部，将吸附烧结烟气中污染物的活性炭输送至解吸塔。

（3）副产物回收利用系统：活性炭吸附下来的 SO_2 在解吸塔内解吸成为富二氧化硫气体（SRG）排至后处理设施，在干吸工序经过一级干燥、二次吸收、循环酸泵后冷却的流程，使用浸没燃烧法得到 98% 的浓硫酸副产品，从而实现回收利用。

4.3.5 烧结烟气循环脱硝技术

4.3.5.1 烧结烟气的产生与特点

烧结是一种为高炉冶炼提供精料的加工方法：烧结厂按一定比例将各种原料（精矿、矿粉、燃料、熔剂、返矿及含铁生产废料等）进行配料，混合加水制粒后，将混合料平铺在烧结机上，点火抽风烧结，从而得到符合要求的烧结料。然而烧结所用的铁矿石中通常会含有以化合物和含氧酸盐存在的硫和氮，在烧结过程中以单质或化合物形式存在的硫和氮通常在氧化反应中以气态氧化物的形式释放出来。这样就会导致烧结烟气中存在大量 SO_2 和 NO_x 等有害气体，从而污染大气环境。

烧结烟气与其他环境含尘气体有着较大的区别，其主要特点是：

（1）烟气量大。每平方米烧结机大约会产生 $6000m^3$ 的烟气。并且占钢铁行业排放总量 50% 的 NO_x 和 70% 的 SO_2 来自铁矿烧结工艺，可见烧结厂已经是钢铁行业 SO_2 和 NO_x 的最大产生源。

（2）烟气温度波动较大。随实际工况的变化，烟气温度一般为 80～200℃，平均在 150℃ 左右。

（3）烟气含湿量大。为了提高烧结混合料的透气性，混合料在烧结前必须加适量的水制成小球，所以烧结烟气的含湿量较大，按体积比计算，水分含量一般在 10% 左右，含氧量一般可达到 15%～18%。

（4）二氧化硫排放量大且浓度变化较大。烧结过程可以脱除混合料中 80%～90% 的硫，但烧结车间的 SO_2 初始排放仍可达到约 6～8kg/t（烧结料）；并且原料中的硫含量差异较大，烟气中 SO_2 浓度一般为 800～1500mg/m³，高的可达 3000～5000mg/m³。并且如果遇上水蒸气后将会形成稀酸，造成大气污染和金属部件持续腐蚀。

（5）烟气成分复杂。烧结烟气中含有重金属物质，如铅、汞、锌等，以及多种酸性及腐蚀性气体，如 HCl、SO_2、NO_x、HF 等，同时烟气中还夹带大量粉尘，粉尘主要以铁及其化合物为主。烧结生产所排放的二噁英仅次于垃圾焚烧炉，排第 2 位。

4.3.5.2　烧结烟气循环脱硝技术概述

烧结烟气循环技术是选择性地将部分烧结烟气返回到点火器后烧结机台车上部的循环烟气罩中循环使用的一种烟气利用技术，设备示意图如图 4-42 所示，通过回收烧结烟气中显热和潜热、提高二氧化硫、氮氧化物及粉尘的处理浓度，减少脱硫脱硝系统的烟气处理量，降低净化系统的固定投资和运行成本，最终实现节能减排。根据烧结机烟气取风位置的不同可以分为内循环工艺和外循环工艺，内循环工艺在烧结机风箱支管取风，外循环工艺在主抽风机后烟道取风。研究表明，内循环工艺操作灵活，可避免循环气流短路，更适于新建的项目。

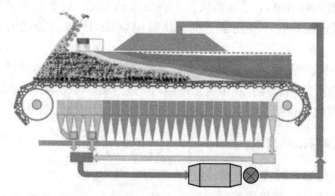

图 4-42　烧结烟气循环工艺在某钢厂的应用

烧结烟气循环技术中，烟气余热利用和 CO 二次燃烧降低了燃料消耗；同时大幅度减少烟气排放量，节省了烟气净化的投资和运行成本。为利用现有烧结设备扩大产能（增大烧结机长度或宽度）提供了经济的解决方案。但是，烟气循环工艺由于循环区域与循环率不同，对烟气中各污染物减排效果存在较大差异，难以使烟气中各污染物同时达到限排标准，且由于烟气污染物循环富集，导致部分污染物瞬时排放浓度升高。此外，循环烟气中氧气浓度相对较低，抑制烧结料层内的燃烧，影响烧结液相的产生，导致烧结矿成品率和强度降低。

4.3.5.3　烧结烟气循环脱硝典型案例

（1）荷兰艾默伊登康利斯烧结厂 EOS 工艺应用。1994 年，荷兰艾默伊登厂 132m² 烧结机首先应用 EOS 烟气循环工艺（如图 4-43 所示）。此工艺先将所有烧结烟道排出的废气混合，然后将混合气的 40%～45% 循环到烧结台车点火装置以外的热风罩内，循环过程中添加新鲜空气，保证烧结气流介质中 O$_2$ 含量充足。EOS 工艺确保了 45%～50% 的烧结烟气不用排放到大气中。

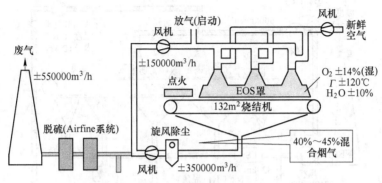

图 4-43　荷兰艾默伊登康利斯烧结厂 EOS 工艺流程图

污染防治效果和达标情况：烟气流量降低 40%；粉尘降低 50%；SO$_2$ 降低 15%～20%；NO$_x$ 降低 30%～45%；PCDD/F 降低 60%～70%。

荷兰艾默伊登康利斯 3 个烧结厂，常规烧结的总烟气流量大约为 120×10^{4}m^3/h，全部实现 EOS 工艺所需投资为 1700 万欧元。由于焦粉用量降低，EOS 工艺的运营成本相对常规烧结有所降低，估计每年的运营节约费用为 250 万欧元。

（2）LEEP 工艺。2001 年，LEEP 工艺首先在德国 HKM 杜伊斯堡-胡金根厂 420m^2 烧结机上应用（见图 4-44），该烧结机共 29 个风箱。

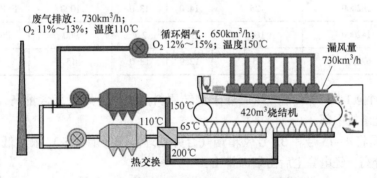

图 4-44　德国 HKM 公司 LEEP 工艺流程图

LEEP 工艺主要是基于烧结过程烟气成分分布不均匀的特点开发的。该工艺将烧结机后半段含污染物成分较高的烟气循环到烧结机热风罩内，同时导入新鲜空气保证 O$_2$ 含量，而烧结机前半段含污染物较少的烟气直接排放。LEEP 工艺还存在一个热交换器，使循环烟气温度由 200℃ 降为 150℃，第一部分冷煤气升温到露点温度以上，抑制腐蚀。

污染防治效果和达标情况：烟气流量降低 50%；粉尘降低 50%～55%；SO$_2$ 降低 27%～35%；NO$_x$ 降低 25%～50%；PCDD/F 降低 75%～85%；固体燃料用量降低 5～7kg/t。

（3）日本新日铁区域性烟气循环工艺。1992 年，新日铁首先在其八幡厂户畑 3 号烧结机上应用烧结区域废气循环技术，该烧结机面积为 480m^2，共有 32 个风箱。区域废气循环工艺是将烧结机烟气分段处理、部分循环。根据烟气成分不同，该烧结机被分成 5 段

4 部分烟气（如图 4-45 所示），各部分烟气分别处理，烟气特点如表 4-16 所示。

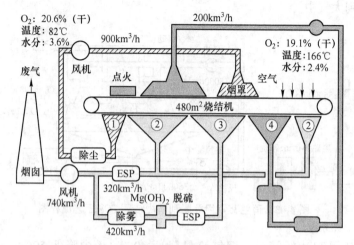

图 4-45 日本新日铁区域性废气循环工艺示意图

表 4-16 新日铁户畑 3 号烧结机烟气特点

区段	烟气流量/$m^3 \cdot h^{-1}$	烟气温度/℃	O_2/%	H_2O/%	SO_2/$mg \cdot m^{-3}$	处理方式
1	62000	82	20.6	3.6	0	循环到烧结机
2	290000	99	11.4	13.2	21	ESP 后排放
3	382000	125	14.0	13.0	1000	ESP 和脱硫后排放
4	142000	166	19.1	2.4	900	余热回收后循环
烟囱	672000	95	12.9	13.0	15	排放到大气

1）1 区对应 1~3 号风箱。该区处于烧结原料点火段，烟气氧含量高，水分和温度低，循环至烧结机中部；

2）2 区是将 4~13 号和 32 号风箱烟气合并处理。该区烟气 SO_2 浓度低、氧含量低、温度低、水分高，经电除尘后由烟囱排出；

3）3 区对应 14~25 号风箱。该区烟气 SO_2 浓度高，氧含量低、温度低、水分高，烟气经电除尘和镁脱硫后从烟囱排出；

4）4 区对应 26~31 号风箱，处于烧结末端。该区烟气 SO_2 浓度高、氧含量高、水分低、温度高，该部分烟气经锅炉回收余热后循环到烧结机前部，即点火区后面。

污染防治效果和达标情况：烟气流量降低 28%；粉尘降低 56%（包含电除尘）；SO_2 降低 63%（包含末端脱硫）；NO_x 降低 3%；净能耗降低 6%。

（4）EPOSINT 工艺。2005 年，EPOSINT 工艺在奥钢联林茨厂 5 号烧结机应用，该烧结机面积为 250m^2，有 19 个风箱。如图 4-46 所示，EPOSINT 工艺选择烧结机长度约 3/4 处（11~16 号风箱）温度较高的烟气进行循环，烟气循环率为 25%~28%。

为应对烧结操作引起的烟气成分波动，设计 11~16 号风箱烟气既可返回烧结循环，又可导向烟囱排放，具有较强的灵活性。该部分烟气首先经过电除尘，然后与环冷机热废

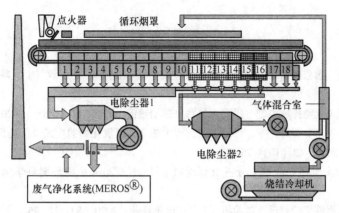

图 4-46 奥钢联钢铁公司 EPOSINT

气混合（目的是提高循环烟气的氧浓度，同时利用环冷机废气的显热）；混合后的气体进入烧结机上方的烟罩，烟罩不完全覆盖烧结机，采用非接触型窄缝迷宫式密封，以防止废气和粉尘逸出，烟罩内的负压只吸入少量空气。台车敞开设计可方便维修。

污染防治效果和达标情况：烟气流量降低 25%~28%；粉尘降低 30%~35%；SO_2 降低 25%~30%；NO_x 降低 25%~30%；PCDD/F 降低 30%；焦粉用量降低 2~5kg/t。

4.4 小 结

在新的环境保护法执行后，钢铁行业污染物排放标准对 NO_x 的排放也提出了愈发严格的要求。虽然钢铁工业在除尘、脱硫等方面取得了长足的进步，但是对于氮氧化物的污染防治尚处于起步阶段，因此对于钢铁工业氮氧化物污染防治技术途径的研究就显得尤为重要。本章主要讨论了钢铁生产流程中的 NO_x 治理技术，对于各钢铁企业建设资源节约型、环境友好型企业是十分有意义的。与此同时，希望各企业可以坚持绿色发展理念，减少污染物排放总量，提高污染物防治技术。

思 考 题

4-1 什么是 NO_x？

4-2 钢铁过程中 NO_x 的排放环节有哪些？

4-3 NO_x 的生成机理有哪些？

4-4 末端治理 NO_x 的主要方法有哪些？

4-5 简述高温低氧顶燃式热风炉降低 NO_x 排放原理。

4-6 简述料层自脱硝技术原理。

4-7 简述 SCR 法脱硝技术原理。

4-8 简述烧结烟气与焦炉烟气 SCR 脱硝的差异。

4-9 简述活性炭吸附 NO_x 减排的技术原理。

4-10 简述烧结烟气循环脱硝技术原理。

参 考 文 献

[1] 王军霞，李曼，敬红，等. 我国氮氧化物排放治理状况分析及建议 [J]. 环境保护，2020，48 (18)：24~27.

[2] 贺泓. 加强氮氧化物排放控制　提高大气污染的治理能力 [J]. 前进论坛，2020 (2)：51.

[3] 余明程，王光华，李文兵，等. 焦炉加热过程中热力型氮氧化物的生成及影响因素研究 [J]. 工业安全与环保，2016，42 (10)：75~78.

[4] 刘霞. 成都市大气污染源调查分析及管理对策 [C] //2014 中国环境科学学会学术年会. 2014：475~482.

[5] 李保军. 我国钢铁工业超低排放简析 [J]. 中国钢铁业，2020 (8)：32~35.

[6] 朱烁. 钢铁企业氮氧化物减排途径和措施研究 [J]. 环境与发展，2018，30 (10)：120，122.

[7] 宋雨桐. 浅析我国光化学烟雾的形成及防治 [J]. 生物化工，2020，6 (1)：126~129.

[8] 张宝成，杨良保. 光化学烟雾 [J]. 化学教育，2004 (6)：4~7.

[9] 刘群芳，高翔，姚勇. PM10 和 PM2.5 的危害及控制对策 [J]. 价值工程，2013，32 (13)：288~289.

[10] 石华东. 光化学烟雾的产生、危害及防治对策探讨 [C] //河北省环境科学学会. 华北五省市环境科学学会第十七届年会论文集. 石家庄：河北环境科学，2011：100~102.

[11] 李庭. 钢铁企业燃气电厂氮氧化物治理对策 [J]. 山西建筑，2021，47 (24)：119~121，126.

[12] 吴胜利，张永忠，苏博，等. 影响烧结工艺过程 NO_x 排放质量浓度的主要因素解析 [J]. 工程科学学报，2017，39 (5)：693~701.

[13] 赵春丽，许红霞，杜蕴慧，等. 关于推进我国钢铁行业绿色转型发展的对策建议 [J]. 环境保护，2017，45 (Z1)：41~44.

[14] 张晨凯. 工业节能减排潜力与协同控制分析 [D]. 北京：清华大学，2015.

[15] 龙红明，肖俊军，李家新，等. 烧结过程氮氧化物的生成机理与减排方法 [C] //中国金属学会. 第九届中国钢铁年会论文集. 北京：冶金工业出版社，2013：280~286.

[16] 吕薇. 铁矿烧结过程 NO_x 生成行为及其减排技术 [D]. 长沙：中南大学，2014.

[17] Katayama K, Kasama S. Influence of Lime Coating Coke on NO_x Concentration in Sintering Process [J]. ISIJ International, 2016, 56 (9)：1563~1569.

[18] 苏玉栋. 烧结主要工艺参数对烟气中 NO_x 排放的影响研究 [D]. 上海：上海交通大学，2014.

[19] 宋晓敏，杨家金. 利用烧结烟气中 CO 选择性催化还原 NO_x 的研究 [J]. 四川化工，2019，22 (2)：49~51.

[20] 陈璟. SNCR/SCR 联合脱硝技术在 410t/h 电站锅炉上的应用研究 [D]. 北京：华北电力大学，2010.

[21] 杨威. 高炉热风炉的优化控制 [D]. 包头：内蒙古科技大学，2015.

[22] 郭江源，张志勇，武洁. 低氮燃烧技术浅析 [J]. 设备管理与维修，2020 (15)：158~160.

[23] 张福明，胡祖瑞，程树森. 顶燃式热风炉高温低氧燃烧技术 [J]. 钢铁，2012，47 (8)：74~80.

[24] 吴胜利，阚志刚，苏博，等. 铁矿烧结工艺料层内脱硝技术的研究进展 [J]. 工程研究-跨学科视野中的工程，2017，9 (1)：61~67.

[25] 吴胜利，阚志刚，艾仙斌. 基于调控含钙化合物反应行为的烧结过程 NO_x 减排研究进展 [J]. 钢铁，2020，55 (3)：1~8.

[26] 窦丽虹. 焦炉烟气脱硫脱硝技术的进展与展望 [J]. 化工管理，2021 (5)：63~64.

[27] 王斌，李玉然，刘连继，等．焦炉烟气活性炭法多污染物协同控制工业化试验研究［J］．洁净煤技术，2020，26（6）：182~188．

[28] 刘慎坦，薛鸿普，仇登菲，等．基于活性炭再生技术的研究进展及前景展望［J］．烧结球团，2021，46（1）：31~36，98．

[29] 苏步新，张标，邵久刚．我国烧结烟气循环技术应用现状及分析［J］．冶金设备，2016（6）：55~59．

5　钢铁制造的二噁英治理技术

[本章提要]

本章介绍了二噁英的来源、二噁英的毒性及危害、钢铁生产过程中二噁英的排放现状、治理二噁英的原理、不同治理方法及优缺点对比、钢铁企业烧结、电炉工序过程中二噁英的治理技术等。

5.1　钢铁生产过程的二噁英排放及危害

5.1.1　二噁英概述

1977 年，荷兰科学家 Olie 等在垃圾焚烧飞灰中检测到二噁英。二噁英类是由 2 个或 1 个氧原子联结一对被 2 个或多个氯原子取代的苯环组成的类化合物，化学结构如图 5-1 所示。每个苯环可以取代 1~4 个氯原子，由于氯原子的取代数目和位置不同，该物质可形成 75 种多氯二苯并二噁英（polychlorinated dibenzo-p-dioxins，PCDDs）和 135 种多氯二苯并呋喃（polychlorinated dibenzofurans，PCDFs）。

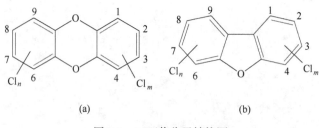

图 5-1　二噁英分子结构图

(a) PCDDs；(b) PCDFs

二噁英类在标准状态下为无色固体，挥发性小，蒸汽压极低，化学稳定性非常高；热稳定性高，在加热到 800℃时才会分解，当温度达到 1000℃时才能够被大量破坏；极难溶于水，在水中溶解度仅为 $7×10^{-12}~20×10^{-12}$，相同条件下，在苯、二甲苯和甲苯等有机溶剂中的溶解度可达到 $500×10^{-6}~1800×10^{-6}$，因此二噁英很容易通过食物链中的脂质发生转移并在生物体内积累；此外由于其高亲脂性，低水溶性，并且对粒状物具有高亲和力，从而导致它 85%分布在土壤和沉积物中，只有 1%进入大气、水体和悬浮沉降物中，因此一旦造成污染，便很难被清除，是一种典型的持久性有机污染物（POPs）。

5.1.2　二噁英的毒性及危害

PCDD/Fs 是一类毒性极强的含氯有机化学物，其毒性是氰化物的 130 倍，砒霜的 900

倍，有"世纪之毒"之称。二噁英的毒性与所含氯原子的数量及氯原子在苯环上取代的位置有很大的关联：含有 1~3 个氯原子的二噁英无明显毒性；含有 4~8 个氯原子并且在 2、3、7、8 位置上有氯原子取代的二噁英类物质才有毒，共有 17 种异构体，其中以 2,3,7,8-TCDD 毒性最强，如图 5-2 所示。2,3,7,8-TCDD 是目前所有已知毒性最强的二噁英单体，具有极强的致癌性（致大鼠肝癌剂量按体重计为 $10\mu g/g$）和极低剂量的环境内分泌干扰作用在内的多种毒性作用。

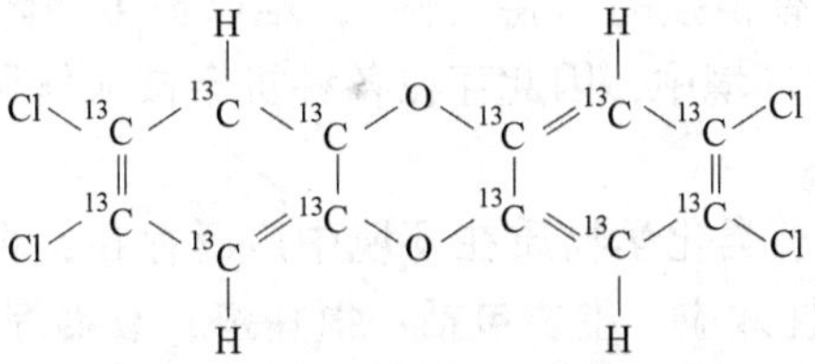

图 5-2　2,3,7,8-TCDD 结构示意图

二噁英主要是以混合物的形式存在，因此国际上引入毒性当量（TEQ）以及毒性当量因子（TEF）的概念来对二噁英的毒性进行评价：毒性当量是指某 PCDD/Fs 折算成相当于 2,3,7,8-TCDD 的当量；毒性当量因子是指某 PCDD/Fs 毒性与 2,3,7,8-TCDD 的毒性相比得到的系数，目前常用的是 1988 年北大西洋公约组织（NATO）提出的国际毒性当量因子（I-TEF）和 1998 年世界卫生组织（WHO）提出的毒性当量因子（WHO-TEF，2005 年进行了修订）。某 PCDD/Fs 的毒性当量值 TEQ 即为其浓度与毒性当量因子 TEF 的乘积，而二噁英混合物毒性大小即为所有 TEQ 的总和。表 5-1 为 17 种有毒二噁英的毒性当量因子值。

表 5-1　17 种有毒二噁英的毒性当量因子值

名　称	符　号	I-TEF	WHO-TEF
2,3,7,8-四氯二噁英	2,3,7,8-TCDD	1	1
1,2,3,7,8-五氯二噁英	1,2,3,7,8-PeCDD	0.5	1
1,2,3,4,7,8-六氯二噁英	1,2,3,4,7,8-HxCDD	0.1	0.1
1,2,3,6,7,8-六氯二噁英	1,2,3,6,7,8-HxCDD	0.1	0.1
1,2,3,7,8,9-六氯二噁英	1,2,3,7,8,9-HxCDD	0.1	0.1
1,2,3,4,6,7,8-七氯二噁英	1,2,3,4,6,7,8-HpCDD	0.01	0.1
1,2,3,4,6,7,8,9-八氯二噁英	1,2,3,4,6,7,8,9-OCDD	0.001	0.0003
2,3,7,8-四氯呋喃	2,3,7,8-TCDF	0.1	0.1
1,2,3,7,8-五氯呋喃	1,2,3,7,8-PeCDF	0.05	0.03
2,3,4,7,8-五氯呋喃	2,3,4,7,8-PeCDF	0.5	0.3
1,2,3,4,7,8-六氯呋喃	1,2,3,4,7,8-HxCDD	0.1	0.1
1,2,3,6,7,8-六氯呋喃	1,2,3,4,7,8-HxCDD	0.1	0.1
2,3,4,6,7,8-六氯呋喃	1,2,3,4,7,8-HxCDD	0.1	0.1
1,2,3,7,8,9-六氯呋喃	1,2,3,4,7,8-HxCDD	0.1	0.1

名　称	符　号	I-TEF	WHO-TEF
1,2,3,4,6,7,8-七氯呋喃	1,2,3,4,6,7,8-HpCDF	0.01	0.01
1,2,3,4,7,8,9-七氯呋喃	1,2,3,4,7,8,9-HpCDF	0.01	0.01
1,2,3,4,6,7,8,9-八氯呋喃	1,2,3,4,6,7,8,9-OCDF	0.0001	0.0003

由于二噁英在环境中有很强的"持久性"，难以被生物降解，其生物半衰期可达到 7.1~11.3 年，长时间存在环境中，因此存在各种机会被人体所吸收。二噁英的毒性危害可从以下三个方面来阐述：

（1）一般毒性：二噁英类化学物质在环境中广泛存在，难降解，易于生物聚集且在较低含量时便可以产生毒性效应。主要包括：氯痤疮，衰竭综合征，肝毒性，致畸毒性，生殖和发育毒性，致癌，神经和行为毒性，免疫抑制，体内多种代谢醇的诱导（如 P4501A1），内分泌系统的干扰等。

（2）生殖毒性：大量动物实验表明二噁英对生殖系统的毒性主要表现为生殖细胞毒性、胚胎发育毒性和致畸性。以最接近人类生殖和发育特性的灵长类动物猕猴作为实验动物模型的研究表明，在着床期间（妊娠第 12 天）经 TCDD 处理的 12 只怀孕猕猴有 10 只发生早孕丢失（流产率约为 83.3%）。

（3）致癌毒性：体外实验发现，TCDD 能影响细胞的增殖和分化，引起体外培养的人体细胞株的恶性转化；较长时间（80~100 周）给予 TCDD 灌胃（$0 \sim 5mg/(kg \cdot d)$），会引起大鼠肝细胞癌、硬腭及鼻甲和肺的扁平上皮癌的增加，可导致小鼠肝细胞癌、甲状腺腺泡细胞瘤的增加。职业流行病学研究表明 TCDD 与呼吸系统、肺、胸腺、结缔组织和软组织、造血系统、肝等几乎所有的肿瘤有关，其中以引发软组织肉瘤的危险性增加最为显著。

美国环保署（USEPA）于 1994 年所发表的二噁英类风险报告中便指出二噁英对人体的健康会产生重大影响；1997 年国际癌症研究局（IARC）将 2,3,7,8-TCDD 归为一级致癌物质，是迄今为止发现过的最具致癌潜力的物质。

5.1.3　二噁英的生成机理

当碳、氧、氢和氯在 200~650℃温度范围内进行燃烧反应时会生成二噁英，由于其生成机理是相当复杂的，目前还没有完整的理论来解释。当前被众多学者所普遍接受的燃烧过程形成二噁英的机理主要有以下三种：

（1）燃烧原料中含有的痕量二噁英在燃烧过程中未被破坏，随着燃烧后的烟气进入大气，但对于大多可控燃烧系统来说，这并不是生成二噁英的主要方式；

（2）不完全燃烧产生了一些与二噁英结构相似的环状前驱物，如氯苯或者氯酚等，即所谓的气相（均相）反应生成二噁英；

（3）固体飞灰表面发生异相催化反应合成二噁英，即飞灰中残碳、氧、氢、氯等在飞灰表面催化合成中间产物或二噁英，就是所谓的从头合成反应（de novo 生成机理），或气相中的二噁英前驱物在飞灰表面催化生成二噁英。

在燃烧系统，关于气相反应生成二噁英还是固体表面的异相催化合成二噁英的争论一直存在。尽管一些研究表明五氯酚生成二噁英的速率要比碳源在 250~350℃ 通过从头合成途径快 100~1000 倍，但是还有一些研究表明：在燃烧相关的工艺过程中，从头合成反应是二噁英生成的主要途径。研究二噁英的生成机理为识别二噁英的潜在源具有重要的参考意义，根据目前已有的研究总结来看，当燃烧条件恶劣时，烟气中形成大量二噁英类前驱物，此时烟气中二噁英类的生成主要通过气相反应生成；而当燃烧条件较好情况下，在飞灰表面发生的异相催化合成反应生成的二噁英类占主导地位。

5.1.4 二噁英的来源

大气环境中的二噁英 90% 来源于城市以及工业垃圾焚烧。含铅汽油、煤、防腐处理过的木材及石油产品，各种废弃物特别是医疗废弃物，在燃烧温度低于 300~400℃ 时，容易产生二噁英；聚氯乙烯塑料、纸张、氯气以及某些农药的生产环节、金属冶炼、催化剂高温氯气活化等过程都可能向环境中释放二噁英；此外，一些农药产品的杂质中也含有二噁英，如五氯酚。当前研究认为城市工业垃圾焚烧过程中二噁英的形成主要有三种途径：

（1）在对氯乙烯等含氯塑料的焚烧过程中，焚烧温度低于 800℃，含氯垃圾不完全燃烧，极易生成二噁英；燃烧后形成氯苯，即合成二噁英的前体化合物；

（2）其他含氯、含碳物质如纸张、木制品、食物残渣等经过铜、钴等金属离子的催化作用，不经氯苯生成二噁英；

（3）在制造包括农药在内的化学物质，尤其是氯系化学物，如杀虫剂、除草剂、木材防腐剂、落叶剂、多氯联苯等产品的过程中派生。

大气中的二噁英浓度一般很低。与农村相比，城市、工业区或离污染区较近区域的大气中二噁英浓度较高。表 5-2 是对世界范围内大气中二噁英的主要来源及其排放量的统计。

表 5-2　世界范围内大气中二噁英的来源及排放量　（单位：kg-TEQ/a）

来　源	排放量	波动范围
城市废弃物燃烧	1130	680~1580
黏合剂及危险废弃物焚烧	680	400~900
金属生产	350	210~490
黏合剂（非燃危产品）	320	190~450
医院废弃物燃烧	84	49~109
铜再生利用	78	47~109
含铅汽油燃烧	11	6~16
不含铅汽油燃烧	1	0.6~104
总　　计	3000	2400~3600

注：TEQ 为毒性当量（toxic equivalent quantity），表示二噁英类的毒性排放量。

为揭示二噁英类物质的来源，《关于持久性有机污染物（POPs）的斯德哥尔摩公约》（简称《斯德哥尔摩公约》）对二噁英类排放源进行了统计分类。其中有相对较高产生和排放潜力的 4 类源以及其他排放源 13 类，如表 5-3 所示。

表 5-3　《斯德哥尔摩公约》列出的典型的二噁英类排放源

具有相对较高产生和排放潜力的 4 类源	其他产生排放的 13 类源
（1）废物焚烧炉，包括城市生活垃圾、危险废物、医疗废物或污泥的多用途焚烧炉； （2）燃烧危险废物的水泥窑； （3）以元素氯或可生成元素氯的化学品作为漂白剂的纸浆生产； （4）冶金工业中的热处理过程：铜的再生生产，钢铁工业的烧结工厂；铝的再生生产，锌的再生生产	（1）废物露天焚烧，包括填埋场地的焚化； （2）居民燃烧源； （3）使用化石燃料的电力和工业锅炉； （4）使用木材和其他生物燃料的燃烧装置； （5）无意产生和排放持久性有机污染物的特殊化学品生产过程，尤其是氯酚和氯醌的生产； （6）焚尸炉； （7）机动车辆，特别是使用含铅汽油的车辆； （8）动物遗骸的销毁； （9）纺织品和皮革染色（使用氯醌）和修整（碱萃取）； （10）处理报废车辆的破碎作业工厂； （11）铜制电缆线的低温焖烧； （12）废油提炼厂； （13）冶金工业中的其他热处理过程

2005 年联合国环境规划署（UNEP）旨在为协助《斯德哥尔摩公约》缔约方识别二噁英类的排放并对排放进行一致的量化，发布了《二噁英和呋喃排放识别和量化标准工具包 2 版》（简称 UNEP《工具包》），将二噁英的排放源划分为 10 类 62 个子类，总体归结起来可分为工业来源和非工业来源。

5.1.4.1　工业来源

（1）固体废物焚烧：包括生活垃圾、医疗废物及危险废物等的焚烧。20 世纪 70 年代后期，荷兰科学家对生活垃圾焚烧厂的污染物排放进行研究，发现大量的二噁英存在于焚烧厂的烟气飞灰内；医疗废物中含有氯代化合物，焚烧时 PCCD/Fs 含量比生活垃圾焚烧更高。

（2）工业锅炉燃烧：煤等化石燃料和木材在锅炉中的燃烧。

（3）金属生产：Ulrich Quaβ 等关于欧洲二噁英排放的清单表明，铁矿粉烧结是目前欧洲二噁英排放仅次于生活垃圾焚烧的第二大主要来源，一般为 7.5μg-TEQ/t，或 3ng-TEQ/m^3。

（4）金属回收：如旧电缆回收金属、二次熔铝、熔钢以及锌的回收等，也是环境 PCDD/Fs 的来源。由于一般没有安装减排设施，电弧炉生产过程的二噁英排放量是唯一具有上升趋势的工业来源。

（5）含氯化合物的合成与使用：许多有机氯化学品，如 PCBs、氯代苯酸类农药、苯氧乙酸类除草剂、五氯酚木材防腐剂、六氯苯和菌螨酚等，在生产过程中有可能形成二噁英。目前，大多数发达国家已经可以削减此类化学品的生产和使用。

（6）纸浆漂白过程通入氯气可以产生 PCDD/Fs，含 PCDD/Fs 的造纸废液会排入水体。

5.1.4.2　非工业来源

（1）汽油的不完全燃烧：使用含铅汽油的汽车尾气中检测到 PCDD/Fs 的排放。

（2）家庭燃料：家庭固体燃料（木材和煤）的燃烧排放占非工业源 PCDD/Fs 排放的 60%，其排放量与燃料和炉型有关。

（3）偶然燃烧：如五氧酚处理过的木制品和家庭废物的非法燃烧。

（4）光化学反应：氯代 2-苯氧酚可以通过光化学环化反应生成 PCDD/Fs，氯酚可以通过光化学二聚反应生成 PCDD/Fs。PCDD 脱氯可以产生 2,3,7,8-TCDD，而 PCDF 脱氯产生 2,3,4,7,8-PeCDF，不产生 2,3,7,8-TeCDF。

（5）生化反应：氯酚类可以通过过氧化酶催化氧化产生 PCDD/Fs，如 ^{13}C 标记的多氯粉（PCP）加入废水底泥中可以产生 HCDDs 和 OCDD。

在 1935 年到 1970 年之间，人类排入环境中的二噁英估量增加 35 倍，但是根据 Ulrich Qua β 等关于欧洲二噁英排放清单表明这个排放量正在降低，并且预测非工业排放的二噁英量将超过工业排放。工业排放的降低是由于认识到二噁英的毒性及危害后，世界各国对其生成和破坏机理进行了深入的研究，采取了各种有效的控制措施，制定了严格的排放控制标准。如西欧国家的二噁英排放标准为 $0.1ng\text{-}TEQ/m^3$，我国的排放标准为 $1.0ng\text{-}TEQ/m^3$（《生活垃圾焚烧污染控制标准》（GB 18485—2001）），为了保障人体健康，世界卫生组织（WHO）规定的人均日容许摄入量（tolerable daily intake，TDI）为 $14pg/(kg \cdot d)$。

5.1.5 钢铁生产二噁英排放现状

5.1.5.1 钢铁生产二噁英排放标准

2004 年中国依据《二噁英清单估算标准工具包》，并结合已有的监测和研究数据，估算出各类源二噁英排放总量为 10.2kg 毒性当量（TEQ），其中钢铁和其他金属生产所排放二噁英的量最大，占 45.6%，如图 5-3 所示。而在钢铁冶炼过程中，二噁英的产生主要来自铁矿石烧结、金属熔融和废气冷却程序中，烧结工序和电炉炼钢工序中二噁英的产生比较显著，其生成机理及相关研究也较多。

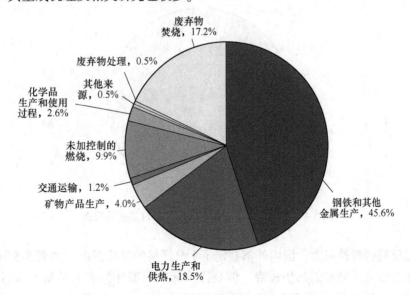

图 5-3　中国各大类二噁英类排放源的总排放情况

烧结和电炉工序产生的除尘灰等固体副产物均在钢铁厂内部循环，钢渣等也能基本实现综合利用，因此钢铁工业产生的二噁英将主要通过废气排入外部环境。基于 UNEP 工具包排放因子（表5-4），以2013年中国钢铁工业烧结矿和电炉钢水的产量计算获得废气中二噁英排放状况，分析比例可以看出（图5-4），烧结和电炉工序所占比例最大，总和达到了98.21%。

表5-4　钢铁生产主要排放工序 UNEP 二噁英排放因子

（单位：μg-TEQ/t）

源 类 别		排 放 因 子					
		2005 年工具包			2013 年工具包		
		大气	水体	渣	大气	水体	残渣
铁矿石烧结	进料中掺杂大量含有油污等污染物的回用废料	20	ND	0.003	20	ND	0.003
	进料中掺杂少量含有油污等污染物的回用废料，较好的运行工况	5	ND	0.003	5	ND	1.0
	先进的生产技术和污控设施	0.3	ND	0.003	0.3	ND	2.0
钢铁电炉冶炼	不清洁的废料，废料预热，简陋的污控设备	10	ND	15	10	ND	15
	清洁的废料/铁水，后燃装置，袋式除尘器	3	ND	15	3	ND	15

注：图5-4计算假定选用烧结进料中掺杂少量含有油污等污染物的回用废料，较好的运行工况；电炉冶炼假定采用清洁的废料/铁水，后燃装置，袋式除尘器。二噁英排放因子分别考虑排放到大气、水体、固废残渣里。

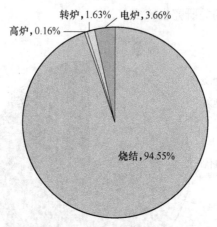

图 5-4　中国钢铁工业各工序废气排放二噁英比例

由于二噁英的毒性极大，国内外都制定了十分严格的排放标准，如表5-5所示。我国对钢铁行业二噁英污染控制起步较晚，但是排放标准与国外标准水平基本相当，在2012年新制定的《钢铁烧结、球团工业大气污染物排放标准》及《炼钢工业大气污染物排放标准》中首次规定，自2015年1月1日起，所有现有和新建企业二噁英排放限值为

$0.5ng\text{-}TEQ/m^3$。除国家标准外，我国有些地方还制定了严于国家标准的限值，如河北省地方标准中规定现有企业烧结机头和电炉二噁英排放限值为 $0.5ng\text{-}TEQ/m^3$；山东省地方标准中规定现有企业烧结机头二噁英排放限值为 $0.5ng\text{-}TEQ/m^3$，而现有企业、新建企业和执行特别排放限值企业电炉二噁英排放限值为 $0.2ng\text{-}TEQ/m^3$。

表 5-5 国内外钢铁行业二噁英排放限值

区域		生产工序	极限排放值/ng-TEQ·m⁻³	备 注
比利时		烧结	2.5	1993 年以前
			0.5	1993 年以后
		电炉炼钢	1.0	1993 年以前
			0.5	1993 年以后
英国		烧结	0.5	基准排放值
			2.0	排放限值（2004 年）
		电炉炼钢	0.1~0.5	基准排放值
			0.3	排放限值（2004 年）
德国		烧结	0.4	—
欧盟		烧结	0.1	新源
		电炉炼钢	0.1	新源
日本		烧结	2.0	现源（2001 年 1 月 15 日起）
			1.0	现源（2002 年 12 月 1 日起）
			0.1	新源
		电炉炼钢	20	现源（2001 年 1 月 15 日起）
			5	现源（2002 年 12 月 1 日起）
			1	新源（2002 年）
韩国		烧结	0.2	—
中国	大陆	烧结（球团）	1.0	现源（2015 年前）
			0.5	现源(2015 年后)及新源(2012 年 10 月 1 日起)
			0.5	特别排放限值地区
		电炉炼钢	1.0	现源（2015 年前）
			0.5	现源(2015 年后)及新源(2012 年 10 月 1 日起)
			0.5	特别排放限值地区
	台湾	烧结	2.0	现源（2006 年）
			1.0	现源（2008 年）
			0.5	新源（2004 年）
		电炉炼钢	5.0	现源（2004 年）
			0.5	现源（2007 年）
			0.5	新源（2002 年）

5.1.5.2　烧结过程二噁英生成机理

烧结作为钢铁生产过程中污染最严重的工艺环节之一，其生产工艺流程如图 5-5 所示。烧结过程中"从头合成"是二噁英生成的主要途径。来源于配料中的焦粉（或煤粉）、煤、木质素等含碳物质和原燃料中的氯化物及无机氯载体，在 250～450℃ 氧化性气氛中，以某些金属离子为催化剂，生成二噁英。随后，二噁英在接近烧穿点附近的烧结层下面开始浓缩、挥发和凝结。此过程会一直持续到底部冷却器温度上升至足够高而无法继续凝结，并随着废气一同逸散出去。由此可见，二噁英主要是在烧结机料层中生成的，原料中碳氢化合物的增加，废气中挥发性有机碳（VOC）含量的增加，均会使得二噁英的生成量增加。

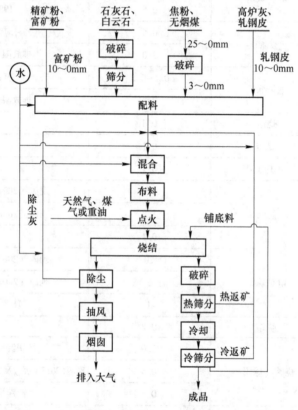

图 5-5　烧结生产工艺流程

根据烧结火焰前端的推进位置，可以将烧结矿层划分为 4 个不同的反应区域，从上到下分别为已烧结层、烧结层（火焰前段）、预热层和过湿层。二噁英主要生成于预热层，200～650℃ 温度区间内是二噁英生成的最佳温度区间；其次随着火焰前段的推进，冷凝在预热层的可挥发有机污染物以及迁移至此的大量炭黑、氯及过渡金属盐均有利于二噁英在预热层的生成。大量的文献研究表明，烧结过程生成的二噁英主要源自回收用于烧结配料的烧结飞灰，而不是含铁矿石、焦炭、熔剂等配料的烧结生料本身，不同烧结工况对二噁英生成也具有不同程度的影响，譬如烧结温度、烧结时间、烧结氧量及烧结生料中的金属催化剂、固体燃料和氯形态。

5.1.5.3 电炉炼钢过程中二噁英生成机理

电炉炼钢是指在电弧炉中通过石墨电极向炉内输入电能，以电极端部与炉料之间发生的电弧为热源，使炉料和合金料熔化并精炼成钢的过程，是生产优质钢和特殊质量钢的主要炼钢方法，其工艺流程如图5-6所示。电炉冶炼产生二噁英的氯元素主要来自以下4个方面：废钢中可能含有含氯塑料（如PVC塑料）和含氯盐类及其他含氯杂质；汽车废钢中附着较高的氯化物；电炉电极表面有可能生成氯化有机物；炉衬也可能提供氯源。高温热烟气在冷却到450℃至250℃的过程中，在废钢中含有的铜、铁、镍、锌等金属的催化作用下，会加速二噁英烟气的生成。电炉炼钢过程生成二噁英的途径主要有以下3种：

（1）前驱体合成：废钢在预热或在电炉内初期熔化过程中，其中的油脂、油漆涂料、塑料等有机物因受热而先生成"前驱体"物质（如各类含氯苯系物），然后通过一系列氯化反应、缩合反应、氧化反应等生成二噁英。

（2）热分解合成：含有苯环结构的高分子化合物经加热发生分解而大量生成二噁英。

（3）从头合成：烟气的降温过程为二噁英的"从头合成"提供了适宜的温度条件，第4孔排出的一次烟气温度在1000℃以上，且含有大量的CO可燃气体，但在烟气降温过程中，此前已全部分解的二噁英及其他有机物又"从头合成"生成二噁英。

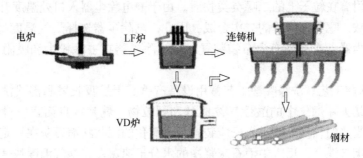

图5-6 电炉炼钢工艺流程

5.2 治理二噁英的工艺原理及方法分类

5.2.1 二噁英治理原理

根据《二噁英类POPs减排BAT/BEP技术导则》对不同排放源二噁英类控制技术中的介绍。从二噁英的形成机理来看，控制燃烧及工业热源二噁英的排放主要分为3个阶段，一是对于燃烧物料的控制；二是燃烧过程的控制；三是对燃烧产生的烟气和残余物的控制。

（1）燃烧物料的控制。减少物料中氯的输入可降低二噁英的排放。在大量的实验和小规模的燃烧系统中已经发现随着物料中氯的降低，二噁英的形成量也在减少。大规模的燃烧系统中已证明了上述现象的存在，虽然有些没有表现出完全的相关性，但在燃烧系统中通过减少氯的输入而降低二噁英排放的政策已经被很多政府、专业协会和国际公约接受，而且被认为是有效的低成本方法。

（2）燃烧过程的控制。控制较好的燃烧系统对二噁英的破坏十分显著。为了达到完全燃烧，破坏二噁英的形成，需要从燃烧温度、停留时间、紊流度和氧气量方面进行控制。一般认为温度达到850℃以上，燃烧区气体的停留时间达到2s，物料中存在的所有二噁英类物质均能被破坏，但为了更有效地对一些特殊碳材料的完全燃烧，温度需达到1000℃，停留时间需要1s，雷诺数建议大于10000，富氧水平建议在3%~6%。此外，还可以通过在燃烧过程中添加抑制剂来减少二噁英的生成，如钢铁烧结中可以通过添加尿素在烧结原料中来抑制二噁英类的生成。

（3）烟气和残余物控制。减少二噁英的排放可采取以下烟气净化系统流程：

1）后续燃烧器。后续燃烧器可以安置在燃烧室中也可以从中分离，燃烧系统中后燃室提供过量燃烧空气，温度一般保持在850~1050℃，以便消除尾气中未燃烧或部分燃烧的碳化合物，同时控制氮氧化合物的生成。

2）急冷装置。二噁英形成的温度在250~450℃之间，为缩短烟气在这个温度段的停留时间，通过迅速将烟气温度降低至200℃以下，可以有效降低二噁英的生成量。较为合理的冷却方式是通过余热锅炉使烟气温度降至600℃左右，然后采用急冷装置使温度在短时间内降到低于二噁英再合成的温度区间。

3）除尘装置。除尘装置如旋风除尘器、静电除尘器和袋式除尘器在收集尘粒的同时，可以去除附着在粒子上的二噁英类物质。由于静电除尘器入口处温度升至200~450℃之间时，会导致二噁英类物质的二次合成，因此，电除尘器选择烟气温度低于230℃下运行的低温电除尘器，或者替换为布袋装置。袋式除尘器在去除粉尘和吸附二噁英时效率较高。

4）洗涤除酸工艺。洗涤除酸工艺常用设备有喷雾干燥吸收塔和湿式洗涤器。喷雾干燥吸收塔主要是去除烟气中的酸性气体成分和颗粒物，就其本身而言，对二噁英没有直接消除作用。当热的燃烧气体进入反应装置时，雾化的泥浆状消石灰在一定控制速度下注入，并和高温烟气混合，反应中消石灰浆中的水分迅速蒸发，烟气温度快速下降，中和反应使烟气中的酸性气体物质（如 HCl 和 SO_2）减少70%~90%，由于降低了入口处温度，因此也减少了二噁英的产生。湿式洗涤器具有很好的去除酸性气体和粉尘的作用，与此同时二噁英附着在颗粒物上（也可能是吸附在填料塔式洗涤器中的填料上）被去除。但也有多个研究显示，通过湿式洗涤器后，二噁英有明显增加的现象，而且大多是在其前端设有其他高效除尘装置的情况。原因主要是湿式洗涤器仅有有效去除大颗粒物的能力，如果进入洗涤器前二噁英随颗粒物被高效除尘器（布袋或电除尘器）有效去除，那么湿式洗涤器几乎没有去除颗粒物以及吸附颗粒物上的二噁英的能力；其次的原因是高温下填料塔中填料的热解吸热现象，也会导致二噁英的增加。因此在使用此装置时常通过注入活性炭来提高去除二噁英的能力。

5）吸附工艺。吸附工艺主要是利用活性炭吸附二噁英类物质。活性炭吸附技术类型主要包括：活性炭直接注入式、固定床或移动床活性炭反应器。在除尘器前注入活性炭的方法成本最低，具有明显降低二噁英的排放的效果，通常在喷雾干燥吸收过程中喷入活性炭；固定床式吸附是烟气通过活性炭组成的固定床，经过一定的吸附时间后将整个达到饱和的活性炭移出；移动床式吸附中活性炭由移动床上方进入，经吸附饱和的活性炭持续或间隔一段时间移出，利用该技术，能使 SO_x、HCl、HF、Hg、重金属物质和二噁英类物质均达到合法的排放水平。

6）催化氧化。选择性催化氧化脱氮装置能起到破坏二噁英类物质的作用。在催化剂作用下发生如下反应：

$$C_{12}H_4C_{14}O_2 + 11O_2 \xrightarrow{O_2\ 催化剂} 12CO_2 + 4HCl$$

由于上述反应的发生，该过程不会产生含有二噁英的物质残渣，二噁英的去除效果依赖于反应中催化剂的量、反应温度和烟气通过催化剂的空速。在城市垃圾焚烧厂的研究中发现：选择 $V_2O_5/TO/WO_3$ 作催化剂，反应温度 220℃、空速 2600h^{-1}经多层催化反应系统后，二噁英的排放量（标态）由 14.1ng-TEQ/m^3 减少到 0.728ng-TEQ/m^3，去除效果达到 95%以上。

烟气处理系统要综合考虑多种污染物质的去除，如颗粒物、重金属、酸性气体和有机污染物，因此要根据不同行业的排放标准结合多种大气污染物控制设施组合该系统。

5.2.2　固定床吸附技术

5.2.2.1　工艺原理

活性炭、碳纳米管、石墨等碳材料均是当前作为二噁英吸附剂研究的热点材料，各国学者将理论与实验相结合，对碳材料吸附二噁英进行了深入的机理研究。焚烧系统中控制二噁英排放的装置有：固定床吸附装置、移动床吸附装置以及携带流喷射结合布袋除尘，主要吸附剂为活性炭。

固定床就是颗粒过滤器的一种简单形式。传统的固定床过滤器，使用在钢铁、煤化工行业已经有几十年的历史，我们国内的技术来源于日本，首先是在太原钢铁研究所进行详细的研究，并且在太原钢铁烧结机上使用固定床形式的烟气处理系统，主要是回收硝酸、硫酸，同时降低二噁英和氮氧化物的排放。在危险废物焚烧线上加装这类装置，主要目的是降低二噁英的排放浓度。

固定床内有三个腔体装填同种活性炭，根据气流速度以及床层压力，控制进气管道的进气速度；根据每小时烟气量、停留时间、活性炭密度确定活性炭的床层体积量，进而达到高效吸附的效果。固定床吸附装置如图 5-7 所示，结构比较简单，日常不需要复杂的保养措施。

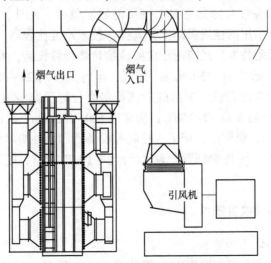

图 5-7　活性炭固定床吸附装置侧视图

固定床过滤器有如下优点：

（1）适用面比较广，因为滤材可以更换，适合过滤高温、腐蚀性、易燃易爆的气体；

（2）除尘效率高，和布袋式除尘器有类似的除尘效率；

（3）由于过滤的机理是布朗扩散，所以对源浓度不是很敏感，类似电容效应；

（4）使用方便，过滤料形式多样。

缺点如下：

（1）装置体积比较大；

（2）如果设置滤料移动、回收、反吹装置，那么结构变得比较复杂，建设投资较大；

（3）由于滤料层有限制，不适合烟尘浓度过高的环节，会导致需要频繁清灰。

从以上固定床的优缺点中，不难看出，在危险废物焚烧装置上适合用在布袋除尘器的末端，达到进一步优化烟气处理、降低二噁英的排放峰值浓度从而平衡二噁英排放浓度的效果。

5.2.2.2　技术应用现状

对于滤料的选择，根据烟气处理的目标而设定。由于在危险废物焚烧过程中，固定床承担的是气态二噁英的过滤，因此选择复配型活性炭颗粒，兼顾吸附烟气中的重金属；同时活性炭颗粒的大小，兼顾整个系统的阻力大小，设计要求更换滤料前的压损低于2000 帕。在国内常见的用于焚烧类固定床的活性炭颗粒大小基本尺寸直径在 4~6mm 左右，主要考虑的是系统压损，同时，由于根据危险废物名录的规定，吸附用的活性炭颗粒，废归类 HW49，在年度更换滤料层后，更换下的滤料需要交由有资质的公司进行再生处理或者焚烧。由于在年度更换或者寿命到期后的活性炭处置也是一笔费用，在实际生产过程中，见过同类型的公司对固定床进行 300~400℃蒸汽反吹活化处理，以延长活性炭使用寿命的做法，但是此种做法是否合法，有待商榷。二噁英的检测有时间性，相关检测单位没法做到 24 小时监测，故对这类在非检测时间段，进行活性炭再生处理的动作没法得到有效的监管，在反吹的那个时间段内，烟气中的二噁英排放浓度应当高于平时固定床工作时间的排放浓度。

固定床吸附技术作为末端技术运用，任何系统都可以灵活添加，对所有废物类别、各种规模、新建/改建项目都适用，尤其适用于处置对象变化较大的危险废物焚烧设施。但是烟气对活性炭颗粒的夹带会降低它对二噁英的脱除效率，此外，当吸附床内通气不足时易造成火灾，因此，采用活性炭吸附床，其操作技术难度比较高。

在国外该固定床吸附技术广泛应用于危险废物焚烧处置设施，尤其是比利时、德国和荷兰应用较多。建设投资约 70~150 元/m³ 烟气，运行成本约 20~30 元/t 废物；在国内，按照《中国履行关于持久性有机污染物的斯德哥尔摩公约国家实施计划》建设的设施有一部分采用该技术，运行温度在 80~150℃，炭床厚 500~1000mm，入口烟尘浓度<80mg/m³，活性炭消耗量为 0.5kg/t，吸附塔、配电、控制等设备费和活性炭填料费用约为 51 元/m³；运行成本包括设备折旧、活性炭消耗、动力消耗等约 20 元/t；废物二噁英去除效率大于 80%。

5.2.3　活性炭注入+布袋收尘技术

5.2.3.1　工艺原理

焚烧烟气中气相悬浮和固相吸附在飞灰颗粒上的二噁英类所占比例取决于焚烧炉燃

烧工况、烟气冷却速率及焚烧飞灰表面是否存在促使二噁英合成的金属催化剂等。根据国外研究报道，烟气在200℃进入布袋除尘器前气相悬浮和吸附在飞灰颗粒上的二噁英类一般情况下大约各占50%，只有去除吸附在飞灰颗粒上的二噁英类和气相悬浮的二噁英类，才能有效控制焚烧尾气中二噁英类的排放浓度。

直接将活性炭颗粒或者粉末注射到布袋除尘器前的方法可以改善焚烧尾气净化系统对二噁英的去除效率，但是由于增加了集灰层的厚度和运行间歇期，对改善二噁英去除效率的成果并不明显。活性炭注入+布袋收尘技术将活性炭吸附器置于布袋除尘器后，在布袋除尘器去除飞灰和吸附于飞灰颗粒上的二噁英后，再通过活性炭吸附去除气相悬浮的二噁英，不但有利于提高整个系统的二噁英去除效率，同时可以减少吸附器的集灰量和运行间歇期，提高活性炭的利用效率并且降低运行费用。该系统简单、高效，但吸附后的活性炭（焦）不能进行回收再生，只能作为固体危险废物填埋或固化处理。也就是说，相当于将烟气中的二噁英等毒害物质转移到固态载体中。设备样图如图5-8所示。

图 5-8　活性炭+布袋收尘设备

5.2.3.2　技术应用现状

活性炭注入+布袋收尘技术对焚烧尾气中二噁英的去除效率在90%以上，不但比单独使用布袋除尘器或活性炭滤布吸附器时对二噁英去除效果要好很多，而且比按布袋除尘器和活性炭滤布吸附器串联使用的理论去除效率（77%）要高。这可能是由于单独使用活性炭纤维布时，活性炭层上由于累积大量的飞灰，影响了活性炭的吸附效率，导致了其对二噁英的去除效率降低。所以当联合使用"活性炭吸附+布袋收尘技术"时，在布袋除尘器去除了大量的飞灰后，进入活性炭滤布吸附器烟气中的飞灰浓度很低，使活性炭层能够充分发挥其吸附作用，吸附去除烟气中的气相悬浮二噁英类。但是目前采用的布袋除尘器后设置固定床和流动床活性炭吸附器，由于活性炭的消耗量大，运行费用也仍然很高。而采用在布袋除尘器后设置新型的活性炭纤维布吸附器，经处理后烟气中的二噁英也能满足需求的排放标准，并且可以减少活性炭的消耗量，有望同时具有投资、运行费用低和对二噁英保持良好的去除效率的优点。

采用布袋除尘+活性炭吸附的技术方案能够很好地解决烟气中二噁英的排放问题，即使焚烧温度在700~750℃时，低于规定的焚烧温度，经处理后焚烧烟气中的二噁英也能满足的排放标准。目前我国沿海发达地区乡镇企业产生可燃工业废物数量较多但产生源比较分散，集中处理运输成本较高，因而多采用小型焚烧炉来处理这些废物，但是小型焚烧炉二燃室的燃烧工况不易稳定，控制这些焚烧炉产生烟气中的二噁英是一难题。这些小型焚烧炉如果采用布袋除尘器+活性炭吸附去除焚烧飞灰和二噁英技术，也能够很好地控制二噁英排放，解决焚烧所引起的二噁英污染环境问题。

研究表明，采用布袋除尘+活性炭吸附的技术，当活性炭喷入量为$100mg/m^3$时，布袋出口温度越低，布袋除尘器进口烟气中PCDD/Fs浓度越低，当布袋除尘器出口温度为

160℃时，PCDD/Fs 浓度为 0.5ng-TEQ/m³。研究指出，活性炭的喷入量为 50~100mg/m³ 时，PCDD/Fs 的脱除效率可达 99% 以上；在实际的应用中，布袋除尘器前喷入活性炭和石灰石等吸附剂，即使是在布袋除尘器进口温度较高时，喷入活性炭后二噁英的脱除率也能够达到 90% 左右。

在国外，布袋除尘+活性炭吸附技术广泛应用于危险废物焚烧设施，建设投资约为 300~400 元/m³ 烟气，运行成本约为 200~300 元/t 废物，活性炭消耗量 0.5~1.0kg/t 废物；目前按《中国履行关于持久性有机污染物的斯德哥尔摩公约国家实施计划》建设的设施全部采用该技术，滤袋多为聚酯、尼龙等普通材质，在良好焚烧氛围时，能满足 0.5ng-TEQ/m³ 的排放要求，另外还有很多使用聚四氟乙烯（戈尔）滤袋，二噁英去除效果相对较好。在烟气流速为 1m/min，活性炭喷入量为 0.5~1.0kg/t 废物时，工程投资约为 80 元/m³，运行成本约为 42 元/t 废物，PCDD/Fs 去除效率可达到 80% 以上；在烟气流速为 0.1~0.5m/min，滤袋采用聚四氟乙烯（戈尔滤袋），活性炭喷入量为 0.35~1kg/t 废物时，工程投资约为 150 元/m³，运行成本约为 184 元/t，PCDD/Fs 去除效率可达到 90% 以上。

5.2.4 SCR 技术

5.2.4.1 工艺原理

选择催化还原法（SCR）技术被认为是降解二噁英的最有前景的技术之一。该技术最早由美国人提出，而日本人于 1978 年实现将其工业化。最早，SCR 应用于烟气脱硝技术，NO_x 在催化剂和氨条件下发生反应，降解 NO_x。其中，催化剂是 SCR 技术的核心。1989 年，德国学者 Hagenmaier 最早报道了二噁英在 SCR 工艺条件下发生反应，可以生成 H_2O、CO_2 和 HCl。目前应用于 SCR 催化降解二噁英的催化剂主要是 V 基二元 SCR 催化剂，如 $V_2O_5/WO_3\text{-}TiO_2$ 和 $V_2O_5/MoO_3\text{-}TiO_2$。SCR 反应器结构如图 5-9 所示。

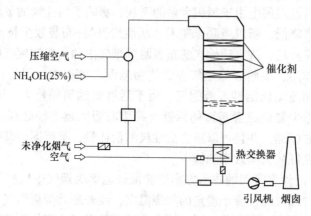

图 5-9　NO_x、二噁英协同去除 SCR 反应器

反应温度 280℃ 的条件下，利用脱硝催化剂为 SCR 反应载体，外部氨源作为还原剂，使其与烧结烟气中的 NO_x 和二噁英反应，产生无害的氮（N_2）、二氧化碳（CO_2）和水（H_2O）。其化学反应式分别表示如下：

（1）脱硝反应：

$$4NO + 4NH_3 + O_2 \longrightarrow 4N_2 + 6H_2O$$

$$NO + NO_2 + 2NH_3 \longrightarrow 2N_2 + 3H_2O$$

$$6NO_2 + 8NH_3 \longrightarrow 7N_2 + 12H_2O$$

（2）脱二噁英反应：

$$PCCDs + O_2 \longrightarrow CO_2 + H_2O + HCl$$

$$PCCFs + O_2 \longrightarrow CO_2 + H_2O + HCl$$

PCDD/Fs 去除效率一般大于 95%，运行温度为 250~450℃，层数 2~3 层，入口烟尘浓度小于 $80mg/m^3$。

5.2.4.2 技术应用现状

作为末端技术运用，该技术包含的任何系统都可以灵活添加，对所有废物类别、各种规模、新建/改建项目都适用，尤其适用于 PCDD/Fs 排放要求更严格的设施。虽然 SCR 在催化降解二噁英技术上可行，但由于其最佳的反应温度至少在 200℃，而一般垃圾焚烧排放的烟气温度只有 160℃ 左右，二次加热无形中增加了企业的运行成本，当催化剂安装在布袋除尘器前时，烟气温度能够很好地满足催化剂活性，但是烟气中的水蒸气及重金属能使催化剂中毒，使其活性大大降低；当催化剂安装在布袋除尘器后面时，虽然能避免催化剂中毒，但是烟气温度条件基本达不到要求，若设置加热设备维持催化剂的催化性能，则大幅度增加运行成本。

基于 SCR 技术的局限性，美国戈尔公司首创 Remedia 工艺，即催化布袋技术，该工艺实际上结合了两种技术：催化降解技术与表面过滤技术。Remedia 工艺由布袋和催化两部分组成。该工艺有利于避免二噁英的再次合成和二次污染，在整个催化降解二噁英的过程中不需要喷吸附剂或碱性物质，因为催化布袋技术外观上等于布袋，所以不需要改造现有设备，只需要更换除尘器滤袋，因此施工相对简单。

目前，SCR 技术已广泛用于德国、英国等部分欧洲国家的工厂中。在欧洲 200 个危险废物焚烧厂中至少有 43 个使用 SCR，投资成本较大（400~500 元/m^3），运行成本约为 40~50 元/t 废物；在国内 SCR 已应用于多个燃煤电厂烟气脱硝，同时西北化工研究院、浙江大学、沈阳环境科学研究院等多家单位已开展了 SCR 去除二噁英的工业化应用研究，二噁英去除率在 95% 以上。

5.2.5 活性炭循环流化床吸附技术

5.2.5.1 工艺原理

活性炭循环流化床吸附技术，在布袋除尘器之前增设一个循环流化床式的反应塔，活性炭注入烟气后一同进入循环流化床，在流化状态下活性炭与烟气充分混合接触，达到吸附烟气中二噁英的效果，设施如图 5-10 所示。循环流化床焚烧炉的主要特征是炉膛内始终存有大量的粒度适宜的惰性床料，垃圾和惰性床料在炉膛内流化床的作用下呈现充分流化状态，垃圾送入炉膛后在处于流化状态的床料裹挟下，迅速分散、快速升温，很快地完成燃烧前的升温阶段，随着大量的物料被烟气带到炉膛上部持续稳定的燃烧，经过不同的途径再循环返回炉膛下部。布置在炉膛出口的气固分离器将绝大部分被烟气带出炉膛的物料从烟气中分离出来，并经过返料系统将物料回送至床内，更有很大量的物料通过中间上升和边壁下降的内部通道实现循环。这样的物料循环，一方面实现了炉膛内温度的均匀化，另一方面保证了垃圾的充分燃烧。循环流化床具有很大的热容量和良好的物料混合速率，所以对燃料的适应性强，床内强烈的湍流和物料循环，增加了垃圾的燃烧速率，均匀的炉内温度既保证了燃烧烟气在高温区的停留时间，又可以防止产生局部高温的问题，保证了气体的充分燃烧、毒性物质分解更加彻底，危险废物的燃尽率更高。

图 5-10　活性炭循环流化床

5.2.5.2　技术应用现状

活性炭循环流化床吸附技术作为末端技术运用，任何系统都可以灵活添加，对所有废物类别、各种规模、新建/改建项目都适用，尤其适用于新建焚烧设施。美国垃圾焚烧厂二噁英排放显示，大型焚烧厂（大于 225t/d）焚烧的垃圾量占总量的 91%，其产生的二噁英仅占到全部产生的 17%，而占焚烧了垃圾总量 9% 的小型焚烧厂（小于 225t/d），其产生的二噁英却占到 83%。在国外该技术广泛用于危险废物焚烧设施，尤其法国、德国应用较多，投资成本约 $50\sim90$ 元/m^3，运行成本约为 $20\sim30$ 元/t 废物；国内已有一些危险废物焚烧设施采用了此技术，在运行温度为 $130\sim180℃$，活性炭喷入量为 $0.3\sim2kg/t$ 废物，烟气停留时间大于 8s 的条件下，二噁英的去除率大于 80%，投资成本（包括循环流化塔及配电、控制等设备费用）约为 30 元/m^3，运行成本（包括设备折旧、动力消耗等费用）约为 12 元/t 废物。

5.2.6　催化过滤器技术

催化过滤器技术属于二噁英治理的一种新技术，将过滤袋用催化剂浸泡或者在生产过滤器时直接将催化剂与有机材料混合，工作温度在 $180\sim260℃$，这种过滤器既可以用来除尘，又可用于减少 PCDD/Fs 排放，PCDD/Fs 去除效率大于 99%，排放量通常小于 0.02ng-TEQ/m^3，是目前国际最先进的烟气二噁英减排技术，对所有废物类别、各种规模、新建/改建项目都适用，尤其适合厂房空间小和 PCDD/Fs 排放更严格的情况。

催化过滤器技术在国外有少数应用，如比利时和法国就有几个焚烧厂采用此技术，投资成本非常大，约为 $1500\sim3000$ 元/m^3（烟气流速 $0.5\sim1m/min$），运行成本也由于更换催化滤料而较高，据报道，催化过滤材料成本是约 300 欧元/m^2，而聚四氟乙烯滤料（戈尔）为 60 欧元/m^2，增加的运行成本为 $2\sim3$ 欧元/t 废物；国内目前还没有研究、使用催化过滤器技术的相关报道。

5.3　钢铁企业二噁英治理方法及应用

5.3.1　烧结工序二噁英治理技术

烧结作为钢铁生产过程中污染最严重的工艺环节之一，其二噁英排放量占钢铁生产总排放量的 90%，因此烧结烟气的治理已成为钢铁企业环保达标的重中之重。根据 PCDD/Fs 的性质及生成机理，其减排途径首先应从减少 PCDD/Fs 生成量入手，即从减少含有苯环结构的化合物、减少氯源及催化物质入手，同时对温度进行控制，缩短有机废气在 PCDD/Fs 易生成温度区间的停留时间。其次，对于已生成的 PCDD/Fs，可采取高效过滤、物理吸附、高温焚烧、催化降解等措施；管理方面也应采取一些积极措施，如制订严格的 PCDD/Fs 排放标准。

5.3.1.1　减少 PCDD/Fs 的生成量

（1）烧结 PCDD/Fs 在料层生成，将生石灰、轧钢氧化铁皮含油量控制在 1% 以下，避免使用无烟煤作燃料，对烧结工艺进行优化（更好地控制烧结终点、改进烧结料层条件和渗透性等可使 PCDD/Fs 产生量降低 85% 左右），减少烧结原料带入的氯及其前体化合物，都可以降低 PCDD/Fs 的生成量。

（2）为了减少带入烧结的氯源，经处理后的碳钢冷轧酸性废水不宜作为浊循环的补充水回用于轧钢冲氧化铁皮（用作烧结混合料的氧化铁皮中通常含氯量相对较高），同时也不宜用作矿石料场洒水。国内有的烧结厂为降低烧结矿低温还原粉化率（RDI），采用矿石料场喷洒 $CaCl_2$ 技术，增加了烧结过程可生成 PCDD/Fs 的"氯源"，宜尽可能改在烧结矿成品段喷洒；有的厂为了减少废水处理投资而将自备电厂脱硫废水（含氯离子很高）作原料场洒水，这种为 PCDD/Fs 生成提供大量氯源的"废水零排放"技术应当摒弃。

（3）铜对 PCDD/Fs 的生成具有强催化作用，应优先使用含铜量更低的铁矿石原料。

（4）有研究报道，向烧结料层喷入 $NaHCO_3$ 明显降低了 PCDD/Fs 的产生量，可能是 $NaHCO_3$ 与烧结过程产生的气态氯化物（如 HCl、Cl_2）反应生成了 NaCl，从而减少了可生成 PCCD/Fs 的有效氯源。

（5）只要温度适宜，烧结 PCCD/Fs 在接近卸料端（80%~90%处）的几个风箱内同样可能形成，甚至达到最大值。研究发现，烧结料中加入合适的抑制剂（如氨水、尿素），可使烧结 PCCD/Fs 的生成量明显降低，其机理仍有待于进一步探明。氨水可来自炼焦系统，成本低廉，可以在接近卸料端几个风箱喷入，但喷入的位置宜接近烧结料层的底部，而不是喷入风管或其附近；若为尿素颗粒，也可以加入烧结混合料中。此外，还可以向风箱内喷入水雾（若为 NaOH、$Mg(OH)_2$ 或 $Ca(OH)_2$ 水溶液，还具有脱硫效果），使烟气快速冷却至 200℃ 以下，缩短烟气在 PCDD/Fs 易生成温度区间停留的时间，可以明显降低 PCCD/Fs 的生成量，其喷入的部位越接近烧结料层越好。将 PCCD/Fs 生成量较大部位几个风箱的排气用作烧结助燃空气（含 PCDD/Fs 废气循环），不仅可以节约能源，同时还可以明显降低 PCDD/Fs 的生成量。这种减排技术国外已有应用，如欧洲克鲁斯钢厂 3 台烧结机就全部采用了这一技术，50% 的废气被循环利用，PCDD/Fs 减排量达到了 70%，颗粒物和 NO_x 减少排放量近 45%。

（6）采用较高含硫量的燃料和铁矿石也可以使 PCDD/Fs 生成量明显减少。其原理包括：一是燃烧生成的 SO_2 和少量 SO_3 可与烟气中的 Cu^{2+} 反应生成 $CuSO_4$，降低了 Cu 的催化活性；二是 SO_2 与 Cl_2 和 H_2O 反应可以生成 HCl 和 SO_3，消耗了有效氯源，削弱了芳香族化合物的氯代作用，从而减少了 PCDD/Fs 的生成量。这种减排在垃圾焚烧行业已有报道，在烧结工序 PCDD/Fs 减排方面尚无报道。但从国内两个大型长流程钢铁企业的实测数据来看，华北某厂采用国内铁矿石原料（含硫量高），烟气中的 PCDD/Fs 要比华东某厂采用进口低硫铁矿石原料低一个数量级，可能与前者烟气中 SO_2 浓度比较高有关。

5.3.1.2 已生成 PCDD/Fs 的减排

(1) 高效过滤。低温条件下（200℃以下），PCDD/Fs 绝大部分都以固态形式吸附在烟尘表面，而且主要吸附在细微的灰尘颗粒上。湿法除尘对 PCDD/Fs 的净化效率较低，一般为 65%~85%，静电除尘器则更低一些（国内某钢铁企业烧结机静电除尘器实测平均净化效率为 50.7%），而袋式除尘器一般都可以达到 85%~90% 或更高。除尘器入口烟气温度的高低决定了 PCDD/Fs 的减排效率，温度越低效果越佳。有关研究资料表明，若采用合适的滤料，布袋除尘器后 PCDD/Fs 排放浓度不到电除尘器的 10%。因此，烧结机的 PCCD/Fs 减排工艺应尽可能选用袋式除尘；国外已有不少成功业绩，如美国钢铁公司、内陆钢铁公司、杰尼瓦公司、WCI 公司等 9 个有烧结的钢厂均采用袋式除尘；国内已有"电布袋除尘器"（静电除尘与袋式除尘的复合）应用于烧结机头烟气的实例。PCDD/Fs 最终的排放浓度与排放废气中的含尘浓度成正比关系，因此必须尽最大可能降低烟尘的排放浓度，尽可能提高除尘效率。

(2) 物理吸附。利用 PCDD/Fs 可被多孔物质（如活性炭、焦炭、褐煤等）吸附的特性，对其进行物理吸附（国外已广泛采用），一般有携流式、移动床和固定床 3 种处理形式：

1) 携流式是指在除尘器前烟道（或设专门装置）喷入吸附剂，吸附 PCDD/Fs 后的吸附剂被除尘器脱除从而达到减排目的，该方式投资及运行成本最低；

2) 移动床是指吸附剂从吸附塔上部（或下部）进入，从下部（或上部）排出，一般设在除尘器后（设在除尘器前会降低脱除效果并增加运行成本），失去活性的吸附剂可作为燃料利用或再生后循环使用，但一次性投资比较大；

3) 固定床中的吸附剂是不动的，烟气流过其表面时 PCDD/Fs 被脱除。

使用焦炉褐煤粉末作吸附剂和袋式除尘工艺，PCDD/Fs 排放量可减少 98%，排放浓度可低至 $0.1ng\text{-}TEQ/m^3$。该技术要求吸附剂具有高比表面积，喷入时要求分散均匀性好，但在喷入某些型号煤粉时需消耗石灰，与煤粉混合进行惰性化处理，或喷煤的同时喷入石灰防止引起火灾和爆炸；由于煤粉吸附剂和石灰粉的喷入，增加了后续除尘器的负荷，设计时应考虑对除尘系统进行优化。喷入活性炭可能会比喷褐煤具有更好的减排效果，因为活性炭的比表面积更大，但是价格也相对较高。

(3) 催化分解。日本名古屋国家工业研究所开发的 TiO_2 加紫外光催化分解技术 PCDD/Fs 去除率可达 98.6%，同时还能分解烟气中 55% 的 NO_x。其基本原理是：TiO_2 在紫外光照射下能产生氧化性极强的羧基自由基，几乎可以将所有的有机物氧化生成 CO_2 和 H_2O，且分解率高、降解速度快，并且最终生成物是 CO_2 和 H_2O 等无害物，处理彻底、不存在二次污染。我国西北化工研究院开发的 $TiO_2\text{-}V_2O_5\text{-}WO_3$ 催化剂氧化分解技术，在 240~320℃ 试验条件下，PCDD/Fs 去除率达 95%~99%，连续运行 400 多小时，催化剂仍表现出优良的活性；在 240℃ 左右较低温度下，催化活性达到最佳。近几年国内外对 TiO_2 光催化剂进行了广泛的研究，该项技术正在不断完善，从普通颗粒状 TiO_2 到纳米级 TiO_2，从固定床反应器到浮动床反应器，从单一 TiO_2 催化剂到复合型催化剂等，其研究方向一是提高 TiO_2 催化活性，二是发展可见光的利用，三是研制高效能反应器。考虑到催化剂的中毒问题，催化反应装置一般宜设在除尘器后，但此时烟气温度已低于 150℃ 或更低，尚需对烟气进行加热。该技术设备投资比较大，运行成本也比较高，目前为止还未见到应用于烧结烟气 PCDD/Fs 减排方面的报道。

（4）戈尔 Remedia 催化过滤技术。此技术由美国戈尔公司于 1998 年发明，是一种"表面过滤"与"催化分解"相结合的"覆膜催化滤袋"技术，在垃圾焚烧、危险废物、医疗废物焚烧及再生铝等行业已有大量应用（日本、美国、德国、英国、捷克、比利时、奥地利、新加坡、泰国、巴西、中国台湾等），且技术成熟。滤袋由 ePTFE 薄膜（Gore-Tex 薄膜）与催化底布组成，底布为针刺结构，纤维由膨体聚四氟乙烯复合催化剂组成，集高效除尘与催化氧化于一身，与传统技术相比具有如下特点：

1）颗粒物去除效率高，排放浓度可达 $1mg/m^3$；

2）固气态 PCDD/Fs 去除率高（固态 99.9%、气态 97.8%，总去除率达 98.4%），排放浓度可低于 $0.1ng\text{-}TEQ/m^3$，气态 PCDD/Fs 在低温状态（180~260℃）被彻底分解而不是吸附转移，不存在 PCDD/Fs 的二次合成和二次污染；

3）不需要喷吸附剂或碱性物质，不需要改造现有设备，只需要更换除尘器滤袋，施工简单方便；

4）阻力小，28 次/d 清灰时阻力为 1500Pa；

5）ePTFE 薄膜滤袋抗腐蚀性强，适用于酸性烟气；

6）滤袋寿命长，一般可使用 6 年以上。

（5）烟气循环技术。烧结烟气循环利用技术是将烧结过程排出的一部分载热气体返回烧结点火器以后的台车上再循环使用的一种烧结方法，可回收烧结烟气的余热，提高烧结的热利用效率，降低固体燃料消耗。烧结烟气循环利用技术将来自全部或选择部分风箱的烟气收集，循环返回到烧结料层，这部分废气中的有害成分将在烧结层中被热分解或转化，二噁英和 NO_x 会部分消除，抑制 NO_x 的生成；粉尘和 SO_x 会被烧结层捕获，减少粉尘、SO_x 的排放量；烟气中的 CO 作为燃料使用，可降低固体燃耗。另外，烟气循环利用减少了烟囱处排放的烟气量，降低了终端处理的负荷，可提高烧结烟气中的 SO_2 浓度和脱硫装置的脱硫效率，减小脱硫装置的规格，降低脱硫装置的投资。目前，烟气循环的应用技术主要有 EOS、Eposint 和 LEEP 方法等。

（6）烧结烟气脱硫。烧结烟气脱硫对 PCCD/Fs 具有明显的减排效果，主要是脱硫以后细颗粒烟尘排放浓度可以大幅度降低。此外，烧结烟气脱硫对 PCDD/Fs 也具有明显的减排效果，可能是催化氧化对 PCDD/Fs 的降解作用。

（7）MEROS 技术。德国西门子集团开发的 MEROS 烧结烟气高效干法净化技术，由气体调节反应器、粉尘循环系统、脉冲织物过滤器及清洁气体监控系统组成，不需要对烟气加热，在烟道上逆流喷射添加剂，集脱硫、脱 HCl 和 HF 于一身，并可以使 VOC 可冷凝部分几乎全部去除。一系列测试结果表明：排放烟气中的烟尘浓度低于 $5mg/m^3$，重金属去除率达 95% 以上，PCDD/Fs 去除率达 98%（喷焦炭或活性炭）以上，HCl 和 HF 去除率在 90% 以上。其技术关键点在于添加剂的作用和粉尘循环再燃烧。

（8）其他减排技术。

1）日本原子能研究所发明的电子束分解技术，据报道减排效果也很显著；其基本原理是利用电子束照射废气，使废气中的 O_2 和 H_2O 生成活性氧等易反应的物质，从而达到破坏 PCDD/Fs 化学结构的目的。

2）日本 Miyoshi 油脂公司发明了 Dioeut G-20 还原剂与空气混合喷入烟道的方法，

PCDD/Fs排放浓度可降至 1ng-TEQ/m^3 以下，该还原剂为粉末状、含无机磷的化合物和钙，在 300~400℃ 温度区间可产生原子氢，与 PCDD/Fs 氯基反应生成 CaCl$_2$，从而使 PCDD/Fs 得到还原。该技术内投资与活性炭吸附法相当，约为高温焚烧法的 50%，其运行费用不到两者的一半。

3）有关研究表明，在 240~320℃ 温度区间向烟气中喷入 H$_2$O$_2$ 也可以有效降低 PCDD/Fs 排放量。

4）还有人尝试用 α-辐射降解 PCDD/Fs，运行成本较低，而且减排效果也比较明显。

5.3.2 电炉工序二噁英治理对策

目前，由于国内在用炼钢电炉较少，且二噁英检测周期长、费用高，因此国内电炉烟气中的二噁英含量数据比较欠缺。从目前国内电炉普遍采用铁水加废钢冶炼，且铁水占比较高的情况（国外多采用全废钢冶炼）估计，电炉烟气中二噁英含量较国外电炉烟气二噁英含量低。

有文献表明，国内某采用传统电炉烟气除尘系统的 50t 电炉一次烟气和二次烟气中排放的二噁英浓度分别为 0.13ng-TEQ/m^3 和 0.17ng-TEQ/m^3；另据报道，我国台湾地区 2 个电弧炉炼钢设施排放烟气中二噁英浓度分别为 0.35ng-TEQ/m^3 和 0.14ng-TEQ/m^3；LEE 等对台湾 8 座电弧炉炼钢设施排放烟气中二噁英进行测定发现，毒性当量浓度平均值为 0.28ng-TEQ/m^3。以上数据表明，由于国内电炉冶炼普遍废钢比例相对少，铁水比例高，二噁英生成量一般较国外电炉少。同时表明电炉二次烟气中也含有二噁英，其毒性当量浓度虽然远低于一次烟气，但由于二次烟气量远大于一次烟气量，其总生成量也是比较大的，故减排二噁英时应一并考虑一、二次烟气。

现有的电炉烟气二噁英减排技术大体分为源头生成量减排技术和已生成二噁英减排技术两大类。源头生成量减排技术即在源头上消除二噁英生成条件，可以通过入炉原料分选、加料工艺过程控制、烟气喷水急冷、烟气喷入碱性抑制剂等手段来实现，预计二噁英可减排 80%~95%。已生成二噁英减排技术可分为高效过滤技术、活性炭吸附技术、催化过滤 Remedia 技术及其他技术四大类。

5.3.2.1 电炉工序源头减少 PCDD/Fs 生成量的措施

（1）入炉原料分选。废钢是电炉的主要原料，由于来源混杂，应对废钢进行预处理，对废钢进行分选，最大限度地减少其中油脂、油漆、涂料、塑料等有机物的入炉量，并对这类含有机物的废钢另行加工处理，同时要严格限制进入电炉的氯源总量。

（2）加料工艺过程控制。分选出含有机物的废钢则不宜采取预热处理，这类废钢在电炉加料时应缓慢连续加入。有研究资料显示，这类废钢缓慢地连续加入可使废气达到较高的氧化程度（提高氧化程度可降低未燃有机化合物成分）和较低的氯苯产生量，PCCD/Fs 的生成量要比快速加入少得多。

（3）烟气喷水急冷。电炉一次烟气温度在 1000℃ 以上，此时 PCDD/Fs 及其他有机物已经全部分解；对燃烧后的烟气应进行急冷，使其快速冷却至 200℃ 以下，最大限度减少烟气在 PCDD/Fs 最适宜生成温度区间的停留时间，可以减少"从头合成"。目前，蒸发冷却塔已大量用于高温烟气的冷却降温，喷入塔内的水雾可使高温烟气快速冷却，而且还能使部分微细烟尘颗粒凝聚成大颗粒，更易于去除；与传统的接冷风等降温措施相比，具有烟气总量少、运行设备总阻力小、噪声低等特点；与空气换热强制冷却相比，可以缩短管路，缩短冷却时间，降低运行阻力，尤其适合电炉这类高温烟气的快速冷却降温，PCDD/Fs 减排效果明显，预计可减排 80%~95%。

（4）烟气喷入碱性抑制剂。对于未采取急冷降温的电炉烟气，在 600~800℃ 温度区间向烟道或设置的专用装置内喷入碱性物质粉料（如石灰石或生石灰），通过生成 $CaCl_2$，减少可生成 PCDD/Fs 的有效氯源，也可使 PCDD/Fs 的生成量明显降低。在 250~400℃ 区间喷入氮，也可以抑制 PCDD/Fs 的生成。

（5）新型电弧炉炼钢工艺。日本开发的环保型高效 ECOARC（ecological and economical arc fumace）电弧炉已通过 5t 试验炉试验并成功地进行了小规模商业化生产，该电炉本体由成钢熔化室和与熔化室直接连接的预热竖炉组成（可一起倾动），后段设有热分解燃烧室、直接喷雾冷却室和除尘装置。热分解燃烧室可将含有 PCCD/Fs 在内的所有有机废气全部分解，并能够缩短高温区间烟气的滞留时间，喷雾冷却室可将高温烟气快速降温避免 PCDD/Fs 的二次合成。研究结果表明：废气中的 PCCD/Fs 低于 0.5ng-TEQ/m^3，烟尘颗粒物中的 PCDD/Fs 低于 3.0ng-TEQ/g。不仅如此，该电炉与常规传统电弧炉相比，每生产 1t 钢的电耗、烟气量、烟尘产生量可相应降低 40%、40% 和 50% 以上，炉子的生产率也可提高 50% 以上。ECOARC 电炉属于平缓负荷脉冲操作，闪烁和高次谐波可减少 50% 以上，噪声也要比常规电弧炉低得多。

5.3.2.2 已生成 PCDD/Fs 的减排

（1）高效过滤技术。电炉生产过程中产生的 PCCD/Fs 在低温条件下大部分都是呈固态形式，常常吸附在烟尘的表面，主要在细颗粒表面，采用高效除尘器可以明显减少 PCDD/Fs 的排放量；但是当烟尘排放浓度降低至一定水平（如 5mg/m^3 以下），则 PCDD/Fs 已不会再明显降低。

（2）活性炭吸附技术。活性炭吸附技术分为两种工艺，一种工艺是在布袋除尘器前喷入活性炭粉末，吸附烟气中的二噁英，然后通过布袋除尘器去除，达到降低二噁英排放的目的。该方法烟气中气相二噁英与活性炭的接触和被吸附的机会少，且布袋除尘器清灰周期短，活性炭在布袋上停留时间短，活性炭利用率低，二噁英去除效果有限；另一种工艺是设置固定床活性炭吸附装置，此技术投资成本较高，对于电炉烟气如设计不合理还有爆炸燃烧的可能性。活性炭吸附技术吸附二噁英的净化效率可由 50%~85% 提高到 90%~99%。

HOK 褐煤吸附技术在欧洲 Schifflingen（1997 年）、Esch-Belval（2001 年）、Differdingen（2001 年）、Stalhl Gerlafingen（瑞士，1998 年）、ALZ Genk（比利时，2003 年）五家钢厂的电炉生产中得到了应用，达到了确保 PCDD/Fs 排放低于 0.1ng-TEQ/m^3 的目标。HOK 褐煤是经过"转底炉工艺"活化的褐煤（HOK 是德语转底炉的简称），具有良好的孔隙结构（1~50mm），孔隙率高达 50%，超研磨级 HOK（24μm）喷入量 25~35mg/m^3，即可使 PCDD/Fs 远远低于 0.1ng-TEQ/m^3，为了确保安全，应在除尘器入口安装火花捕集器。该技术的特点是：褐煤价格低廉、惰性好，喷入量小，不会影响除尘系统的负荷和除尘灰的综合利用，PCDD/Fs 去除率高，适用于废钢预热烟气，运行成本比较低。实践证明，PCDD/Fs 的去除效果很大程度上取决于吸附剂的均匀分布及其与 PCDD/Fs 分子的接触概率。成本较高的活性炭具有微观和次微观孔隙（<1nm），但对 PCDD/Fs 的吸附

作用则非常有限。

（3）催化过滤 Remedia 技术，即戈尔 Remedia 催化过滤技术。该技术较适合处理电炉烟气，而且适合现有布袋除尘器的技术改造，只需更换滤袋并可满足二噁英的排放要求，但滤袋价格昂贵，催化剂寿命不高，滤袋更换频繁，运行成本相对较高。

（4）对已生成二噁英烟气的其他净化手段，其技术核心是催化+分解技术，如选择催化反应技术（SCR）、电子束分解技术、光催化技术等，这些技术目前大多数还处于研发阶段，普遍存在投资成本较高，装置庞大复杂、运行寿命低等问题，大规模的工业应用尚不成熟。

5.3.3　工艺过程抑制二噁英生成技术

铁矿石烧结过程二噁英的形成中 Cl 主要以 HCl、Cl_2 形式参与反应，而其又主要由 KCl、NaCl 等碱金属氯化物生成。因此，为了降低二噁英生成过程中所需 HCl、Cl_2 等高活性氯化物，研究者们开发了多种阻滞剂，以期其与 HCl、Cl_2 等反应并降解为低活性氯化物。

5.3.3.1　碱性阻滞剂

燃烧带内反应生成 HCl 和 Cl_2 气体，在经过下部料层时，其亦与料层内 CaO、$CaCO_3$ 等钙质熔剂发生反应生成氯化活性相对较弱的 $CaCl_2$，反应式如下：

$$2HCl(g) + CaO(s) === CaCl_2(s) + H_2O(g)$$
$$2HCl(g) + CaCO_3(s) === CaCl_2(s) + CO_2(g) + H_2O(g)$$
$$2Cl_2(g) + 2CaO(s) === 2CaCl_2(s) + O_2(g)$$
$$2Cl_2(g) + 2CaCO_3(s) === 2CaCl_2(s) + 2CO_2(g) + O_2(g)$$

有研究发现在钙质熔剂全部为石灰石的情况下，用 $Ca(OH)_2$ 纯试剂代替部分石灰石时，烧结料层内 $w(CaO)$ 为 2.2%，二噁英质量浓度由 $540ng/m^3$ 降为 $210ng/m^3$，降幅高达 61%；同时，其还发现使用 $Ca(OH)_2$ 纯试剂和生石灰分别代替石灰石时，且两者提供的 CaO 在烧结料层内质量分数为 1% 时，对二噁英减排效果基本相同，减排率分别为 36%、34%。国内学者研究了粉尘中 CaO 的质量分数与 Cl 元素的质量分数比（简写为 $w(CaO)/w(Cl)$）对其燃烧过程二噁英生成的影响，结果表明：随着 $w(CaO)/w(Cl)$ 值的增大，二噁英排放总量大幅减少，且在 $w(CaO)/w(Cl)$ 值为 17.7 时，二噁英排放总量减少约达 91%，继续增大 $w(CaO)/w(Cl)$ 的值，二噁英减排效果基本保持不变。此外，另有研究发现：在烧结过程中使用 $w(CaO)$ 约为 92% 的低质量生石灰相比于使用 $w(CaO)$ 约为 75% 的高质量生石灰时，二噁英排放量约降低 50%。由此可知，在实际烧结过程中可适当增加钙质熔剂的比例，同时可使用高质量的生石灰代替石灰石。

5.3.3.2　含氮阻滞剂

为了降低 Cl_2、HCl 等氯化物活性，将尿素（$CO(NH_2)_2$）、碳酰肼（CH_6N_4O）等含氮阻滞剂加入到烧结料层，其在烧结干燥预热带中均会分解产生氨气，而生成的氨气会与 HCl 反应生成 NH_4Cl，阻止 Deacon 反应的发生，进而抑制高活性 Cl_2 的生成，最终减少二噁英的生成。尿素在烧结料层干燥预热带内温度区间为 100~600℃ 时开始分解，且温度上升开始时慢，后逐渐加快，因此，在干燥预热带上部，当温度 ≥ 132℃ 时，尿素

（CO（NH$_2$）$_2$）开始融化，在缓慢加热时生成双缩脲（C$_2$H$_5$N$_3$O$_2$）和氨气；温度超过193℃，发生分解反应，生成氰酸（HOCN）和氨气。而快速加热时，生成三聚氰酸（C$_3$N$_3$（OH）$_3$）和氨气，当持续快速加热时，也会生成氰酸和氨气。干燥预热带内上述尿素的热分解行为如图5-11所示。

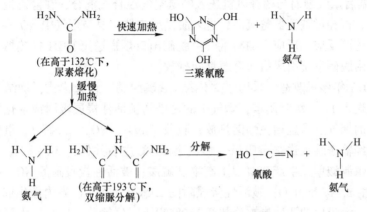

图5-11　干燥预热带内尿素分解行为

涉及相关反应如下：

$$CO（NH_2）_2 \longrightarrow —NH_2 + H_2NCO—$$
$$H_2NCO— \longrightarrow —H + HNCO—$$
$$HNCO \longrightarrow —H + NCO—$$
$$NCO— + H_2O \longrightarrow —NH_2 + CO_2$$
$$—NH_2 + —H \longrightarrow NH_3$$

尿素高温下在热解过程中是直接脱除—NH$_2$基团而不是NH$_3$，而产生的—NH$_2$基团会直接与大分子残碳表面结合，占据残炭表面的活性位置，使其形成具有相似结构的含氮有机物，从而抑制二噁英的生成。此外，生成的—H会抨击已生成二噁英分子中的C—O键，同时—H会与—NH$_2$基团反应生成NH$_3$。生成的NH$_3$，一方面与Cl$_2$反应生成N$_2$和HCl，另一方面又会与生成的HCl反应生成NH$_4$Cl，反应如下：

$$NH_3（g） + Cl_2（g） \longrightarrow N_2（g） + HCl（g）$$
$$NH_3（g） + HCl（g） \longrightarrow NH_4Cl（s）$$

研究表明，相比常规烧结，在烧结混合料中配加固体尿素，当烧结料层内尿素的添加比重（w（尿素））分别为0.020%、0.035%、0.050%时，其二噁英排放总量分别减少60%、76%、60%；当以液态形式加入，料层内w（尿素）为0.050%时，其二噁英排放总量减少仅为38%。综上可知，在实际烧结过程中可适当配加一定的含氮阻滞剂，可高效抑制二噁英生成。

5.3.4　减排烟气二噁英的除尘与吸附联用

烧结烟气脱硝脱二噁英S-SCR技术是宝钢工程在消化、吸收国际先进工艺技术基础上，通过二次开发创新的一项前沿性的专项技术。该技术解决了脱硝烟气升温采用BFG燃料加热的技术难题，设施运行总体稳定可靠，脱硫/脱硝及脱二噁英效果明显，满足排放要求。

2013 年投产的四烧结在现有"烧结+脱硫"的基础上，于 2016 年增设了 SCR 脱硝工艺。烟气经脱硫单元处理后，自脱硫装置出口烟道引出，经 GGH 换热器与脱硝后的净烟气换热升温至 250℃，进入脱硝反应器入口烟道，与加热炉送来的高温烟气充分混合升温至 280℃，升温后烟气继而与稀释风机送入的氨空气混合气混合，在静态混合器的扰动下得以充分混合，再经过整流器整流后，进入脱硝反应器；氨与烟气中 NO_x 在催化剂表面发生氮氧化物的还原反应，反应后的净烟气由脱硝出口烟道送至 GGH 换热器，与原烟气换热降温，最后由脱硝系统引风机送至原烟囱排放。

三烧结 2015 年停机改造，采用了"烧结+脱硫脱硝"设计模式：烧结烟气由增压风机增压后依次送入 1、2 级吸附塔，烟气中的污染物被活性炭层吸附或催化反应生成无害物质，净化后的烟气进入烧结主烟囱排放；吸收了 SO_2、NO_x、二噁英、重金属及粉尘等物质的活性炭经输送装置送往解吸塔，加热至 400℃ 左右并保持 3h 以上，解吸出富 SO_2 气体（SRG）供制酸单元生产 98% 以上高浓度硫酸；被活性炭吸附的 NO_x 发生 SCR 或者 SNCR 反应，生成 N_2 与 H_2O；被活性炭吸附的二噁英，在活性炭内催化剂作用下，被裂解为无害物质；解吸后的活性炭被冷却至 150℃ 以下，经筛分，1.2mm 大颗粒活性炭被送回吸附塔循环使用，1.2mm 小颗粒活性炭粉被送入粉仓，用吸引式罐车运输至高炉喷煤系统。

宝钢烧结厂采用 SCR 和脱硫脱硝工艺后，实现了 SO_2 排放浓度≤50mg/m³，NO_x 排放浓度≤110mg/m³，粉尘排放浓度≤20mg/m³ 和二噁英当量排放浓度≤0.5ng-TEQ/m³ 的环保排放。

5.4　小　　结

二噁英是非人为生产、没有任何用途伴随存在于各种环境介质的一类环境持续存在的污染物，是有机污染物中毒性最强、对生态环境的影响最大，同时其控制难度也是最大的。二噁英由于长期存在于环境中，经食物链进入动物或人体，即使对动物相对无害的量，也能激活肝脏单加氧酶，使许多天然或人工合成的外源物质转化为对人体有害的毒物。我国虽然对二噁英类污染治理的力度已经加大，但随着对二噁英类污染认识的深入，仍需多层次、更加广泛地开展二噁英类的分析研究，为更进一步的综合治理提供技术支持。

从二噁英的形成机理来看，控制工业燃烧物料、燃烧过程及燃烧产生的烟气和残余物有利于控制二噁英的排放。一系列的二噁英治理技术可以将二噁英的排放浓度更进一步降低，包括固定床吸附技术，其适用面比较广，除尘效率高，使用方便，过滤料形式多样。在危险废物焚烧的烟气中可以做到和生活垃圾焚烧同样的排放浓度。这对解决焚烧厂周围的居民生活健康有积极意义，同时对居民正确认识焚烧厂有积极意义。其次，采用布袋除尘+活性炭吸附的技术方案能够很好地解决烟气中二噁英的排放问题，即使焚烧温度在低于规定的焚烧温度时，经处理后焚烧烟气中的二噁英也能满足排放标准。

钢铁工业生产过程中依然存在二噁英过量排放问题。烧结作为钢铁生产过程中污染最严重的工艺环节之一，其二噁英排放量占钢铁生产总排放量的 90%，因此，通过烧结烟气脱硫可以对 PCCD/Fs 具有明显的减排效果，脱硫后细颗粒烟尘排放浓度大幅降低。因此烧结烟气的治理已成为钢铁企业环保达标的重中之重。电炉工序中产生的烟气主要通过源头生成量减排技术和已生成二噁英减排技术来降低，即通过入炉原料分选、加料工艺过程控制、烟气喷水急冷、烟气喷入碱性抑制剂等在源头上消除二噁英生成条件；或者通过高效过滤技术、活性炭吸附技术等实现二噁英减排。随着国家法规对二噁英排放要求日益严格，二噁英治理已经成为钢铁工业及人类生活的重要任务，选择多种治理技术有利于进一步降低二噁英排放浓度的研究。

思 考 题

5-1 钢铁生产流程中，哪一部分是二噁英产生最多的环节？

5-2 二噁英都有哪些方面的危害？

5-3 二噁英的来源都有哪些，每一种来源的产生机理分别都是什么？

5-4 二噁英的治理思路都有什么，每个思路下具体的技术都有哪些？

5-5 SCR 技术的机理分哪几部分？并写出每一部分的方程式。

5-6 请写出催化氧化治理二噁英机理方程式。

5-7 在钢铁企业中，二噁英的治理都考虑了哪些方面？

5-8 在钢铁流程中，二噁英的治理方法都有哪些，他们分别对应了哪个生产工序以及是什么样的治理思路？

5-9 你认为哪个二噁英治理技术是目前实用性最高的，哪个技术是发展前景是最好的？并说出你的理由和见解。

5-10 请凭借自己的理解对二噁英的生产工艺及治理方法进行分类并画出思维导图。

参 考 文 献

[1] 俞明锋，付建英，詹明秀，等. 生活废弃物焚烧处置烟气中二噁英排放特性研究 [J]. 环境科学学报，2018：1983~1988.

[2] Gupta S, Sahajwalla V, Chaubal P, et al. Carbon structure of coke at high temperatures and its influence on coke fines in blast furnace dust [J]. Metallurgical & Materials Transactions B, 2005, 36 (3)：385~394.

[3] 张亨. 二噁英的性质、危害及处理方法 [J]. 中国氯碱，2009 (10)：16~18.

[4] 张杏丽，周启星. 土壤环境多氯二苯并二噁英/呋喃 (PCDD/Fs) 污染及其修复研究进展 [J]. 生态学杂志，2013, 32 (4)：1054~1064.

[5] 王爱香，张文旭. 国内外二噁英研究进展 [J]. 临沂师范学院学报，2006, 28 (3)：75~78.

[6] 徐梦侠. 城市生活垃圾焚烧厂二噁英排放的环境影响研究 [D]. 杭州：浙江大学，2009.

[7] 苏国臣，张金波，苏晶林. 环境中的二噁英及其对人体的危害 [M]. 国外医学 (卫生学分册)，2003 (1)：13~16.

[8] 徐瑛. 二噁英的毒性研究进展 [J]. 环境与健康杂志，2001 (6)：412~413.

[9] Aurell J, Fick J, Marklund S. Effects of transient combustion conditions on the formation of polychlorinated dibenzo-p-dioxins, dibenzofurans, and benzenes, and polycyclic aromatic hydrocarbons during municipal solid waste incineration [J]. Environmental Engineering Science, 2009, 26 (3)：509~520.

[10] Zhang M, Buekens A. De novo synthesis of dioxins: a review [J]. Int J of Environment and Pollution, 2016, 60 (1/2/3/4)：63~110.

[11] 杨杰. 气氛和金属化合物对飞灰二噁英低温影响特性研究 [D]. 杭州：浙江大学，2015.

[12] 张梦玫. 典型过渡金属化合物对二噁英异相催化生成影响及作用机理的研究 [D]. 杭州：浙江大学，2019.

[13] 杨传玺，董文平，史会剑，等. 制浆造纸行业二噁英生成与控制研究 [J]. 环境科技，2014：36~40.

[14] Li Y M, Jiang G B, Wang Y W, et al. Concentrations, profiles and gas-particle partitioning of PCDD/Fs, PCBs and PBDEs in the ambient air of an E-waste dismantling area, southeast China [J]. Chinese Science Bulletin, 2008 (4)：521~528.

[15] 周莉菊，冯家满，赵由才. 二噁英的毒性及环境来源 [J]. 工业安全与环保，2006：49~51.

[16] Stanmore B R. The formation of dioxins in combustion systems [J]. Combustion & Flame, 2004, 136 (3)：398~427.

[17] Vogg H, Stieglitz L. Thermal behavior of PCDD/PCDF in fly ash from municipal incinerators [J]. Chemosphere, 1986, 15 (9~12)：1373~1378.

[18] 严密. 医疗废物焚烧过程二噁英生成抑制和焚烧炉环境影响研究 [D]. 杭州：浙江大学，2012.

[19] Quass U, Fermann M, Broeker G. The european dioxin air emission inventory project—final results [J]. Chemosphere, 2004, 54 (9)：1319~1327.

[20] 操龙虎. 电炉炼钢中二噁英的排放现状及减排措施 [J]. 炼钢，2019：24~28.

[21] 曾小兰. 氟代二噁英 (PFDD/Fs) 环境转化过程的实验与理论研究 [D]. 南京：南京大学，2017.

[22] 王凤炜，付建英，林晓青，等. 钢铁冶炼行业二噁英排放特性和厂区内大气中二噁英分布规律 [J]. 环境科学学报，2018：1404~1409.

[23] 白昭，王瑶，马文鹏. 烧结炼铁过程中二噁英排放浓度及同类物分布研究 [J]. 广东化工，2016：57~58.

[24] 尚海霞，李海铭，魏汝飞，等. 钢铁尘泥的利用技术现状及展望 [J]. 钢铁，2019：9~17.

[25] 苍大强，魏汝飞，张玲玲，等. 钢铁工业烧结过程二噁英的产生机理与减排研究进展 [J]. 钢铁，2014：1~8.

[26] Kasai E, Aono T, Tomita Y, et al. Macroscopic behaviors of dioxins in the iron ore sintering plants [J]. ISIJ International, 2007, 41 (1)：86~92.

[27] 徐帅玺，林晓青，陈彤，等. 钢铁行业不同物料的二噁英生成分布及机理探讨 [J]. 环境科学学报，2018：2818~2824.

[28] Nakano M, Morii K, Sato T. Factors accelerating dioxin emission from iron ore sintering machines [J]. ISIJ International, 2009, 49 (5)：729~734.

[29] 梁宝瑞，赵荣志，张文伯，等. 钢铁行业二噁英的形成机理及降解方法研究现状 [J]. 中国冶金，2021：1~5.

[30] 李曼，田志仁，尤洋，等. 铁矿石烧结过程中二噁英的防治对策 [J]. 环境监控与预警，2017：71~74.

[31] 俞勇梅. 烧结过程二噁英减排技术研究与工业试验 [J]. 宝钢技术，2020：73~78.

[32] Kasai E, Kuzuhara S, Goto H, et al. Reduction in dioxin emissions by the addition of urea as aqueous solution to high-temperature combustion gas [J]. ISIJ International, 2008, 48 (9)：1305~1310.

[33] Chi K, Chang S, Huang C, et al. Partitioning and removal of dioxin-like congeners in flue gases treated with activated carbon adsorption [J]. Chemosphere, 2006, 64 (9)：1489~1498.

[34] 周旭健，李晓东，徐帅玺，等. 多孔碳材料对二噁英吸附性能的研究评述及展望 [J]. 环境污染与防治，2016：76~81.

[35] 张丽军，陈扬，陈岚. 废物焚烧过程中产生二噁英的控制方法 [J]. 化学工程师，2016：50~53.

[36] 杨菲，朱杰．活性炭固定床在医废焚烧烟气吸附二噁英作用研究［J］．资源再生，2017：54~56.

[37] 王苑颖．浅析活性炭喷射结合布袋除尘技术应用［J］．中国设备工程，2020：212~215.

[38] 盛守祥，刘海生，冯俊亭，等．垃圾焚烧排放二噁英治理技术研究［J］．中国资源综合利用，2019：117~120.

[39] 盛守祥，吴昌敏，冯俊亭，等．催化降解烧结烟气中二噁英的研究［J］．中国资源综合利用，2019：14~17，20.

[40] 姜全军，邵炜．$V_2O_5\text{-}CeO_2/TiO_2$低温催化脱除氮氧化物与二噁英研究［J］．电力科技与环保，2020：11~16.

[41] 闫伯骏，邢奕，路培，等．钢铁行业烧结烟气多污染物协同净化技术研究进展［J］．工程科学学报，2018：767~775.

[42] Wei T H, Hung P C, Chang M B. Catalytic destruction vs. adsorption in controlling dioxin emission［J］. Waste Management, 2015, 46 (DEC.)：257~264.

[43] 张传秀，万江，倪晓峰．我国钢铁工业二噁英的减排［J］．冶金动力，2008：74~79.

[44] 孙宏，王力波．戈尔Remedia二噁英催化过滤技术在医疗废物焚烧工程上的应用［J］．中国医院建筑与装备，2005：34~37.

[45] 张志刚，郑绥旭，丁志伟．烧结烟气循环技术工业化应用概述［J］．中国冶金，2016：54~57.

[46] Mizukami H, Yamaguchi R, Nakayama T, et al. Ecologically friendly and economical ARC furnace (ECOARC)［J］. NKK Technical Review, 2000.

[47] Wirling J, 俞勇梅．电炉炼钢厂二噁英减排技术［J］．世界钢铁，2008：26~30.

[48] 孙宏．戈尔Remedia二噁英催化过滤技术在现代化垃圾焚烧工业中的应用［J］．发电设备，2004 (6)：343~345.

[49] 张艺伯，朱荣，杨景玲，等．烧结过程二噁英类生成阻滞剂研究进展［C］//第一届先进材料前沿学术会议论文集，2016：191~195.

[50] 阚志刚，吴胜利，艾仙斌，等．基于降解氯源活性的烧结过程二噁英生成抑制技术研究进展［J］．能源研究与管理，2019：20~25.

[51] 陈活虎，薛玉业，冯金煌．烧结机烟气脱硝脱二噁英技术及应用［C］//中国金属学会．2016年全国炼铁生产技术会议暨炼铁学术年会论文集，2016：170~176.

6 钢铁制造的废水治理技术

[**本章提要**]

本章介绍了钢铁制造过程中废水排放的特点、废水治理工艺原理及方法分类。列举了钢铁制造过程焦化工序、炼铁工序、炼钢工序、轧钢工序等产生废水的主要特征及其治理方法。

水污染主要分为两类：自然污染和人为污染。其中人为污染是人类生产活动中产生的废物对水体造成的污染，包括生活污水、工业废水、农田排水和矿山排水等。从水污染的划分可以发现，钢铁生产过程排放的废水属于人为污染。

6.1 钢铁制造过程的废水排放

钢铁工业用水量大，生产过程中排出的废水主要来源于生产工艺过程用水、设备与产品冷却水、设备以及场地清理水等。其中有 70% 以上的废水来自于冷却水，生产工艺过程排出的只占一小部分。废水中含有随水流失的生产用原料、中间产物、产品以及生产过程中产生的污染物。

6.1.1 钢铁制造排放废水分类

按照所含的主要污染物性质可分为：含有机污染物为主的有机废水、含无机污染物为主的无机废水以及仅受热污染的冷却水。例如焦化厂的含酚氰废水是有机废水，炼钢厂的转炉烟气除尘废水是无机废水。

按照所含污染物的主要成分分类为：含酚废水、含油废水、含铬废水、酸性废水、碱性废水与含氟废水等。

按照生产和加工对象分类为：矿山废水、选矿废水、烧结废水、焦化废水、炼铁废水、炼钢废水、轧钢废水以及酸洗废水等。

废水分类主要有以上三种，另外值得注意是生物性的污染，主要有病原细菌、病毒和寄生虫等。

生产过程中排放的废水对渔业、农业以及人体健康都有严重的危害。人在不知情的情况下饮用该水源会造成慢性或急性中毒，如长期饮用含有 Cr、As 等物质的水会致发癌症。当水体受有机物污染后，将会造成水中缺氧，当溶解氧（DO）<4mg/L 时，就会导致鱼群大量死亡。另外酸性污水汇入河流后，在 pH≤5 的条件下，大量鱼类繁殖受阻且会出现大面积死亡的情况。而低浓度的重金属污染物被鱼类吸收蓄积，再通过食物链间接危害人类健康。废水对于农业的直接影响就是耕地土壤受到污染，农作物减产。

6.1.2 钢铁制造废水主要污染物与特征

钢铁生产主要工序都要用水，都有废水排放，其特点是废水量大，水质情况因生产工艺和生产方式不同存在很大的差异。有时候即便使用同一生产工艺，水质的变化也较为明显。比如氧气顶吹转炉除尘废水，在同一炉钢不同吹炼期，废水的 pH 值变化范围在 4~14 之间，悬浮物在 250~2500mg/L 之间变化。间接冷却水在使用过程中仅受热污染，经过冷却可以回用。直接冷却水因为接触到制造产品，使得水中包含同原料、燃料、产品等成分有关的多种物质。目前，钢铁制造过程中废水主要是冷却水、洗涤水和冲洗水，其中冷却水中含有油、铁氧化物和悬浮物等；洗涤水为除尘和净化煤气、烟气用水，其中含有酚、氰、硫化氰酸盐、硫化物、钾盐、焦油悬浮物、氧化铁、石灰、氟化物、硫酸等；冲洗水中含有酸、碱、油脂、悬浮物和锌、锡、铬等。归纳起来，钢铁制造废水造成的污染物主要有以下五种。

（1）悬浮物。悬浮物种类繁多，包括泥土、砂粒、尘埃、腐蚀产物、水垢、微生物黏泥、胶类物质等。悬浮物固体是钢铁制造过程中所要排放的主要水中污染物，其主要由加工过程中铁鳞形成产生的氧化铁所组成，来源如原料装卸遗失、焦炉生物处理装置的遗留物、酸洗和涂镀作业线水处理装置以及高炉、转炉、连铸等湿式除尘净化系统或水处理系统等，分别产生煤、生物污泥、金属氢氧化物和其固体。悬浮固体还与轧钢作业产生的油和原料厂外排放废水有关。正常情况下，除焦化废水，这些悬浮物的成分在水环境中大部分是无毒的，但会造成水体变色、缺氧和水质恶化。

（2）油类。钢铁制造过程中，油类物质主要产生于焦化工序的煤气净化和化工产品精制操作、机电设备动力润滑油的挥发和泄露以及溶剂和原料的带入。多数的重油和含脂物质是不溶于水的，而乳化油则不同，在冷轧中乳化油使用非常普遍，是该工艺流程重要的组成部分。油在钢铁制造废水中通常有四种形式：1）浮油铺展在废水表面形成油膜或油层。这种油的粒径较大，一般直径大于 $100\mu m$，易分离。混入废水中的润滑油多属于这种状态。浮油是废水中含油量的主要部分，一般占废水中总油量的 80% 左右。2）分散于废水中油粒状的分散油，呈悬浮状，不稳定，长时间静置不易全部上浮，油粒径约为 $10~100\mu m$。3）乳化油：在废水中呈现乳化（浊）状，油珠表面有一层由表面活性剂分子形成的稳定薄膜，阻碍油珠黏合，长期保持稳定、油粒微小，约为 $0.1~10\mu m$，大部分在 $0.1~2\mu m$。轧钢的含油废水常属此类。4）溶解油：以化学方式溶解的微粒分散油，油粒直径比乳化油还小。一般而言，油和油脂较为无害，但是排入水体后引起水体表面变色，会降低氧传导作用，对水体鱼类、水生物破坏性很大，当河、湖中含油量达 0.01mg/L 时，鱼肉就会产生特殊气体，含油量再高时，将会使鱼鳃呼吸困难而窒息死亡。每亩水稻田中含 3~5kg 油时，就明显影响农作物生长。乳化油中含有的表面活性剂，具有致癌性物质，它在水中危害更大。

（3）COD 还原有机物。钢铁制造排放的有机污染物种类繁多，成分复杂且性质稳定。如炼焦过程排放的有机物，其中包括苯、甲苯、二甲苯、萘、酚、多环芳烃（PAH）等。以焦化废水为例，据不完全统计，废水中共有 52 种有机物，其中萘酚类及其衍生物所占比例最大，约 60% 以上，其次为喹啉类化合物和苯类及其衍生物，所占比例分别为13.5% 和 9.8%，以吡啶类、苯类、吲哚类、联苯类为代表的杂环化合物和多环芳烃所占比例在 0.84%~2.4% 之间。值得注意的是，这些物质如采用湿式烟气净化，不可避免地残存于废水中。该类物质的危害性与致癌性是非常严重的，必须妥善处理方可外排。

（4）酸性废水。钢材表面上形成的氧化铁皮（FeO、Fe_3O_4、Fe_2O_3）都是不溶于水的碱性物质，当把它们浸泡在酸液里或在表面喷洒酸液时，这些碱性氧化物就与酸发生一系列化学反应。

钢材酸洗通常采用硫酸、盐酸，不锈钢酸洗常采用硝酸-氢氟酸混酸酸洗。酸洗过程中，由于酸洗液中的酸参与氧化作用，使酸的浓度不断降低，生成铁盐类的浓度不断提高，当酸的浓度下降到一定程度后，必须更换酸洗液，这就形成酸洗废液。

经过酸洗的钢材常需用水冲洗以去除钢材表面的游离酸和亚铁盐，这类清洗或冲洗水又产生低浓度含酸废水。

酸性废水具有较强的腐蚀性，易于腐蚀管道和构筑物；排入水体会改变水体的 pH 值，干扰水体自净并影响水生生物和渔业生产；排入农田土壤，易使土壤酸化危害作物生长。当中和处理的废水 pH 值为 6~9 时，才可排入水体。

（5）重金属。金属对水环境的排放已经成为关注的重要因素，目前重金属废物的处理已引起人们很大的关注。它关系到水体是否作为饮用水、工农业用水、娱乐用水或确保天然生物群生存的重要问题。

钢铁制造生产所排放的废水中含有不同含量的重金属，如炼钢过程的水可能含有高浓度的锌和锰，而冷轧机和涂镀区的排放物可能含有锌、镉、铬、铝和铜。重金属不同于水体中的易生物降解有机物，它不能被生物降解为无害物，重金属排入水体后，除了部分为水生物、鱼类吸收外，其他大部分易被水中各种有机或无机胶体和微粒物质吸附，经过聚集而沉至水底，最终构成生物链而严重影响人类健康。

另外，来自钢铁生产的金属废弃物可能会和其他有毒成分结合。例如：氨、有机物、润滑油、氰化物、碱、溶剂、酸等，它们互相作用，构成并释放对环境有更大污染的有毒物。因此，重金属废水必须采用生化、物化法处理，从而最大限度地减少对环境的污染和危害。

目前，根据主流大型钢厂的统计，钢铁生产制造过程中主要污染物在不同工序的分布情况如表 6-1 所示。

表 6-1 钢铁制造污染物分布 （单位:%）

工序名称	悬浮物	油脂类	COD	氨氮	苯酚	氰化物
焦化	21.72	27.61	43.68	93.68	87.87	85.65
烧结	7.75	0.22	2.40	0.44	0.10	0.03
炼铁	23.97	14.57	21.33	0.43	7.71	11.46
炼钢	23.29	17.93	12.72	4.39	3.84	1.59
轧钢	23.27	39.67	19.87	1.06	0.48	1.27

6.2 治理废水的工艺原理及方法分类

我国钢铁行业产量大，废水产出量多。要实施对钢铁工业废水的减量化、资源化和无害化的全过程管理，首先是将废水产量最小化使其在生产制造过程中排出尽可能少的废水，然后对产出废水进行综合利用、循环使用、串级利用、再生回用，使废水资源最大化。在此基础上，对已产生而又无法资源化的废水，进行无害化最终处理。

治理废水的方法分类繁多，如按照处理方法分类：物理法——沉淀、上浮、过滤等；化学法——中和、氧化还原、混凝、离子交换等；生物法——好氧生物、厌氧生物处理等。还有按照处理程度分类：一级处理——去除水中悬浮物；二级处理——去除呈溶解状态的有机物；三级处理——去除溶解盐类及难降解的有机污染物。最后按照处理的目的分类：分离处理——借助各种外力达到分离目的，过程中不改变污染物质的本性；转化处理——借助化学反应或生物化学反应，将污染物转化为无害或可分离物质的方法。

废水的分离和转化是废水治理的两大步骤。分离处理主要是将废水中的悬浮物和溶解物分离出来，其中悬浮物一般采用的治理方法为物理法。

6.2.1 废水粗大颗粒物质治理

废水中的粗大颗粒一般定义为直径在 0.1mm 以上的物质，主要包括砂粒、小卵石、砾石、树枝、菜叶、碎布等，它们实际是在水洗涤过程中被挟带进入废水中的。对于废水中的粗大颗粒主要采用隔滤、沉降和离心等治理方法。

废水首先经过长宽约 1m 的格栅，格栅如图 6-1 所示。废水流经可以去除掉粒径较大的污染物。然后废水进一步流入沉淀池，利用粗颗粒沉淀速度快的特点自然沉降，或者采用竖流式或螺旋分离设备，其中水旋分离设备容器固定不动，由沿切向高速进入器内的水流本身造成的旋转来产生离心力。器旋分离设备依靠容器的高速旋转带动器内水流旋转来产生离心力，从而达到分离固体颗粒的效果，沉淀池中水力负荷较大，约为 $2\sim5m^3/(m^2\cdot h)$，占地少、投资低、管理方便。

图 6-1 格栅示意图

6.2.2 废水悬浮物治理

废水中直径在 $20\sim100\mu m$ 以上的颗粒可以直接用沉降法去除，而 $20\mu m$ 以下的悬浮物和胶体物质（$10^{-9}\sim10^{-6}m$）则需采取一些措施或用特别的方法才能去除。这些措施和方法主要包括：沉淀、混凝、澄清、过滤、气浮和磁力等。

（1）沉淀法。粒度小的悬浮颗粒在水中的沉降，根据其浓度及特性，可分为三种基本类型：絮凝沉降、拥挤沉降、压缩沉降。在絮凝沉降过程中，悬浮颗粒因互相碰撞凝聚而使尺寸变大，沉淀速度将随深度而增加，同时水深越深，较大颗粒追上较小颗粒而发生碰撞并凝聚的可能性也越大。拥挤沉降时，当水中悬浮物质的浓度很高时，颗粒间隙相应减小，在沉降过程中会产生颗粒彼此干扰的拥挤沉降现象，沉降过程也就成了浑液面的等速下沉过程，故又称之为成层沉降。压缩沉降又叫污泥浓缩，先沉到底部的颗粒受到上部污泥重量的压力，颗粒间孔隙里的水将因压力的增加和结构的变形而被挤出，使污泥浓度增高。

（2）混凝法。混凝法主要治理废水中常含有依靠自然沉淀法不能除去的悬浮微粒和胶体污染物。混凝处理前必须投加化学药剂来破坏胶体和悬浮微粒在水中形成的稳定分散系，使其聚集为具有明显沉降性能的絮凝体，然后才能用重力沉降法予以分离。上述过程包括凝聚和絮凝两个步骤，二者统称为混凝。凝聚是指使胶体脱稳并聚集为微絮粒的过程，而絮凝则指微絮粒通过吸附、卷带和桥连而成长为更大的絮体的过程。其中废水混凝处理常用的混凝剂是铝盐和铁盐，它们在水中主要发挥脱稳凝聚、桥连絮凝以及网捕絮凝的作用。

（3）澄清法。澄清池根据渣与水接触方式的不同，可以分为泥渣循环分离型和悬浮泥渣过滤型。其中泥渣循环分离型使泥渣在垂直方向不断循环，在运动中捕捉原水中形成的絮凝体，并在分离区加以分离；悬浮泥渣过滤型是靠上升水流的能量在池内形成一层悬浮状态的泥渣，当原水自下而上通过这一泥渣层时，其中的絮凝体就被截留下来。

（4）过滤法。过滤是废水通过粒状滤料（如石英砂）床层时，其中的悬浮颗粒和胶体就被截留在滤料的表面和内部空隙中，这种通过粒状介质层分离不溶性污染物的方法称为粒状介质过滤。粒状介质过滤的机理分为三步：阻力截留、重力沉降、接触絮凝。其中阻力截留是当原水自上而下流过粒状滤料层时，粒径较大的悬浮颗粒首先被截留在表层滤料的空隙中，从而使此层滤料间的空隙越来越小，截污能力随之变得越来越高，结果逐渐形成一层主要由被截留的固体颗粒构成的滤膜，并由它起主要的过滤作用；重力沉降是原水通过滤料层时，众多的滤料表面提供了巨大的沉降面积。据估计，$1m^3$ 粒径为 $0.5mm$ 的滤料中就拥有 $4000m^2$ 可供悬浮物沉降的有效面积，形成无数的小"沉淀池"，悬浮物极易在此沉降下来。接触絮凝是由于滤料具有巨大的表面积，它与悬浮物之间有明显的物理吸附作用；此外，砂粒在水中常带有表面负电荷，能吸附带正电荷的铁、铝等胶体，从而在滤料表面形成带正电荷的薄膜，并进而吸附带负电荷的黏土和多种有机物等胶体，在砂粒上发生接触絮凝。

（5）气浮法。气浮主要分为单纯气浮法和药剂气浮法。单纯气浮法是利用高度分散的微小气泡作为载体去黏附废水中的悬浮物，使其随气泡浮升到水面而加以分离去除的一种水处理方法。气浮分离的对象是乳化油以及疏水性细微固体悬浮物。药剂气浮法是在废水中投加浮选药剂，选择性地将亲水性的污染物变为疏水性，从而能附着在气泡上，然后一起浮升到水面而加以去除的又一种水处理方法。浮选分离的对象是亲水性固体悬浮物及重金属离子等。实现气浮分离过程的必要条件是使污染物能够黏附在气泡上，当气泡和颗粒共存于水中，即液、气、固三相介质共存的情况下，每两相之间的界面上都存在着各自的界面张力和界面能，界面能有降低到最小的趋势。当废水中有气泡存在时，悬浮颗粒就力图黏附在气泡上而降低其界面能，但并非所有的颗粒都能黏附上去。一般的规律是疏水性颗粒易与气泡黏附，而亲水性颗粒难以与气泡黏附。另外为了提高气浮法治理废水的效果，会在污水中添加浮选剂。浮选剂大多数是由极性-非极性分子所组成，其分子结构一般用符号〇—表示。圆头端表示极性基，易溶于水，尾端表示非极性基，有疏水性。浮选剂的极性基团能选择性地被亲水性物质所吸附，非极性基团则朝向水，这样亲水性物质的表面就被转化成疏水性物质而黏附在空气泡上，随气泡一起上浮到水面。浮选示意图如图6-2所示。

另外，浮选剂还有促进起泡的作用，可使废水中的空气泡形成稳定的小气泡，这样有利于气浮。浮选剂的种类很多，如松香油、煤油产品、脂肪酸及其盐类等，根据废水性质通过试验选择。气浮法的主要优点是处理效率较高，一般只需10~20min即可完成固液分离，且占地较少，在处理废水时由于向水中曝气，增加了水中的溶解氧，这对后续的生化处理也是有利的。

（6）磁力法。利用磁力治理悬浮物也是钢铁企业使用较多的方法，其原因是钢铁

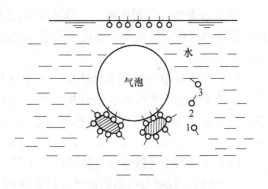

图6-2　浮选示意图

厂含铁废水的泥渣均属于磁性物质，特别是轧钢废水中的悬浮物80%~90%为氧化铁皮，可以通过磁力作用去除。而非磁性悬浮物需投加磁粉进行接种，使其与磁性物质结合在一起，然后才能通过磁场力予以分离。磁化后的悬浮物粒子之间以及磁化粒子与非磁化粒子之间会发生碰撞、黏附，使得固体悬浮物凝聚成束状或链状，颗粒直径大大增加，沉降速度加快，因此，可以缩小处理构筑物的尺寸，磁化处理再辅以加药絮凝，可使处理出水悬浮物降至20mg/L左右。实践证明，磁凝聚处理后能减少50%左右的化学药剂投加量。

6.2.3　废水可溶性物质治理

一般天然水中的溶解物质大多是离子和溶解气体，离子中含量较多的是Ca^{2+}、Mg^{2+}、Na^+、K^+、Cl^-等。此外还有少量的Fe^{2+}、Mn^{2+}，水中的溶解气体主要有O_2和CO_2等。污水和废水的成分比较复杂，溶解物质中还会有不少有机物质和CH_4、NH_3、H_2S等气体。治理废水中可溶性物质的方法有：软化除盐、蒸馏、萃取、吸附、离子交换和膜分离法。

（1）软化除盐：水中的Ca^{2+}、Mg^{2+}等二价金属阳离子会形成硬度；而阴离子会形成碱度，水中阴阳离子的总量称为水的含盐量。降低水中Ca^{2+}、Mg^{2+}含量的处理称为水的软化，降低部分和全部水中含盐量的处理称为水的除盐。

软化的基本方法分为加热软化法、药剂软化法和离子交换法。其中加热软化法是借助加热把碳酸盐转化成溶解度很小的$CaCO_3$和$Mg(OH)_2$沉淀物。药剂软化法是借助化学药剂把钙、镁等盐类转化成$CaCO_3$和$Mg(OH)_2$沉淀出来。由于处理后的水还会含有少量的Ca^{2+}、Mg^{2+}，它仍然会产生结垢问题。离子交换法：利用离子交换剂将水中的Ca^{2+}、Mg^{2+}转换成Na^+，其他阴离子成分不改变。这个方法能够比较彻底地去除水中Ca^{2+}、Mg^{2+}等，所以相比更优。而除盐就是减少水中溶解盐类（包括各种阳离子和阴离子）的总量，除盐的方法有很多，比如蒸馏法、电渗析法、离子交换法等，但以离子交换除盐应用最广泛。

（2）蒸馏法：蒸馏法就是将废水加热，使其气化从而达到浓缩溶质的目的。目前蒸

馏法常用于酸碱废水的浓缩回收及放射性废水的处理。

（3）萃取法：利用溶质在水中和某些有机溶剂（萃取剂）中溶解度的不同，使废水中的溶解态污染物转入萃取剂中而被分离。常用于含酸废水和含铜、汞等废水的回收处理。

（4）吸附法：在相界面上，物质的浓度自动发生积累的现象称为吸附。吸附法主要是去除溶解性的有机物质，还能除去合成洗涤剂、微生物、病毒和痕量重金属等，并能脱色、除臭。

（5）离子交换：在废水处理中，离子交换技术主要用于去除废水中的金属离子。离子交换的实质是不溶性离子化合物（离子交换剂）上的可交换离子与溶液中的其他离子态污染物进行等当量的离子互换反应。这是一种特殊的吸附过程，通常是可逆性化学吸附。

离子交换的运行操作主要包括四个步骤：交换、反洗、再生、清洗。

1）交换：效率与树脂层高度、原水浓度、树脂性能等因素有关。当出水中的离子浓度达到限值时应再生。

2）反洗：反洗的目的在于松动树脂层，以便下一步再生时，注入的再生液能分布均匀，同时也及时地清除积存在树脂层内的杂质、碎粒和气泡。

3）再生：也就是交换反应的逆过程。借助具有较高浓度的再生液流过树脂层，将先前吸附的离子置换出来，使其交换能力得到恢复。

4）清洗：清洗是将树脂层内残留的再生废液清洗掉，直到出水水质符合要求为止。

（6）膜分离法。在溶液中凡是一种或几种成分不能透过，而其他成分能透过的膜都叫作半透膜。膜分离法是用一种特殊的半透膜将溶液隔开，使溶液中的某种溶质或者溶剂（水）渗透出来，从而达到分离溶质的目的。膜分离法的共同优点是：可在一般温度下操作，不消耗热能，没有相的变化，容易操作等。缺点是处理能力小，需要消耗相当的能量（扩散渗析除外）。废水治理不同膜分类如表6-2所示。

表6-2　废水治理不同膜分类

膜	分离过程	推动力	用　　途
渗析膜	扩散渗析	浓度差	分离溶质，用于回收碱、酸等
离子交换膜	电渗析	电位差	分离离子，用于处理含盐和放射性废水
反渗透膜	反渗透	压力差	分离小分子溶质，用于海水淡化，去除无机离子或有机物
超过滤膜	超滤	压力差	分离分子量大于500的大分子，去除黏土、油漆、微生物等

6.2.4　废水转化治理

废水转化主要是借助物化反应来处理废水，从而将废水中的污染物转化为无害或可分离的物质。其中化学转化法有中和法、化学沉淀法、氧化还原法以及电化学法等；生物化学转化法有好氧生物处理法以及厌氧生物处理法等。

6.2.4.1　化学转化法

（1）中和法。利用酸碱中和以调整废水的 pH 值至 6.5～8.5，以消除酸、碱危害。中和法一般处理的废水酸碱浓度在 3% 以下。另外根据调解 pH 手段的不同，可分为酸、碱废水中和，药剂中和以及过滤中和。

其中酸、碱废水中和是一种既简单又经济的以废治废方法，这种方法是将酸、碱废水共同引入中和池，混合搅拌。

药剂中和法主要在酸性废水中添加石灰、碳酸钠、石灰石以及电石渣等；碱性废水中添加硫酸、盐酸以及酸性废气等。

过滤中和是以石灰石、大理石（$CaCO_3$）、白云石（$MgCO_3 \cdot CaCO_3$）等作滤料，让酸性废水通过滤层，从而达到中和废水的目的。

（2）化学沉淀法。化学沉淀法是指向水中投加沉淀剂，使之与废水中污染物发生沉淀反应，形成难溶的固体，然后进行固液分离，从而除去废水中污染物的一种方法。其主要分为氢氧化物沉淀法、硫化物沉淀法以及钡盐沉淀法。

1）氢氧化物沉淀法。使用石灰或苛性钠作沉淀剂，废水中某些金属离子与之反应形成氢氧化物沉淀。如：

$$2FeCl_3 + 3Ca(OH)_2 \longrightarrow 2Fe(OH)_3\downarrow + 3CaCl_2$$

2）硫化物沉淀法。通过向重金属废水中投加硫化物，或者直接通入硫化氢气体，使重金属离子同硫离子反应生成难溶的金属硫化物沉淀，然后被过滤分离。金属硫化物是比氢氧化物更为难溶的沉淀物，对除去水中重金属离子有更好的效果。在废水治理过程中，一般采用 H_2S、FeS 等作沉淀剂，废水中重金属离子与之反应形成金属硫化物沉淀。如：

$$Hg^{2+} + S^{2-} \longrightarrow HgS\downarrow$$

3）钡盐沉淀法。这种方法主要用于处理含六价铬 CrO_4^{2-} 的废水，使用的沉淀剂为 $BaCO_3$、$BaCl_2$、$Ba(OH)_2$ 等。例如，$BaCO_3$ 与废水中六价铬 CrO_4^{2-} 反应，生成难溶的铬酸钡沉淀：

$$BaCO_3 + CrO_4^{2-} + 2H^+ =\!=\!= BaCrO_4\downarrow + CO_2\uparrow + H_2O$$

（3）氧化还原法。通过药剂与污染物质之间的氧化还原反应，将水中有毒污染物转化为无毒或微毒物质的方法。其中氧化法是利用空气、臭氧、氯气等作氧化剂，处理废水中的有机物及还原性无机物（如氰化物、硫化物、亚铁盐）；还原法是用硫酸亚铁、亚硫酸氢钠、铁屑等作还原剂，处理含 Cr 和含 Hg 废水。

（4）电化学法。电化学法处理废水又被称作电解法。通过电解质溶液在直流电作用下，发生电化学反应的过程叫电化学法。电化学法在治理废水时起到三个作用：氧化作用——利用阳极或阳极反应产物（如 Cl_2 等）的氧化性可使还原性污染物（如氰化物、酚）氧化破坏；还原作用——利用阴极的还原性，可使重金属离子（如 Hg^{2+}、Cu^{2+} 等）还原析出；上浮与凝聚作用——将废水中的污染物去除。

6.2.4.2 生物化学转化法

生化法治理有机废水在制造业中应用广泛，因为自然界中存在着大量的微生物，其有将有机物分解成无机物的巨大潜能。按照微生物利用氧气的能力，可以将微生物分为好氧性和厌氧性两种。

在有氧条件下，有机污染物作为好氧微生物的营养基质而被氧化分解，使污染物的浓度下降。与废水的厌氧生物处理方法相比，好氧性具有以下优点：（1）生化反应速度快。

（2）好氧消化设备简单，基建投资省。（3）运行特性稳定，操作简单。同时也有一定的缺点：（1）供氧系统必须耗费能量，运行费用比厌氧处理方法高。（2）好氧降解的主要副产物是剩余的微生物，因此产生大量的二次污泥。

好氧生物处理方法一般分为两大类：（1）活性污泥法，是利用悬浮生长的微生物絮体处理有机废水的一类好氧生物处理方法，这种微生物絮体就是活性污泥，它由好氧微生物及其代谢和吸附的有机物、无机物组成；（2）生物膜法，利用微生物在固体表面的附着生长对废水进行生物处理的技术。主要用于固定床（fixed bed）生物处理技术和流化床（fluid bed）生物处理技术中，如生物滤池、生物转盘、生物接触氧化、生物流化床等工艺。这一类方法的共同特点是通过废水与生物膜的相对运动，使废水与生物膜接触，进行固液两相的物质交换，并在膜内进行有机物的生物氧化与降解，使废水得到净化，同时，生物膜内微生物不断得以生长和繁殖。

活性污泥法流程图如图 6-3 所示。它包括初沉池、曝气池、二沉池和污泥回流装置四个单元。废水和回流污泥从曝气池的一端同时进入反应系统，水流呈推流式。在曝气池内，污染物浓度（F）与微生物的生物量（M）的比值 F/M 值沿流程不断降低，在其末端，污染物浓度，即 F 值已降到很小，而活性污泥生物则进入稳定生长期，出水水质良好。在标准活性污泥法的基础上，人们通过改变曝气池的各种运行参数，如混合液悬浮物浓度、曝气量、停留时间、BOD 负荷、废水注入方式等方式以期减少基建投资、降低处理成本或达到节能、提高处理能力等目的。

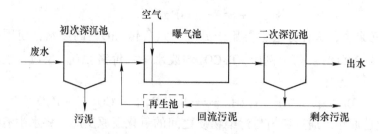

图 6-3　标准活性污泥法流程图

膜分离技术是一种新型的单元分离技术，具有分离效率高、操作简单、设备占地面积小、易于放大和不产生二次污染的优点。同时能够灵活地应用于高浓度生化废水的综合治理过程，非常符合"清、污分流，浓、淡分家"的治理原则。作为一种高效的单元分离技术，膜技术已经广泛用于海水和苦咸水淡化、生物产品澄清、分离与浓缩、纯水和超纯水制取等多个工业领域。不仅如此，已有相当多的工业应用表明，以集成膜技术和膜生物反应器技术为代表的新一代废水处理技术已经在市政污水、钢铁企业废水与回用中得到日益广泛的应用，并适合高浓度有机废水的综合治理。

膜生物反应器技术可以视为膜技术与传统生物处理技术集成的废水处理技术，其流程图如图 6-4 所示。因为微生物被膜完全截留在反应器中，膜生物反应器能够彻底分离水力停留时间和污泥停留时间。因此一方面省去了传统生化处理系统中起固液分离作用的沉淀池，极大地节省了系统的占地面积；另一方面提供了微生物尤其是世代周期较长的硝化菌或甲烷菌的停留时间，提高了系统的处理能力。同时因膜的截留作用，系统具有更高的出水水质。另外，因为膜的完全截留微生物得以在反应器中更大程度地富集，提高了系统的容积负荷，同时降低了污泥负荷，剩余污泥产量显著降低。

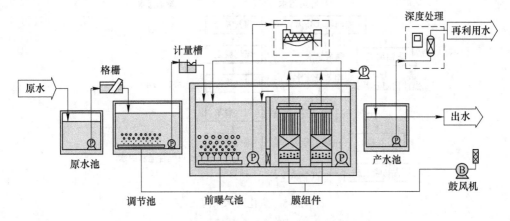

图6-4 膜生物反应器示意流程图

6.3 钢铁企业废水治理方法及应用案例

钢铁企业是用水大户，随着近些年钢铁工业供排水处理技术的发展，特别是我国大型钢铁企业引进的成套技术以及人们对水资源短缺制约企业发展的认识等众多因素，迫使钢铁企业对复杂供排水用水系统进行新的改造。为保证现代钢铁企业生产高质量的产品，各钢铁企业的用水系统与水质条件各不相同，由此而确定的用水系统也不尽相同，但却大同小异。归纳起来不外乎有如下几种用水系统构成：（1）净循环用水系统；（2）浊循环用水系统；（3）直排水系统；（4）密闭循环用水系统；（5）串级与串接用水系统；（6）污泥处理系统等。此外还有物料添加用水等系统。

6.3.1 焦化废水

焦化废水是煤在高温干馏、煤气净化和副产品回收和精制过程中产生的一类典型工业废水，除含有高浓度的氨、氰化物、硫氰化物、氟化物等无机污染物外，还含有酚类、吡啶、喹啉、多环芳烃等有机污染物。焦化废水来源如图6-5所示。2005年焦化废水的排放量达到$1.8 \times 10^8 m^3$，约占全国工业废水排放量的2%，其中酚类和苯并芘的排放量分别为24000t和1602t。目前各种处理工艺并不能完全矿化其中的有机物，仍有大量的污染物质随外排水进入到环境中，这些物质进入到排放水体将对生态环境构成潜在的危害，对人类健康也构成潜在的威胁。有机污染物的控制成为焦化废水处理的技术难题。焦化工序主要污染物特征见表6-3。

目前焦化废水一般按常规方法先进行预处理，然后进行生物脱酚二次处理。但是，焦化废水经上述处理后，外排废水中氰化物、COD及氨氮等指标仍然很难达标。针对这种状况，近年来国内外学者开展了大量的研究工作，找到了许多比较有效的焦化废水治理技术。这些方法大致分为生物法、化学法、物化法和循环利用等4类。

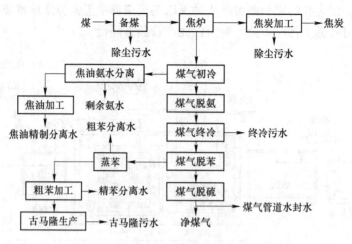

图 6-5 焦化废水来源

表 6-3 焦化工序主要污染物特征

排放点	pH	挥发酚 /mg·L^{-1}	挥发氨 /mg·L^{-1}	氰化物 /mg·L^{-1}	硫化物 /mg·L^{-1}	焦油类 /mg·L^{-1}	COD$_{Cr}$ /mg·L^{-1}	氨氮 /mg·L^{-1}
蒸氨废水	6~9	800~1200	120~350	10~25	50~70	200~500	5000~8000	200~300
粗苯分离水	6~7	300~600	100~200	100~250	1~2	微	1000~2500	—
精苯分离水	4~6	~350	35~85	50~750	5~30	—	350~2500	—
终冷排污水	6~7	100~300	50~100	100~250	20~50	200~500	700~1000	—
焦油精制分	6~7	~40	50~70	5~10	10~20	50~80	—	—
煤气水封排	6~7	~50	~60	1~5	1~5	20~40	—	—

（1）生物处理法。生物处理法是利用微生物氧化分解废水中有机物的方法，常作为焦化废水处理系统中的二级处理。目前，活性污泥法是一种应用最广泛的焦化废水好氧生物处理技术。这种方法是让生物絮凝体及活性污泥与废水中的有机物充分接触，溶解性的有机物被细胞所吸收和吸附，并最终氧化为最终产物（主要是 CO_2）。非溶解性有机物先被转化为溶解性有机物，然后被代谢和利用。

但是采用该技术出水中的 COD_{Cr}、BOD_5、NH_3-N 等污染物指标均难于达标，特别是对 NH_3-N 污染物，几乎没有降解作用。近年来，人们从微生物、反应器及工艺流程几方面着手，研究开发了生物强化技术，如生物流化床、固定化生物处理技术及生物脱氮技术等。这些技术的发展使得大多数有机物质实现了生物降解处理，出水水质得到了很大改善，使得生物处理技术成为一项很有发展前景的废水处理技术。合肥钢铁集团公司焦化厂、安阳钢铁公司焦化厂、昆明焦化制气厂均采用 A/O（缺氧/好氧）法生物脱氮工艺，运行结果表明该工艺运行稳定可靠，废水处理效果良好，但是处理设施规模大，投资费用高。上海宝钢焦化厂将原有的 A/O 生物脱氮工艺改为 A/OO 工艺，污水处理效果优于A/O工艺，运行成本有所降低，效果明显。

总的来看，生物法具有废水处理量大、处理范围广、运行费用相对较低等优点，改进后的新技术使焦化废水处理达到了工程应用要求，从而使得该技术在国内外广泛采用。但是生物降解法的稀释水用量大，处理设施规模大，停留时间长，投资费用较高，对废水的水质条件要求严格。废水的 pH 值、温度、营养、有毒物质浓度、进水有机物浓度、溶解氧量等多种因素都会影响到细菌的生长和出水水质，这也就对操作管理提出了较高要求。

（2）化学处理法。

1）催化湿式氧化技术。催化湿式氧化技术是在高温、高压条件下，在催化剂作用下，用空气中的氧将溶于水或在水中悬浮的有机物氧化，最终转化为无害物质 N_2 和 CO_2 排放。该技术的研究始于 20 世纪 70 年代，是在 Zimmerman 的湿式氧化技术的基础上发展起来的。在我国，鞍山焦耐院与中科院大连物化所合作，曾经成功地研制出双组分的高活性催化剂，对高浓度的含氨氮和有机物的焦化废水具有极佳的处理效果。

湿式催化氧化法具有适用范围广、氧化速度快、处理效率高、二次污染低、可回收能量和有用物料等优点。但是，由于其催化剂价格昂贵，处理成本高，且在高温高压条件下运行，对工艺设备要求严格，投资费用高，国内很少将该法用于废水处理。

2）焚烧法。焚烧工艺对于处理焦化厂和煤气厂产生的高浓度废水是一种切实可行的处理方法，特别适用于北方寒冷地区，尤其是焚烧工艺还可以副产蒸汽以供生产和生活使用，从而降低运行费用，对于其高浓度废液也不失是一种可行的办法。焦化废水中含有大量 NH_3-N 物质，NH_3 在燃烧中有 NO 生成，NO 的生成会不会造成二次污染是采用焚烧法处理焦化废水的一个敏感问题。尽管焚烧法处理效率高，不造成二次污染，但其昂贵的处理费用，使得多数企业望而却步，在国内应用较少。

3）臭氧氧化法。臭氧是一种强氧化剂，能与废水中大多数有机物，微生物迅速反应，可除去废水中的酚、氰等污染物，并降低其 COD、BOD 值，同时还可起到脱色、除臭、杀菌的作用。

臭氧的强氧化性可将废水中的污染物快速、有效地除去，而且臭氧在水中很快分解为氧，不会造成二次污染，操作管理简单方便。但是，这种方法也存在投资高、电耗大、处理成本高的缺点。同时若操作不当，臭氧会对周围生物造成危害。因此，目前臭氧氧化法还主要应用于废水的深度处理。在美国已开始应用臭氧氧化法处理焦化废水。

4）等离子体处理技术。等离子体技术是利用高压毫微秒脉冲放电所产生的高能电子（5~20eV）、紫外线等多效应综合作用，降解废水中的有机物质。等离子体处理技术是一种高效、低能耗、使用范围广、处理量大的新型环保技术，目前还处于研究阶段。有研究表明，经等离子体处理的焦化废水，有机物大分子被破坏成小分子，可生物降解性大大提高，再经活性污泥法处理，出水的酚、氰、COD 指标均有大幅下降，具有发展前景。但处理装置费用较高，有待于进一步研究开发廉价的处理装置。

5）光催化氧化法。光催化氧化法，对水中酚类物质和有机物有较好的处理效果。在焦化废水中加入催化剂粉末，在紫外线照射下，鼓入空气，能将废水中的有机毒物和色度去除。这种处理方法能耗低，有很大的发展潜力。但是，有时也会产生一些有害的光化学产物，造成二次污染。有研究表明在焦化废水中加入催化剂粉末，在紫外线照射下鼓入空气，能将焦化废水中的所有有机毒物和颜色有效去除。在最佳光催化条件下，控制废水流量为 3600mL/h，就可以使出水 COD 值由 472mg/L 降至 100mg/L 以下，且检测不出多环芳烃。

目前，这种方法还仅停留在理论研究阶段。这种水处理方法能有效地去除废水中的污染物且能耗低，有着很大的发展潜力。但是有时也会产生一些有害的光化学产物，造成二次污染。由于光催化降解是基于体系对光能的吸收，因此，要求体系具有良好的透光性。所以，该方法适用于低浊度、透光性好的体系，可用于焦化废水的深度处理。

6）电化学氧化技术。电化学水处理技术的基本原理是使污染物在电极上发生直接电化学反应或利用电极表面产生的强氧化性活性物质使污染物发生氧化还原转变。目前的研究表明，电化学氧化法氧化能力强、工艺简单、不产生二次污染，是一种前景比较广阔的废水处理技术。有研究利用 $Ti/TiO_2\text{-}RuO_2$ 电极降解焦化废水，结果显示：此电极对焦化废水有较好的去除效果，其最佳实验条件为：电流密度为 $35mA/cm^2$，$pH=7$，电解 $30min$ 后，COD 的去除率为 80.2%。

7）化学混凝和絮凝。化学混凝和絮凝是用来处理废水中自然沉淀法难以沉淀去除的细小悬浮物及胶体微粒，以降低废水的浊度和色度，但对可溶性有机物无效，常用于焦化废水的深度处理。该法处理费用低，既可以间歇使用也可以连续使用。

混凝法的关键在于混凝剂。目前一般采用聚合硫酸铁作混凝剂，对 COD_{Cr} 的去除效果较好，但对色度、F^- 的去除效果较差。浙江大学环境研究所卢建航等针对上海宝钢集团的焦化废水，开发了一种专用混凝剂。实验结果发现：混凝剂最佳有效投加量为 $300mg/L$，最佳混凝 pH 范围为 $6.0\sim6.5$。混凝剂对焦化废水中的 COD_{Cr}、F^-、色度及总 CN 都有很高的去除率，去除效果受水质波动的影响较小，混凝 pH 对各指标的去除效果有较大的影响。

絮凝剂在废水中与有机胶质微粒进行迅速的混凝、吸附与附聚，可以使焦化废水深度处理取得更好的效果。有研究表明在相同条件下用 3 种常用的聚硅酸盐类絮凝剂（PASS，PZSS，PFSC）和高铁酸钠（Na_2FeO_4）处理焦化废水，高铁酸钠具有优异的脱色功能，优良的 COD 去除、浊度脱除性能，形成的絮凝体颗粒小、数量少、沉降速度快，且不形成二次污染。

（3）物理化学法。

1）吸附法。吸附法就是采用吸附剂除去污染物的方法。活性炭具有良好的吸附性能和稳定的化学性质，是最常用的一种吸附剂。活性炭吸附法适用于废水的深度处理。但是，由于活性炭再生系统操作难度大，装置运行费用高，在焦化废水处理中未得到推广使用。上海宝钢曾于 1981 年从日本引进了焦化酚氰废水三级处理工艺，但在二期工程中没有再建第三级活性炭吸附装置，以上所述就是原因之一。

山西焦化集团有限公司利用锅炉粉煤灰处理来自生化的焦化废水。生化出口废水经过粉煤灰吸附处理后，污染物的平均去除率为 54.7%。处理后的出水，除氨氮外，其他污染物指标均达到国家一级焦化新厂标准，和 A/O 法相近，但投资费用仅为 A/O 法的一半。该方法系统投资费、运行费都比较低，以废治废，具有良好的经济效益和环境效益。但是，同时存在处理后的出水氨氮未能达标和废渣难处理的缺点。

2）利用烟道气处理焦化废水。由冶金工业部建筑研究总院和北京国纬达环保公司合作研制开发的"烟道气处理焦化剩余氨水或全部焦化废水的方法"已获得国家专利。该技术将焦化剩余氨水去除焦油和固体悬浮物后，输入烟道废气中进行充分的物理化学反应，烟道气的热量使剩余氨水中的水分全部汽化，氨气与烟道气中的 SO_2 反应生成硫铵。

这项专利技术已在江苏淮钢集团焦化剩余氨水处理工程中获得成功应用。监测结果表明，焦化剩余氨水全部被处理，实现了废水的零排放，又确保了烟道气达标排放，排入大气中的氨、酚类、氰化物等主要污染物占剩余氨水中污染物总量的 1.0%~4.7%。

该方法以废治废，投资省，占地少，运行费用低，处理效果好，环境效益十分显著，是一项十分值得推广的方法。但是此法要求焦化的氨量必须与烟道气所需氨量保持平衡，这就在一定程度上限制了方法的应用范围。

6.3.1.1 宣钢 A/O 脱氮焦化废水处理案例

宣钢焦化废水处理装置：设计处理能力为 90m³/h，采用 A/O 生物脱氮工艺。工艺流程图如图 6-6 所示。

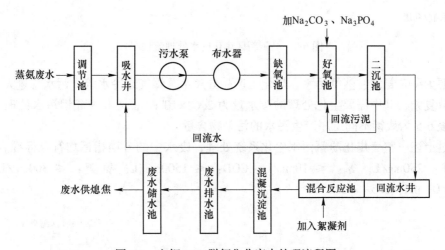

图 6-6 宣钢 A/O 脱氨焦化废水处理流程图

该工艺流程简单，技术已经相对成熟，且设备占地小，投资少。经过该工艺处理前后焦化废水各污染物含量以及指标的变化如表 6-4 所示。

表 6-4 宣钢焦化废水处理前后对比

项目	COD/mg·L⁻¹	酚/mg·L⁻¹	氰/mg·L⁻¹	氨氮/mg·L⁻¹	pH	油/mg·L⁻¹
原水	≤3200	<750	<16	<300	8~9	≤50
出水	≤150	≤0.5	≤0.5	≤25	6~9	≤10

6.3.1.2 马钢新区焦化废水处理案例

马钢新区焦化废水处理装置：设计处理能力为 120m³/h，采用 A²/O 内循环生物脱氮工艺。工艺流程图如图 6-7 所示。

马钢新区的调节池稳定水量在 72~75m³/h，视水质变化调整稀释水量，从而确保水质的相对稳定。在预处理时加药量控制在 0.20~0.25kg/m³ 废水，以去除废水中的浮渣和悬浮物。另外控制循环水量为原水处理量的 2.5~3 倍，确保较优的脱氮效果。最后控制好氧池内的溶解氧在 2.5~4mg/L 的浓度，来保证硝化反应的速率。

6.3.1.3 武钢焦化酚氰污水生化法治理案例

武钢系统生化处理采用好氧生物脱酚工艺，其设计的废水治理能力为 500m³/h。废水

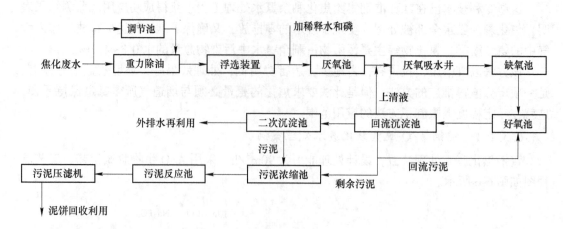

图 6-7 马钢新区焦化废水处理流程图

主要来源为剩余氨水、蒸氨污水、煤化工产品分离水、煤气终冷水等。污水总量大，来源多，成分复杂，其中需要生化处理的废水量为 2.68×10^6 t。图 6-8 为武钢污水处理工艺流程图，表 6-5 为武钢不同工序产生污水的污染物含量。

经过上述一整套焦化酚氰污水生化系统处理，废水中的各项指标均符合标准。其中，酚：200～250mg/L；氰：≤10mg/L；COD：≤1500mg/L；氨氮：≤300mg/L；油：≤50mg/L；pH：6.5~7.5。

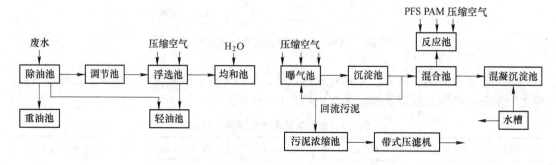

图 6-8 武钢焦化酚氰污水生化法治理流程图

表 6-5 武钢不同工序产生污水的污染物含量

	水量/m³·h⁻¹	浓度/mg·L⁻¹				
		酚	氰	COD	氨氮	油
剩余氨水	30~40	500~700	<10	5000~6000	300~400	400~500
蒸氨污水	30	500~700	10~40	3000	>500	400~500
煤气终冷水	100	200~300	<20	3000~5000	>500	300~400
煤化工产品分离水	5	100~150	5~10	>6000	>1000	200~300

6.3.1.4 包钢、鞍钢焦化废水处理案例

包钢的焦化废水处理采用的是同济大学研发的 Q-WSTN 工艺（A^2/O^2），脱氮反应器采用了生物膜和活性污泥共存的复合反应器，处理后出水达到二级排放标准。鞍钢与中科院过程所合作建成的三期焦化废水处理，采用的 A^2/O^2+高效混凝+多介质过滤+臭氧多相催化氧化+曝气生物滤池的处理工艺，其出水 COD<100mg/L，氨氮<10mg/L，出水总氰<0.2mg/L。

6.3.1.5 国外焦化废水治理案例

日本对焦化废水的处理大多采用好氧活性污泥生化处理工艺，并将生化出水进行混凝沉淀或砂滤处理后排海，其主要污染物的排放质量浓度为：COD：50~200mg/L，酚：0~2mg/L，总氮：100~900mg/L。由于出水总氮较高，焦化企业会在排海前对出水再次进行稀释处理。为了应对日本日益严格的排水限制，最近几年一些日本焦化企业开始在活性污泥法焦化废水处理工艺后增加臭氧氧化和活性炭吸附等深度处理技术，使出水色度和COD 有了明显的改善，具体工艺如图 6-9 所示。日本的钢铁企业几乎没有采用缺氧/好氧（A/O）、厌氧/缺氧/好氧（A^2/O）的生化工艺处理焦化废水。

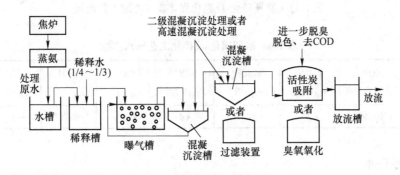

图 6-9　日本焦化废水治理流程图

韩国浦项早期应用活性污泥法处理焦化废水，2002 年浦项开始在活性污泥法后增加高效活性炭吸附装置，有效提高了焦化废水的处理效果。后来浦项又从大连宇都环境工程技术有限公司引进了两套生物移动床（BMR）焦化废水处理工艺，处理量为 500t/d。BMR 工艺采用高效 BioMTM 微生物膜为载体，在移动床基础上结合 A/O、A^2/O 工艺，具有处理效率高、污泥产生量少、易于控制、占地小、投资少、运行成本低等优点。BMR的工艺流程如图 6-10 所示。

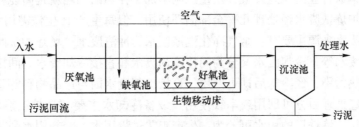

图 6-10　浦项 BMR 焦化废水处理流程

欧洲的焦化废水处理工艺普遍采用絮凝、气浮、沉淀、过滤等预处理技术进行除油，汽提法除氨，生化法除酚、氰化物、硫氰化物、硫化物，必要时还会采用深度处理技术。采用的生化法主要有好氧活性污泥法和硝化-反硝化（A/O²）工艺。其中瑞典 SSAB Tunnpat A 厂采用好氧活性污泥法；安赛乐米塔尔比利时根特厂、法国 Seremange 厂、德国迪林根 ZKS、德国蒂森克虏伯曼内斯曼公司 Hüttenwerke 厂等采用硝化-反硝化焦化废水处理工艺。硝化-反硝化焦化废水处理工艺较好氧活性污泥法出水指标好，其工艺流程如图 6-11 所示，出水指标如表 6-6 所示。

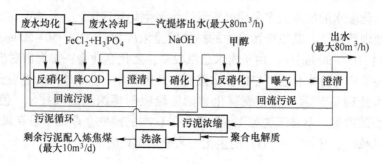

图 6-11　欧洲硝化-反硝化焦化废水处理工艺流程

表 6-6　欧洲硝化-反硝化工艺出水指标

悬浮物 /mg·L⁻¹	COD（去除率）/%	BOD₅ /mg·L⁻¹	硫化物 /mg·L⁻¹	SCN⁻ /mg·L⁻¹	CN⁻ /mg·L⁻¹	PAH /mg·L⁻¹	酚 /mg·L⁻¹	总氮 /mg·L⁻¹
<40	150（95）	<20	<0.1	<4	<0.1	<0.002	<5	<20

6.3.2　炼铁废水

炼铁系统是钢铁制造的重要环节，众所周知，炼铁厂是钢铁企业的一大污染源。污染物主要通过原燃料运输、装卸、破碎筛分、冶炼、出铁、出渣、煤气洗涤、煤气放散、炉渣粒化等环节。其炼铁厂包含有高炉、热风炉、高炉煤气洗涤设施、鼓风机、铸铁机、冲渣池，以及与之配套的辅助设施等。高炉炼铁生产工艺流程及主要废水产出点见图 6-12。由图可见，炼铁工艺生产是将原料（矿石和熔剂）及燃料（焦炭）送入高炉，通入热风，使原料在高温下进行还原熔炼，还原熔炼的结果产出主产品——铁水（即生铁），同时也随之而产出副产品——高炉渣和高炉煤气。

随着我国钢铁行业的飞速发展，产量急剧增加。伴随的问题就是高能耗、高水耗和高污染。虽然高炉炼铁废水经处理几乎全部循环使用，但每生产 1t 生铁需用水 100~130m³。

炼铁工业废水来源主要有：烟气净化洗涤废水、冲渣废水、场地冲洗废水，以及设备和产品的冷却废水等。冷却废水又分为间接冷却废水和直接冷却废水。间接冷却废水在使用过程中仅受热污染，经冷却后即可回用；直接冷却废水因与产品物料等直接接触，含有污染物质，需经处理后方可回用或串级使用。设备冷却水主要有高炉、热风炉的冷却水。根据用水的作用，炼铁厂的用水可分为：生产工艺过程用水、冷却用水和其他杂用水。炼铁厂的废水就来源于这些用水过程。

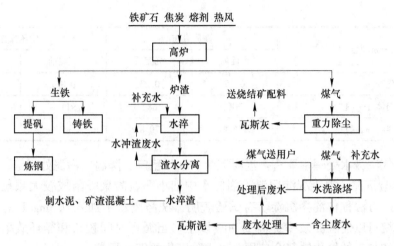

图 6-12 高炉炼铁生产工艺及其主要废水产出点

废水处理就是将废水中的污染物消除并恢复原有功能的过程,以达到提高用水循环率、节约水资源,把对环境危害降低至最低限度的目的。有害的高炉炼铁废水主要是指煤气洗涤废水和冲渣废水。

6.3.2.1 高炉煤气洗涤废水治理

高炉煤气洗涤水的水质变化很大,其物理化学性质与原水有一定关系,但主要取决于高炉炉料成分、炉顶煤气压力、洗涤水温度等。当高炉 100% 使用烧结矿时,可明显减少煤气中含尘量,并相应地减少由灰尘带入洗涤水中的碱性物质。溶解在洗涤废水中的 CO_2 含量与炉顶煤气压力以及洗涤水的温度有关,炉顶压力小,洗涤水温度高,则废水中 CO_2 含量就少,反之则大。另外当炉顶煤气压力高时,煤气中含尘量减少,洗涤废水中的悬浮物自然也相应减少,而且粒度较细。在煤气洗涤过程中,由于气体和 CaO 尘粒易溶于水,废水中暂时硬度会升高。煤气洗涤废水物理化学成分见表 6-7。

表 6-7　高炉煤气洗涤废水的物化性质

分析项目	高压操作		常压操作	
	沉淀前	沉淀后	沉淀前	沉淀后
水温/℃	43	38	53	47.8
pH 值	7.5	7.9	7.9	8
全硬度	19.18	19.04	—	19.32
暂硬度	21.42	20.44	13.87	13.71
钙/mg·L^{-1}	98	98	14.42	13.64
耗氧量/mg·L^{-1}	10.72	7.04		25.5
硫酸根/mg·L^{-1}	144	204	232.4	234
氯根/mg·L^{-1}	161	155	108.6	103.8
二氧化碳/mg·L^{-1}	25.3	—	—	38.1
酚/mg·L^{-1}	2.4	2	0.382	0.12

分析项目	高压操作		常压操作	
	沉淀前	沉淀后	沉淀前	沉淀后
氰化物/mg·L^{-1}	0.25	0.23	0.847	0.989
全固体/mg·L^{-1}	706	682	911.4	910.2
悬浮物/mg·L^{-1}	915.8	70.8	3448	83.4

高炉煤气洗涤水处理主要有：混凝沉淀、水质稳定、降温、污泥处理等。

（1）混凝沉淀。混凝沉淀用混凝剂使水中细小颗粒凝聚吸附成较大颗粒，进而从水中沉淀出来的方法称作混凝沉淀。有试验表明，洗涤废水中加入 0.3mg/L 的聚丙烯酰胺进行混凝沉淀可以使沉淀效率提高到 90% 以上。当循环时间较长和循环效率较高时，聚丙烯酰胺再和少量的氯化铁复合使用，可去除富集的细小颗粒。

（2）水质稳定。水质稳定性是指在输送水过程中，其本身的化学成分是否起变化，是否引起腐蚀或结垢的现象。既不结垢也不腐蚀的水称为稳定水。所谓不结垢不腐蚀是相对而言，实际上水对管道和设备都有结垢和腐蚀问题，可控制在允许范围之内，即称水质是稳定的。20 世纪 70 年代以前，我国炼铁厂的废水，由于没有解决水质稳定问题，尽管有沉淀的降温设施，但几乎都不能正常运转，循环率很低，甚至直排，大量的水资源被浪费掉。水处理技术的发展，特别是近年来水质稳定药剂的开发，对水质稳定的控制已有了成熟的技术。设备间接冷却循环水是不与污染物直接接触，称为净循环水，其水质稳定控制已有成熟的理论和成套技术。对于直接与污染物接触的水，循环使用，称为浊循环水，如高炉煤气洗涤水，它的水质稳定技术更复杂，多采用复合的水质稳定技术，有针对性地解决。炼铁厂的净循环水和浊循环水都属于结垢型为主的循环水类型，它的水质稳定实际上是解决溶解盐的平衡问题。一般采用酸化法、石灰软化法、CO_2 吹脱法等来控制 $CaCO_3$ 的结垢。

（3）降温。经过洗涤后的水温度升高，称为热污染。为了保证循环，针对不同系统的不同要求，应采用冷却措施。炼铁厂的几种类型废水都产生升温，由于生产工艺不同，有的系统可不设冷却设备，如冲渣水。水温度的高低，对混凝沉淀效果以及结垢与腐蚀的程度均有影响。设备间接冷却水系统应设冷却塔，而直接冷却水或工艺过程冷却系统，则应视具体情况而定。用双文氏管串联供水再加余压发电的煤气净化工艺，高炉煤气的最终冷却不是靠冷却水，而是在经过两级文氏管洗涤之后，进入余压发电装置，在此过程中，煤气骤然膨胀降压，煤气自身的温度可以下降 20℃ 左右，达到了使用和输送、贮存的温度要求。所以清洗工艺对洗涤水温无严格要求，可以不设冷却塔。但无高炉煤气余压发电装置的两级文氏管串联系统仍要设置冷却塔。

（4）污泥处理。高炉煤气洗涤水在沉淀处理时，沉淀池的下部聚集了大量污泥，其中主要含有铁、焦、炭粉末等有用物质。将这些污泥加以处理，可以回收含铁分很高的、相当于精矿粉品位的有用物质。对于高炉煤气沉淀的污泥处理，通常是污泥浓缩、压滤以及真空过滤脱水。图 6-13 所示为高炉煤气清洗双文系统水处理流程。对于含锌很高的污泥，又名瓦斯泥，可以回收锌等有用物质。

高炉污泥含铁量很高，可作为烧结球团的原料返回高炉使用，是极好的炼铁原料资

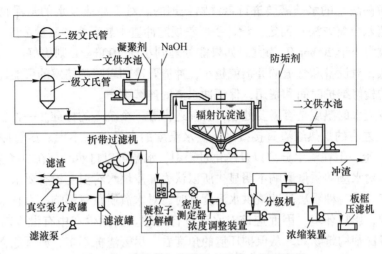

图 6-13 高炉煤气清洗双文系统水处理流程

源。但是，由于污泥中常含有一定比例的锌，锌含量超过高炉入炉锌含量时，含锌污泥进入高炉后，大部分锌在高炉内高温作用下挥发随煤气排出炉外，进入高炉煤气除尘水系统；另一部分锌黏附在高炉炉衬壁上，造成高炉炉内锌量富集，侵蚀高炉耐火砖块，含锌污泥如此循环回收利用，会影响高炉炉况顺行和长寿。因此，世界各国对含锌污泥的处理加大研究力度。目前使用较多的处理技术为旋流分级脱锌技术。

6.3.2.2 高炉冲渣废水治理

高炉渣水淬冷却后广泛用于水泥、渣砖和建筑材料。冲渣用水通常要求不高，满足以下用水要求即可：水质：SS≤400mg/L；粒径：≤0.1mm；水压：0.20~0.25MPa；水温：≤60℃。

大量的水急剧熄灭熔渣时，首先使废水的温度急剧上升，甚至可以达到接近 100℃。其次是受到渣的严重污染，使水的组成发生很大变化。一般冲渣废水组成及水渣颗粒组成分别如表 6-8 所示。

表 6-8 冲渣废水组成成分 （单位：mg/L）

分析项目	全固形物	溶解固形物	不溶固形物	灼烧减量	Ca	Mg	灼烧残渣	总硬（以 $CaCO_3$ 计）	
测定结果	253	158.7	94.3	61.6	191	33.09	8.71	118.5	
分析项目	OH^-	CO_3^{2-}	HCO_3^-	SO_4^{2-}	Cl^-	CO_2	耗氧量	SiO_2	pH 值
测定结果	0	8	162	35.72	10	21.32	2.55	7.95	7.04

冲渣废水的治理，主要是对悬浮物和温度的处理。如前所述，渣滤法和"INBA"法，实际上是使水在渣水分离过程中得到过滤，所以其废水的悬浮物的质量浓度比较低，一般情况下，"INBA"法从转鼓下来的水中悬浮物的质量浓度约为 100mg/L，已经可以满足冲渣用水的要求。而渣滤法的水，其悬浮物的质量浓度则更少。因此可以认为，这两种方法不需要设置专门的处理悬浮物的设施。"拉萨法"则不然，该法在送脱水槽的渣泵吸水井（称为粗粒分离槽）处，设有浮渣溢流装置，称为中间槽。中间槽的浮渣和水，需送至沉淀池进行处理。而且脱水槽由于仅靠重力脱水，筛网孔径较大，脱出的水也需进入沉淀

池。所以"拉萨法"的水是需要进行悬浮物处理的。对于冲渣废水的悬浮物，应视其水冲渣工艺（渣水分离方法）而定，设计手册曾规定冲渣水悬浮物的质量浓度小于400mg/L的规定，应改为小于200mg/L为宜。如果能处理到小于100mg/L则更好。水中悬浮物的质量浓度越低，对设备和管道的磨损就越小，冲渣及冷却塔喷嘴堵塞的可能性也越小，可以省去大量的检修维护时间和费用，保证冲水渣的连续生产。

关于冲渣废水的温度是否需要处理，目前还没有一个统一的标准。一种看法是因为供水要与1400℃左右的炽热红渣直接接触，供水温度的高低关系不大。尽管冲渣后的水温能达到90℃以上，但在渣水分离以及净化过程中，水温可以自然平衡在70℃左右。而且，即使不处理，对水渣的质量影响不明显，所以认为冲渣供水对温度没有要求，因此冲渣废水不需要冷却。另一种看法是冲渣供水温度高时，对水渣质量有影响，而且水温高，冲渣时会产生渣棉，影响环境，因而应该对水温进行处理。实际生产中有设冷却塔处理水温的，亦有不设冷却构筑物的。从保护环境的角度看，尽管渣棉不多，亦属危害物质，则应处理水温。

6.3.2.3 宝钢高炉煤气洗涤水处理

宝钢高炉采用两级可调文氏管串联系统处理煤气洗涤水，工艺流程图如图6-14所示。

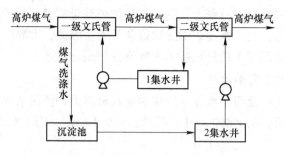

图6-14 宝钢煤气洗涤水处理流程图

该系统的设计参数主要从入口煤气含尘量、去除灰尘量、入口煤气温度、出口煤气温度、给水温度、回水温度以及洗涤水量来综合考虑。经过两级文氏管处理后的高炉煤气洗涤水各项参数指标如表6-9所示。

表6-9 宝钢高炉煤气洗涤水治理参数

设 计 参 数	一文	二文
入口煤气含尘量/g·m⁻³	5	0.1
入口煤气含尘量/g·m⁻³	100	10
去除灰尘量/kg·h⁻¹	3430	63
入口煤气温度/℃	150	55
出口煤气温度/℃	55	53
给水温度/℃	53	52
回水温度/℃	55	53
洗涤水量/m³·h⁻¹	840	840

该系统密闭，串联排污，可以减少污水外排量。瓦斯泥含水量低于30%，为瓦斯泥的回收利用创造了条件。

6.3.2.4　武钢高炉煤气洗涤水处理

武钢6号高炉的容积为3200m³，采用比肖夫煤气清洗技术。煤气洗涤水处理工艺流程图如图6-15所示。

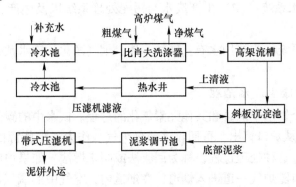

图6-15　武钢煤气洗涤水处理工艺流程图

经过比肖夫煤气清洗技术的处理，系统污垢附着量≤20cm，系统腐蚀率≤0.125mm/a，循环水悬浮物≤100mg/L，脱水后污泥含水率≤40%，水质综合合格率≥90%。

6.3.2.5　太钢高炉冲渣废水治理

太钢4350m³高炉炉渣采用回转圆筒过滤冲渣法进行处理，日产水渣量约3000t，设计年产水渣量120万吨。冲渣废水处理系统流程图如图6-16所示。

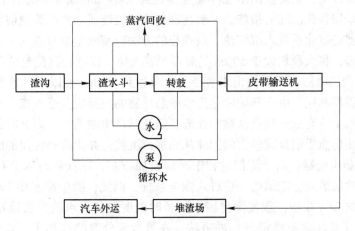

图6-16　太钢高炉冲渣废水处理系统流程图

该处理流程主要分为：粒化箱（高速水流对熔渣进行激冷粒化）、脱水装置（由分配器、缓冲槽、转鼓、热水箱组成）、皮带输送系统、水循环系统。

6.3.3　炼钢废水

炼钢是将生铁中含量较高的碳、硅、磷、锰等元素降低到允许范围内的工艺过程。由于炼钢工艺的发展以及冶炼钢种的需要，炉外精炼技术与设备的完善，形成了炼钢—炉外精炼—连铸三位一体的炼钢工艺流程。

炼钢系统的主要生产车间有氧气转炉车间、电炉炼钢车间和连续铸锭车间等。炼钢系统的主要设施有：供水站、氧气站、空压站、锅炉房、水处理设施和机电、配电系统。

炼钢系统用水与废水涉及的系统比较复杂，主要有：（1）间接冷却循环水系统；（2）直接冷却水循环水系统；（3）工业用水系统；（4）软水用水系统；（5）除盐水用水系统；（6）串接用水系统；（7）生产废水与污泥处理系统以及生产、生活其他用水与排污系统等。

其中转炉炼钢系统的主要用水有：转炉本体、烟气净化、铁水预处理、炉渣处理以及炉外精炼。

6.3.3.1　转炉除尘废水治理

炼钢过程是一个铁水中的碳和其他元素氧化的过程。铁水中的碳与吹氧发生反应，生成 CO，随炉气一道从炉口冒出。可回收这部分炉气，作为工厂能源的一个组成部分，这种炉气叫转炉煤气，这种处理过程，称为回收法或叫未燃法。如果炉口处没有密封，从而大量空气通过烟道口随炉气一道进入烟道，在烟道内，空气中的氧气与炽热的 CO 发生燃烧反应，使 CO 大部分变成 CO_2，同时放出热量，这种方法称为燃烧法。这两种不同的炉气处理方法，给除尘废水带来不同的影响。含尘烟气一般均采用两级文丘里洗涤器进行除尘和降温。使用过后，通过脱水器排出，即为转炉除尘废水。

转炉除尘废水处理技术如上所述，要解决转炉除尘废水的关键技术，一是悬浮物的去除；二是水质稳定问题；三是污泥的脱水与回收。

（1）悬浮物的去除：纯氧顶吹转炉除尘废水中的悬浮物杂质均为无机化合物，采用自然沉淀的物理方法，虽能使出水悬浮物含量达到 $150\sim200mg/L$ 的水平，但循环利用效果不佳，必须采用强化沉淀的措施。一般在辐射式沉淀池或立式沉淀池前加混凝药剂，或先通过磁凝聚器经磁化后进入沉淀池。最理想的方法应使除尘废水进入水力旋流器，利用重力分离的原理，将大颗粒大于 $60\mu m$ 的悬浮颗粒去掉，以减轻沉淀池的负荷。废水中投加 $1mg/L$ 的聚丙烯酰胺，即可使出水悬浮物含量达到 $100mg/L$ 以下，效果非常显著，可以保证正常的循环利用。由于转炉除尘废水中悬浮物的主要成分是铁皮，采用磁凝聚器处理含铁磁质微粒十分有效，氧化铁微粒在流经磁场时产生磁感应，离开时具有剩磁，微粒在沉淀池中互相碰撞吸引凝成较大的絮体从而加速沉淀，并能改善污泥的脱水性能。

（2）水质稳定问题：由于炼钢过程中必须投加石灰，在吹氧时部分石灰粉尘还未与钢液接触就被吹出炉外，随烟气一道进入除尘系统，因此，除尘废水中 Ca^{2+} 含量相当多，它与溶入水中的 CO_2 反应，致使除尘废水的暂时硬度较高，水质失去稳定。采用沉淀池后投入分散剂（或称水质稳定剂）的方法，在螯合、分散的作用下，能较成功地防垢、除垢。投加碳酸钠（Na_2CO_3）也是一种可行的水质稳定方法。Na_2CO_3 和石灰（$Ca(OH)_2$）反应，形成 $CaCO_3$ 沉淀：$CaO + H_2O \rightarrow Ca(OH)_2$，$Na_2CO_3 + Ca(OH)_2 \rightarrow CaCO_3\downarrow + 2NaOH$。而生成的 NaOH 与水中 CO_2 作用又生成 Na_2CO_3，从而在循环反应的过程中，使 Na_2CO_3 得到再生，在运行中由于排污和渗漏所致，仅需补充一些量的 Na_2CO_3 保持平衡。该法在国内一些钢厂的应用中有很好效果。利用高炉煤气洗涤水与转炉除尘废水混合处理，也是保持水质稳定的一种有效方法。由于高炉煤气洗涤水含有大量的 HCO_3^-，而转炉除尘废水含有较多的 OH^-，两者结合发生如下反应：$Ca(OH)_2 +$

$Ca(HCO_3)_2 \rightarrow 2CaCO_3\downarrow + 2H_2O$。生成的碳酸钙正好在沉淀池中除去，这是以废治废、综合利用的典型实例。在运转过程中如果OH^-与HCO_3^-量不平衡，应适当地在沉淀池后加些阻垢剂做保证。总之，水质稳定应是根据生产工艺和水质条件，因地制宜地处理，选取最有效、最经济的方法。

（3）污泥的脱水与回收：转炉除尘废水，经混凝沉淀后可实现循环使用，但沉积在池底的污泥必须予以恰当处理，否则循环仍是空话。转炉除尘废水污泥含铁达70%，有很高的利用价值。处理此种污泥与处理高炉煤气洗涤水的瓦斯泥一样，国内一般采用真空过滤脱水的方法，脱水性能比较差，脱水后的泥饼很难被直接利用，制成球团可直接用于炼钢。

6.3.3.2　设备和产品的直接冷却水

主要是指二次冷却区产生的废水，大量的喷嘴向拉辊牵引的钢坯喷水，进一步使钢坯冷却固化，此水受热污染并带有氧化铁皮和油脂。二次冷却区的吨钢耗水量一般为$0.5\sim0.8m^3$。含氧化铁皮、油和其他杂质，以及水温较高，这是二次冷却水的特点。处理方法一般采用固-液分离（沉淀）、液-液分离（除油）、过滤、冷却、水质稳定措施，以达到循环利用。废水经一次铁皮坑，将大颗粒（$50\mu m$以上）的氧化铁皮清除掉，用泵将水送入沉淀池，在此一方面进一步除去水中微细颗粒的氧化铁皮，另一方面利用除油器将油除去。为了使沉淀池出水悬浮物含量低一些，以保证冷却喷嘴不致阻塞，所以一般投药，采取混凝沉淀的方式进行处理（试验表明，用石灰、25mg/L的活化氧化钙和1mg/L的聚丙烯酰胺进行混凝处理，可使净化效率提高10%~20%，同时也减轻快滤池负荷）。

6.3.3.3　净循环水系统

此系统是用于冷却软水的，水源一般来自工业给水系统，由泵将水送入热交换器，交换软水中的热量，而净循环水系统的热量由冷却塔降温，降温后循环使用。由于冷却塔和储水池与外界接触，应考虑水量损失和风沙污染。

6.3.3.4　宝钢炼钢厂废水处理

宝钢转炉烟气除尘废水处理流程如图6-17所示。即一级文氏管除尘废水进入浓缩池，沉淀后供二级文氏管及溢流水封等使用，二级文氏管排水直接提升供一级文氏管使用。水在一文除尘设备中，由于水与高温烟气直接接触，水受污染，不仅pH值增高，水温升高，且含有大量悬浮物。为此污水经水封槽先流入粗颗粒分离槽，去除大于$60\mu m$粗颗粒，然后进入分配槽分别向三座浓缩池进水（正常运转时，两座工作，一座备用）。为了加速悬浮颗粒的沉降和调节废水pH值，在分配槽投加高分子助凝剂和硫酸或废碱液等pH值调节剂。除尘废水在浓缩池内沉淀，澄清后的上清液进入吸水池，由2DC双吸离心泵提升到二级文氏管和一级文氏管溢流水封及二级文氏管排水封槽作补充水。考虑到在循环水系统中必须进行水质稳定，在吸水池澄清水进口投加pH值调节剂和提升泵吸水口投加分散剂。

在二级文氏管除尘后的水，由于烟气经一级文氏管降温除尘，大部分机械杂质，特别是粗颗粒业已去除，故二文排水的pH值一般接近中性，悬浮物的质量浓度为1600~2000mg/L，可不加任何处理，直接提升供给一文除尘使用。浓缩池底部沉降污泥浆，由泥浆泵抽送到泥浆调节槽，再由泥浆泵压送到全自动压力式过滤脱水机进行脱水。脱水后

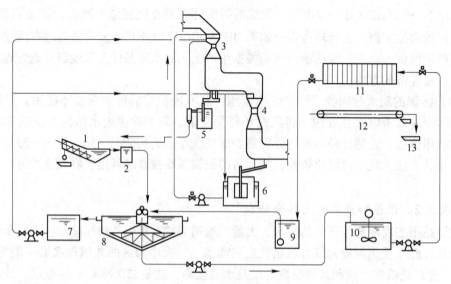

图 6-17　宝钢炼钢厂转炉烟气除尘废水处理流程图

1—粗颗粒分离槽及分离机；2—分配槽；3—一级文氏管；4—二级文氏管；5——级文氏管排水
水封槽及排水槽；6—二级文氏管排水水封槽；7—澄清水吸水池；8—浓缩池；9—滤液槽；
10—泥浆槽；11—压力式过滤脱水机；12—皮带运输机；13—料罐

的过滤液返回浓缩池沉淀，污泥和粗颗粒分离机提升出来的大于 60μm 粗颗粒，送往烧结厂小球团车间回收利用。

6.3.3.5　上钢炼钢厂废水处理

该厂 30t 氧气转炉除尘工艺较为先进，但对除尘污水处理特别是水质稳定问题考虑不周，致使运转不到半年，循环水系统（如水泵叶轮、管道等）严重结垢堵塞，被迫直流排放达 20 年之久。后经改进，其转炉车间的除尘污水基本实现闭路循环，循环率达 90%以上。其除尘废水处理工艺流程如图 6-18 所示。

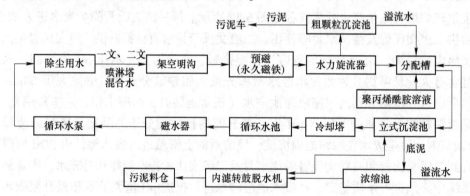

图 6-18　上钢炼钢厂转炉除尘废水处理工艺流程图

该厂除尘废水的处理可概括为 4 个部分：（1）粗颗粒分离；（2）高分子絮凝剂的投配与磁絮凝的协同反应，以及磁水器作用，稳定水质；（3）冷却塔降温；（4）污泥脱水及污泥综合利用。

6.3.4 轧钢废水

轧钢根据轧制温度不同可以分为热轧和冷轧。热轧一般是将钢锭或钢坯在均热炉里加热至 1150~1250℃后轧制成材；冷轧通常是指不经加热，在常温下轧制。生产各种热轧、冷轧产品过程中需要大量水冷却、冲洗钢材和设备，从而也产生废水和废液。轧钢厂所产生的废水的水量和水质与轧机种类、工艺方式、生产能力及操作水平等因素有关。热轧废水的特点是含有大量的氧化铁皮和油，温度较高，且水量大。经沉淀、机械除油、过滤、冷却等物理方法处理后，可循环利用，通称轧钢厂的浊环系统。冷轧废水种类繁多，以含油（包括乳化液）、含酸、含碱和含铬（重金属离子）为主，要分流处理并注意有效成分的利用和回收。

6.3.4.1 热轧废水的处理

热轧厂的给排水，包括净环水和浊环水两个系统。净环水主要用于空气冷却器、油冷却器的间接冷却，与一般循环水系统一样。含氧化铁皮和油的浊循环水是主体废水，所谓热轧厂废水的处理，就是指这部分废水。主要技术问题是：固液分离、油水分离和沉渣的处理。热轧废水的处理工艺根据热轧浊环水常用的净化构筑物，按治理深度的不同有不同的组合，但总的都要保证循环使用条件。常用流程如下：（1）一次沉淀工艺流程，仅仅用一个旋流沉淀池来完成净化水质，既去除氧化铁皮，又有除油效果，国内还是比较常见的流程。旋流沉淀池设计负荷一般采用 $25\sim30\text{m}^3/(\text{m}^2\cdot\text{h})$，废水在沉淀池的停留时间可采用 6~10min。与平流沉淀池相比，占地面积小，运行管理方便。（2）二次沉淀工艺流程。系统中根据生产对水温的要求，可设冷却塔，保证用水的水温。（3）沉淀—混凝沉淀—冷却工艺流程。这是完整的工艺流程，用加药混凝沉淀，进一步净化，使循环水悬浮物含量可小于 50mg/L。（4）沉淀—过滤—冷却工艺流程。为了提高循环水质，热轧废水经沉淀处理后，往往再用单层和双层滤料的压力过滤器进行最终净化。图 6-19 所示为热轧废水处理工艺。

稀土磁盘处理热轧废水工艺：当流体流经磁分离设备时，流体中含的磁性悬浮颗粒，除受流体阻力、颗粒重力等机械力的作用之外，还受到磁场力的作用。当磁场力大于机械合力的反方向分量时，悬浮于流体中的颗粒将逐渐从流体中分离出来，吸附在磁极上而被除去，达到净化废水、废物回用、循环使用的目的。

轧钢废水中的悬浮物 80%~90%为氧化铁皮。它是铁磁性物质，可以直接通过磁力作用去除。对于非磁性物质和油污，采用絮凝技术、预磁技术，使其与磁性物质结合在一起，也可采用磁力吸附去除。所以利用磁力分离净化技术可以有效地处理这类废水。

稀土磁盘分离净化设备由一组强磁力稀土磁盘打捞分离机械组成。当流体流经磁盘之间的流道时，流体中所含的磁性悬浮絮团，除受流体阻力、絮团重力等机械力的作用之外，还受到强磁场力的作用。当磁场力大于机械合力的反方向分量时，悬浮于流体中的絮团将逐渐从流体中分离出来，吸附在磁盘上。磁盘以 1r/min 左右的速度旋转，让悬浮物脱去大部分水分。运转到刮泥板时，形成隔磁卸渣带，渣被螺旋输送机输入渣池。被刮去渣的磁盘旋转重新进入流体，从而形成周而复始的稀土磁盘分离净化废水全过程，达到净化废水、废物回收、循环使用的目的。

稀土磁盘技术应用于热轧废水已有工程实例，根据轧钢废水特性，可选用不加絮凝剂、加絮凝剂和设置冷却塔等处理工艺流程。稀土磁盘处理热轧废水工艺流程图如图 6-20 所示。

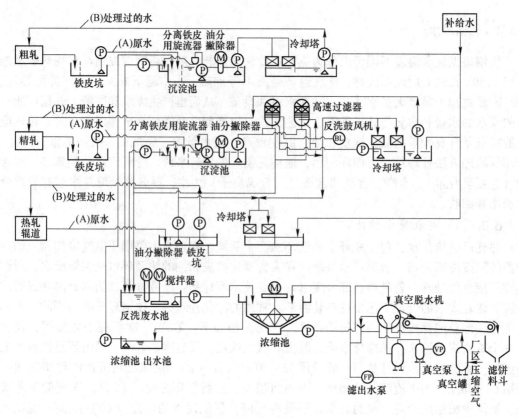

图 6-19　热轧废水处理工艺

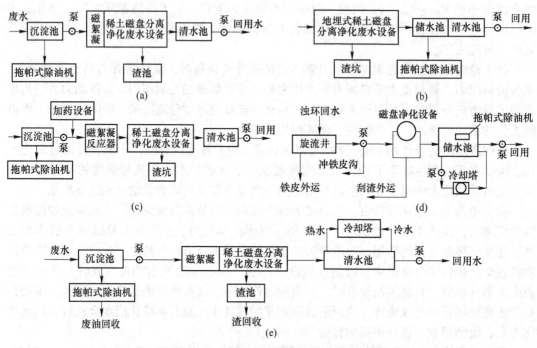

图 6-20　稀土磁盘处理热轧废水工艺流程图

（a），（b）不加絮凝剂；（c）加絮凝剂；（d），（e）有冷却塔

6.3.4.2 冷轧废水处理

冷轧钢材必须清除原料的表面氧化铁皮，采用酸洗清除氧化铁皮，随之产生废酸液和酸洗漂洗水。还有一种废水就是冷却轧辊的含乳化液废水。除此以外，还有轧镀锌带钢产生含铬废水。

（1）中和处理。轧钢厂的酸性废水一般采用投药中和法和过滤中和法。常用的中和剂为石灰、石灰石、白云石等。投药中和的处理设备主要由药剂配制设备和处理构筑物两部分组成。由于轧钢废水中存在大量的二价铁离子，中和产生的 $Fe(OH)_2$ 溶解度较高，沉淀不彻底，采用曝气方式使二价铁变成三价铁沉淀，出水效果好，而且沉泥也较易脱水。过滤中和就是使酸性废水通过碱性固体滤料层进行中和。滤料层一般采用石灰石和白云石。过滤中和只适用于水量较小的轧钢厂。

（2）乳化液废水处理。轧钢含油及乳化液废水中，有少量的浮油、浮渣和油泥。利用贮油槽除调节水量、保持废水成分均匀、减少处理构筑物的容量外，还有利于以上成分的静置分离。所以槽内应有刮油及刮泥设施，同时还设加热设备。乳化液的处理方法有化学法、物理法、加热法和机械法，以化学法和膜分离法常见。化学法治理时，一般对废水加热，用破乳剂破乳后，使油、水分离。化学破乳关键在于选好破乳剂。冷轧乳化液废水的膜分离处理主要有超滤和反渗透两种，超滤法的运行费用较低，正在推广使用。

6.3.4.3 柳钢热轧废水处理

采用稀土磁盘+高效叶轮气浮技术，简称为 M+F 法。图 6-21 所示为柳钢中板厂废水处理工艺流程图。

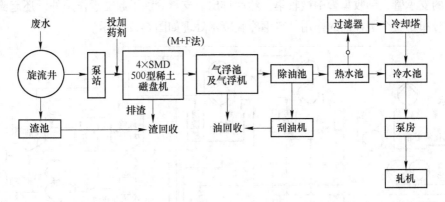

图 6-21 柳钢中板厂废水处理工艺流程图

稀土磁盘分离净化废水技术（即 M 法）是 20 世纪 90 年代新环保技术。它应用稀土永磁材料高强磁力，通过稀土磁盘的聚磁组合，将废水中的微细磁性悬浮物及絮凝其上的渣油和其他非磁性悬浮物吸附分离除去。具有分离效率高（4～6s 即除去 90%的磁性悬浮物）、连续除渣、投资省、占地少、耗电省（SMD-500 型设备总用电负荷仅 3.7kW）、运行费用低、操作维护方便、可实现无人管理等特点，特别适合于冶金企业轧钢生产的浊环水处理。采用与之配套的磁力压榨脱水机，可省去浓缩池，大大降低投资和设备运行费用。高效叶轮气浮技术（即 F 法），利用引入的气体，在叶轮快速切割和混合作用下，气浮分离含油污水中的油及吸附在其上的更微细固体及有机物质。

根据污水的种类和乳化的程度，其净化能力进口为 3000×10^{-6} 含油量以下，污水经四级循环净化，出口污水除油率可达 90%，极微细悬浮物和 COD 去除率可达 80%，如表 6-10 所示。

表 6-10   M+F 法处理热轧中板废水结果指标

采样编号	悬浮物（SS）			化学需氧量（COD）			石油类		
	进口	出口	去除率/%	进口	出口	去除率/%	进口	出口	去除率/%
1	118	20	83.05	90	35	61.11	28.4	3.79	86.66
2	100	29	71.00	133	32	75.93	52.2	2.29	95.61
3	249	37	85.14	164	31	81.09	45.6	1.32	97.10

当污水进入稀土磁盘分离净化设备时，废水中绝大部分悬浮物和油渣即被稀土磁盘吸附分离去除。增加特殊的悬磁凝聚剂与水中的油和悬浮物共同作用，提高稀土磁盘去除悬浮物的效率。处理后的废水中密度大于水的物质已基本被去除后，再直流入叶轮气浮机，此时悬磁凝聚剂仍然发挥作用，可去除 90% 的浮油和 30% 的乳化油，使乳化油从水中游离出来并聚集在水表面。同时水中的特微细悬浮物也随着油的聚积而形成油渣共聚体，再靠气浮机叶片将其撇除，因此能去除 85% 以上的乳化油，从而达到油水分离及固液分离的目的。

6.3.4.4 宝钢冷轧废水处理

宝钢冷轧采用的是单管超滤膜，其从内到外的结构为：内部为空心管，空心管外为软管，软管内壁为超滤膜，超滤管中流动着处理液，渗透液通过超滤膜，穿过软管，经钻有许多小孔的支承管，到收集管中被收集，然后排出。支承管除了起支承作用外，还起到将渗透液均匀分布于整个圆柱面的作用。宝钢冷轧废水处理如图 6-22 所示。

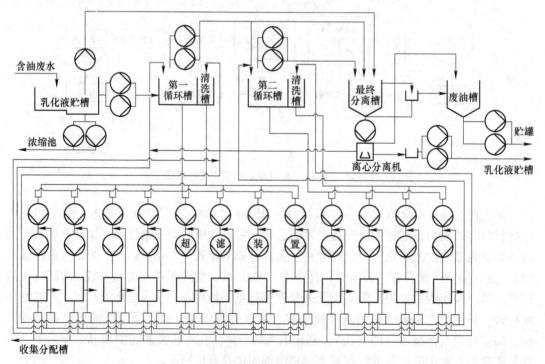

图 6-22   宝钢冷轧废水处理

为了尽可能减少浓差极化和污染，宝钢冷轧超滤的操作方式采用的是横流过滤、待处理液两级超滤处理的方式。在横流过滤中，进水以高速流过薄膜表面。这一点不同于传统的垂直过滤，垂直过滤使固体在薄膜表面堆积，因此需要经常更换和清洗。而横流过滤大大降低了固体物质的堆积，改善了工作环境，增加渗透率和减少更换过滤器。

在操作过程中对关键因素进行优化和控制，如：含油废水预处理、合理流速、pH 值、操作压力、温度、细菌、清洁等。通过以上措施，宝钢冷轧超滤运行稳定，效果较好，排出的水质满足国家控制标准。详细的排水水质见表 6-11。

表 6-11　宝钢冷轧废水排水水质

项目	油/mg·L^{-1}	COD/mg·L^{-1}	pH 值	SS/mg·L^{-1}
最大值	8.81	99.90	9	44.40
最小值	1.14	0.05	8	0.4
平均值	2.95	28.80	7.1	9.3

6.3.5　钢铁生产过程的废水循环利用与再生

实现清洁生产与可持续发展，建立资源节约型与环境友好型的绿色钢铁企业，这是 21 世纪钢铁工业的发展要求。为此，钢铁工业必须进行水安全保障重点研究与废水资源回用技术研究。

6.3.5.1　废水循环利用技术保障研究

水资源短缺，是影响钢铁工业持续发展的关键问题，为了解决用水安全保障的问题，其研究内容与要求为：

（1）优化结构调整，优先发展低废、无废技术、用水量少、节水效果好的生产工艺；尽早调整和改善企业的生产布局缓解水资源危机，是钢铁工业水安全保障工作的前提和条件。

（2）抓好大型钢铁企业用水优化与节水技术的研究，是钢铁工业水安全保障的重要环节。

（3）提高用水质量，强化串级用水与一水多用、循环用水、综合利用技术是实现钢铁企业水资源安全保证最有效的技术途径。

（4）强化节水技术与工业设备的开发与研究，因地制宜制定合理供需用水标准，是钢铁工业水安全保障最有效的技术措施。

（5）开辟钢铁工业新水源，因地制宜实现企业外排的综合废水、城市二级处理污水、中水与海水淡化的水资源利用，是钢铁工业水资源安全保障最可靠的安全新水源。

6.3.5.2　废水资源化技术与综合循环利用再生的研究

我国钢铁企业大都存在外排综合废水处理问题，且量大面广、成分复杂。建立综合废水处理厂可以有效控制外排废水量，实现处理后回收利用，解决钢铁企业水资源短缺问题。但随着回收率的提高，盐类富集产生的水质障碍更加突出，因此需研究和寻求新的治理思路，从全厂水资源综合平衡出发，对其温度、水量、悬浮物、溶解盐类和水质稳定等综合因素要进行全面平衡与处理，才能保证在提高回用率的同时，确保水质安全，使全厂用水系统无障碍运行。其主要研究内容为：

（1）从全厂用水综合平衡出发，对各工序排水采取集中分散相结合治理的原则，实现按质回用、循环利用、串级使用、一水多用；

（2）根据不同用户的水质要求，确定合理的技术集成和工艺组合，解决钢铁企业外排废水治理与回用问题；

（3）研究新型脱盐技术与设备，提高勾兑比例，实现废水资源化与提高用水循环利用率。

6.3.5.3　钢铁生产废水"零"排放循环经济研究

所谓水循环经济就是把清洁生产与废水综合利用融为一体的经济，建立在水资源不断循环利用基础上的经济发展模式，按自然生态系统模式，组成一个"资源—产品—再生资源"的水资源反复循环流动的过程，实现废水最少量化与最大的循环利用。即对钢铁企业用水进行废水减量化、无害化与资源化的模式研究与效益分析。

（1）分质供水—串级用水——水多用的使用模式；

（2）废水—无害化—资源化的回用模式；

（3）综合废水—净化—回用的循环利用模式。

其实，钢铁工业水循环经济模式的研究就是把首端预防与末端治理最有效的有机结合，是钢铁企业要实现"零"排放最有效的技术措施，也是钢铁企业资源节约型与环境友好型在水资源利用上的具体体现。

6.4　小　　结

钢铁制造废水处理要从减量化、资源化以及无害化三个方向入手。从源头做起，实施清洁生产、积极开发先进技术与设备，努力实现废水排放最少量化。其次通过对不同生产工序所排废水进行物理、化学、生物等手段的综合治理，使得生产废水循环使用、串级利用、再生回用，尽可能提高其资源化程度，在技术经济条件允许的情况下，最终实现"零排放"。同时尽可能将废水中的有用物质如酸碱、油、瓦斯泥、尘泥等回收利用。然后对已经产生而又无法资源化的废水，进行无害处理利用。最终实现钢铁制造过程废水循环利用的闭环流动经济模型。

思　考　题

6-1　水污染的定义是什么，为什么水特别容易被污染？

6-2　试述废水处理的基本原则以及废水处理方法分类。

6-3　试述混凝处理方法的要点、常用混凝剂的种类以及三大作用。

6-4　试述离子交换法的要点以及运行操作的四个步骤。

6-5　试述废水转化处理的特点及具体方法分类。

6-6　何谓活性污泥法、生物膜法？

6-7　试述厌氧生物处理法的原理、方法、应用及特点。

参 考 文 献

[1] 王绍文.钢铁工业废水资源回用技术与应用 [M].北京：冶金工业出版社，2008.

[2] 殷瑞钰，张春霞，齐渊洪，等.钢铁工业绿色化问题 [J].冶金环境保护，2004 (2)：13~15.

[3] 张景来.冶金工业污水处理技术与工程应用 [M].北京：化学工业出版社，2003.

[4] 李亚峰，任晶，杨继刚.钢厂废水回用处理工程实例 [J].水处理技术，2013，39 (9)：129~131.

[5] 刘君，邱敬贤，黄献，等.炼钢废水处理及中水回用技术的研究进展 [J].再生资源与循环经济，2018，11 (8)：37~39.

[6] 曲余玲，毛艳丽，翟晓东.焦化废水深度处理技术及工艺现状 [J].工业水处理，2015，35 (1)：14~17.

[7] 沈万峰.有机废水的好氧生物处理技术进展研究 [J].城市道桥与防洪，2017 (9)：105~106，130.

[8] 吴铁，赵春丽，刘大钧，等.钢铁行业废水零排放技术探索 [J].环境工程，2015，33 (4)：146~149.

[9] 沈飞，陈向荣，赵方，等.生化废水综合治理中的膜技术及其应用 [J].生物产业技术，2010 (5)：66~72.

[10] 和娟娟，王雅丽.钢铁工业废水处理工艺设计及应用 [J].山东工业技术，2018 (12)：26，30.

[11] 卢宇飞，何艳明.提高高炉炼铁工业循环废水水质的初步研究 [J].昆明冶金高等专科学校学报，2010，26 (3)：69~71，91.

7 钢铁制造的粉尘治理技术

[本章提要]

本章概括地介绍了钢铁生产中排放的粉尘性质、钢铁企业除尘发展现状、粉尘治理工艺原理及方法分类、钢铁企业各工序中粉尘治理方法及应用、粉尘资源化利用工艺原理以及粉尘中资源的综合利用等。

7.1 钢铁生产中的粉尘排放

7.1.1 钢铁粉尘排放背景

钢铁冶金粉尘是指钢铁生产工序对烟气进行除尘后的产物,在钢铁生产过程中,每个环节都会产生不同程度的粉尘,不仅造成了大量的资源浪费,同时也会给环境带来负面的影响。通常钢铁生产主要包括烧结、炼铁、炼钢等不同生产工序,而每个生产工作所产生的冶金粉尘量也有所不同。据统计,烧结工序中所产生的粉尘占烧结矿的2%~4%,而炼铁和炼钢工序中所产生的粉尘占铁水、钢产量的3%~4%。2020年,我国粗钢产量达10.53亿吨,同比增长5.2%,占全球总产量的比重超过57%,是印度、日本、美国和韩国粗钢产量之和的两倍以上。钢铁固体废物(尾矿、高炉渣、化铁炉渣、钢渣、粉尘、粉煤灰等)年产生量达4亿吨,其中粉尘产量巨大,是除冶炼渣外,钢厂中产量最大的固体废物。按照我国钢铁产量10亿吨统计,目前钢铁粉尘年产生量超1亿吨。

近年来,迫于铁矿资源紧张和污染物排放治理的压力,钢铁企业大都采用返回烧结的方法来利用这些粉尘,但由于粉尘中锌、铅、钾、钠等有害元素含量较高,影响高炉内焦炭的质量,从而影响高炉顺行。因此,部分难以被利用的粉尘不得不暂时堆积存放,不但会对环境造成严重污染,还会造成大量宝贵资源的浪费,甚至威胁到人们的身体健康。钢铁冶金粉尘的产生与其工艺以及原材料有着直接的关系,而粉尘的组成物质也与其有着直接的关联,这就造成钢铁冶金粉尘较为杂乱,含有多种金属元素的粉尘混合到一起,直接增加了粉尘的处理难度。

在大气污染日益加重的情况下,降低烟粉尘排放量已经成为实现我国钢铁企业持续发展的必然选择。"节约资源、保护环境"是我国实现可持续发展战略的重要保证和手段。因此,实现钢铁厂粉尘的高效治理,不仅有利于减少钢铁企业污染物排放,而且可以充分利用其中的有价资源,对于实现中国钢铁工业的可持续发展具有十分重要的意义。

7.1.2 钢铁冶金粉尘的物性

粉尘主要来自料场、烧结、球团、高炉、转炉、电炉和轧钢等工序,如图7-1所示。钢铁冶金过程中,各类粉尘的产生量总和一般为钢产量的8%~12%。据统计,粉尘产量按工序分别为:烧结粉尘8~15kg/t烧结矿,高炉粉尘20~30kg/t铁,转炉粉尘8~20kg/t

钢，电炉粉尘 10~20kg/t 钢，铁合金烟尘为 100kg/t 铁合金。

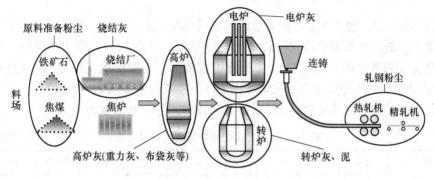

图 7-1 钢铁粉尘来源

钢铁企业各道工序的粉尘产生量具有较大差异，其原因在于，首先，钢铁企业的工序配置不同，如有无电炉工序，会造成粉尘产生结构的不同；其次，钢铁企业原燃料条件各具特色，也会造成相同工序间产生粉尘物性的差异。国内某钢铁企业不同工序粉尘产生量分布如图 7-2 所示。

一般粉尘有以下特点：

（1）粉尘粒度小。烟尘是在冶金和化学过程中由熔融物质挥发后生成的气态物

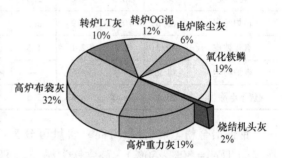

图 7-2 国内某钢铁企业
不同工序粉尘产生量分布

质在冷凝后所产生的，绝大多数粉尘粒度小于 $50\mu m$。粉尘的流动性好，易造成二次污染，尤其是小于 $5\mu m$ 的粉尘能长期悬浮于空气中，影响现场作业环境，造成空气污染。烧结厂产生的粉尘 30%~40% 小于 $10\mu m$；炼钢厂电炉烟尘 82% 小于 $10\mu m$。表 7-1 是部分粉尘的典型粒度组成。

（2）含铁粉尘中铁含量较高。不同工艺环节产生的粉尘，其理化性质不同，含铁粉尘中铁含量较高，品位一般在 50% 左右，有很高的利用价值。

（3）吸水性差。由于这些冶金粉尘的粒度细，比表面积大，加之它们的形成一般经过了物理化学变化，其表面光滑，因此对粉尘加湿比较困难。

表 7-1 部分粉尘的典型粒度组成 （单位：mm）

项目	>4.75	>0.84	>0.50	>0.149	>0.044	>0.038	>0.005
高炉粉尘	2	9	18	42	68	76	—
氧化铁皮	9	19	64	77	92	94	—
转炉粗尘	—	—	12	43	82	83	95
转炉细尘	—	—	—	—	—	8	55
电炉尘	—	—	—	—	—	10	40

7.1.3　钢铁冶金粉尘的成分

由表7-2可知，冶金粉尘的化学组成因原料状况、工艺流程、设备配置差异等有所不同。不同工序的冶金粉尘中均含有烧结配料所需的Fe、CaO和C等化学成分，但不同粉尘中的杂质（如重（碱）金属）组成含量相差较大，如烧结机头除尘灰中的碱金属K、Na含量较高，炼铁工序除尘灰和电炉炼钢工序除尘灰中重金属Zn含量较高，这些杂质的产生不仅与入炉物料原始化学组成有关，也与冶炼工艺参数紧密相关。

表 7-2　冶金粉尘的化学组成（质量分数）　　　　　（单位：%）

名称	TFe	CaO	SiO$_2$	MgO	Al$_2$O$_3$	C	K$_2$O	Na$_2$O	Pb	Zn
高炉灰	24.2	3.5	2.0	4.2	1.9	33.3	0.07	0.63	0.15	6.70
转炉灰	60.7	10.5	4.4	2.5	1.7	1.6	0.14	0.43	0.03	0.11
转炉污泥	65.6	10.3	1.9	3.5	1.8	1.7	0.01	0.19	0.02	0.20
氧化铁皮	72.2	1.9	2.1	1.5	1.8	1.2	—	—	—	—
电炉粉尘	约36	—	—	—	—	约2	—	—	约4	约25
烧结电除尘	23.1	11.0	3.2	1.5	1.5	10.0	26.9	2.24	2.15	0.50

钢铁冶金粉尘按全铁（TFe）含量可分为：低含铁尘泥（w(TFe)<30%），中含铁尘泥（w(TFe)=30%~50%），高含铁尘泥（w(TFe)>50%）。

按含铁尘泥中锌（Zn）含量可分为：低锌含铁尘泥（w(Zn)<1%），中锌含铁尘泥（w(Zn)=1%~8%），高锌含铁尘泥（w(Zn)>8%）。低锌含铁尘泥可直接作为烧结配料使用，锌含量≥1%的中高锌含铁尘泥需进行脱锌处理后才能返回钢铁工艺。

按含铁尘泥中固定碳（FC）含量可分为：低碳含铁尘泥（w(FC)<2%），中碳含铁尘泥（w(FC)=2%~50%），高碳含铁尘泥（w(FC)>50%）。

按含铁尘泥中碱金属（K$_2$O+Na$_2$O）含量可分为：低碱含铁尘泥（w(K$_2$O+Na$_2$O)<0.5%），中碱含铁尘泥（w(K$_2$O+Na$_2$O)=0.5%~1%），高碱含铁尘泥（w(K$_2$O+Na$_2$O)>1%）。

按含铁尘泥的物理状态可分为干式除尘灰和湿式污泥。

7.2　钢铁企业粉尘治理工艺原理及方法分类

7.2.1　钢铁企业除尘现状

钢铁冶炼粉尘排放量大，污染严重，影响面广。从历年大气环境监测数据和各种大气污染物排放量统计数据的评价分析结果以及目前的钢铁企业实际工作情况来看，粉尘污染依旧是所有工艺产业中数量最大、面积最广的污染源。

钢铁企业的产量提升和环保除尘工作一直存在不协调性和矛盾性，为了解决这种情况，提升钢铁企业的能源利用率，保护生态环境平衡，就必须要提升环保除尘技术的利用率。

目前冶金企业的粉尘污染主要有以下三个显著特点。

（1）排放量大。由于技术落后、设备陈旧和制造环境的条件限制，目前很多企业的除尘系统运行效果并不明显，粉尘的捕集技术也不够理想。

（2）车间的卫生条件差。目前很多企业依旧使用传统的制作工艺，大部分企业车间内部的空气质量都达不到国家制定的相关标准。

（3）种类复杂。由于冶金行业的类型不同，其工艺复杂多样，从提取到冶炼的所有环节，都会产生不同的污染粉尘。

钢铁企业的固定污染源大都安装了高效的电除尘器、袋式除尘器或湿式除尘器等，颗粒污染物的总排放量已经大大下降，同时钢铁企业对二氧化硫及氮氧化物也进行了有效控制，但细颗粒的污染仍然很严重。冶炼烟气中的小颗粒所占比例较大，随着环境空气质量标准的提高，钢铁企业在颗粒污染物控制方面的水平必然要相应提高。

7.2.2 钢铁企业除尘方法分类

钢铁企业除尘方法一般分为干式除尘法和湿式除尘法。干式除尘法又可分为重力除尘器、静电除尘器、布袋除尘器、旋风除尘器；湿式除尘法可分为喷淋塔、填料式除尘器、泡沫除尘器以及文丘里洗涤除尘器。

干法除尘器不需要水作为除尘介质，适用范围非常广，除尘效率高，除此之外它还具有管理方便、占地面积小及设备不易腐蚀等优点。对于干式除尘而言，气流温度的控制非常重要。如果气流温度过高，会带来黏袋、堵塞管道、设备的额外烧损等问题，影响干式除尘技术的除尘效率；如果气流温度过低，所产生的灰尘将出现板结现象，造成系统的堵塞。

湿法除尘器需要用水作为净化介质与含尘气体充分接触，将尘粒洗涤下来而使气体净化。除尘器结构简单，初期投资较低，净化效率较高，还能在除尘的同时除去含尘气体的其他有害成分，并使气体温度降低。

7.2.2.1 干式除尘法

（1）重力除尘器。重力除尘器除尘原理是突然降低气流流速和改变流向，较大颗粒的灰尘在重力和惯性力作用下，与气体分离，沉降到除尘器锥底部分，而气体沿水平方向继续前进，从而达到除尘的目的，属于粗除尘。重力除尘器如图7-3所示。

（2）静电除尘器。静电除尘器的工作原理是含有粉尘颗粒的气体，通过高压电场时被电离，带负电的气体离子向阳极板运动，在运动中与粉尘颗粒相碰，则使尘粒荷以负电，荷电后的尘粒在电场力的作用下，亦向阳极运动，到达阳极后放出所带的电子，而尘粒则沉积于阳极板上，最终得到净化的气体排出防尘器外。静电除尘器工作原理如图7-4所示。

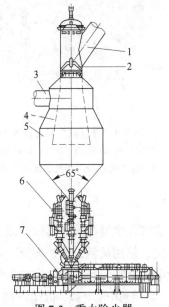

图 7-3 重力除尘器

1—下降管；2—钟式遮断阀；3—荒煤气出口；
4—中心喇叭管；5—除尘器筒体；
6—排灰装置；7—清灰搅拌器

静电除尘器的主要优点是除尘效率高，对于粒径小于 0.1μm 的粉尘、温度高达 300~400℃ 的烟气，除尘效率可达 99% 以上，并且压力损失小、运行费用低、适宜净化大风量烟气。但静电除尘器在电场风速偏高时易产生二次扬尘污染，对粉尘比电阻有一定要求，对粉尘浓度也有一定的适应范围，超过 60g/m³ 时除尘效率将有所下降。而对于使用者最大的考虑是，静电除尘器初期一次性投资大。

（3）布袋除尘器。袋式除尘器适用于捕集细小、干燥、非纤维性粉尘。含尘气体由进气管道进入，粗粉尘将落入灰斗中，细小颗粒粉尘随气体进入滤袋室，由于滤料纤维及织物的惯性、扩散、阻隔、钩挂、静电等作用，粉尘被阻留在滤袋内，净化后经排气管排出。滤袋上的积灰用气体逆吹法或脉冲喷吹法去除，清除下来的粉尘下落到灰斗。

它的过滤机理是利用重力、筛滤、惯性碰撞、吸附效应和扩散与静电吸引等各种力的综合效应。当含尘气流经过滤布时，比滤布空隙大的粉尘被滤布挡住，比滤布空隙小的微粒由于和滤布发生碰撞或被滤布纤维吸附，从而停留在滤布的表面和空隙中。常用的滤料材质有棉、毛、涤纶、维尼纶、聚丙烯和玻璃纤维等，可根据气体和粉尘性质的不同来选择。布袋除尘器工作原理如图 7-5 所示。

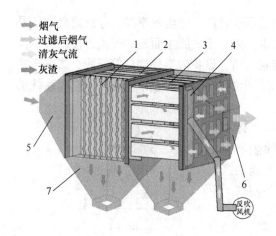 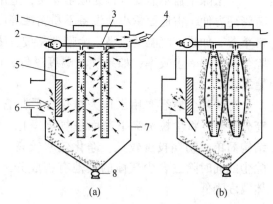

图 7-4　静电除尘器工作原理
1—阴极；2—阳极；3—滤袋；4—反吹系统；
5—进气烟箱；6—出气烟箱；7—灰斗

图 7-5　布袋除尘器工作原理
（a）过滤状态；（b）清灰状态
1—净气室；2—脉冲阀；3—喷吹管；4—净气出口；
5—滤袋；6—含尘空气入口；7—箱体；8—回转阀

袋式除尘器的优点是除尘效率高，对捕集粒径大于 0.3μm 的细微粉尘可达 99%，性能稳定、使用灵活、维护方便、收集的粉尘易回收、初期的投资比较少；缺点是滤料承受温度能力有限，处理含水率高烟气会导致滤袋黏结、堵塞滤料。

（4）旋风除尘器。除尘机理是使含尘气流做旋转运动，借助于离心力将尘粒从气流中分离并捕集于器壁，再借助重力作用使尘粒沿壳体下降进入集尘室。当含尘气流由进气管进入旋风除尘器时，气流将由直线运动变为圆周运动。密度大于气体的尘粒与器壁接触便失去惯性力而沿壁面下落，进入排灰管。

旋转下降的外旋气流在到达锥体时，因圆锥形的收缩而向除尘器中心靠拢。当气流到达锥体下端某一位置时，即以同样的旋转方向从旋风除尘器中部，由下而上继续做螺旋形流动，最后净化气经排气管排出器外。旋风除尘器如图7-6所示。

旋风除尘器由进气管、排气管、圆筒体、圆锥体和灰斗组成。旋风除尘器结构简单，易于制造、安装和维护管理，广泛用于从气流中分离固体和液体粒子，或从液体中分离固体粒子。在普通操作条件下，作用于粒子上的离心力是重力的5~2500倍。

7.2.2.2 湿式除尘法

（1）喷淋塔。喷淋塔内设置有喷嘴，液体经过喷嘴被喷成雾状或雨滴状。含尘气体由进气口进入，粉尘颗粒与液滴之间通过惯性碰撞、接触阻留、粉尘因加湿而凝聚等作用机制，使较大的尘粒被液滴捕集，气体中易溶组分也被吸收。当气体流速较小时，夹带了颗粒的液滴因重力作用而沉于塔底。净化后的气体从顶部排出。喷淋塔结构图如图7-7所示。

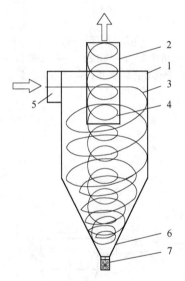

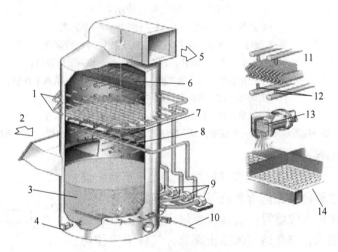

图 7-6　旋风除尘器示意图

1—筒体；2—排出管；3—外废气流；
4—内废气流；5—尘气入口；
6—锥体；7—排灰阀

图 7-7　喷淋塔结构图

1—喷淋层；2—原烟气入口；3—氧化区；4—搅拌器；
5—净烟气出口；6—除雾层；7—吸收区；8—合金托盘；
9—循环浆液泵；10—氧化空气；11—除雾器；
12—冲洗水喷嘴；13—碳化硅喷嘴；14—合金多孔托盘

（2）填料式除尘器。填料式除尘器以填料作为气、液接触和传质的基本构件，液体在填料表面呈膜状自上而下流动，气体呈连续相自下而上与液体做逆向流动，并进行气、液两相间的传质，可以有效地进行除尘。填料式除尘器示意图如图7-8所示。

（3）泡沫除尘器。泡沫除尘器的工作原理是含尘气体进入筒体，急剧翻转向上，较大的尘粒由于惯性作用从气流中分离出来落入下部锥体。向上运动的气流与洗涤液碰撞，部分尘粒被洗涤液带走。气流通过筛板上的小孔时，气、水充分接触，在筛板上形成沸腾状的泡沫层，尘粒绝大部分被洗涤。泡沫除尘器如图7-9所示。

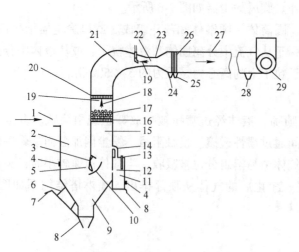

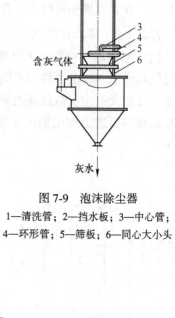

图 7-8　填料式除尘器示意图

1—进气口；2—进气室；3—上叶片；4—供水管；

5—S 型叶片；6—活动支撑；7—调节把手；8—排浆管；

9—除尘漏斗；10—下叶片；11—溢流水箱；12—溢流开口；

13—水位自动控制装置；14—通气室；15—气雾室；16—填料下筛板；

17—填料球；18—填料室；19—喷嘴；20—填料上筛板；

21—射流室；22—射流器；23—文氏管；24—除尘水斗；

25—除雾水斗；26—纤维栅；27—振弦栅管路；28—风机排水管；29—风机

图 7-9　泡沫除尘器

1—清洗管；2—挡水板；3—中心管；

4—环形管；5—筛板；6—同心大小头

（4）文丘里洗涤除尘器。文丘里除尘器主要由文丘里管和旋风分离器组成。含尘气体进入收缩管，流速逐渐增大，水由喉管处喷入，被高速气流撞击雾化，气体中尘粒与液滴接触；进入扩大管后，流速减小，尘粒互相黏合增大；最后进入分离器，由于离心作用，水尘粒被抛至分离器内壁上并流出器外，从而达到除尘目的。文丘里管除尘器如图 7-10 所示。

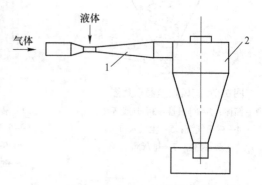

图 7-10　文丘里管除尘器

1—文丘里管；2—旋风分离器

7.2.3　除尘技术应用前景分析

近年来，随着除尘先进技术的推广，我国钢铁企业烟粉尘排放指数显著下降，然而钢铁企业吨钢粉尘排放量与国外先进企业仍有较大差距，因此降低烟粉尘排放量仍然任重而道远。在环保除尘技术方面需要再加大研究力度，适当借鉴国外在此方面的先进经验，再结合我国的实际基础改进除尘设备。

除尘捕获的粉尘不但能够回收利用，实现资源节约、节能减排这一目标，冶金企业发展成本也能够随之降低，企业良好形象会相应树立。除尘技术取得良好的应用效果，企业内部环境、外部生态环境也能够被全面保护，还能加快环保型社会建设步伐。除尘技术的应用前景会越来越良好，应用空间也会随之拓展，有利于促进冶金工业向节能化、环保化方向发展。

伴随科学技术水平的提高，专家们积极研究处置钢铁冶金粉尘的有效方式，如生物纳膜抑尘技术、云雾抑尘技术。生物纳膜抑尘技术具体应用在层间的间距为纳米级的双电离层膜，在此种状况下水分子的延展性逐步提高，增加到最大效果，同时电荷的吸附性不断增强。在钢铁冶金物料上喷洒生物纳膜材料，生产过程中产生的冶金粉尘颗粒将增加自重，由于自重大，这些粉尘的沉降效应明显，为粉尘处理提供了便利。实践中发现，生物纳膜抑尘技术的应用能够实现99%的粉尘除尘率。

云雾抑尘技术是一种有效的处理钢铁冶金粉尘技术，主要借助于超声波雾化、高压离子雾化技术的应用产生大量超细小干雾，此类干雾将会接触钢铁冶金粉尘，进而增加接触面，促进水雾颗粒和粉尘颗粒的凝聚，粉尘呈现出团聚物形态，随着团聚物体积变大、重量增加，团聚物沉降效果明显，这将促进钢铁冶金粉尘的消除。当粉尘团聚物全部自然下沉之后，钢铁冶金粉尘将随之消除。这种方式能够有效消除粉尘，避免环境污染。

7.3　钢铁企业粉尘治理方法及应用

7.3.1　封闭料场除尘应用

7.3.1.1　背景和意义

露天料场由于露天堆放，在作业和堆放过程中遇到大风会产生严重的扬尘污染，已经被环保部门列入强制治理的名单，如果不采取合格的治理方式，达不到环保标准，将面临被关停甚至取缔的风险。

在堆积、取出及卡车倒驳作业过程中容易产生二次扬尘，污染环境；露天原料场受雨水影响，雨季料堆易发生塌方，影响设备正常作业；物料水分过大，易造成高炉、烧结等用户原料槽发生喷料，带来安全隐患；同时会对人体产生严重的危害，如诱发支气管炎、肺癌等疾病。

目前针对露天原料场扬尘污染的主要措施有：料堆表面喷洒凝固剂、洒水枪喷洒、安装防尘网、给倒驳卡车自动洗车等，然而上述措施均未能从根本上消除露天扬尘污染对周边环境的影响。随着国内外对能源、环保、可持续发展的不断重视，国家对原料场污染控制的要求和标准越来越严格，而现有环保措施已不能满足要求，所以进行原料场环保封闭改造成为必然选择。

7.3.1.2　国内现有环保料场类型及特点分析

随着环保意识的提高，环保法规要求越来越严，国内外钢厂在料场粉尘控制方面相继采取了封闭措施。目前，料场形式除露天原料场（A型）外，还有B型、C型、D型、E型四种环保型封闭式料场。

B型料场是在普通露天方形料场的基础上增加网壳结构封闭厂房，常用于一次料场和混匀料场。B型料场屋面为钢结构，外铺彩色压型钢板，为改善厂房内部通风环境，屋面彩板铺至离地面7~9m处，下面设置挡风板。为了满足料场内的采光需要，在屋面上均匀布置 2mm 厚的玻璃纤维增强聚酯板采光带。

C 型料场为长型隔断式封闭型料场，常用于一次料场。C 型料场为大型坡屋顶结构，屋面及墙体为全钢结构，外铺设彩色压型钢板。C 型料场内设有 2 个料条，由中间纵向挡墙按一定间距设置横向隔墙将料条分隔成若干个小料堆。该类型料场通过设置在顶部的卸矿车进行卸料和堆料，并采用刮板取料机取出供料。

D 型料场为封闭式半球体的储料场。该类型料场在料场周围设置挡墙以提高堆料能力，圆形料场底部料堆外径一般为 60～120m，内部设置顶堆侧取式的圆形堆取料机，堆料机可实现以中间立柱为中心的 360° 回转堆料作业，刮板取料机根据结构形式的不同，通常可采用悬臂刮板取料机或半门式刮板取料机。

除了上述三种封闭类型料场外，对于煤，还可以采用 E 型料场（圆筒仓）进行储存。筒仓通常以筒仓群的形式设计和布置。筒仓上部采用胶带机输入，并在筒仓群上部设置移动卸料设备，向筒仓内卸料。仓内物料经筒仓底部给料机放出，通过筒仓底部的胶带输送机输出。不同封闭料场参数比较如表 7-3 所示。

表 7-3　不同封闭料场参数比较

比较项目	B 型料场	C 型料场	D 型料场	E 型料场
运用范围	矿石料场和煤场	矿石料场和煤场	煤场和混匀料场	煤场
投资概算（单位成本/3 万吨）	约 1200 万元	约 1900 万元	约 15000 万元	约 5100 万元
单位储量/$m^3 \cdot m^{-2}$	5.5～7	11～16	6～13	30～35
缺点	单位面积储量小，占地面积大，储量受分堆影响较大，料条成对布置，灵活性差，堆取合一设备，作业受限	固定式分堆，适应性较差，卸料点落差大，刮板取料机磨损严重，工程直接成本增加	储量受分堆影响特别大，不适合多品种，卸料点落差大，刮板取料机磨损严重，工程直接成本增加	主要储存煤，适应范围窄，存在煤自燃问题，大规模筒仓建设综合投资高
优点	节能环保，工艺布置灵活，自由堆放，适应性强，工艺及设备成熟可靠，工程投资适中	节能环保，单位面积储量高，占地面积小，适合多品种，堆料设备简单，堆取作业分开	节能环保，单位面积储量高，占地面积小，堆取作业分开	节能环保，单位面积储量高，占地面积小，堆取作业分开，工艺流程及设施简单，物料遵循先进先出原则

7.3.1.3　宝钢封闭料场案例分析

宝钢通过充分对比分析各类型环保封闭料场的特点，确定了 B 型+C 型+E 型相结合的模式。由于 D 型料场改造改变了宝钢原料场条状布局的模式，改造过程对生产的影响太大，故放弃了这一料场类型。

宝钢为了达到压缩原料场占地面积、缩短皮带机长度、优化原料物流的效果，最终煤场形成 30 个筒仓+3 个全门架型料场，矿场形成 5 个 B 型+3 个 C 型+1 个全门架型料场的整体布局。

宝钢采用封闭环保型料场预期达到的效果有：

（1）原料场实现储存、加工全流程、全封闭，可减少因物料扬尘、雨水冲刷带来的损失 2.5 亿元/a，减少因物料水分造成的能耗损失 1.2 亿元/a，带来可观的经济效益；

（2）料场封闭后，物料含水量降低，减少了物料在输送环节的洒落量，物料输送环节的落料问题得到根本性解决；

（3）料场总占地面积减少40万平方米，可用于建设厂界林带和景观绿地公园，实现花园式原料场的愿景；

（4）堆取料设备全部可实现远程自动化操作，大幅提升料场设施的自动化、智能化水平，可大幅度减少人员配置，提升劳动效率。

五种环保型封闭料场各有特点，宝钢原料场从实际出发，做出了最优的选择，通过这一轮的环保升级改造，宝钢原料场被打造成世界级的环保料场，在行业内树立起新的标杆，为相关企业提供很好的参照。随着新环保法的颁布实施，各钢铁企业应当根据自身的物料品种、当地的地质条件、气候环境、投资金额等特点，通过技术经济比较，选择合适的储存方式，降低对环境的影响。

7.3.2 烧结工序除尘应用

7.3.2.1 烧结工序粉尘排放

烧结是将各种粉状物料烧结成块的工艺，即将铁矿粉、熔剂、燃料及返矿按一定比例组成混合料，配以适量的水分，经混合及造球后，铺于带式烧结机的台车上，在一定的负压下点火，整个烧结过程是在9.8~15.7kPa负压抽风下自上而下进行的。烧结工艺原理如图7-11所示。

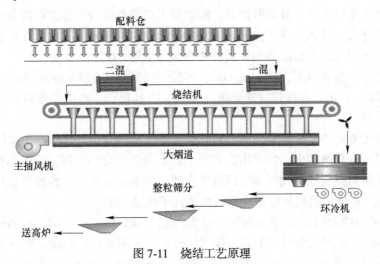

图7-11 烧结工艺原理

钢铁企业颗粒物产生于钢铁生产的各个工艺过程中，其污染源分布广，且含尘气体排放量大、浓度高、粉尘成分复杂。其中，烧结工序烟粉尘产生量为20~40kg/t烧结矿，排放量约为1.02kg/t烧结矿，烟粉尘排放量占钢铁企业总排放量的40%左右。

7.3.2.2 烧结工序常用除尘工艺

钢铁行业多采用静电除尘器进行粉尘处理，烧结过程也不例外，现有的静电除尘器可实现除尘效率高达99%~99.5%，但对于粒径较小的颗粒物，荷电的能力较差，使得静电除尘器难以捕集这些小粒径的颗粒物，如雾霾形成的主要因素之一就是小粒径颗粒物。为了满足新的环保要求，对静电除尘器不断进行改进和优化，发展出旋转电极式电除尘器、湿式电除尘器以及电袋复合除尘器。

（1）旋转电极式电除尘器。旋转电极式电除尘器由若干个常规固定电极电场和一个旋转极板电场组成。旋转电极电场中阳极部分采用回转的阳极板和旋转的清灰刷，附着于回转阳极板上的粉尘在尚未达到形成反电晕的厚度时，就被布置在非电场区的旋转清灰刷彻底清除，以此确保收尘极板自始至终保持"清洁"的状态，从而大幅提高电除尘器的除尘效率，降低粉尘排放浓度。

（2）湿式电除尘器。含尘气体通过直流高压电场，气体发生电离，有效产生了离子和电子，并且能够有效和含尘气体中的粉尘发生碰撞，表面形成荷电情况。荷电粒子能够开展收尘极运动，在此基础上通过喷淋水的作用，形成连续的水膜，这样能够促使颗粒物逐渐聚集在集水槽之中。

（3）电袋复合除尘器。电袋复合除尘器是将电除尘器技术和袋式除尘技术结合起来的一种新型高效除尘器。当含尘烟气经进口均匀地进入收尘电场时，大部分粉尘在电场中荷电，并在电场力作用下向收尘极沉积，被收集的粉尘从极板上脱落并落入下部灰斗。含有少量粉尘的烟气少部分进入袋收尘区，当含尘烟气通过滤袋时，粉尘被阻留在滤袋表面上，纯净烟气进入烟道排出。

7.3.2.3　烧结工序除尘案例

（1）承钢 $360m^2$ 烧结机除尘案例分析。承钢某 $360m^2$ 烧结机 2007 年投入生产，配套的机尾除尘系统采用三电场静电除尘器，除尘器出口颗粒物设计排放浓度为 $80mg/m^3$。由于除尘器设备老化，造成排放严重超标。且随着新的国家钢铁行业大气污染物排放标准的实施，承钢将该静电除尘器改造为长袋脉冲布袋除尘器。

改进后其出口粉尘浓度为 $7.11mg/m^3$，远低于国家规定的 $30mg/m^3$ 的排放标准，除尘效率为 99.95%，满足了环保排放的要求，节约了项目投资。维护工作量大为降低，运行稳定，效果良好。

（2）宝钢 $600m^2$ 烧结机案例分析。烧结机头烟气属于高温、高负压、高湿、含硫量大的烟气，且温度变化范围大，如采用袋式除尘器或电袋复合除尘器，会引起糊袋。目前国内几乎所有烧结机机头除尘设备都采用电除尘器，且电除尘器一次性投资费用和年运行费用低，宝钢 $600m^2$ 烧结机机头除尘设备同样选择了电除尘器。

1 号、2 号电除尘器出口颗粒物平均浓度分别为 $42.2mg/m^3$、$41.3mg/m^3$，平均除尘效率分别为 98.51%、98.54%，若进一步增加比集尘面积和电场数量，颗粒物排放浓度甚至低于 $20mg/m^3$，设备运行稳定可靠且经济性好，无新增二次污染。

（3）日照钢铁 $600m^2$ 烧结机除尘案例分析。日照钢铁 $600m^2$ 烧结除尘设备包括机尾预处理器、袋式除尘器。除尘器长 65m，宽 12m，高 18m，过滤面积达 $28600m^2$，属特大型袋式除尘器。为避免烧结机尾烟气中粗颗粒灰烬烧损滤袋，在袋式除尘器前设置了预处理器。

预处理器既能起到防止烟气中火星对布袋的烧损，又能去除一部分粗颗粒粉尘，减少对布袋的磨损作用。除尘器运行阻力低于 800Pa，电除尘器出口颗粒物排放浓度低于 $15mg/m^3$，烧结厂周边的环境得到较大改善，具有良好的环境效益和社会效益。

烧结工序是钢铁行业粉尘最大的排放源，各钢铁企业应该基于自身烧结工艺特点和排放粉尘特性，通过对烧结除尘方式的比较，最终选择符合自身企业特点的除尘技术和除尘器，不仅要保证运行稳定，除尘效率高，而且能够满足国家钢铁行业大气污染物排放标准，为企业创造出可观的环保、经济和社会效益。

7.3.3　球团工序除尘应用

7.3.3.1　球团工序粉尘排放

球团矿就是把细磨铁精矿粉或其他含铁粉料添加少量添加剂混合后，在加水润湿的条件下，通过造球机滚动成球，再经过干燥焙烧，固结成为具有一定强度和冶金性能的球型含铁原料。球团厂中配料、竖炉等区域由于物料运输与转运过程中各个扬尘点治理措施不到位、扬尘现象严重等原因，作业现场环境较为恶劣，需要安装除尘系统治理粉尘。

球团厂中粉尘排放主要有以下区域：球团成品区域由于运输系统产尘点多，扬尘问题较为突出；房车皮区域的成品球由料仓落入火车车皮内的过程，夹带的粉尘四处飞扬；带冷区域有冷头部物料转运过程中夹带的粉尘；球团配料区域在添加原料时有很多扬尘；斗提顶部物料下落产生的扬尘从顶部缝隙处外溢。

7.3.3.2　球团工序常用除尘工艺

为减少工业粉尘排放，改善大气环境，球团厂根据不同工序粉尘排放的特点有针对性地选择相应的除尘设备，可有效治理作业环境粉尘污染。球团厂除尘方法一般为布袋除尘器、微细雾抑尘以及打水装置。布袋除尘器用于原料仓的给料机出料口和转运皮带转运点的扬尘，微细雾抑尘用于球团在倒运过程中产生的粉尘，区域采用打水装置对物料进行降温抑尘。

其中微细雾抑尘的雾装置会产生水雾，水雾与空气中的粉尘颗粒结合，形成粉尘和水雾的团聚物，受重力作用而沉降下来。设备有效喷射距离远，抗风能力强，雾滴微细，耗水量很低，不影响后续工艺和成品的外观、质量。

7.3.3.3　球团工序除尘案例

（1）莱钢球团厂120万吨/a氧化球团除尘案例。除尘系统为低压长袋脉冲袋式除尘器，分为环冷机除尘、成品储运系统除尘、干返料除尘三个部分。其中环冷机除尘主要是环冷机卸料、卸灰，配料室、混合室的除尘；成品储运系统除尘为成品仓、转运站及预留的转运站转卸点的除尘；干返料除尘为粗灰仓和两个细灰仓的除尘。

整套除尘设备处理风量大、清灰效果好、除尘效率高、运行可靠、维护方便且占地面积小。含尘气体经布袋除尘器净化，满足国家允许排放标准后经烟囱高空排放。除尘器收集的粉尘经刮板输送机进入粉尘加湿机加湿后由汽车外运。

（2）包钢西区球团厂120万吨/a酸性球团除尘案例。除尘工序可分为三个部分：一是使用防风抑尘网和洒水抑尘的方法对精矿堆场的除尘；二是使用布袋除尘器对原料仓、配料室、环冷机卸料点、皮带机受料点以及成品储运系统的除尘；三是使用静电除尘器对链箅机预热段和抽风干燥段风箱的除尘。

此除尘方案的设计和选择遵循基本原则：技术上可行，经济上合理，运行管理方便；能够达到预期的处理效果，满足环境保护的要求；除尘方案的占地面积小，对生产不会造成不利的影响。

7.3.4　焦化工序除尘应用

7.3.4.1　焦化工艺流程

炼焦是指炼焦煤在隔绝空气条件下加热到1000℃左右（高温干馏），通过热分解和结焦产生焦炭、焦炉煤气和其他炼焦化学产品的工艺过程。焦炭是高炉炼铁的重要燃料和还原剂，也是整个高炉的料柱骨架。图7-12为焦化工序的流程示意图。

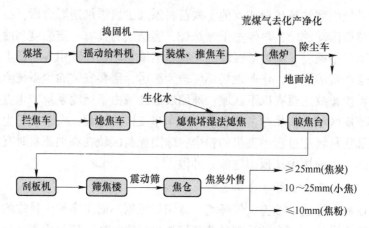

图7-12　焦化工序流程示意图

7.3.4.2　焦化工序粉尘排放

焦化厂炼焦作业过程产生的粉尘具有数量大、毒性大等特点。装煤、推焦、焦化、熄焦等操作会产生大量烟尘，其中除粉尘外，还会产生一些对人体危害极大的致癌污染物。

焦化厂粉尘来源一般为备煤车间、炼焦车间、化工品回收车间。其中备煤车间在备煤过程中会向大气中排放煤尘。炼焦车间的装煤、出焦过程烟尘排放量分别占焦炉烟尘排放的60%和10%。化工品回收车间粉尘主要源于化学反应和分离操作的尾气，燃烧的烟囱产生。

7.3.4.3　焦化工序常用除尘工艺

我国焦化行业除尘器主要以布袋除尘器为主，但是布袋除尘器在使用过程中糊袋现象经常发生，造成去除效果变差，还会缩短布袋使用寿命，增加运行及维护成本。

焦化厂除尘一般在装煤和焦炉（地面站）设置袋式除尘器除尘；在拦焦过程使用湍流预洗涤塔以及湿法电除尘器来达到除尘的目的；在熄焦过程中使用重力除尘器和旋风除尘器进行一次除尘，再使用布袋除尘器进行二次除尘。

7.3.4.4　焦化工序除尘案例

（1）宣钢焦化厂运焦除尘案例。由于运焦系统料线长且设备布置分散，现场可供集中除尘设施使用的场地较少，因此选择以地面除尘站为主、点式除尘机组为辅的除尘方案。

下料空间采用橡胶软皮帘进行局部密闭，并在内设吸尘罩；考虑到小颗粒焦炭、焦炭粉末的粉尘较细，下料时火车车厢难以全部密闭，抽风时会带入大量外来空气，影响除尘效果，因而在储灰仓下部采用加湿机卸料的方式。

除尘达到焦炉运焦除尘系统运行稳定的效果。袋式除尘器排放浓度≤20mg/m³,漏风率≤3%。各产尘点无目视可见粉尘外逸,彻底解决了运焦过程中的扬尘问题,实现了达标排放。

(2)本钢焦化厂1号焦炉装煤除尘案例。本钢焦化厂1号焦炉在焦炉装煤过程中,煤料进入炉内后,与高温的炉墙直接接触,产生大量荒煤气,造成大量烟气从装煤孔逸出,同时夹带大量煤粉,形成大量烟而严重污染大气。

在装煤烟气治理系统中首先使用高压氨水喷射装置使焦炉内产生负压,减少延长外溢。设置装煤除尘装置时,装煤车带有螺旋给料装置,控制下煤速度,减少烟气外溢;装煤地面除尘站通过冷却器进行粗除尘,火花捕集与冷却烟气,再使用袋式除尘器过滤烟气,净化除尘。

除尘设备运行正常,除尘效果良好。煤除尘系统收集下来的粉尘每年约400t,可作为配煤原料,烟尘捕集率≥90%,除尘器净化效率>99%。

焦化厂在实际运行过程中由于运行方式以及自身性质的影响,会产生较多的烟尘以及粉尘,不仅污染环境,对人体健康也有极大危害。

焦化厂的烟粉尘治理技术必须与时俱进,焦化厂需要不断提升出焦除尘与装煤除尘的工艺,并结合自身发展实际进行地面除尘站设备的更新换代,这对于我国资源节约型、环境友好型社会的创建有着积极的推进作用,焦化厂也将由此实现自身的可持续发展。

7.3.5 高炉工序除尘应用

7.3.5.1 高炉炼铁工艺

炼铁工艺是将含铁原料(烧结矿、球团矿或铁矿)、燃料(焦炭、煤粉等)及其他辅助原料(石灰石、白云石、锰矿等)按一定比例自高炉炉顶装入高炉,并由热风炉在高炉下部沿炉周的风口向高炉内鼓入热风助焦炭燃烧(有的高炉也喷吹煤粉、重油、天然气等辅助燃料),在高温下焦炭中的碳同鼓入空气中的氧燃烧生成的一氧化碳和氢气。原料、燃料随着炉内熔炼等过程的进行而下降,在炉料下降和上升的煤气相遇,先后发生传热、还原、熔化、脱碳作用而生成生铁,铁矿石原料中的杂质与加入炉内的熔剂相结合而成渣,炉底铁水间断地放出、装入铁水罐,送往炼钢厂。同时产生高炉煤气、炉渣两种副产品,高炉渣铁主要是矿石中不还原的杂质和石灰石等熔剂结合生成,自渣口排出后,经水淬处理后全部作为水泥生产原料;产生的煤气从炉顶导出,经除尘后,作为热风炉、加热炉、焦炉、锅炉等的燃料。

7.3.5.2 高炉工序粉尘排放

在高炉炼铁过程中,会产生大量损害环境和人体健康的高炉粉尘,其中除了含有大量的Fe、C等可回收利用资源,还含有Pb、As等有害元素。

(1)高炉瓦斯泥:在高炉炼铁过程中高炉煤气洗涤污水排放于沉淀池中经沉淀处理而得到的固体废物。呈黑色泥浆状,表面粗糙,有孔隙,粒度<75μm占50%~85%。TFe含量为25%~45%,锌含量较高。

(2)高炉瓦斯灰:在高炉炼铁过程中随高炉煤气一起排出,经干式除尘器收集的粉尘。呈灰色粉末状,粒度较高炉瓦斯泥粗,干燥,易流动,堆放、运输污染严重。TFe以FeO为主,锌含量较高。

（3）高炉除尘灰：高炉炼铁过程中矿槽、筛分、转运、炉顶、出铁场等除尘收集到的粉尘。

在高炉工序中，粉尘来源于高炉煤气、矿焦槽、炉顶、出铁场等。高炉煤气含洗涤污水经沉淀得到的固体废弃物以及高炉排出的烟尘，矿焦槽在给料、筛分、称量等环节中会产生粉尘，高炉炉顶布料时也会产生大量粉尘，在出铁场出铁时产生部分烟尘、炮泥，因而产生大量烟尘。

7.3.5.3　高炉工序常用除尘工艺

高炉炼铁的烟尘主要来自出铁场、原料系统以及煤气处理系统。冶炼每吨生铁产生20~30kg 的粉尘，对高炉进行除尘治理，不仅可以保护员工的身体健康，还可以保护自然环境。

高炉工序除尘在煤气处理系统中首先使用重力除尘器以及旋风除尘器进行粗除尘，再使用布袋除尘器和静电除尘器进行二次除尘。原料系统中，如原燃料槽、皮带机、槽下筛分、上料都通过抽风罩或密封罩送入布袋除尘器和静电除尘器进行除尘。出铁场包括出铁钩、渣沟、撇渣器、铁水罐和高炉开、堵铁口产生的一次烟尘和二次烟尘也通过布袋除尘器和静电除尘器来进行除尘治理。

7.3.5.4　高炉工序除尘案例

（1）首钢迁钢 4000m³ 高炉供料系统除尘案例。4000m³ 高炉供料系统（转运站）除尘系统管网长最远端达 450m，尘源点超过 200 多个并且分散，污染严重，现场设置大、小两套除尘系统。其中大系统袋式除尘器处理风量为 850000m³/h、过滤面积为 13171m²、过滤风速为 1.07m/min；小系统袋式除尘器处理风量为 500000m³/h、过滤面积为 8026m²、过滤速为 1.04m/min。

大系统控制范围包括 4000m³ 高炉料仓，治理尘源点 136 个；小系统控制范围包括各转运站、3 号高炉返矿缓冲仓等，治理尘源点 54 个。各除尘系统分别将各抽风点捕集的含尘气体经管道送入袋式除尘器净化后再经风机、烟囱外排。胶带机受料点处均密闭双层密封罩，密闭效果好，控尘能力强，所需风量小，内罩走料，外罩走风，节省风量，结构简单，便于拆卸。

移动通风除尘装置：通风槽平行布置在胶带机侧上方，与矿槽长度一致，一端与除尘系统干管相连。通风槽上部有随卸料车同步行走的通风口，通风口一端与卸料车矿槽除尘吸风管连接，另一端与通风槽浮动相连，从而将运动的风管与固定风管连通。达到料仓无粉尘飘散、外逸现象；现场岗位浓度、除尘器烟囱外排达标的除尘效果。

高炉除尘净化系统在炼铁生产中起着重要的作用，是钢铁企业回收二次能源的重要手段。钢铁企业应根据不同的工艺条件，综合考虑各种因素，设计出最佳的高炉除尘系统。

7.4　粉尘资源化利用原理及方法分类

7.4.1　背景和意义

钢铁粉尘属于烟气经除尘得到的固体废物，产量巨大，粉尘种类繁多，组分差异较大，对环境污染较大，需要进行无害化和资源化处理。钢铁冶金粉尘如果不能得到有效处理，将造成巨大危害。粉尘资源的有效处理和利用有必要引起人们的重视，只有充分利用粉尘资源，才能提高资源利用率。钢铁生产过程中，利用返烧结的方式使粉尘在高炉中再次燃烧，将粉尘中的铁、碳提炼出来，然而这种循环烧结将提高钢铁冶金粉尘中钾、铅、锌的浓度，造成高炉结瘤，这将使高炉难以正常运行，如此以往将缩短高炉的正常使用年限。所以，粉尘回收再利用处理过程中使用内循环返烧模式，必须达到一定的循环标准，才能外排粉尘中的钾、铅、锌等物质，进而防止出现高炉结瘤。

钢铁粉尘主要化学成分有全铁（TFe）、CaO、MgO、SiO_2、Al_2O_3、P_2O_5、TiO_2、MnO、ZnO、Pb、C、S 和碱金属（Na_2O+K_2O）等。其中有用成分即可在钢铁生产过程中直接回收利用的成分，如 TFe、CaO、MgO、C 等；不能在钢铁生产过程中直接回收利用，且对钢铁生产过程有害的成分，如 Zn、Pb、K、Na、S、P 等。

采用合理的技术和工艺路线处置，且回收利用粉尘资源，可以减少钢铁成分对大气、水源和土壤的污染和公害，对推进钢铁行业清洁生产、循环经济工作和节能减排均具有重要的现实意义。

7.4.2 粉尘处置及资源化利用方法

一般来说，对于杂质含量较低的粉尘利用较为简单，可以采用直接利用或简单加工再利用的方式；对于杂质含量较高的粉尘，直接利用容易对生产和环境保护造成负面影响，需要对其进行除杂后再利用。

粉尘直接利用可以解决部分粉尘的处置及资源化难题，但由于缺乏除杂过程，在直接利用过程中会影响钢铁生产，如钾在烧结过程中挥发再凝结将影响电除尘效果，降低除尘效率；或是在循环中进入高炉，引起高炉结瘤，破坏焦炭强度等。铅、锌元素进入高炉，在高炉内挥发和循环富集，致使高炉结瘤，影响高炉正常生产。

除杂加工利用分为湿法除杂和火法除杂。湿法除杂及资源化利用中，对 K、Na 含量较高的烧结机头除尘灰先后进行水溶分离和结晶提纯。对中、高含锌粉尘使用酸浸或者碱浸得到锌溶液，接着经过电解得到锌。而火法除杂及资源化利用的工艺一般为回转窑、转底炉、Oxycup 竖炉和 DK 小高炉。

7.4.2.1 回转窑工艺

回转窑工艺处理钢铁粉尘的方式是将干燥后的粉尘与作为还原剂的无烟煤混合后一起加入到回转窑中，炉料在回转窑内高温直接还原后形成团粒，团粒经冷却后可以筛分供高炉冶炼，而颗粒较小的部分则可用于烧结。粉尘中所含的锌在回转窑中被还原蒸发，进入烟气中，温度降低后又重新凝固，富集于炉尘中，收集后可以作为炼锌原料予以利用。回转窑示意图如图 7-13 所示。

7.4.2.2 转底炉工艺

转底炉工艺以含碳球团为原料，以煤粉或粉尘的自含碳作还原剂，含碳球团在高温下快速还原脱锌后得到金属化球团，供高炉、转炉或电炉使用。转底炉工艺流程如图 7-14 所示。转底炉工艺能够有效回收钢铁企业含锌粉尘中的铁、碳和锌，一般不需要另外配煤，而是直接利用粉尘中的碳还原氧化铁和氧化锌，通常金属化率能达到 70%，脱锌率能达到 80% 以上。

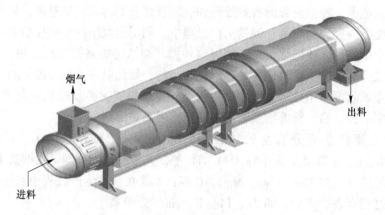

图 7-13 回转窑示意图

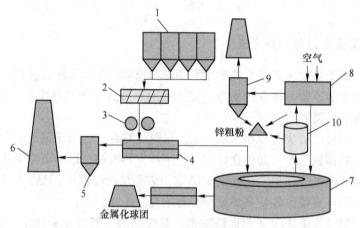

图 7-14 转底炉工艺流程

1—储料仓；2—混料机；3—压球机；4—烘干机；5，9—除尘器；
6—烟囱；7—转底炉；8—换热器；10—余热锅炉

7.4.2.3 OxyCup 竖炉工艺

OxyCup 工艺装置是一个竖炉（富氧热风化铁炉），所消纳的固体废弃物不单是含锌粉尘，还包括烧结静电除尘灰、高炉瓦斯泥、转炉的细粉尘以及轧机机壳上的含油污泥。其产品是铁水，用于转炉炼钢使用，同时产生炉气、渣、锌初级产品。OxyCup 工艺流程如图 7-15 所示。

7.4.2.4 DK 小高炉工艺

DK 高炉所用原料中以转炉除尘灰为主，石英砂用来调节炉渣碱度，配加少量的粗颗粒铁矿粉来改善烧结料层的透气性。小高炉工艺的流程为：混料配料→烧结→高炉→铸造铁→脱硫。小高炉工艺的基本原理与高炉冶炼原理相同。其工艺流程如图 7-16 所示。

钢铁行业粉尘产量巨大，其处置和资源化利用已经成为我国固废处置的重要组成部分，但在其利用过程中要注意避免对生产和环境保护造成负面影响。

人们应当从资源利用、环境保护和降低处置成本等多方面综合考虑粉尘的处置及资源

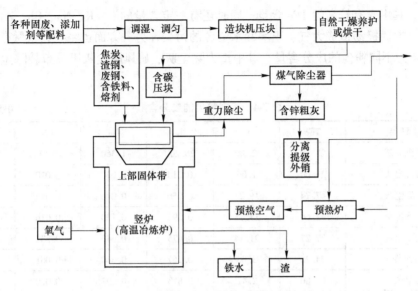

图 7-15 OxyCup 工艺流程

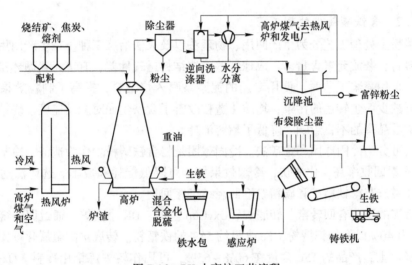

图 7-16 DK 小高炉工艺流程

化利用,对于其中杂质含量较少的粉尘,应当在避免对生产和环保造成负面影响的前提下利用;对于杂质含量较多的粉尘,应当有效去除杂质后进行利用。另外,应该鼓励钢铁粉尘利用的创新技术研发,从而进一步提升粉尘的高附加值利用。

7.5 粉尘的资源综合利用

7.5.1 粉尘的铁碳资源综合利用

7.5.1.1 含铁碳粉尘来源
钢铁厂的含铁粉尘主要包括高炉炼铁产生的粉尘以及转炉和电炉炼钢过程中产生的粉

尘和污泥。其中含有较高的 TFe 含量,同时还有一定含量的 C、K、Na、Pb、Zn。若不妥善处理,一方面极易造成大气、土壤和水资源的污染,另一方面也将导致大量有价资源浪费。表 7-4 为不同粉尘的成分含量,其中重力除尘灰、旋风除尘灰以及布袋除尘灰的含碳量较高。

表 7-4 不同粉尘的成分含量 （单位:%）

粉尘种类	TFe	C	K	Na	Pb	Zn
烧结机头灰	28.50	2.25	26.200	1.360	10.511	1.12
烧结机尾灰	49.00	1.06	0.210	0.040	0.010	0.08
重力除尘灰	47.74	19.23	0.056	0.076	0.012	0.25
旋风除尘灰	47.60	17.15	0.096	0.130	0.016	0.28
布袋除尘灰	37.27	21.14	0.475	0.640	0.232	1.25
OG 细泥	54.20	3.00	0.267	0.360	0.001	0.34
OG 粗泥	60.80	2.41	0.813	0.297	0.020	0.05
氧化铁皮	79.34	0.59	0.037	0.364	0.037	0.41

7.5.1.2 含铁碳粉尘处理工艺

含铁碳粉尘处理工艺分为生产回用、物理法以及火法冶炼三种。在生产回用中作烧结或球团配料时,杂质元素含量多、成球性差、烧结料透气性差,有害元素循环富集不利于高炉生产;采用喷浆工艺时,使用专用的泥浆泵喷入烧结料,提高了制粒效果和烧结效果,同时可减少粉尘转运的污染;均质化造粒改善了含铁尘泥对烧结速度、烧结矿转鼓强度、烧结矿成品率的不良影响,降低了燃料消耗。

物理法可分为冷固球团和选矿法。冷固球团是将含铁碳粉尘作为造渣、冷却剂回用至转炉。Fe 元素回收率高,化渣快,冷却效果好,可降低能耗和成本。选矿法通过重选浮选脱碳以及磁选获得铁精矿和碳精粉返回烧结工序回用。

火法冶炼的工艺有回转窑、转底炉、OxyCup 竖炉、DK 小高炉。通过回转窑工艺可获得 Zn 品位为 40% 以上的锌精粉,Fe 含量约 55% 的铁精粉。转底炉的金属化球团中铁金属化率在 60% 以上,产品的 TFe 含量在 60%~65%,可用作转炉炼钢用冷料。OxyCup 竖炉和 DK 小高炉冶炼过程和高炉炼铁类似,产出的铁水经脱硫处理回用炼钢。

7.5.1.3 粉尘铁碳资源综合利用

（1）太钢 OxyCup 竖炉处理粉尘实践。太钢采用国际先进的 OxyCup 富氧竖炉新技术,建成投运了国内首套可同时处理不锈钢除尘灰和碳钢除尘灰的全功能冶金除尘灰资源化装置,其中以除尘灰为主要原料生产不锈钢铁水工艺属国际首创。

还原反应大约需要 20min 完成,处理 2h 后铁水出炉。炉料的顶端温度大约为 250℃,炉底温度将升高到 2200℃,铁水出炉温度大约为 1510℃。竖炉炉顶生成大约 20000m³/h,热值为 4700kJ/m³ 的清洁煤气。

该项目于 2011 年 10 月 6 日成功冶炼出第一炉铬镍铁水,铬、镍含量和不锈钢铁水非常接近,可以直接用于冶炼不锈钢,与普通铁水相比每吨可增值 5000 元以上,同时可缩短炼钢时间,降低成本。

（2）DK公司处理粉尘实践。DK公司主营业务为回收工业废弃物和生产生铁。高炉车间有两座小高炉，所用原料中以转炉除尘灰为主，石英砂用来调节炉渣碱度，配加少量的粗颗粒铁矿粉来改善烧结料层的透气性，原料组成如图7-17所示。其中转炉除尘灰含铁量高，有害元素少，但锌含量特别高。除转炉除尘灰和污泥外，高炉瓦斯泥碳含量高。

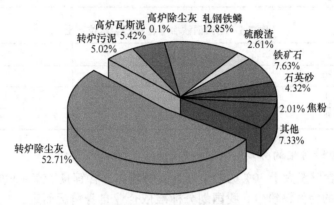

图 7-17　DK小高炉原料组成

高炉车间有2座小高炉（580m³、460m³），通常只有较大的3号高炉运行，每2h出铁一次，用铸铁机铸成8~10kg重的生铁块。DK高炉锌负荷高，湿法除尘后污泥的锌高达65%~68%，杂质很少，同其他二次回收的锌原料相比，氟和氯的含量也很低。

DK高炉一年不仅生产28万吨生铁，同时生产1.7万吨富锌粉尘。生产的矿渣可以用来制作建筑产品，净化后的煤气既可用于发电厂，节约化石燃料，又可预热吹入高炉的空气，降低生产成本。

钢铁企业产生的粉尘具有种类多、数量大、成分复杂及波动大等特点，其资源化利用的核心在于充分回收利用粉尘中的铁、碳等有价元素，同时分离并综合利用不能在钢铁生产中循环的有害元素，因此需根据粉尘的基础特性对粉尘进行分类和管理。

火法工艺仍是将来钢铁粉尘资源化利用的主要途径，钢铁企业粉尘资源化利用的发展方向是粉尘的集中化处理，同时资源化利用方式应能够达到一定的规模与效率。综合分析，转底炉和竖炉工艺是未来我国钢铁粉尘资源化利用的理想工艺之一。

7.5.2　粉尘的含锌资源综合利用

7.5.2.1　含锌粉尘来源

在钢铁冶炼过程中，粉尘中除富含铁外，常含有较高的锌含量。其中的锌主要来源于镀锌的废钢及含锌较高的铁矿石。

国外大力发展电炉炼钢短流程技术，原料以废钢为主，粉尘中含锌量较高；国内含锌粉尘主要来源于电炉粉尘和使用含锌、铅较高铁矿石的高炉粉尘。从表7-5、表7-6可以看出国外电炉粉尘锌含量远远高于国内。其原因在于，国外电炉炼钢使用的原料以镀锌废钢居多，而国内含锌废钢较少，故国内电炉粉尘含锌量普遍较低。

表 7-5 国外钢铁冶炼含锌粉尘单位产出

粉尘种类	产出量/kg·t^{-1}	Zn 含量/%
电炉粉尘	5~20	14~40
高炉粉尘	14~30	0.5~25
转炉粉尘	7~30	2.5~8

表 7-6 国内钢铁冶炼含锌粉尘单位产出

粉尘种类	产出量/kg·t^{-1}	Zn 含量/%
电炉粉尘	4.5~22.5	3~15
高炉粉尘	10~80	3~7
转炉粉尘	8~20	0~0.5

7.5.2.2 含锌粉尘的分类

国外通常将含锌量大于 30% 的粉尘划为高锌粉尘，含锌量 15%~30% 的为中锌粉尘，含锌量小于 15% 的为低锌粉尘。我国划分标准依企业自身情况而定，一般将含锌量大于 1% 的粉尘划为中、高锌粉尘，含锌量小于 1% 的为低锌粉尘。

7.5.2.3 含锌粉尘处理工艺

含锌粉尘处理工艺目前分为传统处理技术和新技术处理。传统处理技术一般为填埋法、钢铁厂循环利用法、湿法以及火法。填埋法分为直接填埋法、固化填埋法和玻璃化填埋法，但由于填埋法不能回收粉尘中的有价金属，所以不适用于当前的资源循环利用模式。钢铁厂循环利用法一般是使用烧结球团处理或炼钢处理的方法，缺点是会导致锌富集给炼铁炼钢工序带来危害。国内处理含锌粉尘的湿法工艺工业应用较少，大部分仍处于实验室研究阶段。而火法工艺较为成熟，操作简单，脱锌率高，原料适应性强的优点，但设备投资大，能耗大，环境污染严重。

湿法工艺回收电炉粉尘流程长，而且很难回收电炉粉尘里铁酸锌中的锌资源，而火法工艺可以在高温条件下解决这个问题。湿法利用酸浸、碱浸、氨浸的方法得到浸出液，接着对浸出液进行净化再电积处理，回收锌资源。缺点是锌的浸出率低，对设备腐蚀严重。

火法工艺分为还原挥发法和氯化挥发法。还原挥发法又可分为直接还原法和熔融还原法。直接还原法中的回转窑工艺技术成熟，设备简单，处理量大，但易结圈，转底炉工艺脱锌率高，金属化率高，但产能低，设备维修费用高，循环流化床法操作不容易控制，生产率低，目前尚未得到大规模使用。熔融还原法的 Z-Star 法脱锌率高，还原铁水质量高，但能耗大，处理成本高。氯化挥发法多数处在实验室研究阶段，该方法是添加氯化剂，使粉尘中的锌氯化并挥发得到脱除，锌的脱除率能达到 80%。

新技术处理有微波法、真空冶金技术、铝浴熔融法以及焙烧转化-分离法。其中微波法投资大、实际操作困难，未得到工业应用；真空冶金技术流程短、环境友好、占地少、经济效益好；铝浴熔融法脱锌率和铅富集率高，可以实现铅锌分离；焙烧转化-分离法还在实验室研究阶段，未得到工业化应用。

7.5.2.4 含锌粉尘综合利用

日照钢铁每年产生含锌粉尘近 60 万吨，其作为原料进入烧结使用会严重影响烧结的产量和烧结矿的质量。为了解决公司含锌粉尘处理方式所带来的问题，公司开发转底炉直接还原工艺，建设了 2 台 20 万吨转底炉。

经过多年的探索和不断的完善，特别是烟气系统锅炉管防堵防腐的改进，日照钢铁转底炉已经走上健康良性发展的轨道，各项技术指标达到国内领先水平。

通过生球尺寸控制、炉内各区温度及过剩系数调节等手段，脱锌率逐步提升。目前，金属化球团锌质量分数为 0.4%、0.7%，成品粉锌质量分数为 1.0% 以下，满足公司生产需求，金属化球团用作炼钢用冷却剂，成品粉入烧结配料，脱锌产出的富锌精粉锌质量分数为 35%~55%，取得了很好的经济效益和环保效益。

目前我国含锌电炉粉尘年产量高达百万吨，含锌粉尘的资源化利用已经成为我国资源循环利用的重要方向。固化填埋技术可以有效实现粉尘的无害化，但缺点是没有有效利用含锌粉尘的有价组成；火法工艺要求锌组成含量满足要求，目前国内粉尘锌含量低于欧美国家，导致能耗和成本较高；湿法工艺能耗低，但工艺流程长，对处置设备和环保的要求较高。

随着电炉炼钢技术的发展，废钢炼钢比例的增大，采用火法工艺处置高含锌粉尘将降低单位锌产品产出的综合能耗和成本，或成为含锌电炉粉尘处置的重要方向。

7.5.3 粉尘的含钾钠资源综合利用

7.5.3.1 含钾钠粉尘来源及危害

烧结机头除尘灰是钢铁企业主要固体排放物之一，由于粒度细（0.074mm70% 以上）、重量轻（堆密度 <0.5g/cm³），如果不加以利用将对环境造成很大的污染。不少钢铁企业为解决除尘灰排放问题，把除尘灰作为烧结料重新投入高炉，但是这些烧结料又因富含碱金属等原因，给高炉生产带来了很大难题。从表 7-4 可以看出烧结机头灰的 K、Na 的含量较高。

（1）对原料的危害。碱金属会促使烧结矿和球团矿的低温还原粉化指数升高，升高的幅度随铁矿石种类的不同而不同。从微观结构来看，在铁矿石还原的过程中，碱金属会逐渐进入氧化铁的晶格，造成体积膨胀，由于碱金属对还原反应的催化作用，使该区域的金属铁晶体生长比较快，当在相界面产生的应力积累到一定程度时便产生大量的裂纹，导致烧结矿和球团矿低温还原粉化率升高。

（2）对焦炭的危害。碱金属对焦炭冷态强度的影响不大，但碱金属会使焦炭的反应性（CRI）明显增加，焦炭的反应后强度明显降低。其原因如下：碱金属的吸附首先从焦炭的气孔开始，而后逐渐向焦炭内部的基质扩散，随着焦炭在碱蒸气内暴露时间的延长，碱金属的吸附量逐渐增多。向焦炭基质部分扩散的碱金属会侵蚀到石墨晶体内部，破坏了原有的层状结构，产生层间化合物。当生成层间化合物时，会产生比较大的体积膨胀。

（3）对高炉的危害。使高炉软熔带位置高且厚，初渣形成早，造成渗碳、滴落困难。K、Na 进入砖缝，引起膨胀，或与砖衬形成低熔点化合物，引起渣化破坏炉衬。还会引起高炉料柱透气性下降：炉料强度下降，上部透气性下降；煤气阻力上升；焦炭高温强度下降，下部透气性下降。

7.5.3.2 含钾钠粉尘处理工艺

烧结机头除尘灰中 K、Na 含量高达 6%~10%，K、Na 盐类易溶于水，不宜堆存，若生产回用则会造成杂质元素富集不利于高炉生产。K、Na 杂质的资源化利用工艺，目前仅有水浸法生产 KCl 工艺得到了工业化应用，具有较高的产品附加值，是钢铁粉尘中 K、Na 元素除杂的合适途径。返回烧结会使得烧结机产能降低，碱金属含量超标，易腐蚀毁损高炉本体设备。堆排会造成土质盐碱化和地表水卤化，极易形成扬尘污染空气。

烧结机头灰在常温、常压下浸出，浸出液依次进行净化、浓缩结晶处理，最后获得工业级 KCl 产品以及其他混合盐。浸出渣和沉淀渣可回用于烧结工序，KCl 用作钾肥，混合盐可一步提取。该工艺在曹妃甸等地已投入工业化生产。

7.5.3.3　粉尘含钾钠资源综合利用

唐山曹妃甸汇鑫嘉德公司立足于生态保护和环境治理的固废处理，专注于对钢铁企业的冶金烟尘进行高效循环综合利用，生产氯化钾和铁粉并销售。其生产的氯化钾产品广泛应用在各化工企业、各化肥企业，经处理后的铁粉可作为钢铁厂的原料被钢铁企业广泛使用。

唐山曹妃甸汇鑫嘉德公司对冶金烟尘进行高效循环利用的产品，可达到氯化钾提取率大于 90%，残渣资源化利用率大于 85%；生产出符合国家标准的高品质氯化钾，副产品尾渣回用于烧结；生产出含铁量大于 40%，含钾量小于 0.5% 的铁粉；2015 年全年共实现 1209.36 万元，氯化钾占比 67.28%、铁粉占比 32.35%、剩余烧结灰占比 0.37%。

降低碱金属对高炉冶炼的影响，要在源头上对其进行控制处理，加强对烧结矿、球团矿、焦炭等原料中碱金属含量的控制。而在烧结工序中，尽量采用碱金属含量较低的熔剂以及燃料，烧结混匀料中要进行脱碱处理，再返回利用。可以有效地减轻高炉的碱负荷，也可以有效地减少各种不良影响，进而提升了高炉安全性。

烧结机头除尘灰中的钾最多，钠次之，还含有少量的锌，这些物质多以氯化钾、氯化钠等盐类的形式存在。用水浸法可较好地去除烧结机头灰中的大部分钾钠及少量锌，烧结机头灰经过水洗后可变废为宝，用于烧结生产中，既可降低企业的成本，又可减少对环境的污染，具有较好的经济效益和社会效益。

7.6　小　　结

粉尘是钢铁工业生产过程中产生的主要固体废物之一，其产量大、含铁量高，是一种重要的可回收利用资源。钢铁厂粉尘的资源化处理问题已成为钢铁工业可持续发展的重要课题。

随着经济的快速发展和环境保护要求的提高，除尘技术的应用前景会越来越好，应用空间也会随之拓展，有利于促进冶金业向节能化、环保化方向发展。

采用合理的技术和工艺路线处置和回收利用粉尘中有价元素资源，对于减少钢铁粉尘等固体废物对大气、水源和土壤的污染和公害，推进钢铁行业清洁生产、循环经济工作和节能减排均具有重要的现实意义。

思　考　题

7-1　简述钢铁冶金粉尘的主要来源及其污染。

7-2 简述钢铁冶金不同种类粉尘的主要成分。

7-3 如何对钢铁冶金粉尘进行分类？

7-4 目前钢铁企业都有哪些除尘方法及设备？

7-5 举例说明炼铁过程中不同工序分别采用何种除尘方法？

7-6 冶金粉尘处置及资源化的途径有哪些？

7-7 举例说明冶金粉尘中铁碳资源如何资源化利用？

7-8 冶金粉尘中 Zn 如何回收利用？

7-9 冶金粉尘中的钾钠资源如何资源化利用？举例说明。

参 考 文 献

[1] 张革，孙文强，蔡九菊．我国钢铁企业烟粉尘排放现状及控制对策 [J]．中国环保产业，2015 (6)：43~46.

[2] 张龙强．"十四五"开局之年钢铁行业回顾与展望 [N]．世界金属导报，2021-02-09.

[3] 吕冬瑞．中国钢铁企业含锌粉尘处理工艺现状及展望 [J]．鞍钢技术，2019 (3)：7~10, 18.

[4] 沈宗斌，沙永志．钢铁粉尘冷固结球团工艺研究 [J]．钢铁，2003 (12)：1~5.

[5] 陈砚雄，冯万静．钢铁企业粉尘的综合处理与利用 [J]．烧结球团，2005 (5)：45~49.

[6] 刘诗诚，岳昌盛，吴龙，等．钢铁冶金粉尘的特点及处置技术分析 [J]．工业安全与环保，2018, 44 (12)：67~70.

[7] 马晓辉，姚群．钢铁行业粉尘污染控制提标改造技术与应用 [C]//2018 年全国学术年会论文集（中册），2018：178~182.

[8] 王珲．钢铁行业重点烟粉尘污染源的防控现状 [C]//2014 中国环境科学学会学术年会，2014：248~251.

[9] 李小玲，孙文强，赵亮，等．典型钢铁企业物能消耗与烟粉尘排放分析 [J]．东北大学学报（自然科学版），2016, 37 (3)：352~356.

[10] 张月．脱硫喷淋塔内部设计的数值模拟与优化 [D]．泉州：华侨大学，2018.

[11] 张江石，刘金锋，李晓曦，等．掘进工作面高效复合式湿式除尘器 [J]．煤矿安全，2017, 48 (11)：126~129.

[12] 顾崇孝．无溢流泡沫除尘器的设计与应用 [J]．有色金属设计，1997 (3)：32~36.

[13] 储嘉铭，阮正如．关于多管文丘里湿式脱硫除尘器的研究 [C]//土木建筑学术文库（第 14 卷），2010：457~459.

[14] 印子林，窦君，马居安．钢铁冶金粉尘处置技术 [J]．中国金属通报，2020 (1)：102, 104.

[15] 燕开文．钢铁企业原料场设计的环保要素 [J]．山西冶金，2010, 33 (2)：34~35, 55.

[16] 陈朴璞．某钢铁企业综合原料场粉尘危害及防护措施分析 [J]．科技创新与应用，2016 (18)：149.

[17] 唐卫军，张德国，武国平，等．烧结机头电除尘灰资源化利用技术 [J]．现代矿业，2017, 33 (9)：188~191.

[18] 钱峰，于淑娟，侯洪宇，等．烧结机头电除尘灰资源化再利用 [J].2015, 50 (12)：67~71.

[19] 侯玉婷，童为硕，李晶，等．钢铁冶炼过程不同工序除尘灰形貌和成分研究 [J]．江西冶金，2019, 39 (4)：17~23.

[20] 张建良，刘征建，杨天钧．非高炉炼铁 [M]．北京：冶金工业出版社，2015.

[21] 殷磊明．煅烧含锌粉尘回转窑结圈的研究 [D]．马鞍山：安徽工业大学，2017.

[22] Hoffman G，Tsuge O. ITmk3-Application of a new ironmaking technology for the iron ore mining industry [J]．Mining Engineering，2004, 56 (10)：35~39.

[23] Meng X U，Guo M W，Zhang J L ，et al. Beneficiation of titanium oxides from ilmenite by self-reduction of coal bearing pellets ［J］. Journal of Iron and Steel Research International，2006，13（2）：6~9.

[24] 林启立. 转底炉处理含碳球团还原的基础研究［D］. 重庆：重庆大学，2017.

[25] 刘颖. 转底炉内冶金粉尘含碳球团直接还原过程数学模型研究［D］. 北京：北京科技大学，2015.

[26] 谢泽强，郭宇峰，陈凤，等. 钢铁厂含锌粉尘综合利用现状及展望［J］. 烧结球团，2016，41（5）：53~56，61.

[27] 佘雪峰，薛庆国，王静松，等. 钢铁厂含锌粉尘综合利用及相关处理工艺比较［J］. 炼铁，2010，29（4）：56~62.

[28] 巨建涛，党要均. 钢铁厂含锌粉尘处理工艺的现状及发展［J］. 材料导报，2014，28（9）：109~113.

[29] 张鲁芳. 我国转底炉处理钢铁厂含锌粉尘技术研究［J］. 烧结球团，2012，37（3）：57~60.

[30] 周云，彭开玉，李辽沙，等. 电炉含锌粉尘在微波场下脱锌的试验研究［J］. 金属矿山，2006（2）：82~84.

8 钢铁制造的炉渣利用技术

[本章提要]

本章概括地介绍钢铁生产过程中高炉炉渣和钢渣的来源、化学成分，以及对各种炉渣的不同处理方法、高炉渣的利用、钢渣的综合利用和复合矿冶炼渣有价元素的提取；对如何处理、循环利用炉渣，降低污染排放提供了思路和方法。

钢铁工业是耗能大户，也是资源消耗大户，在生产过程中，钢铁行业更是废气、废水、废渣排放大户。冶金工业在对开采的金属物质矿石进行冶炼的过程中，会排出大量的熔渣，这些含有一定金属杂质的熔渣被称为炉渣，在我国，钢铁工业年排放固体废弃物高达5亿吨，排放量占全国总排放量的14%。由于早期炉渣运输成本高、利用效益低等多种因素的影响，钢铁企业大多对炉渣选择堆弃，有些甚至选择就近掩埋的方式来处理炉渣。随着时间推移，炉渣积累量越来越多，不仅占用了大量土地，而且逐渐污染了周边环境，对钢铁企业周边的生态系统造成了巨大影响。

在"双碳"战略下，国家积极推动钢铁行业降低总能耗、减少总排放量，出台一系列对标钢铁行业的节能减排政策，在此背景下，我国钢铁企业积极推动清洁生产，加大炉渣处理力度并改进炉渣处理方法，提升炉渣利用率。

因此学习如何对炉渣进行有效的利用不仅能够消除土地占有和环境污染的风险，还可以有效减少一次资源的消耗，对生态环境和国民经济发展具有重要意义。此外，于2018年1月1日起施行的《中华人民共和国环境保护税法》中规定，炉渣属于固体废物税目（税额25元/t），解决炉渣处置，提高炉渣利用率已经成为现阶段固废处置的重点关注方向。

8.1 钢铁生产过程的炉渣来源

钢铁生产过程中产生的炉渣主要分为高炉渣和钢渣两种。高炉渣是高炉炼铁过程中排出的一种熔融态渣质，其主要成分为氧化钙、二氧化硅和三氧化二铝。在高炉炼铁过程中，我国年产高炉渣达2亿吨以上，占钢铁行业废弃物的一半。钢渣是炼钢过程的副产品，它是由金属原料中的杂质与助熔剂、炉衬形成的一种工业废弃物。由于炼钢炉型、钢种以及每炉钢冶炼阶段的不同，使得钢中各种成分的含量也有着较大的差异，按炼钢所用炉型可将钢渣分为平炉钢渣、转炉钢渣和电炉钢渣。由于目前我国炼钢工艺主要为转炉炼钢和电炉炼钢，故在此仅对转炉钢渣和电炉钢渣进行详细说明。自2011年以来，我国钢渣年产量1亿吨以上（图8-1），由于其组成复杂、成分变化较大，故难以大规模、高效循环利用。不仅造成了资源浪费，而且占用土地，带来了环境污染等一系列问题。

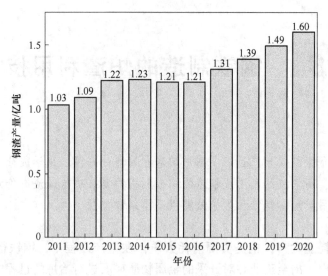

图 8-1　2011~2020 年中国钢渣年产量

8.1.1　高炉渣的来源及化学成分

8.1.1.1　高炉渣的来源

在高炉冶炼生铁过程中会产生数以万计熔融状态的渣，在冶炼生铁的同时从高炉排渣口排出一种高温熔融固体废渣，当炉料在高炉中进行熔化冶炼时，矿石中脉石、燃料的灰分、其他助熔剂及一些不能融入生铁的材料形成了一种以硅酸盐和铝酸盐为主，且浮在高温铁水上部的一种熔渣，称为高炉渣。高炉渣可分为炼钢生铁渣、铸造生铁渣、锰铁矿渣等，少数地区使用钛磁铁矿炼铁，排出钒钛高炉渣。高炉渣由于入炉原料种类的不同会导致化学成分波动较大，但在冶炼炉料固定和冶炼正常时，高炉渣的化学成分变化不大。依矿石品位不同，每炼 1t 铁排出 300~500kg 渣，矿石品位越低，排渣量越大。

8.1.1.2　高炉渣的成分

由于高炉原料、燃料和辅料的多元化以及不同原料产地的化学成分和含量不同，高炉渣中的化学元素具有多样性，包含多种微量元素及重金属，其主要由 CaO、MgO、SiO_2 和 Al_2O_3 四种氧化物组成的硅铝酸盐，这四种氧化物约占高炉渣总质量的 95%，主要来自人造矿石原料中的生石灰、白云石和焦炭中的灰分。

表 8-1 为不同种类高炉渣化学成分，由于国内钢铁企业的大多数铁矿石来源于必和必拓、淡水河谷、力拓三大矿石公司，铁矿石种类较为固定，故普通高炉渣的主要化学成分也基本相近，矿物组成主要有黄石矿、硅酸二钙、橄榄石、尖晶石等。对于我国少数地区排出的钒钛高炉渣，其矿物成分中几乎都含有钛，主要矿物有钙钛矿、安诺石、钛辉石、尖晶石等。锰铁渣中的主要矿物为锰橄榄石。同时我们也可以看出，我国高炉渣大多都是碱度为 1 左右的中性矿渣，高碱性及酸性高炉渣数量较少。

表 8-1　不同种类高炉渣化学成分（质量分数）　　　　　　（单位:%）

种类	CaO	SiO_2	Al_2O_3	MgO	MnO	Fe_2O_3	TiO_2	V_2O_5	S	F
普通渣	38~39	26~42	6~17	1~10	0.1~1	0.15~2	—	—	0.1~1.5	—

种类	CaO	SiO$_2$	Al$_2$O$_3$	MgO	MnO	Fe$_2$O$_3$	TiO$_2$	V$_2$O$_5$	S	F
高钛渣	23~46	20~35	9~15	2~10	<1	—	20~29	0.1~0.6	<1	—
锰铁渣	28~47	21~37	11~24	2~8	5~23	0.1~1.7	—	—	0.3~3	—
含氟渣	35~45	22~29	6~8	3~7.8	0.1~0.8	0.15~0.19	—	—	—	7~8

8.1.2 钢渣的来源及化学成分

8.1.2.1 转炉钢渣的来源及成分

转炉炉渣是转炉炼钢过程中产生的废渣，它浓聚了铁水与废钢中所含元素被氧化后形成的氧化物及硫化物，此外还包括金属炉料带入的杂质（如泥沙等）、为调整钢渣性质所加入的造渣剂及助熔剂（如石灰石、萤石、硅石等）、氧化剂、脱硫产物、被侵蚀的炉衬及炉衬材料等。在转炉炼钢工艺中，吨钢产生渣量为 80~120kg，每年转炉钢渣排放量巨大，为冶金工业主要废弃物之一。

转炉钢渣结构致密，呈高碱性，外观呈黑灰色或灰白色，密度为 3000kg/m^3 左右。表8-2 为不同钢铁企业生产转炉钢渣的化学成分，由于钢品种、原料及堆放期限的不同，钢渣的化学成分波动较大，故其矿物组成差别很大。一般的矿物相为硅酸三钙、硅酸二钙、钙镁橄榄石、钙镁蔷薇辉石、铁铝酸钙以及硅、镁、铁、锰、磷的氧化物形成的固溶体，还含有少量游离氧化钙以及金属铁、氟磷灰石等。

表 8-2 不同钢铁企业生产转炉钢渣的化学成分（质量分数） （单位:%）

企业名称	CaO	SiO$_2$	Al$_2$O$_3$	MgO	Fe$_2$O$_3$	MnO	P$_2$O$_5$	游离 CaO
首钢	44.00	15.86	3.88	10.04	22.37	1.11	1.31	0.80
本钢	41.14	15.99	3.00	9.22	12.29	1.88	1.40	0.84
太钢	49.80	14.22	2.86	9.29	8.79	1.06	0.56	1.57
马钢	43.19	15.55	3.84	3.42	5.19	2.31	1.40	3.56

8.1.2.2 电炉钢渣的来源及成分

电炉渣是指电炉炼钢过程中排出的熔渣，主要来自金属炉料中各元素被氧化后生成的氧化物、被侵蚀的炉衬、补炉材料、金属炉料带入的杂质和为调整钢渣性质而特意加入的造渣材料。电炉冶炼普通钢和特殊钢的渣量一般是 100kg/t，电炉冶炼不锈钢的渣量一般在 200kg/t。

表 8-3 为电炉炉渣化学成分，电炉炼钢过程中产生的钢渣主要分为氧化渣和还原渣，电炉氧化渣是电炉炼钢冶炼前期，逐步加入硅、锰、铁矿、石灰等，将钢水均匀加热至1550℃以上，使钢水沸腾，发生剧烈的氧化反应，从而去除钢液中的夹杂气体及有害元素磷，过程中产生大量的冶炼钢渣，即氧化渣，氧化渣约占电炉渣总量的 90%。氧化渣颜色深、结构致密、质地坚硬、含铁量高、颗粒粒径大、堆积密度大、不易破碎。电炉还原渣是电炉冶炼后期，在还原气氛下形成的冶炼渣，还原渣仅占 10% 左右，其形成温度在1600℃左右，常温下为白色粉末状态，较松散，颗粒小，呈粉末状，化学成分 CaO、

SiO_2、Al_2O_3含量接近水泥熟料，碱度高，含铁量低，广泛应用于水泥行业生产水泥熟料。

表 8-3　电炉炉渣化学成分（质量分数）　　　　　　　　　　（单位：%）

种类	CaO	Fe_2O_3	Al_2O_3	SiO_2	MgO	FeO	P_2O_5	MnO
氧化渣	30~50	5~6	10~18	11~20	8~13	8~22	2~5	5~10
还原渣	45~65	—	2~3	10~20	<10	<0.5	2~3	0.1~0.8

电炉炉渣的碱度对于其矿物组成影响较大。通过表 8-4 可以看出，低碱度的氧化渣主要矿物相为（Mg、Fe、Mn），SiO_2，随着碱度的升高，其主要矿物相逐步变为 C_2S-C_3MS_2 固溶体；还原渣主要矿物相为 γ-C_2S 与 $C_{11}A_7$-CaF_2，其中 $C_{11}A_7$-CaF_2 相含量随着碱度的提高而增加。

表 8-4　不同碱度电炉炉渣矿物组成

种类	碱度	主要矿物名称	次要矿物名称
氧化渣	1.8	C_2S-C_3MS_2（54:46）固溶体	玻璃质、RO 相、尖晶石固溶体
	1.56	C_3MS_2	玻璃质、RO 相
	1.12	（Mg、Fe、Mn），SiO_2	玻璃质、RO 相、尖晶石固溶体
还原渣	2.91	γ-C_2S（75%），$C_{11}A_7$-CaF_2	C_3MS_2、MgO（≤%）、CaF_2
	2.87	γ-C_2S（75%），$C_{11}A_7$-CaF_2（多）	C_3MS_2、MgO（≤%）、RO 相
	2.63	γ-C_2S（75%），$C_{11}A_7$-CaF_2（少）	C_3MS_2、MgO（≤%）、RO 相、CaF

8.2　炉渣的处理方法分类

8.2.1　高炉渣处理方法

我国生产中应用的高炉渣处理工艺主要为干渣处理和水淬粒化，早期干渣处理工艺资源利用率低且环境污染较严重，一般只在事故处理时使用，故水淬粒化是高炉渣的主要处理方式。国内水淬处理高炉渣方法主要有拉萨法、底滤（OCP）法、因巴（INBA）法、明特法、图拉（TYNA）法等，其处理炉渣按其处理方式分为两大类：一是炉渣直接水淬工艺，主要工艺过程是炉渣渣流被高压水水淬，然后进行渣水输送和渣水分离，主要代表为因巴法、明特法；二是炉渣先进行机械破碎、后水淬处理，其主要工艺过程是炉渣渣流首先被机械破碎、在抛射至空中时进行水淬粒化，然后进行渣水分离和输送，主要代表为图拉法和 HK 法等。受到生产场地的限制，国内大部分钢厂选用因巴法、明特法等直接水淬工艺。

8.2.1.1　拉萨法

拉萨法水淬渣系统是由日本钢管公司与英国 RASA 贸易公司共同研制成功的，1967年在日本福山钢铁厂 1 号高炉（2004m^3）上首次使用。我国上海宝钢首次从日本"拉萨商社"引进了这套工艺设备（包括专利技术）。如图 8-2 所示，拉萨法工艺流程是：炉渣由渣沟流入冲制箱，与压力水相遇进行水淬。水淬后的渣浆在粗粒分离槽内浓缩后由渣浆泵送至脱水槽，水渣脱水后外运。脱水槽出水流到沉淀池，沉淀池出水循环使用。该法优点是：工艺布置灵活，炉渣粒化充分，成品渣含水量低，质量好，冲渣时产生的大量有害气体经过处理后排空，避免了有害气体污染车间环境。其缺点是设备复杂，耗电量大，渣泵及运输管道容易磨损等。

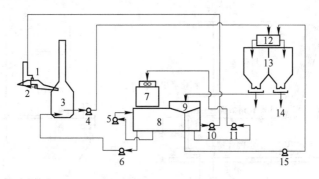

图 8-2 拉萨法工艺流程图

1—水渣槽；2—喷水口；3—搅拌槽；4—输渣泵；5—循环槽搅拌泵；6—搅拌槽搅拌泵；7—冷却塔；
8—循环水槽；9—沉降槽；10—冲渣给水泵；11—冷却泵；12—分配器；13—脱水槽；14—汽车；15—排泥泵

8.2.1.2 底滤法

底滤法工艺流程是高炉熔渣在冲制箱内由多孔喷头喷出的高压水进行水淬处理，水淬渣经粒化槽、冲渣沟进入底滤池，利用水渣自身及过滤池下部铺设的鹅卵石来过滤水分，水渣过滤水后被抓斗抓至卡车运走，过滤后的水经集水管由泵加压后送入冷却塔冷却，进行循环使用。底滤法工艺流程如图 8-3 所示，底滤法工艺的主要特点是机械设备少，占地面积小，施工、操作、维修简单，系统故障率低，炉渣粒化效果好，渣水分离效果好，循环水质好，冲渣系统可实现 100% 循环使用，没有外排污水。但该工艺的缺点是蒸汽排放量大，环境不友好；鹅卵石的粒度分

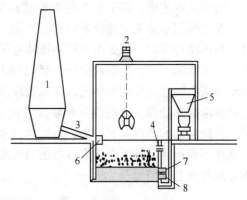

图 8-3 底滤法工艺流程图

1—高炉；2—抓斗吊车；3—冲渣器；4—水溢流；
5—贮料斗；6—粒化器；7—冲洗空气入口；8—水出口

布很重要，若布置不好则易会出现板结现象，导致无法得到理想的渣水分离效果。

8.2.1.3 环保底滤炉渣处理工艺

21 世纪初期，中冶京诚以底滤法为基础，创新设计出环保底滤炉渣处理工艺。该工艺具有投资少、占地面积小、运行稳定、作业率高、运行成本低、设备维护量小等优点，环保底滤高炉炉渣处理系统环境友好、生产安全、节能环保。该工艺 2009 年首次应用于江阴兴澄特钢 3200m³ 高炉，至今已经在国内成功应用 40 套，得到普遍认可，创造了良好的经济效益和社会效益。

该工艺在底滤法的基础上，将传统粒化池改进为如图 8-4 左侧所示的封闭粒化池，池内设有一定高度的保护水位，熔渣在池内粒化，粒化点设置防护罩，渣水混合物从粒化池

下方流出，溢流水从上方溢流口流出。与传统底滤法的冲渣沟相比，环保底滤高炉炉渣处理工艺确保了冲渣安全。同时在粒化池上部设置如图 8-4 右侧所示的高空烟囱，烟囱内设置蒸汽冷凝喷淋装置，利用冲渣补充水对蒸汽进行喷淋冷凝。实现蒸汽有组织高空排放的同时大量减少蒸汽排放，进而减少冲渣水消耗量。

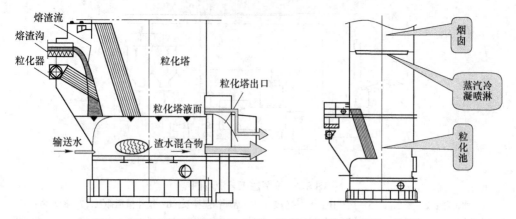

图 8-4   安全封闭的粒化池（左侧）及蒸汽冷凝喷淋装置（右侧）

通过技术改进，该工艺将传统底滤法使用的渣沟阀门改进为如图 8-5 所示的摆动渣沟，通过控制水渣流向选择不同的过滤池。摆动渣沟槽体底部料磨料的结构设计能够大幅延长槽体使用寿命，减少由于更换槽体对正常高炉生产造成的影响。摆动渣沟位于冲渣沟下方、过滤池上方，由电液推杆、摆动槽体、车轮支承装置、回转定心装置等部分组成。摆动渣沟安装在固定的平台上，在靠近冲渣池的方向设置一堵挡水墙，避免过滤池内水位过高浸泡摆动渣沟。摆动渣沟创新设计的关键是回转支承部分。高炉水冲渣系统空气潮湿、含硫化物的蒸汽具有一定的腐蚀性，水冲渣系统的特殊环境很容易因为导致回转支承标准件不能正常运行。中冶京诚根据摆动渣沟的特殊性研发了组合式回转支承装置，能够很好地解决上述问题。

图 8-5   摆动渣沟

8.2.1.4   因巴法

因巴冲渣系统是由比利时 ARBED 集团开发的，第一套因巴装置于 1980 年安装在比利时 SIDMAR 厂 B 座高炉上。因巴冲渣系统在世界钢铁企业范围应用比较广泛，包括日本的川崎钢铁千叶 6 号高炉（4500m³），法国日产万吨生铁的敦刻尔克 4 号高炉（4580m³），国内的宝钢、武钢、马钢、鞍钢、本钢、太钢等很多钢铁企业都应用因巴工艺处理炉渣。其工艺流程是：高炉渣由熔渣沟流入冲制箱，经过冲制箱的压力水冲成水渣进入水渣沟，然后经滚筒过滤器脱水排出，如图 8-6 所示。

　　因巴法有热 INBA、冷 INBA 和环保型 INBA 之分。三种 INBA 法的炉渣粒化、脱水的方法均相同，都是使用水淬粒化，采用转鼓脱水器脱水，不同之处主要在水系统。热 INBA 只有粒化水，热 INBA 粒化水直接循环；冷 INBA 粒化水系统设有冷却塔，粒化水冷却后再循环；环保型 INBA 水系统分粒化水和冷凝水两个系统，冷凝水系统主要用来吸收蒸汽、二氧化硫、硫化氢。环保型 INBA 与冷、热 INBA 比较，最大的优点是硫的散放量很低，它把硫的成分大都转移到循环水系统中。缺点在于设备的检修维护量大，循环水中悬浮物过多磨损管道和水泵。

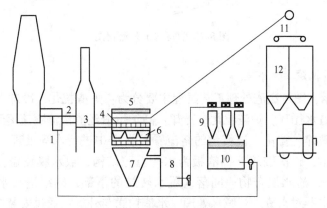

图 8-6　因巴法工艺流程图

1—冲制箱；2—水渣沟；3—水渣槽；4—分配器；5—转鼓过滤器；6—缓冲槽；7—集水槽；
8—热水池；9—冷却塔；10—冷水池；11—胶带机；12—成品槽

8.2.1.5　明特法

　　明特法处理工艺是由首钢与北京明特克冶金炉技术有限公司联合研制、开发的，整套系统于 2002 年 7 月在首钢 3 号高炉投入运行。如图 8-7 所示，其工艺流程：高炉熔渣从渣沟沟头进入冲渣沟，熔融炉渣被粒化箱喷射的高速水流击碎、急速冷却而成水渣，从粒化池下来的渣水混合物落入明特法水渣池中，通过倾斜安装的搅笼机，随搅笼机的转动，将渣从水渣池中徐徐提升上去，达到顶部时翻落下来进入头部漏斗中，在提升的过程中实现渣水分离，成品渣经头部漏斗落入下方的皮带上，水由重力作用回流入渣池中，渣池中剩余的部分浮渣，经溢流槽流入过滤器中筛斗，通过筛斗中的筛网实现渣水分离，浮渣留在筛斗中，水则透过筛网流入回水槽中。随着脱水器的旋转，筛斗中的渣徐徐上升，达到顶部时翻落下来进入受料斗，通过受料斗下方的管道，用高压水将渣冲入渣池中，再经搅笼机进行脱水。经过滤器过滤后的水，流入渣池进行进一步的过滤，然后进入吸水井经泵打入冲制箱。该方法优点是占地面积小、现场布置灵活、脱水效率高、水渣处理量大、是水淬工艺投资最少的工艺方法；缺点是水渣含水量较高，循环水水质混浊导致系统结垢严重，设备损耗较大，无水蒸气收集装置，浪费资源且污染环境。

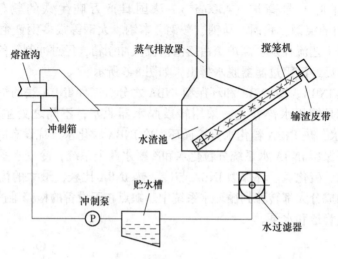

图 8-7　明特法工艺流程图

8.2.1.6　图拉法

如图 8-8 所示，图拉法渣处理工艺过程主要分为：炉渣粒化、冷却；水渣脱水；水渣输送与外运；冲渣水循环。炉渣粒化、冷却：高炉熔渣经渣沟流嘴流落到高速旋转的粒化轮上，将其机械破碎、粒化，被粒化的熔渣颗粒在空中进行水淬处理，渣粒在抛物运动中，与挡渣板撞击、二次破碎（挡渣板为水冷空腔结构，被水膜覆盖，防止渣黏，同时起到冷却的作用），渣水混合物一同落入脱水转鼓的下部，继续进行水淬冷却。水渣脱水：通过转鼓脱水器对水渣进行脱水处理。水渣输送与外运：通过安装在转鼓内镶有特殊耐磨材料的受料斗对脱水器内成品渣进行收集，并通过受料斗卸料口下方的胶带运输机、胶带机通廊与转运站等对成品渣进行运输。冲渣水循环：冲渣水经溢流装置进入循环水池进行循环利用。

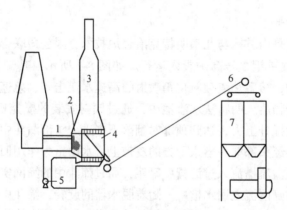

图 8-8　图拉法工艺流程图

1—熔渣沟；2—粒化器；3—排气筒；4—脱水槽；5—热水池；6—胶带机；7—成品槽

图拉法整个工艺流程全部采用机械化操作，可实现全自动操作且系统安全性高，设备结构简单、占地面积小、系统作业率高，成品水渣含水量小于10%。但由于图拉法为机械粒化，熔渣粒化效果差，水渣玻璃体含量低。

对于所有的水淬处理工艺，其产生的高温水或蒸汽的品质（包括温度和压力）较低，浪费了大量高炉渣显热，对于冲渣水的余热利用就显得尤为重要。而目前冲渣水的处理方式有冷法渣和热法渣两种：冷法渣处理是将冲渣热水引入冷却塔冷却后循环使用，能源浪费严重；热法渣处理是将冲渣热水用于生活供热，利用率也较低。整体而言，水淬处理使得炉渣的物理显热无法得到有效利用，造成大量的热损失。此外水淬吨渣的耗水量为0.8~1.2t，水资源浪费严重，且水淬渣水含量高，若作为水泥原料使用则需要进行干燥处理，这也会造成能源二次消耗。

目前，国内外研究学者开始对使用离心粒化工艺回收利用高炉渣进行了理论分析和试验研究，该工艺处理方式主要是使用可变速的转杯对渣液进行粒化，熔渣通过附有耐火材料的流渣槽从渣沟流至转杯中心，在离心力的作用下被冷却。对离心粒化工艺的研究重点主要集中在转杯形状设计、渣粒平均直径的控制，渣粒破碎模式的研究、相关工艺流程的开发和余热回收效率的提高上。研究表明，与传统的高炉渣处理方法相比，离心粒化法无论在环境保护方面还是在显热回收利用方面，都有着巨大优势。相信随着研究的深入与工艺的成熟，在不久的将来会代替传统的高炉渣处理方法，为冶金工业的能源高效利用以及节能减排、绿色环保方面做出巨大贡献。

8.2.2 钢渣预处理方法

钢渣作为一种二次资源，其可利用的资源包括液渣显热、单质铁和尾渣矿物三大部分。多年来随着人们资源利用意识的逐渐提高，对于液态渣显热的利用也越来越重视。目前对于液态钢渣的预处理技术的任务不仅要将热熔渣处理成粒径符合一定要求的常温块渣，使其具备一定的资源属性，还需要最大程度保留并利用液态渣显热，减少热量损失。

由于炼钢造渣制度、钢渣物化性能的多样性及其利用上的多种途径，决定了钢渣处理工艺上的多样化。目前，钢渣的预处理工艺方法主要有热泼法、水淬法、风淬法、热闷法、滚筒法、粒化法、转碟法等。国内常用的钢渣预处理工艺以热泼法和热闷法为主。

8.2.2.1 热泼法

热泼法是现在国内钢厂运用较多的一种钢渣处理技术。其工艺流程是：将钢渣倒入渣罐后，用渣包台车将渣罐运到钢渣处理车间，用行车将渣罐内的熔渣分摊倒在干燥渣处理场地上经由空气冷却，当钢渣温度降至350~400℃时，适当用水喷淋，使钢渣急冷碎裂，待水分蒸发后，用装载机进行翻转处理，再洒水冷却，待钢渣部分变黑，没有流动性后，用装载机运到其他场地继续洒水冷却，待钢渣冷却到常温后，用汽车运到其他渣场进行下道工序处理。

该方法工艺较为成熟，具有冷却时间短、排渣速度快、处理能力强等特点，适用于机械化生产，经过该方法处理的钢渣活性较高。但其缺点为：占地面积大，且设备损耗严重，并且在进行破碎加工中产生较大粉尘，蒸汽量大，产生的钢渣块度大、安定稳定性能差，不利于尾渣的综合利用。

8.2.2.2 水淬法

水淬法是20世纪70年代日本新日铁公司开始采用的一种钢渣处理方法，目前该方法在济钢、齐齐哈尔车辆厂、美国伯利恒钢铁公司等钢铁企业推广使用。其处理方法是液态渣在流动下降过程中被压力水切割破碎,高温熔渣遇水急冷收缩产生应力集中而破裂,并在水幕中粒化。

水淬分炉前水淬和室外水淬两种:

炉前水淬是在炼钢炉前进行,熔渣由炼钢炉直接倒入中间渣罐,再由中间渣罐底孔流入水淬渣槽,遇高速水流急冷形成水淬渣,并与冲渣水一起,流入室外的沉渣池。沉淀后的水淬渣用抓斗抓出,运到渣场上沥水后利用。电炉前期渣及铸锭渣可采用此工艺。

室外水淬是指炼钢炉熔渣先倒入渣罐,再把渣罐运到室外水淬渣池边,用高速水流喷射渣孔流出的熔渣进行水淬的方法。水淬渣直接入水淬池。室外水淬比炉前水淬安全。但炉前水淬可边排渣边水淬,水淬率高,也省去了熔渣的运输,更能适应炼钢炉排渣的需要。

水淬法能更好地节省处理场地,设备投资小,对环境的污染程度较轻。不过这种方法易发生爆炸,钢渣粒度无法保证均匀性,只适合液态渣的处理。

8.2.2.3　风淬法

风淬法是一种较为成熟的工艺技术,在日本钢管公司福山厂、台湾中钢集团、重钢等钢厂得到广泛应用。风淬法是将压缩空气作为介质,利用高速气流将熔融和半熔融渣粒冲击、分割、粒化,并随高速气流落入水中迅速冷却改质为固态渣粒。在这个过程中,压缩空气对高温液态钢渣产生较强的氧化作用,钢渣中的 FeO 相因氧化作用消失,使得含 FeO 的石灰不稳定相明显减少,而 C_2F 稳定相增加,这也是这种处理方式的独特之处。风淬法工艺流程如 8-9 所示。

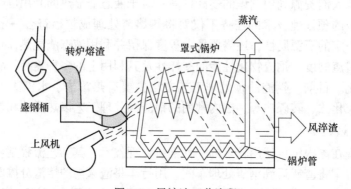

图 8-9　风淬法工艺流程

风淬法具有工艺成熟、供水系统简单、排渣快、污染小、占地少、安全高效、投资成本小、渣粒光滑、均匀且性能稳定等优点,液态转炉渣、电炉渣均可采用该方法。但缺点是该方法只能对液态渣进行处理。

8.2.2.4　热闷法

热闷法是钢渣余热自解工艺的代表技术,自 20 世纪 90 年代中冶建研总院研制成功以来,迅速成为国内常用的炉渣预处理工艺之一,现已在首钢京唐、宝钢、鞍钢等多家钢铁企业推广应用,且效果良好。其工艺原理是将 300~1500℃ 的钢渣倾翻在如图 8-10 所示的热闷装置中,当温度冷却到 800℃ 左右后,盖上闷坑盖,喷水产生饱和蒸汽,利用水汽与钢渣中的游离氧化钙（f-CaO）和游离氧化镁（f-MgO）反应产生的体积膨胀应力，使钢渣冷却、龟裂，钢渣进而粉化。钢渣的粉化，消除了钢渣的不稳定性，钢和渣也自然分离，便于金属回收。

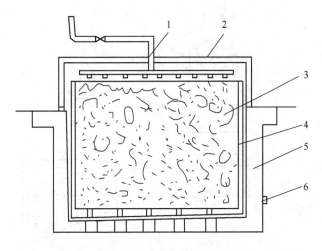

图 8-10 热闷装置示意图
1—给水管；2—渣罐密封盖；3—炉渣；4—罐体；5—基础；6—排水孔

该技术解决了钢渣中 f-CaO、f-MgO 造成的钢渣稳定性差的问题，钢渣分离效果好，大粒级的钢渣铁品位高，金属回收率高，尾渣中金属含量小于 1%，减少金属资源的浪费。粉化钢渣中水硬性矿物硅酸二钙，硅酸三钙的溶性不降低，保证钢渣质量。钢渣粉化后粒度小，用于建材工业不需要破碎，磨细时亦可提高粉磨效率，节省电耗。与其他工艺相比，钢渣热闷处理可使尾渣中的游离氧化钙和游离氧化镁充分进行消解反应，消除钢渣不稳定因素，使钢渣用于建材和道路工程安全可靠，尾渣的利用率可达 100%。

8.2.2.5 滚筒法

滚筒法的主要流程是将钢渣倒入渣罐后，用渣包台车将渣罐运到钢渣处理车间，用行车将渣罐内放在滚筒专用倾翻台上，由倾翻台将高温红渣沿着旋转溜槽将高温熔渣倒入筒体，滚筒边旋转边向桶内急速喷水使钢渣冷却，在水的冷却作用下急冷结块，随着滚筒的转动，滚筒里的钢球不断地对钢渣进行碾磨挤压破碎，然后随水渣从筒下部出口流出，经渣水分离，渣子经链板机、提升机到高位料仓，放料进自卸汽车后到运到其他场地处理。液态红渣与水进行热交换产生的蒸汽由排汽管收集经烟囱有组织排放。废水由出渣口和链板输送机渗漏进入汇集池，然后经汇集池的溢流口排入沉淀池，处理后循环使用。

该工艺主要特点为：固化与破碎同时完成，省去了传统工艺的堆放陈化和多级破碎及分选，故其处理流程短、占地面积不到传统工艺的 1/10；工艺设备安全可靠，其生产效能及机械化程度高，操作简单、维修方便；渣钢分离良好，回收废钢的金属化率大于 90%；对环境污染小，由烟囱排放蒸汽的含尘量 $<100\text{mg/m}^3$，$SO_2<70\text{mg/m}^3$，$NO_x<3\text{mg/m}^3$，$pH=7.0$。

8.2.2.6 粒化法

钢渣粒化法与滚筒法和水淬法有相似之处。它是由水渣粒化装置演化过来的，原理是液态钢渣倒入渣槽，均匀流入粒化器，被高速旋转的粒化轮破碎，沿切线方向抛出，同时受高压水射流冷却，和水液落入水箱，通过皮带机送至渣场。粒化法工艺流程如图8-11所示。

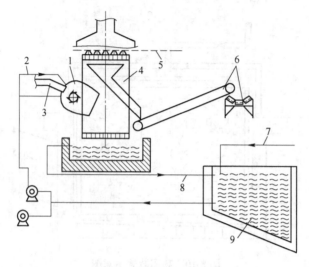

图 8-11 粒化法工艺流程
1—粒化装置；2—冲渣水管；3—渣沟；4—脱水装置；5—压缩空气管；
6—皮带机；7—供水管；8—回水管；9—集水池

该工艺主要特点为：钢渣分离彻底，钢渣粒度小，不需要二次破碎，f-CaO 含量低，有利于钢渣综合利用；投资少，占地少，工艺简单；粉尘少，蒸汽通过烟囱排放，环保性能好；劳动强度低，运行成本低，安全性高；金属料损失大，金属料回收率低。

8.2.2.7 转碟法

转碟法采用渣罐处理，罐内有可变速旋转的浅碟，罐上设气罩。起重机将中间渣罐的熔渣，通过内衬耐材的渣道，导入快速旋转的转碟，转碟的离心力迫使熔渣破碎，并抛向处理罐的水冷罐壁，罐壁光滑不粘渣，熔渣凝固、下落至气动冷却床，冷却床由空气振动，渣粒径向运动，确保渣粒不结团，并进一步冷却，冷却后的渣粒斜向进入下料槽。转碟法工艺流程如图 8-12 所示。

该工艺属于干法处理炉渣，解决了炉渣湿法处理有积水引起爆炸的危险；炉渣粒化效果好，炉渣稳定性好，硬性矿物活性好；工艺操作简单、方便，污染小。但缺点是投资大、成本高，处理能力及工艺有待成熟完善。

我国钢铁企业多采用多种工艺结合预处

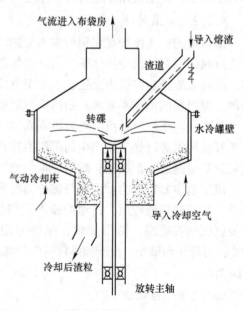

图 8-12 转碟法工艺流程

理的方式对钢渣进行预处理。但对于各种预处理方式，本质上均以水为冷却剂，仅有少部分热量被回收利用。物理显热无法回收利用是高炉渣和钢渣面临的共同难题，同时钢渣成分和组织的不合理性也使其更加难以处理和应用。目前国内外研究学者正在对钢渣改质处理以获得类似于高炉渣的成分进行理论分析和试验研究，相信随着钢渣预处理工艺的愈加成熟，我国钢渣能够最大化地被合理利用。

8.3　炉渣的资源化利用途径

8.3.1　高炉渣的利用

自1980年以来，国际上已经有很多国家把高炉渣作为一种二次资源，并对它的利用进行了研究。我国部分高校及企业也对高炉渣的利用做了大量的研究，并取得了一些成果。近年来，我国高炉渣的利用率能够在90%以上，但在一些发达国家已经实现高炉渣资源化，且可以做到同年的排渣同年用完，利用率达到100%。此外，高炉的排渣温度为1500℃左右，每吨高炉渣带走的热量约为1770MJ/t，相当于64kg标准煤，故高炉渣不仅物质回收资源丰富，余热资源也相当可观，回收价值极高。而我国对高炉渣的处理方式主要为水淬处理后应用于混凝土，该方式余热回收利用率较低，而其他方面的利用开发仍处于试验阶段，市场形势导致高炉渣问题严重。随着钢铁工艺的发展，如何更大程度地处理和利用高炉渣（特别是余热资源）成为新的科研方向。

根据不同处理方法，高炉渣主要有四种类别，分别为气冷渣（目前已很少使用）、水淬渣、矿渣棉和膨珠。经过急冷处理的水淬渣是高炉渣在建筑行业中的主要应用方式，也是目前高炉渣的主要处理方式。由于水淬高炉渣在急冷处理过程中，熔态炉渣中的大部分物质不能形成稳定的化合物或晶体，以非晶体的状态、以化学能的形式将没能释放的热能储存起来，具有较高的化学活性，即水硬胶凝性，在碱性激发剂作用下，水化硬化具有很高的强度，从而具有更加广泛的用途，是一种性能良好的硅酸盐材料。

矿渣棉是由熔融高炉渣为主要原料通过干法处理方式制成的棉丝状无机纤维，颜色呈白色或灰白色。其具有质地轻、导热系数小、不燃烧、防蛀、耐腐蚀、化学稳定性好、吸声能力好、价格低廉等特点，为国际上公认的"第五常规能源"中的主要节能材料。其可做成板、毡、毯、垫、绳等用作吸声、减震、绝热、保温的材料，广泛应用于各种工业和民用建筑的保温、隔热、防火和降噪。

膨珠是通过半急冷作用形成，大多呈球形，粒径与生产工艺和生产设备密切相关。膨珠表面有釉化玻璃质光泽，珠内有微孔，呈现由灰白到黑的颜色，颜色越浅，玻璃体含量越高，最高可达95%。膨珠内部存有气体和化学能，除了具有水淬渣相同的化学活性外，还具有隔热、保温、质轻、吸水率低、抗压强度和弹性模量高等优点，是一种很好的建筑用轻骨料和生产水泥的原料，也可作为防火隔热材料。目前高炉渣的资源化利用思路很多，相对于钢渣来说，高炉渣利用率已经很高，但生产高附加值并大规模工业化的实践并不容乐观。

8.3.1.1　高炉渣在建筑领域的应用

（1）矿渣水泥及矿渣微粉。利用水淬渣的化学活性，在例如水泥熟料、石灰、石膏等激发剂的激发下，水淬渣可显示水硬胶凝性，既可以作为优质水泥混合料使用，也可以制成无熟料水泥。将水淬粒化的高炉渣经干燥，并配加少量注磨剂后粉磨至一定细度，且符合活性指数要求的矿渣微粉。矿渣微粉可以作为优质的高性能混凝土矿物掺合料和水泥混合材料。相比于矿渣水泥，矿渣微粉的附加值较高，且工业化已经成熟。全国生产的水泥中大约有 70% 掺用了不同比例的粒化渣。根据中国国家标准规定，含有 15% 粒化渣为普通硅酸盐水泥；含有 20%～70% 粒化渣为矿渣硅酸盐水泥，掺用粒化渣可节约 20%～40% 的不可再生资源，降低 10%～30% 的水泥生产成本。

（2）铺路砖及泡沫玻璃。利用水淬渣的潜在活性，加入激发剂等原料细磨后加水成型可制备免烧砌砖。激发剂中 CaO 含量越高，砌砖强度越高，一般要求激发剂中 CaO 含量大于 60%，MgO 含量应小于 10%。此外，还可以利用高炉渣多孔的特性，将无机颜料渗透到气隙中，可生产彩色铺路砖。

以高炉渣和废玻璃为主要原料，添加适量的发泡剂、助熔剂、稳定剂经研磨混合、压制成型、烧成发泡等工序，可制备出矿渣泡沫玻璃。泡沫玻璃是一种良好的绝热吸音材料，广泛应用于石油、化工、地下工程、造船等领域的隔热保温保冷和烟道内衬防腐工程。

（3）微晶玻璃。微晶玻璃是通过加入晶核剂等方法，经过热处理过程在玻璃中形成晶核，再使晶核长大形成的玻璃与晶体共存的均匀多晶材料。由于炉渣的化学组成与微晶玻璃相近，因此可作为制备微晶玻璃的主要原料。微晶玻璃结构致密、外表美观、物理性能优良，广泛应用于建筑装饰、电子设备、航空、生活和家居等方面。虽然随着高炉渣引入量的增加，微晶玻璃晶相含量有所降低，力学性能也随之变差，但通过优化其晶核剂类型、用量和热处理工艺参数都可以弥补高炉渣引入量增加所带来的缺陷。

8.3.1.2 高炉渣在农业和生态领域的应用

（1）有害元素脱除剂。高炉渣是一种多孔物质，其比表面积较大，表面能较高，同时表面存在许多铝、硅等活性点，具有较强的吸附能力。高炉渣中的铁氧化物能够吸附磷酸根，同时由于钙氧化物的溶解，水的 pH 值增大到 10 以上，这种条件下钙与吸附的磷酸根形成羟基磷酸钙而沉淀下来，因此，可用高炉渣作为磷酸盐吸附剂从废水中去除磷。此外，高炉渣的钙含量较高，含有多种活性组分，还可以用于烟气脱硫，如烧结尾气的脱硫。

（2）无土育苗基质。将高炉渣与其他基质混合，降低其 pH 值，可用于无土育苗，该方式不会对环境造成二次污染，是目前最为环保的高炉渣再利用方式。

（3）硅肥以及土壤改良剂。硅肥是水稻等作物生长不可缺少的营养元素之一，根据作物特性，适量施用硅肥补充土壤硅元素是促进农作物增产的有效途径。而水淬渣中的硅酸盐是植物容易吸收的可溶性硅酸盐，通过将水渣磨细至 0.150～0.178mm，再加入适量硅元素活化剂，搅拌混合后装袋或搅拌混合造粒后装袋，即可作为硅肥使用。此外还可以用作改良土壤的矿物肥料以及土壤的 pH 调节剂、微生物载体等。

（4）作为吸附剂进行海水治理。高炉渣与天然海砂相比，更加适合种类繁多的海底栖息生物的繁衍。因此，通过高炉渣可以促进海底生物大量吸收固定营养盐以及分解有机物。将高炉渣覆盖在海底污泥上，可促进底泥污染物的分解和海水水质的净化，从而防止青潮、赤潮的发生，促进生物多样性，治理海水富营养化。还可以将高炉渣用于建设人工藻场，形成的碳酸固化体对生物的繁殖生长十分有利。

除以上所述，国内外学者对于其他领域中高炉渣的利用也进行了大量研究，如聚合无机材料、塞隆陶瓷、水合二氧化硅等。但目前我国高炉渣由于技术条件、利用经济性、市场需求量等方面的原因，中国高炉渣90%用于建筑行业，其中大部分用于制备矿渣水泥，其他方面应用较少，导致了整体资源回收利用率较低。

8.3.2 钢渣的综合利用

钢渣的用途因成分而异，其合理利用和有效回收是现代钢铁工业技术进步的重要标志之一。据相关资料介绍，国外发达国家对于钢渣整体利用率均超过了90%，其用途包括钢厂内部循环利用、生产水泥、建材利用（含铺路）、土壤利用、回填等。其中建材利用占比约50%，内部循环利用占比20%~30%，其余占比10%~20%。而我国的钢渣堆存量已超过10亿吨，利用率仅为10%~20%。与发达国家有着明显差距。目前钢渣综合利用途径主要包括钢厂内部循环利用和外部循环利用。经过预处理后的冷态钢渣粒径尺寸差异较大，一般需要破碎到一定粒径，经过磁选、筛分等分选技术回收钢渣内部大部分废钢及部分磁极氧化物，进行钢厂内部循环利用；分选后剩余的钢渣被输送至农业、建筑、环境等领域进行钢厂外部循环利用。

8.3.2.1 转炉钢渣的综合利用

（1）转炉钢渣在钢铁领域的应用。转炉钢渣中含铁量15%~25%，利用价值较高，因此需要重点对转炉钢渣进行磁选筛分，回收利用。目前厂内回收的钢渣有烧结剂、炼钢返回料和电炉喷吹剂三种主要用途。其中烧结剂为目前最为成熟的炼钢渣冶金二次利用方式。

将回收炼钢渣作为烧结剂使用，这种方法已经在我国和世界各钢厂广泛采用。烧结矿中配加钢渣代替熔剂，不仅回收利用了钢渣中残钢、FeO、CaO、MgO、MnO等有益成分，而且由于高温熔炼后炼钢渣的软化温度低，物相均匀等特点，对提高烧结矿质量，降低烧结燃料消耗也起着有益作用。但由于大部分回收的炼钢渣，其磷含量较高，作为烧结配料会造成磷在铁水中的富集，降低烧结矿的铁品位，提高铁水的处理成本。

转炉钢渣富含CaO、Al_2O_3，这一特点使得近年来出现了将钢渣用作炼钢返回渣料或助熔剂的技术。如宝山钢铁集团公司采用转炉脱磷脱碳双联炼钢工艺，将磷含量较低的脱碳炉钢渣返回转炉利用，有效地促进转炉冶炼过程的前期化渣，降低副原料的消耗，达到降本增效的目的。

电炉喷吹剂循环利用方法是通过将钢包炉渣冷却、破碎并运送到喷吹系统喷入电炉作为炼钢造渣剂以循环利用的方法。用这种方法可以显著节省石灰添加剂的用量，其节省量最高可达15%。

（2）转炉钢渣在建筑领域的应用。转炉钢渣多为具有良好水硬性的高碱度钢渣，且渣中的CaO、MgO、SiO_2、FeO含量之和约为70%，如果其预处理冷却速度合理，也可以与高炉渣一样，利用水硬胶凝性在建筑行业进行循环利用。目前主要的应用方式有沥青混凝土集料、混凝土路面砖、钢渣微粉、中热水泥、干粉砂浆等。

1）沥青混凝土集料。美国和日本等认为转炉渣集料力学性能较轧制碎石好，不但耐磨，而且具有一定的水化活性，适合作为沥青混合料骨料和基层集料，并制定了转炉渣道路集料的技术标准和施工规范。目前，美国约20%转炉渣用于沥青混凝土集料。

2）混凝土路面砖。马钢、武钢和柳钢对该利用方式做了许多有益的尝试，但均未能在国内实现大规模应用。宝钢经过不懈努力，终于成功地开发出彩色转炉渣混凝土路面砖，在2010年上海世博会中大显身手，其园区60%以上的透水和透气路面均使用此砖。

3）钢渣微粉。将转炉渣磨细为符合应用规定的钢渣微粉并掺和在水泥中应用，已成为国内外研究与应用的一个热点。与用作筑路材料相比，转炉渣微粉的附加值相对较高，但仍属大宗量低附加值利用的范畴。

4）中热水泥。转炉渣中含有较高的 CaO、Fe_2O_3、Al_2O_3 等氧化物，可替代水泥生产所需的石灰、黏土以及铁粉。将金属铁含量小于1%的转炉渣，以一定比例配加到水泥生料中，经过1400℃的高温煅烧后，其各项指标符合国家标准要求。

5）干粉砂浆。采用转炉渣的磨细粉取代石灰膏及部分水泥制得干混砂浆，不仅具有良好的工作性和力学性能，而且还具有抗折强度高、微膨胀、低收缩和耐久性好等特点。

（3）转炉钢渣在微晶玻璃领域的应用。转炉钢渣也可用于制备微晶玻璃，且与高炉渣制备微晶玻璃原理相同。利用转炉渣制备的微晶玻璃具有很高的耐磨性、轻质高强、很好的热性能和化学耐腐蚀性能等，可以代替铸石和陶瓷用作建筑材料、装饰材料和化工机械材料等，市场容量非常可观，是转炉渣高附加值利用领域之一。

（4）转炉钢渣在其他领域的应用。转炉钢渣的高附加值利用是近年来转炉渣利用研究新出现的热点。该类研究针对转炉渣含有多种有价组分的特点，或将其材料化制备具有特定功能的材料。目前对于其他领域的研究包括锂离子电池阳极材料、中间包制备水处理剂、农用肥料和土地改良剂等方面。

8.3.2.2　电炉钢渣的综合利用

电炉炼钢具有良好的经济效益与环境优势，因此具有良好的发展前景。近年来，电炉钢的产量连续增加，电炉渣作为电炉炼钢过程的副产品，其排放量也必将随着钢产量的增加大幅攀升，因此电炉渣的综合利用对实现钢铁工业的可持续发展具有重要意义。

（1）电炉钢渣在钢铁领域的应用。

1）返回高炉。电炉渣返回高炉可以回收其中的铁，降低生产成本；可以把 CaO、MgO 等作为助熔剂，从而节省大量石灰石、白云石资源；可以减少碳酸盐分解热，并降低焦比；渣中的 MnO、MgO 有利于改善高炉渣的流动性；对于含有稀有金属的钢渣还能在高炉炼铁过程中富集 V，Nb，Ti 等。

2）铁水预处理脱硫。电炉渣可以用于铁水炉外脱硫，脱硫速度快，脱硫渣容易排出，铁的损失小，经济效益高。研究表明，电炉白渣粉是一种非常经济的喷吹脱硫粉剂，加入少量铝能显著提高白渣粉的脱硫效率。

3）炼钢返回料。电炉渣作炼钢返回渣不仅可以提前化渣，缩短冶炼时间，减少熔剂消耗，减少初期渣对炉衬的侵蚀，降低耐火材料消耗，同时还可回收渣中的金属，而且能减少污染。首钢曾用电炉铸锭渣返回电炉，汉钢也已试验用电炉氧化渣作转炉的造渣材料，均取得一定效果。

（2）电炉钢渣在建筑领域的应用。

1）钢渣水泥。电炉渣中含有与硅酸盐水泥熟料相似的硅酸二钙和硅酸三钙（水淬后），高碱度钢渣中两者含量在50%以上，中、低碱度的钢渣中主要为硅酸二钙。以钢渣为主要成分，加入一定量的其他掺合料和适量石膏，经磨细可以制成水硬性胶凝材料（钢渣水泥），产品符合 300 号石膏矿渣水泥的质量标准。

2）钢渣白水泥。钢渣白水泥主要用于建筑装饰工程，可配制成彩色灰浆或制造各种彩色和白色混凝土，如水磨石、斩假石等，也可以配成彩色水泥制成各种现代家庭用品，如茶几、桌、板凳、椅、写字台面等。

3）筑路材料与地基回填材料。钢渣用于筑路是钢渣综合利用的一个主要途径。电炉氧化渣具有比重大、抗压强度高、耐磨、抗化学侵蚀性、抗滑、抗刹、抗剥离性、耐干湿和冻融性、与沥青黏结性等性能，是良好的道路材料和铁路道碴材料。

（3）电炉钢渣在农业生产领域的应用。

1）钢渣磷肥。含磷高的钢渣可以生产钙镁磷肥、钢渣磷肥，不仅施用于酸性土壤中效果良好，而且在缺磷碱性土壤中施用也可增产，并且水旱两用。武钢曾在湖北 9 个县大面积作肥效试验，结果表明，钢渣可使每亩水稻增产 20~72kg，每亩棉花增产籽棉 23~45kg。

2）生产硅肥。硅是水稻生长的必需元素，可以提高其抗病虫害的能力。含 SiO_2 超过 15% 的钢渣磨细到 0.3mm 以下，即可作为硅肥用于水稻田。根据有关试验结果，施用钢渣合成的硅肥在水稻生产中可增产 12.5%~15.5%。

3）土壤改良剂。电炉渣中含有较高的钙、镁，因而可以作为酸性土壤改良剂。对于酸性土壤的改良，习惯采用施用石灰来调节其 pH 值、改善土壤结构和增加孔隙度等理化性状，但长期施用石灰会引起钙、镁、钾等元素失衡，降低镁的活度和肥效。采用炉渣作为改良剂，由于其中含有一定量的可溶性的镁和磷，因而可以取得比施用石灰来进行改良酸性土壤更好的效果。

8.3.3 复合矿冶炼渣中有价元素的回收利用

在中国，钒钛磁铁矿在冶炼过程中，50% 以上的 TiO_2 在铁、钛紧密共生的情况下进入铁精矿中，冶炼后炉渣中 TiO_2 量达 20% 以上，这就可以称为高钛高炉渣。含钛高炉渣可以直接制成建筑材料或其他制品，主要用于瓷制品、地砖、墙砖、耐碱玻璃和耐碱矿棉等建筑材料。但是其中金属钛等重要元素却没有得到很好的利用，并且造成了钛资源的大量浪费。钛在国民生产生活中有着极其丰富的利用价值，具有广泛的应用范围，例如用于特制合金、高级化妆品、特殊药品等。因此，对含钛高炉渣中含钛成分的提取，是对含钛高炉渣最好也是最具有经济效益的利用。

8.3.3.1 TiO_2 的提取

（1）含钛高炉渣-硫酸铵-氨水沉淀法。该法首先将含钛高炉渣进行研磨到 70~90μm，然后将其与（NH_4）$_2SO_4$ 按 1∶6 的比例进行加热，达到 350℃左右，保温一段时间得到熔融固体块。然后将该熔融固体块用去离子水溶解、过滤、洗涤并得到含钛滤液。向滤液中加入氨水反应 90min，得到含有 TiO_2 的沉淀物，将该沉淀物在 600℃下煅烧后即可得到 TiO_2 含量在 95% 以上的产物。

该方法得到的产物 TiO_2 纯度虽然较高，但是反应过程中会有大量氨气释放，污染环境，另外，在高温熔融反应中会消耗大量的热，所以此方法不适于大规模生产。

（2）含钛高炉渣-盐酸法。以改性含钛高炉渣为原料，向渣中加入盐酸并得到含有 TiO_2 的浸出液，然后对 TiO_2 进行提取。其盐酸法为：将含钛高炉渣与 30% ~ 36% 的盐酸混合进行酸解，之后用去离子水溶解、过滤、洗涤该混合物得到盐酸钛液，然后煅烧得到钛白粉。此方法盐酸消耗高，也会产生大量废酸与残渣，因此盐酸法只是有着理论上的可行性，在实际生产中并没有得到应用。

（3）含钛高炉渣-钠盐提钛技术。

该法利用 NaOH 的强碱性，将含钛高炉渣与 NaOH 混合，对混合物进行高温熔融反应生成具有水溶性的 Na_2TiO_3，因此可以利用该特性实现渣铁分离，然后对含钛液进行煅烧生成钛白粉。但是该提取钛的方法效率不是很高，同时还要及时回收钠盐。考虑到生产成本和设备的复杂程度以及对环境的影响，此方法的应用前景不大。

8.3.3.2 TiC 的制取

TiC 的制取采用高温碳化-碳化渣分选的方法，该工艺是在大于 1500℃ 条件下，高钛高炉渣中 TiO_2 与碳反应生产 TiC。由于 TiC 熔点高、密度大，而且是铁磁性物质，在高温碳化过程中易在熔渣中形成富集带，可采用磁选。经过 3 次以上的选矿，筛选出 TiC。但是此种方法产量较低，不值得推广。

8.3.3.3 制备钛合金

（1）硅热法冶炼硅钛铁合金。攀钢曾用含 22.57% TiO_2 的高炉渣为原料，以 $FeSi_{75}$ 为还原剂，在 200kVA 单电极直流电弧炉上进行冶炼硅钛铁合金试验，试验结果显示钛回收率为 55% 左右，还原残渣含 7.09% TiO_2。并且经工业试用，还原所得硅钛铁合金性能也比较良好。该方法的耗电太高，而且合金中 Ti/Si 比值较低，影响其使用范围，经济效益不是很好，因此也没有得到大规模推广。

（2）铝热法冶炼硅钛铁合金。将原料配比为含钛 21.61% 高炉渣、还原剂为 4:1 的混合物，在 5t 炼钢电弧炉上进行了铝热法冶炼硅钛铝合金工业试验。具体操作是将含钛高炉渣和还原剂混合均匀后，先部分铺在炉底，送电起弧，再将余下的炉料缓缓装入电炉内，炉料缓慢熔化约 40min，然后精炼 30min。精炼完成后，合金产物中 Si 含量可达到 30% 以上，Ti 含量可达 50% 以上，TiO_2 回收率为 90% 以上。结果试验数据理想，此方法可以在工业生产中应用。

（3）熔盐电解质制取合金。上海大学在实验室条件下采用固体透氧膜（SOM）熔盐电解法，在 1000℃ 氩气保护下，控制电压为 3.8V，直接电解高钛高炉渣与钛白粉的烧结块，最终获得了 Ti_5Si_3 合金粉末，并且去除了其中所含的高碱度金属杂质。

8.4 小   结

人类的发展离不开钢铁，而炉渣是钢铁冶炼的必然产物。随着我国钢铁产量的逐年提高，冶金钢渣的产量也大幅度提高。面对年产量近 5 亿吨的固体废弃物，如何对其回收利用是我们必须思考的问题。高炉渣虽然整体利用率较高，但传统的水淬处理浪费了大量的炉渣显热；转炉渣不仅与高炉渣具有相同问题，其整体利用率也有待改善。本章首先介绍钢铁生产过程中高炉渣和钢渣的来源以及化学成分，然后对高炉渣和钢渣的预处理方法进行分类，并描述其工艺流程及优缺点，最后对炉渣的利用现状进行了分类与概述。对环境的治理是实现社会持续发展的重要手段，而炉渣的综合利用是环境治理的重要方面。随着国家可持续发展和循环经济理念的深入，对于炉渣的综合利用也需要相应提高，"减量化、再利用、资源化"原则是目前炉渣综合利用的首要原则，只有形成再生循环利用的经济模式，通过资源的高效和循环利用，才能降低污染排放，保护环境，才能实现社会、经济与环境的可持续发展。

思 考 题

8-1 简述钢铁生产过程中炉渣的主要来源及其成分。

8-2 举例说明炉渣带来的环境问题。

8-3 钢渣的处置方法有哪些？简要介绍。

8-4 简述高炉渣的资源化利用途径。

8-5 简述转炉渣的资源化利用途径。

8-6 简述电炉渣的资源化利用途径。

8-7 举例说明复合矿冶炼渣中有价元素的回收利用。

参 考 文 献

[1] 王莉. 冶金工业固体废物钢渣的综合利用探讨 [J]. 冶金管理, 2020 (5): 197, 199.

[2] 曾丹林, 刘胜兰, 龚晚君, 等. 高炉尘泥渣综合利用研究现状 [J]. 湿法冶金, 2014, 33 (2): 94~96.

[3] 杨建华. 冶金钢渣制备混凝土路面砖的应用与研究 [D]. 西安: 西安建筑科技大学, 2018.

[4] 李洋. 一种钢铁企业高炉渣余热回收方法及净现值分析 [D]. 昆明: 昆明理工大学, 2018.

[5] 高宏宇. 利用水淬高炉渣制备吸附剂及其在环境污染控制中的应用 [D]. 武汉: 中国地质大学, 2017.

[6] 张爱辉. 冶金炉渣梯级利用技术研究 [D]. 西安: 西安建筑科技大学, 2005.

[7] 王少宁, 龙跃, 张玉柱, 等. 钢渣处理方法的比较分析及综合利用 [J]. 炼钢, 2010, 26 (2): 75~78.

[8] 胡绍洋, 戴晓天, 那贤昭. 钢渣的处理工艺及综合利用 [J]. 铸造技术, 2019, 40 (2): 220~224.

[9] 刘智伟. 电炉钢渣铁组分回收及尾泥制备水泥材料的技术基础研究 [D]. 北京: 北京科技大学, 2016.

[10] 孔德文, 张建良, 郭伟行, 等. 高炉渣处理技术的现状及发展方向 [J]. 冶金能源, 2011, 30 (5): 55~60.

[11] 蒲华俊. 高炉渣微晶玻璃的制备与性能研究 [D]. 海口: 海南大学, 2019.

[12] 韩伟, 黄雪梅. 炼铁高炉渣处理方法及发展趋势 [J]. 柳钢科技, 2007 (4): 7~9.

[13] 张国兴. 高炉渣处理方法及发展趋势 [C] // 2014 年全国炼铁生产技术会暨炼铁学术年会, 2014: 6.

[14] 王得刚, 段国建, 全强, 等. 高炉长寿节能环保技术简介 [C] // 2017 年第三届全国炼铁设备及设计研讨会, 2017: 8.

[15] 冯会玲, 孙宸, 贾利军. 高炉渣处理技术的现状及发展趋势 [J]. 工业炉, 2012, 34 (4): 16~18.

[16] 胡艳君, 王贵明, 梁杰群, 等. 柳钢冶炼废渣处理和综合利用分析 [J]. 柳钢科技, 2011 (2): 41~43.

[17] 段文军, 吕潇峻, 李朝. 高炉渣离心粒化法研究进展综述 [J]. 材料与冶金学报, 2020, 19 (2): 79~86.

[18] 李灿华, 向晓东, 涂晓芊. 钢渣处理及资源化利用技术 [M]. 北京: 中国地质大学出版社, 2016.

[19] 王小平. 酒钢钢渣处理工艺及综合利用现状分析 [J]. 酒钢科技, 2020, 157 (1): 78~81.

[20] 李希军, 嵇鹰. 转炉钢渣不同处理工艺对钢渣性能的影响研究 [J]. 内燃机与配件, 2018 (9): 142~143.

[21] 韦传稳, 孙小建, 程强, 等. 钢渣处理工艺分析 [J]. 现代冶金, 2013, 41 (5): 39~41.

[22] 张俊, 严定鎏, 齐渊洪, 等. 钢铁冶炼渣的处理利用难点分析 [J]. 钢铁, 2020, 55 (1): 1~5.

[23] 郝以党, 吴龙, 孙树杉. 钢铁渣处理利用技术的创新与应用 [C]//中国硅酸盐协会. 第六届尾矿与冶金渣综合利用技术研讨会暨衢州市项目招商对接会, 2015: 108~122.

[24] 郭建刚, 张旭东. 冶金热熔渣生产矿渣棉的生产工艺 [C]//中国金属学会. 第 26 届全国铁合金学术研讨会, 2018: 214~216.

[25] 廖桥, 彭博, 李碧雄. 炉渣建材资源化利用现状 [J]. 重庆建筑, 2018, 17 (3): 53~57.

[26] 王晓娣. 转炉渣的性能及其应用 [C]//中国金属学会. 2010 年全国炼钢—连铸生产技术会议, 2010: 539~543.

[27] 刘长波, 彭犇, 夏春, 等. 钢渣利用及稳定化技术研究进展 [J]. 矿产保护与利用, 2018 (6): 145~150.

[28] 饶磊, 李帮平, 刘自民, 等. 马钢钢渣综合利用现状及思考 [C]//钢铁流程绿色制造与创新技术交流会, 2018: 103~108.

9 钢铁制造的二次能源利用技术

[本章提要]

本章概括地介绍了钢铁生产过程的余热、余压、二次能源利用原理及方法分类、二次能源利用方法及应用案例等，通过国内外钢厂的实际应用案例分析，介绍了焦化、烧结、炼铁、炼钢、轧钢等工序中对于煤气和烟气、余热、余压资源的回收利用工艺流程、特点及作用等。

钢铁企业一次能源主要包括太阳光、煤炭、石油类产品以及天然气等，由一次能源经过加工转换以后得到的能源叫作二次能源，在钢铁工业生产中大约会有34%转化为副产煤气，如转炉煤气、高炉煤气等，同样也会产生大量的二次能源，如产品余热、外排废气显热等，具有很高的利用价值。

我国钢铁工业能源消费量占全国能源消费总量的15%左右，其用能结构中煤炭占70%左右，热能转换后约有2/3以焦炭和煤粉形式参与冶炼生产，并有约1/3经热能转换后以高炉煤气、转炉煤气、焦炉煤气等副产煤气形式出现。副产煤气是钢铁联合企业中宝贵的二次能源，是我国以煤为主多元化能源结构中的绿色因素，所以钢铁企业管好用好取之不易的煤气资源是搞好节能减排工作的首选。随着钢铁工业流程的进步，结构调整以及能源生产、转换和使用设备的更新改造，钢铁联合企业副产煤气的产量不断增长而消耗量却逐年减少，使长期制约钢铁企业发展的煤气供需矛盾开始缓解，乃至出现不同程度的剩余，一些大型钢铁联合企业统计的煤气富余量高达10%~50%（主流程统计到热轧工序为止）。所以，全面分析把握钢铁联合企业的煤气现状，科学规划制定煤气供需之间的平衡对策，特别是富余煤气的缓冲和使用策略，依靠技术进步和现代化手段最大限度地提高煤气资源的能源效益和环境效益（不是简单的减少煤气放散），对进一步发展钢铁工业、节约能源、改善环境都有十分重要的意义。

9.1 钢铁生产过程的余热、余压

钢铁企业二次能源根据特征可分三类，即可燃气体、余热、余压。可燃气体主要为各种炉窑生产过程中产生的副产品煤气，包括焦炉煤气、高炉煤气、转炉煤气；余热，是以环境为基准，被考察体系排出的热载体可释放的热，在钢铁企业中余热主要为红焦显热、烧结矿显热、各种炉渣显热以及各种烟气显热等；余压主要是指工业过程中未被利用的压差能量，钢铁企业中余压主要指高炉炉顶余压。余热余压是一种工业生产过程产生的大量伴生、无法储存、不可推迟、难以避免的外排能量，如不马上利用，将立即造成污染，这一被动的特性有别于其他形式（生物质、垃圾等）的能量转换。

受到技术的限制，目前二次能源利用回收的限制为，固体温度超过 500℃，液体温度超过 300℃，气体温度超过 200℃，随着技术的不断进步，二次能源利用途径不断被提出，如热导油技术回收钢铁生产中的低温余热热量，一般钢铁二次能源包括副产煤气以及余热在内占据钢铁能量的 70%，目前的技术可以回收的能源约占据 15%，有很大的节能空间。钢铁企业中的大部分二次能源还未被利用，到目前为止钢铁企业显热回收率约 50.4%，冷却水显热回收率约 1.9%，近几年我国钢铁企业二次能源回收的主要技术设备包括高炉炉顶煤气发电、炼焦煤调湿技术、焦炭干法熄焦技术、焦炉煤气上升管余热技术、烧结余热技术以及炉渣显热技术等。我国目前正在投产和在建的 CDQ 约 200 多套，每年能够处理焦炭 1.58 亿吨，部分重点钢铁企业的干熄焦率已经达到了 80%。现有 TRT 装备高炉 700 多座，大部分是湿法除尘，目前我国的 TRT 由于高炉生产与 TRT 不协调，导致发电量普遍比较低下。我国在建的烧结废气余热回收装置约 200 套，大多数的设备没有达到设计要求，无法满足汽轮机的要求。近几年副产煤气的回收利用率逐渐下降，在以后的应用中还需要不断提高企业能源利用效率。冶金炉窑废气余热利用技术可以通过换热设备，进行热转换。

某钢铁厂全厂钢坯产量为 320 万吨/a，煤气产量的 73.12% 用于生产系统，23.79% 用于热电厂发电，0.28% 的焦炉气外供市区民用；各生产工序回收余热蒸汽量为 52.41 万吨/a，折合标准煤 6.76 万吨/a，除供工序内部使用外，多余蒸汽供其他生产和公辅工序利用；全厂还有大量具有利用价值的低温余热，如高炉冲渣热水、焦化初冷低温热水，经换热后可作为厂区采暖、洗浴和社区居民采暖等的热源。全厂余能、余热自发电装机容量达 104MW，自发电比例达到 46%。全厂二次能源回收利用效益如表 9-1 所示。可以看出，以 320 万吨产能的钢铁厂为例，对企业二次能源进行有效利用，可节约标准煤 103.54 万吨/a，产生经济效益 13236 万元。

表 9-1 二次能源回收利用效益

名　称	数　量	折合标准煤/万吨·a^{-1}	经济效益/万元·a^{-1}
煤气/m^3	60.42×10^8	94.35	11322.00
余热/t·a^{-1}	52.41×10^4	6.76	811.20
余能发电/kW·h	7.48×10^8	9.19	1102.80
合　计		103.54	13236.00

我国钢铁行业还有约 30% 的二次能源没有回收利用。在钢铁企业生产中，产品显热回收率为 50.4%；烟气显热回收率为 14.92%；冷却水显热回收率为 1.9%；炉渣显热回收率为 1.59%。钢铁工业余热回收率为 25.8%，其中高温余热回收率为 44.4%；中温余热回收率为 30.2%；低温余热回收率为 1%。钢铁生产过程中的煤气、余热及余能的排放如图 9-1 所示。

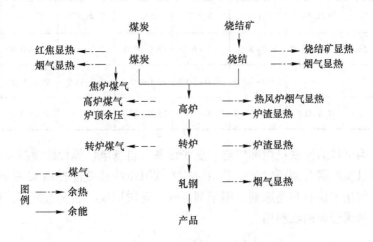

图 9-1 钢铁生产过程中的煤气、余热及余能的排放

9.2 二次能源利用原理及方法分类

钢铁行业能源分布情况如图 9-2 所示。二次能源可回收的占 15% 左右，而在二次能源中副产煤气占领了主要部分，且数值庞大，其运用好坏对企业能耗有着重要影响，应当高度关注钢铁行业副产煤气的运用状况，尽最大努力合理地发扬其作用。

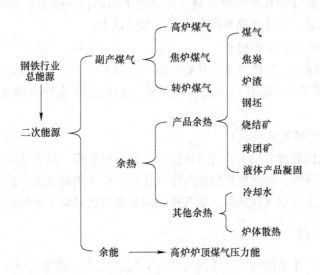

图 9-2 钢铁行业能源分布情况图

9.2.1 可燃气体的回收利用

钢铁行业中的煤气利用指数如表 9-2 所示。

表 9-2　可燃气体回收利用

煤气名称	H_2/%	CH_4/%	CO/%	N_2/%	CO_2/%	C_mH_n/%	O_2/%	热值/$kJ \cdot m^{-3}$
焦炉煤气	54.0~59.0	23.0~27.0	5.0~8.0	3.0~6.0	2.0~4.0	2.0~3.0	0.2~0.4	17000~19000
转炉煤气	0.5~2.0	—	50.0~70.0	10.0~20.0	10.0~25.0	0.2~0.6	0.3~0.8	6300~8400
高炉煤气	1.5~3.0	0.2~0.5	23.0~27.0	55.0~60.0	15.0~19.0	—	0.2~0.4	3000~3800

三种煤气均可作为钢铁厂内部炉窑、烘烤设备、自备电厂等设施燃料使用。将高炉煤气作为燃料可以实现联合循环发电，采用该种方式可以将热效能提高43%~46%。焦炉煤气可作为很好的化工原料和还原剂，用于制氢气、合成甲烷、制天然气等，使得煤气中的高附加值组分得到合理回收利用。

9.2.2　余热的回收利用

9.2.2.1　红焦显热利用

出炉红焦显热约占焦炉总输出热的37%。目前回收红焦显热最为成熟的技术就是干熄焦技术。我国钢铁企业焦化厂88%以上焦炉配备了干熄焦装置；大型钢铁联合企业开始要求由湿熄焦备用改为干熄焦备用；独立焦化厂为节能减排也在逐步采用干熄焦技术。红焦温度约1000℃，目前主要采用干熄焦技术对其热量进行回收利用。

9.2.2.2　烧结矿的显热利用

烧结矿显热回收受到技术瓶颈限制，回收效率不高，一般小于30%；现较为先进的烧结矿竖式冷却工艺，可将余热回收率提高至50%以上。

9.2.2.3　各种炉渣显热利用

通常采用水淬法回收熔渣热量，其有效能利用效率仅12%，吨铁能耗只降低3.8kg标准煤。除采用水淬法外，还有风淬法和化学法，它们是未来熔渣余热回收的重要研究方向。

9.2.2.4　各种烟气显热利用

烧结烟气余热回收的方法主要有热风烧结、余热锅炉等；高炉热风炉烟气余热，可用于预热助燃空气和煤气；炼钢转炉的烟气用汽化冷却锅炉来回收生产低压蒸汽；轧钢加热炉烟气的余热通常采用空气换热器、煤气换热器和蒸汽余热锅炉来回收。

9.2.3　余压回收利用

TRT发电技术，是利用高炉炉顶煤气的压力能及热能，使煤气通过透平膨胀机做功，将其转化为机械能，驱动发电机或其他装置发电。

BTRT鼓风指煤气透平与电机同轴驱动的高炉鼓风能量回收成套机组。该机组将高炉鼓风机和高炉煤气余压回收透平装置串联在同一轴系上，充分利用以往高炉减压阀组浪费掉的煤气余压余热能量。高炉煤气经透平机做功后进入后续管网，相比于直接经减压阀组减压来讲，提高能源利用率4.2%左右，节能效果显著。

9.3 二次能源利用方法及应用案例

9.3.1 煤气/烟气的余热

9.3.1.1 高炉煤气回收利用

高炉煤气属于超低热值燃料，且气源压力不稳定，不适宜远距离输送或用作城市生活煤气，所以可将高炉煤气用于燃烧发电。高炉燃烧发电是实现高炉煤气零放散的重要方法。在建设电站时，应坚持以气定电、减少过网电量的原则，以提高经济效益。

高炉炼铁过程中所消耗的能量有很大一部分转移到了炉顶煤气中，炉顶煤气的合理利用不仅可以提高能量的利用效率，也减少了因直接放散对环境的污染。高炉煤气发电这几年来方兴未艾，被证明是高炉煤气利用的有效方法。高炉作为造气装置还存在巨大的潜力，通过全氧鼓风操作可以使其煤气热值提高 2 倍以上，外供的煤气量也明显增加，氧气高炉联合循环炼铁发电流程将是先进炼铁和发电工艺的联合体，如果得到应用将会改变钢铁工业的面貌。

高炉造气的特点是：高炉不仅是产铁装置，而且是高效的造气炉，每生产 1t 铁水就会产生 2t 以上的煤气。高炉是复杂的逆流反应床，块状矿石、焦炭和熔剂被从顶部加入，从下部风口鼓入空气、煤粉。由于高炉风口鼓入的热空气速度很高，一般为 $100\sim200\mathrm{m/s}$ 强大的鼓风动能会在风口前吹出一个空穴（风口回旋区），煤粉、焦炭和气化剂在这里混合并进行反应，理论燃烧温度高达 2000℃ 左右，煤粉瞬间气化，焦炭由于还保持着较大的粒度，消耗过程慢得多。只有一部分焦炭可到达风口回旋区，其余的发生了碳的溶损反应和向铁水渗碳反应。在风口回旋区产生的高温煤气主要成分为 CO、H_2 和 N_2。上升过程中部分 CO 和 H_2 会对矿石进行还原反应，产生的 CO_2 又可能和焦炭发生气化反应，因此上升中煤气的温度、成分和流量会不断变化，最终形成炉顶煤气。

传统高炉操作目标是不断提高产铁效率和降低含碳物质消耗，而产生的煤气未得到充分重视，为了降低能量消耗，其操作方针是尽量提高炉身煤气的利用率，也就是尽量多地利用煤气化学能。高炉容积越大、生产指标越好，产生的煤气越贫瘠。因此，目前的高炉难以把产铁功能和制造较高热值煤气统一起来。

高炉煤气的主要特点包括：

（1）由于用空气作气化剂，加之炉身的间接还原的进行，煤气中含可燃成分较低，热值为 $2510\sim3542\mathrm{kJ/m^3}$，属于低发热值煤气。

（2）由于高炉渣的脱硫率达到 90% 以上，再加上铁水和炉尘的吸收，炉顶煤气的含硫率非常低。一般也很少含其他有害成分。

（3）煤气初温一般小于 300℃，远远低于并流床和流化床造气工艺。

9.3.1.2 高炉煤气燃烧发电现状

过去高炉煤气除高炉热风炉自用一部分外（40%~50%），主要用于动力锅炉，在高温加热炉等炉窑上用的很少。使用方法是纯烧的少，掺烧的多，主烧的少，辅烧的多。利用状况不尽人意，放散率居高不下，全国重点企业为 13%，地方骨干企业为 17%。近些年来纯烧高炉煤气发电技术的应用方兴未艾，开辟了高炉煤气合理利用的新思路。由于独立铁厂热用户少，高炉煤气放散严重。此外，独立铁厂一般装备中小型高炉，能耗明显高于大型高炉，煤气利用率差，产生的煤气热值高，所以，纯烧高炉煤气发电是从独立铁厂开始的，逐步发展到大中型钢铁企业。从掺烧到纯烧，锅炉容量也是从小到大。仅河北省已建成并投入使用的发电机组就有 70.5MW，每年的直接经济效益就达到 1.27 亿元。江苏、四川、河南等一些独立铁厂也建起了利用高炉放散煤气的小发电厂，已收到可喜的效果。首钢已建成容量达 220t/h 纯烧高炉煤气的锅炉，带动 50000kW 发电机。

把高炉煤气作为锅炉的燃料，产生蒸汽来驱动汽轮机发电，其热效率只有 25% 左右。高炉煤气燃烧发电的趋势是采用燃气轮机技术。高炉煤气燃气轮机的发展是从 20 世纪中叶开始的，从瑞士 BBC 公司制造第一台高炉煤气燃气轮机到 90 年代，单机功率已发展到 125MW。目前高炉煤气燃气轮机联合循环的热效率最高达到 46%，已接近天然气和柴油为燃料的相近型号的燃气轮机联合循环水平。

A　氧气高炉的造气优势

最早的氧气高炉流程在 1978 年由德国人 Fink 提出，其主要特征是采用全氧鼓风和超高量喷煤操作，为解决炉身煤气流量不足的问题，增设了炉顶煤气循环工艺，由于采用常温鼓风，热风炉被取消。日本 NKK 公司于 1986 年首次完成氧气高炉的半工业试验，证明了氧气高炉的可行性。氧气高炉的初衷是强化冶炼，但是，其更大的优势体现在能量转换上。由于氧气高炉炉身煤气不含 N_2，煤气还原能力增强，含铁原料在离开块状区时已经达到很高的金属化率，初渣减少，高炉顺行强化冶炼的限制环节——软熔带变薄甚至消失，因此，氧气高炉的炼铁效率会显著提高；与此同时，炉顶煤气的热值将成倍增加，计算表明，采用 $95\%O_2$ 的鼓风操作时，炉顶煤气的热值可以超过 $8000kJ/m^3$，属中发热值煤气。表 9-3 为不同造气工艺的比较。

表 9-3　不同造气工艺煤气成分比较（干基）

气化工艺	煤气成分（体积分数）/%				气化剂
	CO	CO_2	H_2	N_2	
普通高炉	22.8	19	2	58	空气
氧化高炉	50.6	22.4	23.4	3.2	氧气95%
鲁奇煤气化工艺	15~16	14~16	24~25	40~43	空气、水蒸气
Shell 煤气化工艺	65.3	0	26.5	8	氧气95%，水蒸气
德士古气化工艺	41	10	30	1	氧气、水

鼓风含氧量对煤气热值的影响规律，和其他气化工艺相似，高炉的煤气热值主要取决于采用气化剂的成分。由于取消了热风炉，虽然增设了炉顶煤气循环工艺，外供煤气的数量还是明显增加。

为循环煤气改值率和温度对循环煤气量的影响。由于炉身煤气量变化不大，外供煤气数量主要由煤气循环制度决定。外供煤气量随循环煤气量的增加而线性减少。

氧气高炉的焦炭消耗量可以减少到三分之一。炼焦厂是钢铁工业的重污染源之一，因此，减少焦炭用量不仅可节约宝贵的炼焦煤资源，而且有利于环境。

B 氧气高炉–联合循环（OBF-CC）炼铁发电流程

煤气化联合循环发电（IGCC）具有高效、清洁的优势，被看成是未来的燃煤发电技术。其工艺流程如图 9-3 所示。

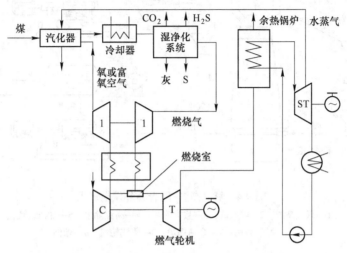

图 9-3 煤气化联合循环发电（IGCC）流程图

1984 年美国在加州 Dagett 建成了世界上第一个正式长期运行成功的 IGCC 电站，CoolWater 电站，现在煤气化联合循环发电（IGCC）已经形成一定的商业规模。已经运行的商业示范 IGCC 电站表明，建有独立煤气化岛的 IGCC 系统其发电成本明显高于传统燃煤电站，难以和传统的燃煤电厂全面竞争。可以说目前的煤气化技术难以满足 IGCC 发电流程的要求。

IGCC 技术的最新动向是从煤的应用向其他燃料如垃圾、生物质特别是炼油厂的重质残油、沥青等实施了转移，可形成发电、工艺蒸汽、化工产品多联产的无公害新型企业。此外，采用非专有造气单元的 IGCC 发电方案也被尝试，美国准备在犹他州的 Vineyard（Geneva 钢铁公司的矿山）拟建 COREX 熔融还原炼铁流程和联合循环发电相联合的示范项目，随后提出了氧气高炉-联合循环发电炼铁（OBF-CC）流程，该流程如图 9-4 所示。

OBF-CC 和传统的 IGCC 流程比较有很多优势：

（1）和炼铁流程共用高炉设备，建设和维护费用大大降低，在煤气化联合循环发电（IGCC）流程中，煤气化部分的投资占总投资的 42%~47%。

（2）运行可靠，现代高炉技术经过上百年的演化发展，已经非常完善，这是其他造气技术所不能比拟的。

（3）可以选择的煤种较多，可以喷吹无烟煤也可以喷吹烟煤，可以喷粉煤也可以喷粒煤。

（4）氧气高炉煤气不含有害气体，因此，可以省去脱硫和其他有害成分的工艺。因此，氧气高炉炉顶煤气的温度较低，含可凝聚成分很少。因此，氧气高炉采用高温除尘工艺的难度大大降低，造气单元和发电单元的容易连接。

（5）钢铁联合企业本身也是用电大户，一般都有自备电厂，很大一部分发电量可以就地消化。氧气高炉-联合循环（OBF-CC）炼铁发电工艺，可实现能量的梯度利用，氧气

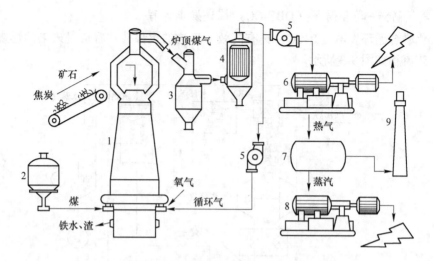

图 9-4　氧气高炉-联合循环发电流程

1—氧气高炉；2—喷吹罐；3—重力除尘；4—高温除尘；5—加压装置；

6—燃气轮机；7—余热锅炉；8—蒸汽轮机；9—烟囱

高炉作为流程的造气单元，在其风口回旋区生成以 CO 和 H_2 为主要成分的高温煤气，其大部分的显热和高位化学能会在炉身的还原反应中消耗掉，炉顶煤气中剩余的化学能量会在燃气轮机的燃烧室中完全转化，燃气轮机发电产生的高温废气又可生成高温、高压蒸汽，驱动蒸汽轮机做功发电。因此，氧气高炉联合循环炼铁发电流程（OBF-CC）将成为高效率的能量转换和脱硫装置。氧气价格偏高一直是阻碍高炉大量用氧的限制因素，如果将联合循环发电工艺和空分制氧工艺进行联合设计，空分设备所需分离的压缩空气可直接从燃气轮机的压缩机中抽取，空分制氧产生的 N_2 可以返回到燃气轮机中去参加做功（N_2 回注），由此可见，通过联合设计可明显降低制氧成本。

计算表明，规模为每年 300 万吨铁的 OBF-CC 流程每天可产生中热值煤气 $10.96×10^6 m^3$，发电功率可达到 645MW。

高炉煤气燃烧发电技术在中大、中、小高炉上都得到成功应用，并取得显著的经济和环境效益。但是，高炉煤气热值偏低，特别是随着高炉冶炼技术的进步呈下降趋势，限制了高炉煤气燃烧发电技术的发展。高炉全氧鼓风操作可以使其在冶炼和造气两方面都得到优化。氧气高炉-联合循环（OBF-CC）流程能充分发挥氧气高炉的能量转换和脱硫的优势，有希望成为有竞争力的发电手段。高炉煤气燃烧发电是一项综合技术，需要不同专业的科研人员，特别是冶金和电力专家们的通力合作才能使其不断取得进步。

9.3.1.3　烧结烟气余热的回收利用

钢铁企业中，烧结工序能耗占总能耗的 10%~20%，仅次于炼铁工序。烧结过程中产生大量的余热，约占烧结总耗能的 49%。我国钢铁企业烧结工序的平均能耗指标与先进国家的差距较大，大体而言每吨烧结矿平均能耗要高出 20kg 标准煤，因此烧结节能的潜力很大。近年来，国内外对烧结余热的回收利用做了大量工作，由此可见，烧结烟气和烧结矿产品是烧结工艺中主要的余热载体，烧结烟气余热和烧结矿产品显热回收为余热回收的重点。目前，用于烧结烟气余热回收的方法主要有热管余热回收、热风烧结、余热锅炉等。

A 热管余热回收

热管技术是我国近年来发展起来的一项余热回收利用新技术，是回收烧结烟气和冷却废气余热的一项行之有效的方法。该技术利用气化相变传热，具有传热效率高、性能可靠、投资回收期短等特点。热管受热段置于烟道内或废气管道内，烟气或热风通过热管受热段，热管元件的冷却段插在水-气系统内。烟气或废气的热量经热管传递给水道内的饱和水，使其汽化，所产生的水汽混合物沿上升管到达汽包，集中分离后再送往蒸汽再热器及用户。套管内的水转变成蒸汽后，由下降管将汽包内的水导入补充，汽包内的水由水预热器直接供给。这样，就实现了将烟气或废气显热及烧结矿辐射热转变成低压蒸汽的目的。该技术在国内多家烧结厂投运，节能效果显著，经济效益良好，具有重要的推广价值和应用前景。典型的重力热管如图9-5所示。

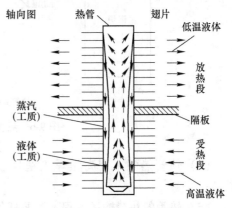

图 9-5 重力热管示意图

密闭的管内先抽负压，在此状态下充入少量液体，在热管的下端加热，管内空间处于负压状态下，管内工作液体吸收外界热量而汽化为蒸汽，在微小压差作用下流向热管上端，并向外界放出热量，且凝结为液体。该液体在重力作用下，沿管壁返回到加热段，并再次受热汽化，如此反复循环，连续不断地将热量由一端传向另一端。

由于热管是相变传热，因此管内热阻很小，所以能以较小的温差获得较大的传热率，且结构简单，具有单向传热的特点，特别是由于热管的特有机理使冷热流体的换热均在管外进行，可以方便地进行强化传热。

B 分离套管式热管低压蒸汽发生器

热管蒸汽发生器的组成及工作过程：热管蒸汽发生器由若干特殊的热管元件组合而成，其基本结构如图9-6所示。热管的受热段置于废气风道内，热风横掠热管受热段，热管元件的冷却段插在水-气系统内。由于热管的存在使得该水-气系统的受热及循环完全和热源分离而独立存在于废热气体的风道之外。水-气系统不受热流体的直接冲刷。工作时，废气的热量经热管传给水道内的饱和水，使其气化产生蒸汽。所产水气混合物沿上升管到达汽包，集中分离后再送往蒸汽再热器及用户。套管内水转变成蒸汽后，由下降管将气包内的水导入得以补充。汽包内的水由水预热器直接供给。这样，由于热管不断吸收废气热量，传给水套管内产生蒸汽，再通过外部水-气管道的上升及下降完成间接受热的气-水循环原理，从而达到将废气余热及烧结矿辐射热转变成低压蒸汽的目的。

该系统的基本特点：

（1）热量从废气转移到水，完全由热管元件完成，水、汽被间接加热，这就有别于一般的余热锅炉；

（2）系统中热管元件间相互独立，各自具有独立的传热功能，单根或数根热管损坏后不影响整个装置的运行；

（3）由于热管的单向导热性，热量的传输只能由废气传至水中，而不会由水气传到废气；

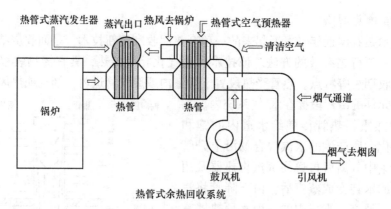

图 9-6　热管蒸汽发生器基本结构

（4）热管热侧采用高频焊接翅片强化传热，传热效率高，热侧阻力小，设备结构紧凑；

（5）热管的热量输送过程不需要任何外界动力，运行管理简单。

C　热风烧结

热风烧结是烧结余热的另一种有效利用方式，该技术利用烧结矿冷却废气的物理热代替部分燃料燃烧热，提高烧结料层的氧位和延长高温保持时间，促进铁酸钙的形成。该技术有效利用了烧结余热，可节省燃料 14% 左右。

在烧结机点火炉之后，向料面提供温度为 250~1000℃ 的热空气，对烧结料上层提供热能的烧结方法。在常规的厚料层烧结工艺中，由于烧结过程的自动蓄热作用，往往料层上部热量不足，下部热量过剩，因此，造成上部经常烧结不充分，液相量不足，表层烧结矿强度低，形成大量返矿；而下部由于烧结温度过高产生过熔，使烧结矿还原性恶化。热风烧结通过引入热空气，使通过料层的气流温度升高，提高了上部料层的烧结温度，减少了上下料层的温差。热风烧结的主要作用有：（1）使烧结料层的温度分布均匀，克服了上部料层热量不足的问题；（2）抽入热风带入分物理热，可节约部分固体燃料；（3）由于固体燃料用量减少，烧结气氛得到改善，有助于提高烧结矿冶金性能；（4）由于抽入风，上层烧结矿高温保持时间较长、冷却速度变慢，有利于晶体的析出和长大，各种矿物结晶较完全，改善了上层烧结矿质量，有利于提高烧结矿的成品率。

热风烧结的热风来源主要有 3 种方式：第 1 种是采用热风炉或其他形式的热交换器来产生热风；第 2 种方式是在点火器后设置加热器或保温炉，利用煤气燃烧产生高温热废气；第 3 种方式是利用烧结机尾部或冷却机产生的热废气，即从环冷机引入热风，环冷机的冷却鼓风机产生正压、烧结主抽风机形成负压，二者之间的压差使热风可通过热风管道顺利、自然流向烧结机热风罩内，成功地实现了热风烧结。第 1 种和第 2 种获取热风来源的方式都需要新增较多设备，需要较大的场地空间，并且后期需要增加较多的运行成本。而根据烧结工艺流程，高温烧结矿在环冷机上冷却时，产生大量的高温（140~500℃）废气，利用这股高温废气实现烧结机热风烧结，业内已形成共识，它既节能，又减排，投资成本低。

举例：以某 360m² 烧结机热风烧结生产为例，2013 年 5 月 11 日，360m² 烧结机热风烧结正式投入，经过 3 个多月的生产实践，进入热风罩的温度保持在 220~250℃之间，其成效十分显著。烧结矿的实物质量明显改善，能耗降幅相当明显。360m² 烧结机热风烧结应用前后的主要经济技术指标见表 9-4。

表 9-4　360m² 烧结机热风烧结应用前后的主要经济技术指标

指　标	1月	2月	3月	4月	1~4月均值	6月	7月	8月	6~8月平均值	前后数据对比
转鼓强度/%	76.25	76.09	76.77	76.04	76.28	76.34	76.3	76.31	76.32	0.04
筛分指数/%	3.39	4.02	3.46	3.68	3.68	3.54	3.53	3.5	3.52	-0.16
FeO 的质量分数/%	10.17	9.43	9.83	10.25	9.92	9.21	9.03	8.82	9.02	-0.9
固体燃料消耗/kg·t⁻¹	50.32	52.03	48.12	50.87	50.335	44.21	45.63	44.42	44.75	-5.585
煤气消耗/GJ·t⁻¹	0.09	0.09	0.07	0.08	0.0825	0.07	0.07	0.07	0.07	-0.0125

注：应用前数据取 2013 年 1~4 月份平均值，应用后数据取 2013 年 6~8 月份平均值。

从表 9-4 可以看出，烧结矿实物质量明显改善：

（1）烧结矿转鼓强度、筛分指数：热风烧结投入应用前烧结矿转鼓强度为 76.28%、筛分指数为 3.68%，热风烧结投入应用后转鼓强度达到了 76.32%，筛分指数为 3.52%，转鼓强度较之前提高 0.04%，筛分指数较之前降低了 0.16%，烧结矿实物质量明显提高、有效改善了烧结矿粒度组成，为高炉提供了更为优质的原料。

（2）烧结矿 FeO 含量：热风烧结投入应用前烧结矿 FeO 含量（质量分数）为 9.92%，投入应用后 FeO 含量为 9.02%，较之前降低了 0.9%，提高了烧结矿还原性，改善了其冶金性能，有助于高炉冶炼。

烧结能耗指标显著降低：

（1）固体燃料消耗：热风烧结投入应用前固体燃料消耗为 50.335kg/t，热风烧结投入应用后固体燃料消耗为 44.75kg/t，较之前降低了 5.585kg/t。

（2）煤气消耗：热风烧结投入应用前煤气消耗为 0.0825GJ/t，热风烧结投入应用后煤气消耗为 0.07GJ/t。

效益计算：按 360m² 烧结机每月产量 350000t、焦粉价格 832 元/t、煤气价格 45 元/GJ，则热风烧结投入应用后产生的月效益为：

（1）节省固体燃料消耗成本：热风烧结前固体燃料的比例为 70% 焦粉、30% 石墨，固体燃料单耗为 50.335kg/t，按照经验，折算成 100% 焦粉烧结后，固体燃料单耗保守可降低 0.5kg/t。即为 50.335-0.5=49.835（kg/t）；热风烧结前焦粉的灰分为 17%，而目前所用焦粉的灰分为 14%，按焦粉灰分 14% 折算热风烧结前固体燃料单耗为：49.835×（1-17%）÷（1-14%）= 48.097（kg/t）。因此，热风烧结应用后每月可降低固体燃料消耗成本：$Y1 = （48.097-44.75）×832÷1000×350000 = 97.47$（万元）。

（2）节省煤气消耗成本：热风烧结应用后每月可降低煤气消耗成本：$Y2 = 0.0125×350000×45 = 19.69$（万元）。每年产生的直接经济效益为：$Y = （Y1+Y2）×12 = 1405.92$（万元）。热风烧结有效延长了烧结矿上层，尤其是表层烧结矿的高温保持时间，以热风代替冷风，减小了上、下烧结料层温差，有利于矿物质充分结晶，减少玻璃相含量，改善上层烧结矿质量、提高了烧结矿强度。热风烧结可以降低固体燃料及煤气消耗，具有较大的经济效益。每年产生的经济效益达 1405.92 万元。热风烧结的应用使烧结固体燃料用量减少，烧结气氛得到改善，降低了烧结矿 FeO 含量，从而改善了烧结矿的还原性能。尽管烧结机热风烧结的热风取自环冷机，冷却鼓风机段的中温废气，但仍含有大量的微尘颗粒，进入烧结料层后，阻塞料层的气流通道，使得烧结料层阻力增大，会降低垂直烧结速度。因此，在厚料层烧结基础上采用热风烧结工艺技术，必须采取相应技术措施改善料层透气性，尤其是在高精粉配比条件下更应如此。

D　余热锅炉

余热锅炉被广泛应用于烟气余热回收，以宝钢为例，300~400℃ 的烧结烟气把余热锅炉内的软水加热为过热蒸汽后，温度降为 170~190℃，具有良好的经济和节能效益。

如宝钢 3 号烧结机原抽风面积为 $450m^2$，2003 年对其进行了横向扩容改造。扩容后的烧结面积为 $495m^2$，采取鼓风冷却工艺，环冷机冷却面积为 $460m^2$，匹配 5 台冷却风机，每台风机的风量为 $9200m^3/min$，2007 年，宝钢安装了余热锅炉，主要回收环冷机入口处的高温废气，每小时能生产 40t 左右的低压蒸汽，输送到能源中心的蒸汽管网。

(1) 余热锅炉设计参数。余热锅炉仅回收环冷机 22 个风箱中前 6 个风箱的高温废气，生产 1.60MPa、270℃ 的低压蒸汽，余热锅炉设计的主要参数如表 9-5 所示。

表 9-5　余热锅炉设计的主要参数

参　数　名　称	数　值
锅炉入口废气流量（标态）/$m^3 \cdot h^{-1}$	450000
入口废气温度/℃	350~435，平均 420
出口废气温度/℃	不低于 200
入口废气压力/Pa	−2000
炉壳设计压力/Pa	+8000
补充水温度/℃	年平均 15
锅炉给水温度/℃	105
锅炉蒸发量/$t \cdot h^{-1}$	38~50，年均 42
总受热面积/m^2	25852
锅炉循环倍率	不低于 6
年回收粉尘/t	9000

(2) 锅炉工艺流程。从整个余热锅炉的工艺流程来看，可以分成余热废气循环系统、纯水除氧系统、锅炉汽水循环系统，详见图 9-7。

1) 余热废气循环系统。该系统主要由环冷机、除尘器、锅炉、循环风机等组成。工作原理如下：环冷机 1~6 号风箱的高温余热废气经过除尘器进入锅炉，余热废气在锅炉中由上而下，依次经过过热器、蒸发器、省煤器、辅助省煤器，完成热交换后的低温废气通过循环风机加压后，再回到环冷机 2 号、5 号风箱。除尘器产生的粉尘经过水平机、集合机，通过成品皮带回收利用。另外，分别在环冷机 2 号、6 号风箱的排气烟筒顶部安装

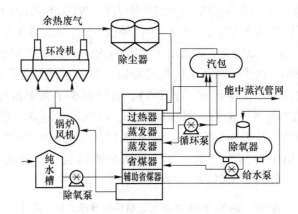

图 9-7 余热锅炉操作系统

一个电动放散阀，对该烟筒及其支架进行加固。余热锅炉生产时，两个电动放散阀关闭；余热锅炉系统发生故障时，两个电动放散阀开启排气，使环冷机能照常生产。

2）纯水除氧系统。该系统主要由纯水槽、除氧泵、辅助省煤器、除氧器、联胺加药泵组成。工作原理如下：由公司能源部送过来的纯水首先进入纯水槽，通过除氧泵加压进入锅炉辅助省煤器，被废气加热至约 70℃进入除氧器，蒸汽经过减压，将除氧器里的水加热至 105℃进行除氧。

3）锅炉汽水循环系统。该系统主要由给水泵、汽包、循环泵、省煤器、蒸发器、过热器、磷酸加药泵组成。工作原理如下：经过除氧后的纯水由给水泵送入省煤器，被加热至 170℃左右进入汽包；汽包内的热水经下降管导入循环泵升压后送入蒸发器，然后被加热为汽水混合物（208℃）再进入汽包；汽包上部的蒸汽经过汽水分离装置后成为干蒸汽，然后被管道导入过热器，加热为过热蒸汽；再经减温器和调压阀，确保输出蒸汽为 1.6MPa、270℃；最后通过蒸汽管道并入能源中心的蒸汽管网。

（3）锅炉生产状况分析。3 号烧结机余热锅炉于 2007 年 7 月投产，投产几年来的生产情况列于表 9-6。截止到 2009 年年底，共生产蒸汽 102.67 万吨，消耗纯水 127.18 万吨，纯水与蒸汽的比值为 1.24，纯水利用率较高。

表 9-6 2007~2009 年锅炉生产实践

年份	纯水/t	蒸汽/t	吨矿蒸汽产量/kg·t^{-1}	烧结机运转率/%	锅炉运转率/%	备注
2007	26.43×10^4	18.93×10^4	51.57	98.43	97.14	
2008	32.28×10^4	28.11×10^4	46.09	97.74	93.21	烧结机年修
2009	29.79×10^4	25.67×10^4	44.04	93.48	87.69	

（4）锅炉运转率。提高锅炉运转率是保证锅炉多产蒸汽的重要措施。而锅炉运转率与烧结机运转率及锅炉系统本身的故障有关。当烧结机停机时间较长时，只能停止锅炉循环风机，暂停锅炉运行。当烧结机停机时间较短时，可采取关小循环风机风门、限制废气流量、保温保压等措施避免锅炉停运。但锅炉入口温度降低，会对蒸汽发生量造成很大的影响。一般来说，停机时间越长，恢复余热锅炉正常运行所需的时间也越长。

　　总体来看，宝钢3号烧结机余热锅炉运转率较高。2009年只有87.69%，主要原因如下：1) 烧结机进行了15天年修；2) 锅炉年检停机9天；3) 因锅炉风机及其附属结构故障累计停炉长达14天。2010年，利用锅炉年检机会一方面对锅炉系统的除尘器进行了改造，增强了除尘效果，减少了对风机叶轮的磨损，另一方面更换了风机转子，使锅炉风机故障造成的停炉时间大幅度降低（见表9-7），有效减少了锅炉系统的设备故障，2010年锅炉运转率为97.27%。4) 锅炉入口温度越高，蒸汽产量越高，蒸汽带走的有效热量和热效率均能明显增加。从表9-8可看出，锅炉入口温度在320~360℃之间。当锅炉入口温度大于300℃时，每小时蒸汽产量＝0.231×锅炉入口温度，即锅炉入口温度每提高10℃，每小时蒸汽产量提高2.3t。

表 9-7　2009~2010 年非烧结机停机造成的停炉统计

项　目	停炉时间/min		所占百分数/%	
	2009 年	2010 年	2009 年	2010 年
锅炉风机	20658	1674	63.32	14.31
水位波动	773	83	2.37	0.71
年检	10425	9780	31.95	83.59
气压低	168	163	0.51	1.39
漏水处理	602		1.85	
合计	32626	111700	100	100

表 9-8　2010 年分月锅炉生产实践

月份	纯水/t	蒸汽/t	吨矿蒸汽产量 /kg·t^{-1}	锅炉入口 温度/℃	锅炉运转率 /℃	烧结机运转率 /%	备注
1	3.02×10^4	2.54×10^4	47.50	337	97.13	99.59	
2	2.44×10^4	2.22×10^4	47.16	325	99.91	99.66	
3	2.73×10^4	2.50×10^4	50.41	325	97.71	94.74	
4	2.59×10^4	2.41×10^4	48.30	328	98.11	98.46	
5	3.17×10^4	2.90×10^4	55.27	347	99.91	99.35	
6	3.45×10^4	1.96×10^4	40.48	361	76.29	95.86	年检
7	2.73×10^4	2.20×10^4	43.17	320	99.70	99.2	
8	2.62×10^4	2.44×10^4	48.69	325	98.51	98.18	
9	4.20×10^4	2.61×10^4	55.00	346	94.00	94.92	
10	4.55×10^4	3.31×10^4	64.66	359	98.49	98.62	
11	4.35×10^4	2.62×10^4	52.68	331	99.76	99.55	
12	2.83×10^4	2.24×10^4	47.46	331	92.91	89.15	定修

　　(5) 锅炉水质。锅炉水质主要包括汽包和除氧器里水的水质，检测的指标有 pH 值、电导率，二氧化硅、磷酸盐、联胺等，水质标准列于表9-9。水质合格率是指除氧器（或

者汽包）所检测水的指标合格率的平均值。从表 9-10 看，锅炉的水质并不好，2010 年除氧器的水质平均合格率为 89.05%，汽包是 78.1%。通过对各项指标分析可知，汽包主要是二氧化硅。

（6）蒸汽产量对烧结工序能耗的影响。通过对锅炉的相关参数计算发现，每生产 1t 蒸汽约耗电 83kW·h，消耗纯水 1.2t，但能使烧结工序能耗降低 8.3%。和磷酸盐超标，除氧器主要是联胺超标。

表 9-9　锅炉水质标准

项目	pH 值	电导率/$\mu S \cdot cm^{-1}$	联胺/$\mu g \cdot L^{-1}$	二氧化硅/$mg \cdot L^{-1}$	磷酸盐/$mg \cdot L^{-1}$
除氧器	8.5~9.5	<10	20~100	<0.1	—
汽包	9~11	<150	100~500	<2000	2~5

表 9-10　2010 年水质合格率　　　　　　　　（单位:%）

月　份	除氧器	汽　包
1	85.5	81.7
2	93.8	85.0
3	84.4	89.5
4	83.3	73.9
5	75.3	75.3
6	88.5	66.3
7	96.9	81.3
8	87.4	88.6
9	95.1	70.5
10	98.1	72.2
11	92.4	81.8
12	87.9	71.1

（7）提高蒸汽产量的措施。提高蒸汽产量主要应从提高锅炉入口温度和锅炉运转率入手，具体措施如下：1）加强操作管理。可采取压料等措施，使烧结终点适当后移；锅炉正常运转后，及时关闭 1 号、2 号放散阀；若遇烧结机临时停机，应及时关小主排风门，防止烧结矿过烧；严格执行环冷双层阀放料制度，确保烟道内不堵料，便于鼓风机风量的进入。2）加强设备维护。利用定修机会更换维护环冷机台车密封板，提高密封效果；加强锅炉 1 号、2 号放散阀的检修，发现变形和破损的及时更换、修补，避免漏风。

9.3.1.4　炼钢烟气回收利用

2004 年我国重点企业吨钢综合能耗为 761kg 标准煤，可比能耗为 705kg 标准煤，比国际先进水平吨钢可比能耗（642kg 标准煤）高约 63kg 标准煤。炼钢工序中以转炉能耗与国际先进水平的差距最大。国外先进钢铁厂基本实现负能炼钢，平均能耗为 -6kg 标准煤，而我国转炉能耗平均 27.04kg 标准煤。因此，降低我国炼钢的转炉能耗尤为重要。回收利用炼钢转炉的余热是降低转炉能耗的重要途径之一。在转炉炼钢过程中，由于 C—O 反应产生大量富含 CO 的烟气，烟气温度高达 1550~1700℃，CO 含量为 40%~80%。这部分烟气带出大量的潜热和显热，实现这部分能源高效回收利用的关键在于通过强化换热实现烟气热量的高效回收，通过开发低品质余热蒸汽高效发电系统实现热功的高效转化。

目前，国内外对转炉炼钢烟气的处理通常采用湿法除尘工艺（OG 法）和干法除尘工艺（LT 法）。

A 湿法除尘工艺

钢铁企业自 21 世纪初期十年的发展后，已形成了年产约 10 亿吨钢的庞大规模，根据初步的统计，全国重点大中型钢铁企业的转炉 765 座（2014 年统计），而其中约 2/3 数量的转炉一次除尘采用的是湿法（OG 法）进行除尘，其中绝大部分不能达到新的排放要求，面临改造。干法（LT 系统）净化回收系统属于新一代的除尘技术，因其节水、节电、省地、回收煤气量大、除尘效率高等优点被钢铁企业所接受；自 2008 年至今，钢厂新建项目基本上采用的都是干法除尘工艺；尽管湿法除尘系统改干法，具有较大的技术优势，但实施过程中已建厂房存在厂房内部改造空间受限、厂房外占地不足的问题，使得湿法系统改干法存在困难。为解决上述难题，基于转炉一次烟气净化用的湿式电除尘器孕育而生。转炉一次烟气用湿式电除尘器能集成到现有的湿法除尘系统中，能最大限度地利用现有的系统，优化系统配置，提高除尘效率，实现转炉烟气的超洁净排放。

（1）转炉一次烟气用湿式电除尘器的工艺配置。常见的转炉 OG 系统湿法除尘，多采用粗除尘（溢流文氏管、洗涤塔）、精除尘（可调喉口文氏管、RSW 环缝）及脱水器串联的方式运行。转炉吹炼过程中产生的高温含尘烟气，经汽化冷却烟道初步冷却，进入法除尘系统进行降温除尘，降温后的饱和烟气进入煤气风机，经三通阀，满足煤气回收条件的被回收利用，不满足回收条件的被放散排入大气中，其具体流程图如图 9-8 所示。

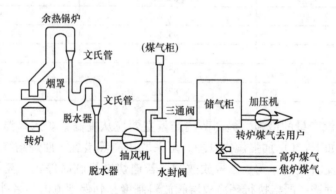

图 9-8 转炉湿法(老 OG)除尘工艺流程图

（2）转炉湿法除尘系统的除尘机理及能耗分析。转炉湿法除尘老 OG 系统主要采用双文氏管除尘，即溢流文氏管和调径文氏管。喉口直径一定的溢流文氏管主要起降温和粗除尘作用。经汽化冷却烟道，烟气冷却至 800~1000℃，通过溢流文氏管时能迅速冷却到 70~80℃，并使烟尘凝聚，通过扩张段和脱水器将烟气中粗粒烟尘除去，除尘效率为 90%~95%。当喉口速度为 40~60m/s，出口烟气速度为 15~20m/s 时，一文阻力损失在 3~5kPa。调径文氏管在喉口部位装有调节机构，主要用于精除尘。吹炼过程中烟气量变化很大，为了保持喉口烟气速度不变以稳定除尘效率，要能随烟气量变化相应增大或缩小喉口断面面积，保持喉口处烟气速度一定；还可以通过调节风机的抽气量控制炉口微压差，确保回收煤气质量。调径文氏管收缩段的进口烟气速度为 15～20m/s；二文阻损一般为 10～12kPa。双文除尘结构，因技术上的限制，存在阻力大、排放浓度高的问题。相对而言，高效洗涤塔与环缝文氏管搭配的塔文结构，系统阻力低；环缝文氏管调节范围大，布水均匀，净化效果好，可将排放浓度降到 50mg/m；然而当需要进一步提高塔文结构的除尘效率时，无论是双文结构还是塔文结构，实现起来都非常困难。根据已有的转炉粉尘粒径的分析，约 30%的粉尘粒径都在 5μm 以下，如果利用单级文氏管去除这些粉尘，需要极高的能耗。图 9-9 给出了 5μm 下的粉尘粒径除尘效率与文氏管压力损失的关系，可以看出，当除尘效率大于 99%时，单级环缝文氏管对应的阻力接近 15kPa，耗能相当大。

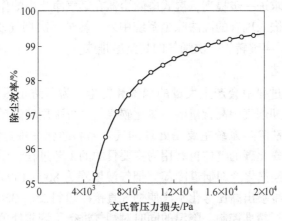

图 9-9　文氏管除尘效率与压差关系图

（3）转炉一次烟气湿法除尘系统改造中的湿式电除尘器方案。近年来，钢铁工业节能减排指标大幅改善，但由于总体规模大，导致能耗总量高、污染物排放总量大，特别是一些钢铁产能主要聚集区，污染排放已经超出了环境承载能力。可以预见的是，在这些地区，需要推进先进清洁生产技术改造，进一步提升节能减排水平。

如前文所述，利用文氏管精除尘实现烟气的超洁净排放，能耗高，如果想进一步提高除尘效率，单级文氏管的压损需要增加到 20kPa，甚至更高，能耗过大。因此在转炉一次烟气湿法除尘系统改造中，可以采用在原有湿法系统上串联一级湿式电除尘器，利用静电吸附的原理实现对小粒径粉尘的去除，其工艺流程图如图 9-10 所示。

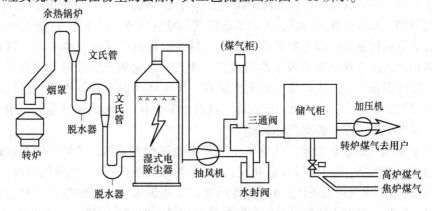

图 9-10　转炉湿法(老 OG)除尘工艺湿电改造流程图

　　湿法除尘工艺具有结构简单、煤气回收量大、系统运行稳定等特点,但水资源消耗大,对环境的污染严重,同时不利于烟气的余热回收。

　　与常规高压静电除尘器一样,转炉一次烟气改造用的湿式电除尘器耗能少,除尘效率高,适用于去除 $0.01\sim50\mu m$ 粉尘;由于采用了冲洗清灰,可避免出现干法静电除尘清灰中的二次扬尘现象,极大地提高了除尘效率及除尘的稳定性。将湿式电除尘器嵌入到已有的湿法系统中,在不改变原有系统的基础上,可以实现转炉一次烟气的超洁净排放($10mg/m$),而设备本身占地少,投资费用低,设备组合灵活便利,是转炉湿法除尘系统改造的选择方向之一。在运行费用上,根据配置的不同,费用在 $0.5\sim1$ 元/吨钢。随着国家对钢铁企业排放要求进一步提高,湿式电除尘器在烟气净化中的作用将愈加明显,除了可以将湿式电除尘器嵌入现有的湿法除尘系统中外,转炉一次烟气改造还可以采用 LT 系统+湿电的模式,从而实现转炉一次烟气的超洁净排放。

　　B　干法除尘工艺

　　转炉炼钢在吹炼过程中会产生大量的烟气和粉尘,为了防止污染环境、影响人员健康,且回收利用吹炼期烟气中高含量的一氧化碳煤气,可采用转炉煤气干法净化及回收系统工艺。转炉炼钢干法除尘系统主要是处理烟气降温和净化冶炼过程中所产生的含尘气体,同时回收含有一氧化碳的气体再利用为主要目的的工艺过程。干法系统中转炉高温烟气($1400\sim1600℃$)经汽化冷却烟道冷却,烟气温度降为 $800\sim1000℃$,然后经过蒸发冷却器设备,双介质喷枪喷出高压雾化水汽使烟气直接冷却到 $250\sim350℃$,喷水量可以根据转炉烟气的含热量进行精准控制,降温的同时对烟气进行了调质处理,改变粉尘的比电阻特性,使静电除尘器能更加高效地捕集粉尘。转炉烟气在冷却和调质处理后进入静电除尘器进行系统净化除尘,在圆形电除尘器内烟气呈柱塞状形式流动,以减少爆炸成因。除尘器后设置变频调速风机,为系统烟气流动提供动力来源,可实现流量跟踪调节,以保证煤气回收的数量与质量。净化后的烟气符合煤气回收条件时,通过液压杯阀切换回收输送至气柜储存,然后由煤气加压站加压送往各用户再利用;如果烟气不符合回收条件,直接由液动杯阀切换至烟囱点火放散,减少危害和降低污染。

　　(1)煤气回收的重要性。近年来,转炉炼钢干法除尘系统工艺已在国内外转炉煤气回收技术中被广泛采用,与转炉湿法除尘相比有着明显的节电、节水、维护量低和外排粉尘含量低等多方面优势,国家也将节能减排作为战略目标,节能与环保成了当前发展的主旋律和主方向。炼钢过程中产生的转炉煤气,作为气体燃料属于二次能源,对其进行有效的回收与利用,这对于我国钢铁企业的节能降耗和绿色减排工作具有相当重要的意义。氧气顶吹转炉炼钢目前是我国主要的炼钢工艺,约占国内钢产量的80%左右。转炉炼钢铁水中的碳和吹入的氧在高温下发生剧烈反应,生成一氧化碳和少量的二氧化碳,及微量氧、氢、氮的混合气体。转炉煤气的发生量在一个冶炼周期中并不均衡,但同时也需注意,转炉煤气中含有大量的一氧化碳气体,具有中毒、着火和爆炸三大危险,在煤气的回收储存、输送使用过程中必须严防泄漏。

　　(2)影响煤气回收的因素。从炼钢生产和实践过程中总结,转炉干法系统煤气回收的影响因素主要包括:1)系统设备状况;2)转炉原料条件;3)供氧的强度;4)炉口空气吸入量;5)煤气回收条件;6)其他因素。上述因素中,转炉原料条件、供氧的强度和炉口空气吸入量对于转炉煤气的回收数量和质量影响尤为明显。而炼钢净化除尘系统各设备主要是烟气降温、烟气除尘、煤气回收等工艺生产的基础设施，对转炉煤气的品质和产量影响甚微。

（3）提高煤气回收的措施。转炉煤气作为炼钢过程中所产生的含有较高热值气体燃料的附属品，国内外钢铁企业也在不断地研究和改进煤气有效回收的措施。通过煤气回收节约能源，且对烟尘实施综合利用，变废为宝；不仅减少了煤气直接排放造成的环境污染，而且可以带来一定的经济效益，实现了节能环保的目标。在炼钢工艺系统运行稳定后，可根据影响转炉煤气回收的因素，制定相关的生产措施。

1）转炉原料条件。转炉冶炼通过加入的铁水显热以及铁水内碳、锰、硫、磷等元素的氧化反应热完成炼钢过程，钢水碳含量和原料条件对煤气的回收影响比较大，特别是铁水比变化影响最大。另外，转炉废钢装入量和铁水装入量的比例以及废钢自身的质量、废钢的轻薄和废钢的潮湿度，都会对转炉内的碳氧反应产生影响。

2）优化供氧制度。冶炼有不同的"吹氧模式"，过程中如果供氧量强度偏大或者供氧量在短时间内急剧增加，炉内反应温度未达到理想的工况条件，则造成碳氧反应不平衡，燃烧不充分，无法保证高效冶炼。炉前的冶炼操作也要规范控制氧枪枪位，兼顾转炉造渣、脱碳与煤气回收之间的关系，减少二次倒炉和废气量的产生，提高一次终点命中率，可有效改善转炉煤气的回收质量。

3）炉口空气吸入量。由于铁水成分不稳定，喷溅时炉口极易黏渣，加之通过观察炉口火焰进行炼分一氧化碳气体在炉口与空气燃烧。所以，转炉冶炼过程中，应该严格降罩操作，保证活动烟罩与转炉炉口的"零"距离接触，防止过多的空气吸入形成二次燃烧，影响吹炼中期煤气回收的质量。炉口是转炉烟气与外界接触的唯一通道，炉口微差压要合理调控，保持炉口处于微正压的状态，提高转炉煤气的品质。

4）有条件地改进煤气回收方式与操作，延长煤气回收时间。干法净化系统中，煤气切换阀从程序指令到动作完成需要一定的过程时间，煤气回收存在滞后效应，部分符合回收条件的煤气被放散消耗。钢企在条件成熟的情况下，可研究采取回收开始时间提前与结束时间延迟相结合的方法，提高吨钢煤气的回收量。

5）定期对转炉净化系统各设备设施进行维护、保养，检查煤气管道、检修人孔的密封性能；对煤气流量检测仪表、一氧化碳和氧气检测分析系统进行检漏和校准。计量检测数据是否正确，将直接影响煤气回收工作的顺利进行。生产运行过程中，经常会因为检测管道的泄漏或积灰堵塞、分析仪设备探头的污染等情况，造成反馈数据的可靠性下降，进而影响煤气回收的时间，影响煤气回收的数量和质量。钢铁企业需加强对设备的日常管理，定期检查和维护，确保各检测数据的准确性。

6）其他因素。主要指转炉冶炼过程中加入的催化剂、造渣剂、冷却剂等，加料量的精准控制对生产工况的影响；系统设备的工艺布置、漏风率和风机转速的控制也会影响炼钢操作的习惯，导致汽化活动烟罩位置时常降不到位，造成高温炉气中转炉炼钢过程中烟气一氧化碳、氧气的百分比含量增高。

转炉煤气回收是通过自动化程序采集分析一氧化碳、氧气含量，实现自动控制的，绝不允许人工手动强行干预回收，造成不合格煤气入柜。同时，转炉煤气的回收不能片面地追求数量，更重要的是提高一氧化碳的含量和品质，提高标准热值煤气体积的回收。转炉煤气作为含有较高热值的二次能源，实现安全和高效的回收与利用，对于我国钢铁企业负能炼钢、节能降耗、绿色减排、长远发展以及保护环境和减少污染具有重要的意义。

设置了汽化烟道，可将转炉烟气温度由 900~1000℃ 降低到 180℃ 左右，再经喷水冷却后采用电除尘器进行烟气除尘处理。通过增加转炉汽化冷却烟道的直径，可有效提高烟气在高温段的换热；在低温段增设换热器产热水，可提高烟气余热的回收效率。

9.3.1.5 轧钢工序烟气余热的回收利用

轧钢工序能耗约占钢铁企业总能耗的 8%。因此，研究轧钢工序的节能降耗技术对降低吨钢能耗具有重要意义。近年来，我国新建轧钢生产线大都采用当今世界先进的轧制技术，普遍使用热送热装和在线加速冷却技术。中国整体轧钢工序的能耗指标偏高，工序能耗平均值与先进值相比差距较大。轧钢加热炉是轧钢工序中的重要能耗设备，回收轧钢加热炉烟气余热是实现轧钢工序节能降耗的重要手段。通常，采用空气换热器、煤气换热器和蒸汽余热锅炉来回收轧钢加热炉烟气的余热，使排烟温度到 200℃ 以下。将高温空气蓄热式燃烧新技术应用到轧钢加热炉上，可有效利用低热值的高炉煤气将炉温加热到 1100℃ 以上，实现 30% 以上的节能，使加热炉热效率提高到 70% 以上。

目前，我国钢铁产量超过世界第二至第八的总和，在生产规模、装备技术、工艺技术、保护管理技术、产品质量、成本控制、环境保护等方面，都已成为在国际钢铁界具有举足轻重地位的钢铁大国。钢铁工业是我国重点高耗能行业之一，也是"高碳能源"的消耗大户，其在消耗能源推动物料转变的同时会产生大量的余热余能，国内多数钢铁企业的余热资源回收率只有 30%~50%。我国钢企生产 1t 钢材产生的余热余能资源量约为 8~9GJ，余热资源占企业总用能的 37%，其中产品显热占 39%、废烟气显热占 37%、冷却水显热占 15%、炉渣显热占 9%。对某个钢铁公司的轧钢加热炉进行过测试，其排烟温度在 359.8℃ 左右，热效率不到 50%，比我国电厂现阶段锅炉所能达到的热效率水平低得多。余热资源得不到很好利用是造成这种的现象一个重要原因。

因此，选择一种方式既可以利用余热发电，同时又能获得比较高的蒸汽发电参数以提高发电热效率，使余热利用的产出大于投入十分必要。在不影响生产的前提下，提高余热蒸汽的参数，可以大幅提高余热发电效率。

A   轧钢加热炉余热回收利用方案设计

现有余热回收工艺系统某钢厂加热炉余热蒸汽回收利用工艺系统如图 9-11 所示。

加热炉汽化冷却产生 14.7t/h 的过热蒸汽，蒸汽参数 2.6MPa、400℃。该蒸汽进入汽轮机做功，拖动发电机发电，乏汽后经冷凝器凝结成水，再送回加热炉重复使用。该余热回收工艺主要装备流经的蒸汽参数如表 9-11 所示。

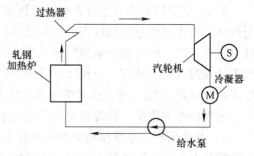

图 9-11 轧钢加热炉余热回收利用简图

表 9-11 系统蒸汽余热利用工艺蒸汽参数

项 目	入 口	出 口
轧钢加热炉气化冷却装置	常温冷却水	饱和蒸汽
过热器	2.6MPa 饱和蒸汽	2.6MPa、400℃过热蒸汽
汽轮机	2.6MPa、400℃过热蒸汽	饱和蒸汽

膨胀机-涡轮机联合机组，利用过热器和给水泵大幅提高余热蒸汽参数，使其温度在540℃左右，压强在 5.0MPa 左右，然后高参数蒸汽进入容积式膨胀机，推动容积式膨胀机做功，消耗了蒸汽的一部分热能，转化为膨胀机的机械能，然后蒸汽再进入涡轮机，使涡轮机做功，再把剩下的一部分热能转化为涡轮机的机械能，使涡轮机旋转做功。联合机组热力系统中提高了蒸汽的温度和压强，使蒸汽的做功潜力提升，再把这部分热能转化为容积式膨胀机和涡轮机的机械能，使二者同时做功，带动发电机发电。联合机组轧钢加热炉余热回收利用简图如图 9-12 所示。联合机组余热回收工艺各装备流经的蒸汽参数如表9-12 所示。

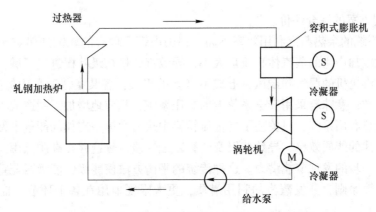

图 9-12 联合机组轧钢加热炉余热回收利用简图

表 9-12 联合机组蒸汽余热利用工艺蒸汽参数

项　目	入　口	出　口
轧钢加热炉汽化冷却装置	常温冷却水	饱和蒸汽水
高温过热器	5.0MPa 饱和蒸汽	5.0MPa、540℃过热蒸汽
容积式膨胀机	5.0MPa、540℃过热蒸汽	2.8MPa、400℃过热蒸汽
涡轮机	2.8MPa、400℃过热蒸汽	饱和蒸汽

B　两种系统的对比

通过实际调研和查阅相关文献获得了各方面的具体参数，具体参数如表 9-13 所示。

表 9-13 两种轧钢加热炉余热回收工艺流程具体参数

项　目	现有系统	联合机组
做工前温度/℃	400	540
做工前压强/MPa	2.6	5.0
做工前焓值/kJ·kg^{-1}	3116.7	3526.44
末电压强/MPa	0.005	0.005
末点焓值/kJ·kg^{-1}	2561.2	2561.2
末点饱和水焓值/kJ·kg^{-1}	137.77	137.77
蒸汽流量/t·h^{-1}	14.7	14.7

C 轧钢加热炉余热利用方案综合评价

(1) 不同方案产出清单。按照具体计算公式，计算出两种工艺产生的功率及系统循环热效率，列出清单，进行综合评价，具体数据如表 9-14 所示。

表 9-14 两种工艺流程产出清单

产 出 量	现有	联合机组
输出功率/kW	1587.80	2069.26
系统循环热效率/%	18.65	32.85

(2) 不同方案的综合评价。

1) 现有系统的余热蒸汽利用效率不高。在国内钢厂现有的轧钢加热炉余热利用系统中，由于气化冷却产生的蒸汽体积流量太小，导致汽轮机初级叶栅进气不满，为了避免采用高参数导致汽轮机的漏气和鼓风，形成不必要的损失，各装备普遍采用低参数，同时，如果采用高参数，意味着采用安全系数大的高压系统，相应地增加了制造成本。在现有的轧钢加热炉余热利用系统，只关注了能量流转换中热力学第一定律的能量平衡，较少关注热力学第二定律的能质效率，导致能级及能级匹配性差，普遍存在高质低用、低质无用的现象，无法进一步的发现节能潜力。这种传统的平衡方法使能级、能级匹配差距大。按热力学的第二定律原则，开发蒸汽的利用潜质，更大限度地用在各个环节，提高蒸汽的利用率。

2) 联合机组热力系统提高余热发电热效率。通过计算清单可以明显看出在同样的蒸汽流量的情况下联合机组热力系统可以输出更多的功率，同时，大幅提高了系统循环热效率。在容积式膨胀机-涡轮机联合机组热力系统中最大限度地发挥了蒸汽的余热利用潜力，最可能的在多环节利用蒸汽余热，在现有的蒸汽利用系统中添加了容积式膨胀机-涡轮机联合机组，避免了采用高参数导致汽轮机的漏气和鼓风的现象，杜绝了不必要的损失，同时很好地增加了蒸汽利用的途径，使能级及能级匹配性良好，提高了整个工艺流程的余热利用热效率，最大可能地提高了蒸汽的利用率。同时，联合机组热力系统没有过多的采用高参数，只是在现有的基础上采用了容积式膨胀机-涡轮机联合机组，没有采用制造成本高的高系数的高压系统，同时为企业节省了成本。

通过对比两种工艺系统产出的清单可以看出容积式膨胀机-涡轮机联合机组热力系统相对于余热回收利用具有更高的循环热效率，同时可产出更多的功率用来发电或者带动风机做功。在节能减排和减少环境污染大环境下，新系统的经济效益及环境效益显著。在现有的节能减排、提高资源利用率的大背景下联合机组热力系统是值得运用和借鉴的。

9.3.1.6 应用案例

A 攀钢烧结余热利用

烧结工序是钢铁生产中的耗能大户，其能耗约占钢铁厂总能耗的 1/10。根据攀钢烧结厂 3 号烧结机热平衡测定，烧结过程总的热量支出为 32.11MJ/t，而烧结矿带走的热量为 16.6MJ/t，占热量支出的 51.71%。烧结矿在环冷机中冷却时，由冷却空气带走的热量为 94.1MJ/t，占总热量支出的 29.29%。抽风环冷机高温段的废气温度为 200℃左右，而 6 号鼓风环冷机的废气温度达到 350℃，若废气中的热量有 1/4 被回收，则相当于吨矿节约

5.5kg 标准煤。可见，充分利用烧结矿余热具有很大的经济和社会效益。烧结余热利用在日本得到广泛地采用。新日铁、日本钢管公司、川崎钢铁公司等所属的大中型烧结机几乎都安装有余热回收装置。在日本的 28 套余热回收装置中，利用烧结机和大烟道废气回收余热的装置有 9 套，其余均利用冷却机废热。对于余热利用的方式，除室兰 5 号、户畑 3 号、名古屋 3 号、界厂等采用废气预热混合料和做点火保温炉助燃热风外，其余绝大多数采用余热锅炉生产蒸汽，蒸汽压力为 0.8~1.3MPa，温度为 200~273℃，蒸汽产量 15~60t/h。

　　我国烧结厂余热回收利用起步较晚，但近几年发展很快。目前，已经安装使用余热回收装置的烧结厂有安阳、马钢二烧、梅山、武钢等，从已经投产的余热回收装置的生产情况看，效果都很好，安钢烧结厂安装了 96 管余热回收装置，蒸汽产量设计为 1.2~1.8t/h，实际产汽量达 2.08t/h，蒸汽压力 0.5MPa；马钢二烧在 300m² 抽风环冷机上支装余热回收装置产汽量为 2t/h，年创经济效益 32 万元（投资 31 万元）；梅山烧结厂在 200m² 抽风环冷机上安装热管余热回收装置投资 80 多万元，产蒸汽 3~4t/h，武钢烧结厂投资 98 万元安装热管余热回收装置，产蒸汽 4t/h，投资回收期均为一年。

　　攀钢烧结厂在设计 6 号烧结机时，即考虑了余热回收利用问题，但因采用的是普通余热锅炉，热量的回收率低，经济上不合理，因此一直未能安装使用。热管换热器的成功应用，解决了这一难题。为此，攀钢烧结厂与江苏圣诺热管集团公司合作，在 6 号烧结机上安装了一套热管余热回收装置。该装置于 1993 年 12 月底正式生产蒸汽，但由于辅助设备问题较多，生产初期一直不够正常，经多次攻关，使问题逐步解决，生产趋于正常。目前，在只有一台水预热器的情况下，蒸汽产量可以达到 6~7t/h，基本达到设计要求。根据攀钢烧结厂的实际情况，采用了图 9-13 所示的余热蒸汽生产流程。

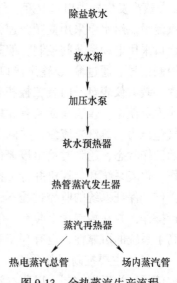

图 9-13　余热蒸汽生产流程

　　从热电厂来的除盐水进入软水箱后，由加压泵加压到 1.5MPa，然后进入到置于环冷机密封罩内的水预热器，水被加热到 100℃左右，进入气包。气包通过下降管和上升管，与置于鼓风机上方的热管蒸汽发生器连接，吸收热管传送的废气热量，气化形成 0.5~0.8MPa 的湿蒸汽。这部分蒸汽进气包气水分离后，被送进置于热筛溜槽后的蒸汽再热器，吸收烧结矿部分高温辐射热，使蒸汽的显热量进一步提高，成为高质量的过热蒸汽。

　　（1）余热蒸汽发生系统的组成。整个系统由软水供应，蒸汽产生和自动控制系统组成。供水系统的供水量为 6~8t/h，供水压力为 1.5MPa。水源由来自热电厂的除盐水总管通过专用支管引来，系统配备软水箱。水箱上设置有两根回水管。一根是水预热器出口的热水回路，作为开车调节用，开车完毕即关闭。另一根是加压泵出口的回水管，作为日常调节用。水系统配有 2 台电动给水泵，水泵扬程除满足系统压力外，还要克服水柱升高度及沿程阻力。水泵扬程为 175m，流量为 12.5t/h。水预热器、蒸汽发生器和蒸汽再热器都没有排污出水口，需定期清除内部残留污物及水垢。

（2）蒸汽发生系统。根据 6 号环冷机的实际情况，提出以下工作参数作为设计依据：1 号烟囱热废气流量 $79590m^3/h$，2 号烟囱热废气流量 $60408m^3/h$，鼓风机风压 $3160\sim2650MPa$，冷却废气的温度 $350\sim400℃$。设计结果：蒸汽发生器 2 件，共 480 管，蒸汽产量为 $7.5t/h$，蒸汽压力为 $0.5MPa$，分别安装在 1 号、2 号烟道内。为了提高从蒸汽发生器及气包来的蒸汽质量，采用了蒸汽再热器，对蒸汽继续加热，让蒸汽进一步吸收烧结矿余热使蒸汽的显热量增加。蒸汽再热器放置在溜槽下部。

（3）供水及蒸汽并网自动控制系统。系统功能当烧结机和环冷机情况发生变化时。热管余热发生系统的工作参数也将随之变动，输出的蒸汽压力、温度、流量也将发生变化。为了保证蒸汽发生系统正常、安全地工作，必须对其工作参数和输出变化进行监测。并对某些工作参数进行调节控制。为此，在烧结环冷机热管余热蒸汽发生器上设计安装了自动监测与控制系统。该监控系统对蒸汽发生器的各工作参数和输出量进行实时监测与记录，并对气包水位、蒸汽压力、进水泵等进行控制，当参数越限时给出报警信号，以便人工干预及时处理，从而保证热管系统正常工作。

（4）系统组成。该系统监测的主要过程参数有：给水压力、预热器出口温度、1 号和 2 号蒸汽发生器进出口温度、气包液位及压力、再热器出口温度、蒸汽主管流量和并网蒸汽流量。给水泵采用变频调速器控制进水量，使该系统始终保持水-气平衡。蒸汽再热器出口采用电动调节阀控制，使蒸汽压力保持在 $0.5MPa$ 左右。上述各主要过载参数的临界控制信号。通过输入/输出接口与工控机相连，由工控机进行集中显示与控制。在控制室内，装有仪表盘，内装工控机和接口板。CRT 显示器、键盘和打印机置于终端桌上供操作人员使用。仪表盘面装有 8 块仪表和 1 个手操器。8 块仪表分别显示或记录气包水位、气包压力、蒸汽总流量、并网蒸汽流量、给水泵出口压力等参数，并用汉字数字报警仪显示工作状态，越限时给出报警信号。手操器用于气包压力调节的自动/手动切换及手动操作。仪表系统和计算机并行工作。当计算机出现故障，可通过仪表和手操器进行手动人工操作，保证系统的监控过程不致中断。给水泵配置专门的电气控制柜，置于现场对水泵进行操作，并在控制盘上装有一组控制按钮对其进行联动控制。这样既适应现场的生产，提高了系统的可靠性，也有刊于整个系统的操作、检修和维护。

（5）主要控制回路系统。由工控机控制。1）对气包水位采用双冲量水位控制。以水位信号作为反馈控制，以蒸汽流量信号作为前馈信号，构成前馈-反馈控制，以提高控制质量。为保证静态工作点的稳定，流量信号经微分环节引入。2）为保证气包安全工作，并实现蒸汽发生系统与蒸汽总管并网，必须保证蒸汽压力稳定，为此设置了蒸汽压力-流量单回路控制。以蒸汽压力为被控量，通过调节蒸汽流量，使蒸汽压力稳定在一定范围。3）2 台给水泵均可在控制室仪表盘和现场操作箱分别进行启动与停止控制。正常时，2 台泵一用一备，当一台泵水压降到低限时，另一台泵将自动启动；当给水泵出口水压高于高限时，能自动停泵。

（6）系统硬件、软件的设计与配置。系统硬件采用工业控制机和 DDZ-Ⅲ型仪表相结合的方式，工控机过程通道信号调理板均按 DDZ-Ⅲ型仪表信号配置。工控机采用工业过程数据采集控制组态软件包，根据监测与自控要求，组态生成监测控制软件。工控机通过在 CRT 显示器上提供画面操作方式，进行监控操作。通过键盘输入，可对画面进行切换，观察各监测参数及其变化趋势，并可对控制点上的参数进行在线修改。为确保自控系统的安全运行，系统操作分为 4 个保密级，按密级方式对操作人员进行不同的授权，以防止非授权人员的干扰或误操作。对于被监测的主要过程量，以历史数据文件的方式记录于硬盘，可按需要打印输出或转贮于软盘保存。

（7）热管余热低压蒸汽系统的生产操作。余热蒸汽系统的生产概况该余热蒸汽系统的安装与 6 号烧结机系统中修同时进行并同时投产。1993 年 12 月 30 日开始产汽。在投产后的两周内，系统运行较为正常，产汽量高达 9～10t/h，蒸汽压力 0.6～0.7MPa，蒸汽温度 170～200℃。但随后辅助设备问题逐步暴露，不仅影响了热管的正常工作，而且也影响了烧结机的生产。整个生产过程可分为 3 个阶段。

（8）设备和生产操作的调整阶段。该阶段的特点是操作人员对系统的操作不熟悉，辅助设备故障较多。曾有因余热蒸汽系统的设备故障而影响烧结机作业的情况出现。这一阶段中出现的主要问题有：阀门泄漏严重，水泵极易损坏，预热器变形、漏水，检测装置受损等。针对上述问题，对设备问题和系统的设计进行了分析、解剖，找出了问题所在，采取了针对性措施。将所有换下的阀门重新进行处理，部分新的阀门使用前也重新进行密封、试压，并于 1994 年 6 月上旬停机将大部分阀门进行了更换，对法兰连接处进行了处理。对部分比较容易损坏的仪表元件进行了更换和改造。对预热器泄漏点进行了焊补，对供水系统的生产操作做了调整和改进。至此，漏水、漏气问题得到了根治，生产趋于正常。

（9）限产阶段。该阶段由于气包的工作压力问题使蒸汽的生产受到了限制。根据设计提供的资料，气包的工作压力≤0.65MPa，而热电厂主管蒸汽压力为 0.5MPa，两者相差不大，给蒸汽的并网造成了一定的困难，并网蒸汽量只有蒸汽总量的 1/3～1/2。而厂内用于预热混合料的蒸汽量通常为 2.5t/h，这样，当蒸汽压力大于 0.65MPa 时，被迫打开放散阀进行放散。蒸汽的放散不仅造成了蒸汽的浪费，而且会产生很大的噪音，污染了环境，因而只有对蒸汽的生产进行限制。在生产操作中，通常采用以下两种方法进行产汽量的控制：一是停开环冷机 2 号鼓风机；二是将气包的水位适当的提高。实践证明，这两种方法都是有效的。但是，限产只是一种迫不得已的临时措施。为了充分发挥余热回收系统的作用，采取了两项措施：

1）委托江苏圣诺热管集团公司对气包的工作压力重新进行校核，得出了可以将气包工作压力提高到 0.85MPa 的结论。然后又按校核结论，请机制公司金江机械厂进行了压力试验后对规程进行了修改，把气包工作压力定为≤0.85MPa，并将气包安全阀的工作压力调至 0.8MPa。这样，解决了因担心蒸汽压力过高可能造成安全事故的顾虑，有利于蒸汽并网输送。

2）接通通往 3～5 号烧结机的蒸汽管道，扩大了蒸汽的使用范围。通过工业试验，证明用蒸汽预热混合料是提高烧结机产量的有效途径。将余热回收产生的蒸汽扩大用于 3～5 号烧结机混合料预热，从工艺上和经济上都是很合适的。

（10）正常生产期。考虑到蒸汽的生产和使用问题已基本解决，蒸汽产量只够自用，无须再向公司蒸汽总管输送，因此，将通往公司蒸汽总管的阀门关闭。若今后 1～5 号烧结机余热回收系统推广投产，蒸汽量有富余时，仍可向公司蒸汽总管送气。原设计蒸汽产量为 6.5～7.5t/h，实际上 10 月份蒸汽产量只有 5.81t/h，但考虑到原设计有两台水预热器，而现在只有一台水预热器在工作，因此可以认为目前该系统已基本达到设计要求。

（11）影响蒸汽产量的因素。烧结矿温度实际生产操作结果表明：当烧结矿温度为350℃时，产汽量达8t/h；烧结矿温度达400℃时，产汽量可达10t/h。随着温度的降低，产汽量也明显降低，有时降到3~4t/h。水预热器的影响原设计安装2台水预热器，在正常生产条件下，可产蒸汽8t/h，但在投产后几个月中，由于水预热器本体受烧结矿辐射热发生变形，使得接头处漏水，只好将水直接送气包，直接进水水温较低，蒸汽产量由此下降2~2.5t/h。目前，通过技术改造，已将预热器焊缝接头移至环冷机风罩外部，使得接头不受烧结矿辐射热，解决了预热器的漏水问题。

冷却废气流量环冷机的2号鼓风机有时因设备自身问题不能正常运转，有时因蒸汽压力过高被迫停转，使废气量减少1/2，因而蒸汽产量只有4.5~5.0t/h。

气包的水位通常控制在气包中心平面上。水位过高时一是产量下降，二是蒸汽湿度较大、温度低，影响蒸汽质量。因此，合理控制气包水位，是保证蒸汽产量和质量的关键。

烧结机生产对蒸汽产量的影响蒸汽产量主要受烧结机操作的影响，水碳波动大，烧结终点控制不好时，蒸汽产量偏低。而蒸汽量只有2~3t/h时，往往是由停机造成的。使用效果：余热蒸汽系统自投产以来，经过长期的操作实践，在运行过程中不断积累操作经验，针对存在的问题进行技术改造，问题逐步得到解决，现运行状况良好，效果极为显著。余热蒸汽系统的蒸汽产量及主要参数见表9-15。由表可以看出：

1）余热蒸汽系统由于较长时间生产不够正常，产汽量只相当于设计值的2/3。经过不断改进，影响蒸汽生产和充分发挥该系统潜力的各种因素已逐步消除，蒸汽产量达到了设计指标。

表9-15 蒸汽产量及参数

阶段	日期	蒸汽总产量/t	并网蒸汽量/t	蒸汽压力/MPa	蒸汽温度/℃	烧结机作业时间/h	蒸汽产量/t·h⁻¹
调整期	1994年3月	1029.13	602.65	0.56	157	476.76	2.16
	1994年4月	1828.38	843.65	0.46	155	334.47	3.06
	1994年5月	1992.96	387.94	0.54	161	446.7	4.46
	1994年6月	2285.79	527.24	0.52	159	605.6	3.77
	本期累计	7136.26	2362.21			2083.53	3.43
限产期	1994年7月	2190.67	413.80	0.46	229	603.24	3.63
	1994年8月	3014.36	1402.71	0.72	208	607.77	4.96
	1994年9月	2454.83	1204.87	0.70	215	467.21	5.25
	本期累计	7659.86	3021.38			1678.22	4.56
正常期	1994年10月	3374.63	3197.15	0.55	171	580.54	5.81
	1994年11月	1675.28	1630.34	0.66	206	247.69	6.76
	本期累计	5049.91	4827.49			828.23	6.10
共计		19846.03	10210.28			4589.98	4.32

2）蒸汽温度比较高，可达到170~210℃，不仅能完全满足预热混合料的需要，也适于作其他用途。

3）蒸汽的压力受烧结机生产的影响较大，烧结机生产不正常时，产汽量少，蒸汽压力也低。但总的来说，蒸汽压力值均在 0.5~0.7MPa，达到了设计指标。

（12）结论。

1）6 号烧结机热管余热蒸汽系统所产的蒸汽可用于预热混合料，也可与公司蒸汽主管联网，而且从蒸汽的生产到并网输出，全部采用计算机自动控制，因此该系统技术水平高。

2）蒸汽发生器、预热器、蒸汽再热器、计算机自动控制系统等主要设备运行可靠，设备维修方便、简单、工作量小。

3）用蒸汽预热混合料可以提高烧结矿的产量，但若使用公司热电厂蒸汽则成本高，余热蒸汽预热混合料，具有良好的经济性。

4）本系统采用先进的热管技术，热交换效率高，系统简单、可靠，适应性强，具有很好的推广价值。

B 宝钢副产煤气利用技术的开发与创新

（1）煤气回收与使用。

1）转炉煤气极限回收技术。转炉煤气回收占整个转炉工序能源回收的 80% 以上，是实现负能炼钢的关键环节。此技术基于冶金反应理论，建立了转炉煤气回收量计算模型；应用回归分析统计方法，得出转炉煤气回收率与铁水比、铁水含碳量等原料条件之间的关系，转炉煤气回量和供氧强度的关系，空气吸入系数和煤气热值的关系，炉气中 CO 含量与转炉熔池温度、压力、钢水含碳量之间的关系，转炉煤气回收量与回收限制性条件（CO，O 含量）的关系，推算出目前生产条件下转炉煤气的回收极限。此技术对转炉吹炼和煤气回收提出了定量化的指导，对于提高转炉煤气回收潜力起到了一定作用。

2）转炉煤气柜双柜运行系统。在没有国内外经验可借鉴的情况下，宝钢首创并建成了完整的转炉煤气柜双柜并网运行系统。该技术对煤气柜的活塞配重设置不同，使主柜和副柜分 4 个压力级差。正常情况下，2 座转炉煤气柜按直列方式运行；利用 2 座柜的活塞配重差，以及煤气柜入口切断阀的开闭，来控制煤气柜位和煤气的走向，主柜优先进气和供气，副柜的煤气则通过主柜外供气。转炉煤气双柜运行技术开发并投入应用后，经过生产运行中的实践，加以完善和提高，制定出合理的参数。运行中煤气柜以机械构造和电气控制结合，活塞交替升降，动作准确，完全符合工艺要求，实现了全自动运行，使转炉煤气回收率提高 15m/t 以上。

3）焦炉煤气按质分流分供技术。冷轧单元要求焦炉煤气中 HS 的含量必须 ≤4200 mg/m³，当化工煤气精制设备中任何一套年修时，因 HS 含量不易控制致使所供冷轧机组只能停产。宝钢冷轧建成投产十几年来，一直受此问题困扰。通过对煤气管网的研究，开发了焦炉煤气按质分流分供技术：当一套煤气精制年修或脱硫装置故障时，可将处理不了的焦炉煤气压送至另两套煤气精制进行处理，并通过水封阀组按送出焦炉煤气的 HS 含量超标与否进行切换式分流；充分利用焦炉煤气管网之间相对独立又互有联系的布局特点，将 4 个冷轧单元串为整体，配以水封阀组的切换，这样不论在何种运行方式下，均可以优先向冷轧单元供应质量合格的焦炉煤气，从根本上解决了焦炉煤气 HS 含量对冷轧单元的影响问题。

4）燃用纯高炉煤气的 CCPP 机组关键技术。宝钢建成了世界上首台燃用低热值纯高炉煤气的燃气-蒸汽联合循环热电机组。该机组成功解决了稳定燃烧100%低热值煤气的技术问题；解决了高压煤气压缩机振动、低压煤气压缩机漏煤气、高温高压煤气阀门卡涩和保护系统不完善等影响机组运行的重大技术设备问题；发明了联合循环发电机组运行效率在线解析方法与系统，解决燃烧室轻油枪内剩油结焦的专利向原国外制造商输出，并与日本川崎重工签订了合作研制技术转让协议。

该机组是目前世界上燃用煤气热值最低的机组，整体装置和技术具有国际一流水平。该机组投运后，对高效利用高炉煤气、实现低品质能源向高品质能源的转换起到了巨大作用，并开辟了大型钢铁企业合理利用能源的新途径。

5）煤气混合与加压技术。为了满足热值调节的需要、充分利用各副产煤气，宝钢广泛地采用了混合煤气作气源，通过煤气混合装置和加压站将不同的煤气混合后供给用户。不同于国内同类企业广泛采用四蝶阀混合煤气系统，宝钢在煤气混合技术方面完善并形成了自己的技术，主要包括煤气混合过程控制策略、煤气混合的防反窜控制、煤气混合过程控制策略。这些技术的应用，不但满足了钢铁主生产对煤气气源可靠性和稳定性的要求，更使得宝钢具备了灵活多样的煤气平衡手段。

6）储运设施安全运行相关技术。宝钢在引进消化干式煤气柜技术的基础上，通过不断摸索，在煤气柜和管道技术方面形成了系列化集成专业技术。煤气柜系列技术带动可隆柜活塞导轮、威金斯柜密封橡胶等关键设备成功实现了国产化，并提高了煤气柜的安全性能和操作性能，现有3种类型的煤气柜运行实绩均不同程度地超过了国内外煤气柜的标准密封寿命；管道防煤气泄漏等技术为燃气管网的安全提供了有力的保障，在业内引起很大关注；还提出煤气管道托补和沉降处理技术，可不停役处理大口径煤气管道的腐蚀和沉降问题；并实现了在线处理煤气柜基础沉降。

（2）宝钢副产煤气利用与减排效果。

1）提高了燃气系统技术水平。从与国内外相关技术的比较来看：宝钢的转炉煤气柜双柜运行系统在可靠性和经济性方面都远远优于常规的单柜系统；煤气柜活塞导轮、密封橡胶等关键设备克服了同类技术的缺陷，高炉和焦炉煤气柜寿命超过国外同类设备最先进指标15%，转炉煤气柜的寿命超过最先进指标12.5%；能源中心实时监控及信息管理技术高效、柔性，使煤气系统生产过程实现了实时、动态的高度集中管控，达到了20世纪90年代末的国外先进水平，并进行了技术输出；数学模型、数据仓库的应用，丰富了燃气系统的信息化管理技术的内涵。宝钢燃气轮机是目前世界上燃用煤气热值最低的机组，主要运行指标均超过国际上第二套同类型发电机组。一些在工程实践中形成的关键技术，已向马钢、南钢、梅钢等多家企业输出。

2）节能减排效益明显。由于坚持煤气资源开发与节约并重，宝钢形成了完善的副产煤气综合利用体系，高炉煤气放散率降低至1.5%左右，焦炉煤气实现零排放，吨钢转炉煤气回收率提高到99m^3（28.3kg标准）以上，居国内领先并达到国际先进水平；近3年创直接经济效益56741.57万元，减排二氧化碳3454508t、二氧化硫13460t（与1995年相比）。燃气轮机被上海市列为废气综合利用环保型机组，实现了节能减排和环境保护的双重效果，为宝钢建成国家环境友好企业发挥了重要作用。

C　某钢铁企业热风炉烟气的余热利用情况

我国钢铁工业的快速发展，在一定程度上是以消耗大量资源和污染环境为代价的。钢铁工业的能源消耗总量持续上升，炼铁厂是钢铁企业能耗大户，占企业能耗的 40% 左右，所以炼铁厂的节能降耗工作逐渐引起业内人士的关注。

（1）热风炉烟气资源情况。铁产量 800 万吨的钢铁联合企业，热风炉每小时的烟气总量达 100 万立方米以上，温度在 270℃ 以上，余热资源巨大。某钢企热风炉烟气的余热资源情况如表 9-16 所示。

表 9-16 热风炉烟气余热资源情况

高 炉	烟气量/m³·h⁻¹	温度/℃
1 号 1260m³	18×10⁴	270
2 号 450m³	8×10⁴	270
3 号 2500m³	27×10⁴	270
4 号 2500m³	27×10⁴	270
5 号 2500m³	27×10⁴	270
6 号 450m³	8×10⁴	270
7 号 450m³	8×10⁴	270
合 计	123×10⁴	

由于高炉热风炉型号较多，产生的废气量差别较大，因此各热风炉烟气的余热利用方式需要结合现场实际情况进行研究，以达到高效利用、节能减排的目的。

（2）喷煤制粉干燥气。热风炉烟气成分中仅有残余氧气，且温度适宜，是喷煤制粉过程中的最佳干燥气体。某钢企共有 3 个制粉站，消耗热风炉烟气量如表 9-17 所示。

表 9-17 喷煤制粉消耗热风炉烟气情况

制粉系统	废气来源	烟气消耗量/m³·h⁻¹	煤粉产量/t·h⁻¹
东区制粉站	3 号高炉	7.5×10⁴	90
西区新系统制粉站	5 号高炉	4.5×10⁴	55
西区老系统制粉站	2 号高炉	3.8×10⁴	45
合 计		15.8×10⁴	190

喷煤制粉用热风炉烟气的节点通常在热风炉换热器之前，经过管道输送到喷煤烟气升温炉前的温度为 200~220℃，制备 1t 煤粉需要消耗热风炉烟气 800~850m³，喷煤制粉使用的烟气总量占热风炉烟气总量的 10%~12%。

（3）热风炉助燃空气、煤气预热。随着炼铁事业的发展，高炉利用系数的逐步提高，降低燃料消耗显得尤为重要。降低燃料消耗的主要措施有提高风温、提高煤气利用率和改善原料条件等。当前，我国高炉风温普遍偏低，提高风温节焦增铁还有一定的潜力。高风温是一项综合技术，一是热风炉要有持续稳定的提供风温的能力；二是高炉要能够用得上高风温；三是要解决烧炉用煤气热值低或富氧燃烧的问题。国外大多数高炉为了满足热风温度 1200~1300℃ 的需要，一般多采用高发热值煤气富化高炉煤气来提高拱顶温度。但我国钢铁企业富煤气普遍短缺，很难满足炼铁生产要求，而低热值的高炉煤气有剩余。利用单一低热值的高炉煤气来实现高风温，已成为近年研究和探讨的课题。热风炉排入烟道的烟气温度虽只有 200~300℃，但烟气量大，带走的热量相当多。20 世纪 70 年代末，国外开始研究利用热风炉烟气的热量来预热助燃空气和煤气，不但节能，而且可以弥补因高炉燃料比降低以后煤气热值降低所带来的燃烧温度偏低问题，该技术发展十分迅速，国内各钢厂也在这方面做出了努力，各种预热技术在高炉热风炉上得到应用，积累了宝贵的实践经验。

某钢企 1~7 号高炉热风炉全部采用了助燃空气、煤气预热技术，其中 1 号、3 号高炉由于场地狭窄等原因，采用的是分体式热管换热装置，其余高炉采用的是整体式热管换热装置。下面以 1 号高炉热风炉为例，介绍热风炉助燃空气、煤气预热技术。

（4）具体思路。1 号高炉热风炉余热利用方式是采用分体式热管换热器，利用烟气余热来预热高炉煤气和助燃空气。分体式结构的特点是布置灵活，可根据现场的情况将烟气箱体、煤气箱体及空气箱体分开布置，中间用管道连接在一起。整个设备由烟气侧箱体、烟气侧换热管排，煤气侧箱体、煤气侧换热管排，空气侧箱体、空气侧换热管排以及中间连接管 4 部分构成。设备一般采用立式布置结构，传热元件垂直布置。整个设备热侧介质为热风炉尾部烟气，冷侧介质为高炉煤气和助燃空气。由于高炉煤气为易燃易爆介质，在设备中不允许烟气和煤气间发生泄漏而混合，采用分体式结构可将烟气侧吸热换热面和煤气侧以及空气侧放热换热面分别布置在彼此独立的通道内。烟气侧吸热面分为两部分，吸收的烟气热量通过连通管分别传递给煤气侧放热面和空气侧放热面，进而对流放热面以对流形式将热量传递给煤气和空气。

（5）实施方案。

1）1 号高炉热风炉原始设计参数。

烟气侧参数：介质：高炉热风炉烟气；烟气流量：$18 \times 10^4 \mathrm{m}^3/\mathrm{h}$；烟气进口温度：270℃。

空气侧参数：介质：助燃空气；空气流量：$9 \times 10^4 \sim 10 \times 10^4 \mathrm{m}^3/\mathrm{h}$；空气进口温度：10~25℃；空气出口温度：如表 9-18 所示。

煤气侧参数：介质：高炉煤气；煤气流量：$12.6 \times 10^4 \mathrm{m}^3/\mathrm{h}$；煤气进口温度：36~60℃；煤气出口温度：如表 9-18 所示。

表 9-18　热力计算表

	体积流量 /$\mathrm{m}^3 \cdot \mathrm{h}^{-1}$	进口温度/℃	出口温度/℃	阻力/Pa	回收热量/kW
烟气	18×10^4	270	160	337	—
煤气	12.6×10^4	40	140	527	4018
空气	9.5×10^4	20	150	446	4052

2）设备主要材质及工作介质。烟气侧和煤气侧以及空气侧换热面翅片管基管均选用 QB38mm 20 号（GB 8163）无缝钢管，翅片选用 08Al 材料。沿气体流向每两排管与上下直径 133mm 20 号（GB 8163）两个集箱管连接，形成一组换热元件，换热元件沿气流方向错列布置。为了调节换热管壁温度，换热元件纵向按烟气温度分多段设计，每段采用不同的翅片参数。换热器换热流程及设备平面布置如图 9-14 所示。

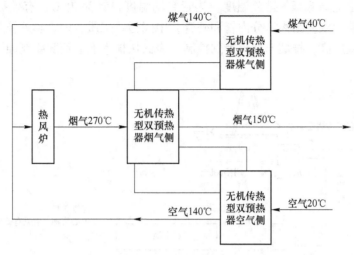

图 9-14 换热流程简图

3）设备热力计算结果。设备热力计算结果如表 9-18 所示，1 号高炉节能率为 5%。

（6）经济效益。改造前 1 号高炉热风炉煤气消耗 $12.6 \times 10^4 m^3/h$，助燃风、煤气双预热后，煤气消耗约 $12 \times 10^4 m^3/h$，小时节约煤气至少 $0.6 \times 10^4 m^3/h$。能源管控中心发 $1kW \cdot h$ 电需要高炉煤气约 $4.5 m^3/(kW \cdot h)$，则小时可以多发电量为：

$$6000 \div 4.5 = 1333(kW)$$

全年工作时间按 330 天，则全年可多发电：

$$1333 \times 24 \times 330 = 1056 \times 10^4 (kW \cdot h/a)$$

电采购价 0.5 元/$(kW \cdot h)$，则全年减少外购电经济效益为：

$$0.5 \times 1056 = 528 \times 10^4 (元/a)$$

静态投资回收期（工程总投资约 350 万元）：

$$350/528 \times 12 = 8(个月)$$

生产热水供职工洗浴。

某钢企 4 号 $2500 m^3$ 高炉热风炉投产时采用了空气单预热技术，而换热器后烟气温度仍保持 210℃ 左右，这部分烟气余热数量很大，直排到大气中，造成了能源浪费。利用该余热生产热水供职工洗浴，可节省原洗浴用水的蒸汽消耗，无疑是进一步降低炼铁工序能耗的重要措施。即在空气预热器与烟囱之间，加装余热利用的热水发生器生产热水供职工洗浴，高炉烟气从 210℃ 降至 150℃，可从烟气中回收 25100GJ/h 的热量，按照进水温度为 10℃ 计算，该设备可生产 80℃ 的热水 50t/h 以上。

（7）烟气余热生产热水工艺流程。从热风炉出来的废热烟气，经空气预热器后降至约 210℃，通过加装热水发生器，生产 80℃ 的热水，烟气温度再降至 150℃，经引风机由烟囱排入大气。工艺流程如图 9-15 所示。

（8）余热回收主要设备。余热回收的主要设备是热水发生器。热水发生器的核心元件是热管，工作原理如图 9-16 所示。4 号高炉热风炉的低温烟气余热适合环形热管技术。低温受热面采用环形热管作为传换热元件，近 4m 长环形热管在烟气通道中斜放，可以有效防止灰尘在翅片上面沉积；热管两端采用汽水集箱管连接，总热交换方式采用逆向换热,可最大程度上降低烟气排放温度。热管启动温度设计为 75℃,有效提取低温烟气的热量。环形热管为双壁结构,分内管和外管,中间为热工质,内管和外管存在温度差,外管表面比内管温度高,排烟温度可得到控制,表面从根本上避免酸露腐蚀,提高整个设备使用寿命。

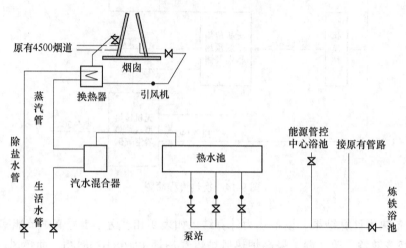

图 9-15　烟气余热生产热水工艺流程图

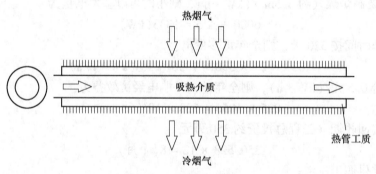

图 9-16　热管工作原理

(9)热水发生器技术参数。热水技术发生器技术参数如表 9-19 所示。

表 9-19　热水发生器技术参数

参　　　数	设计数值	备　　注
烟气量/$m^3 \cdot h^{-1}$	20×10^4	实测值
热水发生器进烟温度/℃	210	实测值
热水发生器排烟温度/℃	150	设计值
热水产量/$t \cdot h^{-1}$	≥ 50	计算值
进水温度/℃	10	给定值
供水温度/℃	80	设定值
换热功率/kW	5280	计算值

经济项目实施后，4 号高炉热风炉排烟温度由原来的 210℃ 降为 150℃，同时每小时多生产了 80℃ 的热水 50t 以上。将热水分供到多个浴池，可供 2600 余人进行洗浴，小时回收的热能相当于 860kg 标准煤。

蒸汽加热冷水到 80℃ 热水的效率为 50t/h，80℃ 热水费为 15 元/t，自耗电约 100kW·h。系统可全年运行，则产热水效益为：

$$(50 \times 15 - 100 \times 0.5) \times 24 \times 360 = 605 \times 10^4 (元)$$

节约蒸汽 5t/h，电费 0.5 元/(kW·h)，节约蒸汽发电效益为：

$$5 \times 1000 \div 10 \times 0.5 \times 24 \times 360 = 216 \times 10^4 (元)$$

即每年多发电效益为 216 万元。

年经济效益为：

$$605 + 216 = 821 \times 10^4 (元)$$

静态投资回收期（工程总投资约 500 万元）：

$$500 \div 821 \times 12 = 7.3 (个月)$$

高炉热风炉烟气余热利用方式优化后，烟气资源利用情况如表 9-20 所示。

表 9-20 热风炉烟气资源利用情况

高　炉	烟气量/m³·h⁻¹	温度/℃	备　注
1 号 1260m³	18×10^4	270/150	
2 号 450m³	8×10^4	270/150	从换热器前引走 3.8m³ 至喷煤西区老系统制粉站
3 号 2500m³	27×10^4	270/150	从换热器前引走 7.5×10^4 m³ 至喷煤东区制粉站
4 号 2500m³	27×10^4	270/150	换热器后生产热水 50t/h
5 号 2500m³	27×10^4	270/150	从换热器前引走 4.5×10^4 m³ 至喷煤西区新系统制粉站
6 号 380m³	8×10^4	270/150	
7 号 300m³	123×10^4		

由表 9-20 可知，通过总体规划，所有高炉热风炉烟气的余热做到了全部利用，合理利用热风炉的中低温烟气余热，对节能减排、降低吨铁成本尤为重要。

1）喷煤制粉使用热风炉烟气作为干燥气是通常使用的一种方式，用量约为总发生量的 10%。

2）利用热风炉烟气预热助燃空气和煤气可以大幅度提高热风温度，见效最快，整体式换热器结构紧凑，分体式换热器布置灵活，均能满足生产需要。

3）热风炉烟气生产洗浴热水是烟气余热利用的一种补充形式，可根据企业实际情况参考选用。

9.3.2　焦化工序焦炭显热

钢铁企业的焦化工序以生产焦炭为主，同时也会产生副产品——焦炉煤气，而焦炉煤气中含有大量有价值的化工产品。随着焦炉煤气净化技术的不断提高以及焦炉煤气制甲醇产业链的不断延伸，焦化生产的整个产业链需要消耗大量的蒸汽。焦化生产会产生大量的余热，主要包括焦炭显热、焦炉煤气显热以及焦炉烟气显热，约占钢铁生产总余热资源的 7%。

相比湿法熄焦的浪费能源、污染环境以及生产的焦炭质量差，干法熄焦在节能、环保和改善焦炭质量方面的表现均优于湿熄焦。目前，已有钢铁企业采用干熄焦技术回收高温焦炭的显热，用以产生蒸汽或者采用蒸汽轮机发电，但总体而言，干熄焦技术在我国钢铁企业的普及率还很低。据统计，目前我国钢铁企业对焦炭显热的回收利用率仅有 11.2%。干熄焦技术被认为是钢铁企业回收焦化工序余热最有发展潜力的技术，该技术已在国外被广泛应用。其基本原理是利用冷的惰性气体，在干熄炉中与赤热红焦换热从而冷却红焦。吸收了红焦热量的惰性气体将热量传给干熄焦锅炉产生蒸汽，被冷却的惰性气体再由循环风机鼓入干熄炉冷却红焦。干熄焦锅炉产生的蒸汽并入企业蒸汽管网或用于驱动汽轮机发电。采用干熄焦技术可回收 80% 的红焦显热，平均每熄 1t 焦炭可回收 3.9MPa、450℃的蒸汽 0.45~0.6t，节能降耗作用十分明显，同时还可降低焦炉强黏结性的焦、肥煤的配比，改善焦炭质量，提高焦炉的生产能力。生产实践表明，大型高炉采用干熄焦焦炭可使其焦比降低 2%。对于焦炭年产量 100 万吨的钢铁企业而言，采用干熄焦技术每年可减少8 万~10 万吨动力煤的消耗。对焦炉煤气显热的回收利用主要采用煤调湿技术，通过焦炉煤气上升管散发的显热来预热和干燥焦炉的入炉煤。目前该技术已比较成熟，余热回收的效果也较好，但由于该技术的普及率较低，以致焦炉煤气显热的总回收利用率仍较低，仅为 10.5%。焦炉烟气显热因为其品位低，回收利用的价值不太大，目前基本上没有回收利用。

图 9-17 是干熄焦工艺流程示意图。炭化室中推出的 950~1050℃红焦经导焦栅落入运载车上的焦罐内。运载车由电机车牵引至提升机井架底部，由提升机将焦罐提升至干熄炉炉顶，通过装入装置将焦炭装入干熄炉。炉中焦炭与惰性气体直接进行热交换，冷却至250℃以下。冷却后的焦炭经排焦装置卸到皮带输送机上，再经炉前焦库送筛焦系统。

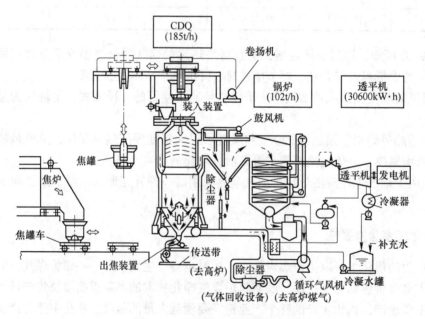

图 9-17 干熄焦工艺流程示意图

180℃的冷惰性气体由循环风机通过于熄炉底的供气装置鼓入炉内，与红焦炭进行热交换，出干熄炉的热惰性气体温度约为850℃。热情性气体夹带大量的焦粉，经一次除尘器进行沉降，气体含尘质量浓度降到6g/m³以下，进入废热锅炉换热，在这里惰性气体温度降至200℃以下。冷惰性气体由废热锅炉出来，经二次除尘器，含尘质量浓度降到1g/m³以下后由循环风机送入熄炉循环使用。废热锅炉产生的蒸汽或并入厂内蒸汽管网或送去发电。

9.3.2.1 工艺特点

（1）节能。干馏每吨焦炭需消耗3350MJ热量，而炽热焦炭的显热达1880MJ，占炼焦耗热量的一半。按目前的技术条件焦炭显热的利用率可达80%以上。这部分能量相当于炼焦煤能量的5%。平均每熄1t焦炭可回收3.9MPa，450℃蒸汽0.45~0.55t。国外某公司曾对其企业内部炼铁系统所有节能项目进行效果分析，结果干熄焦装置节能占总节能的50%。根据宝钢的生产实绩，平均可降低能耗（标准煤）50~60kg/t左右，从而促进吨钢能耗的降低。图9-18所示为日本某钢铁公司炼焦炉和CDQ的热收支，可见，CDQ可回收炼焦炉49.4%的热量。

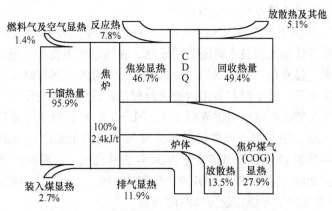

图9-18 日本某钢铁公司炼焦炉和CDQ的热收支

（2）减少环境污染。炼焦若采用湿熄焦，每熄1t红焦就要将0.45t含有大量酚、氰化物、硫化物及粉尘的蒸汽排向天空，严重地污染了大气及周围的环境。这部分污染占炼焦对环境污染的三分之一。干熄焦利用惰性气体，在密闭系统中将红焦熄灭，并配备良好的除尘设施，基本上不污染环境。此外，由于干熄焦能够产生蒸汽，并可用于发电，因此，避免了生产等量蒸汽而燃煤对大气的污染（5~6t蒸汽需要1t动力煤），尤其减少了CO_2、SO_2向大气的排放。对规模为100万吨/a的焦化厂而言，采用干熄焦技术，每年可以减少8万~10万吨动力煤燃烧对大气的污染，即每年少向大气排放144~180t烟尘、1280~1600t SO_2，特别是少向大气排放8万~10万吨CO_2，减少了温室效应。

（3）改善焦炭质量。干熄焦与湿熄焦相比，焦炭M_{40}提高3%~8%，M_{10}改善0.3%~0.8%。这对降低炼铁成本，提高生铁产量极为有利，尤其对采用喷煤粉技术的大型高炉，效果更加明显。国际上公认：大型高炉采用干熄焦炭可使焦比降低2%，高炉生产能力提高1%。按当时的市场价格，每吨干熄焦炭对炼铁的延伸效益是22元。在保持原焦炭质量不变的条件下，采用干熄焦可以降低强黏结性的焦、肥煤配入量10%~20%，有利于保护资源，降低炼焦成本。

（4）节水。采用传统的湿熄焦，每熄灭 1t 红焦要消耗 0.45t 水。宝钢采用干熄焦工艺，在将环境粉尘控制在小于 30mg/m³ 的同时，也节约了数量可观的熄焦用水。依据其 2003 年的实绩，平均节水 0.43t/t。

（5）投资和能耗较高。干熄焦与湿熄焦相比，确实存在投资高及本身能耗较高的问题。例如，干熄焦装置工程费投资在 110~120 元/t，而传统湿熄焦装置工程费投资为 10~15 元/t。干熄焦本身能耗约为 29kW·h/t（同时，干熄焦可回收能源 168kW·h/t），湿熄焦约为 2kW·h/t。但干熄焦带来的经济效益、环境效益、资源效益和节能效果完全可以抵消其投资高和本身能耗高带来的不足，特别是随着国家对环保要求越来越严格、能源价格越来越高、能源供应越来越紧张的情况下，干熄焦的优点越发地显著。

9.3.2.2　干熄焦技术在国内的发展

自 20 世纪 80 年代宝钢引进国外的干熄焦技术至 2000 年，我国的干熄焦技术未能大量推广的主要原因是：各企业自行引进，没有组织协调和整合，造成重复引进；没有组织设备制造厂介入国产化；当时我国能源价格低，使干熄焦节能效果不明显，投资回收期长；没有计算干熄焦对炼铁系统的延伸效益。

1999 年年底，在国家的支持下，国内唯一一家实施干熄焦技术与设备国产化和推广干熄焦的鞍山华泰干熄焦工程技术有限公司成立。在国家大力支持下经过近 5 年的辛勤劳动，国产的电机车、提升机、余热锅炉、旋转焦罐、运载车、热管结水预热器、旋转密封阀、电机式振动给料器以及干熄焦专用的耐火材料已经成功地用在干熄焦工程上。实践证明，国产化干熄焦装置的投资比引进降低 1/3，国产化的专有和非标设备以及耐火检料的价格比引进节约 55%。国产化干熄焦装置的主要技术经济指标已达到国际先进水平。国产化示范工程——马钢 125t/h 干熄焦装置 2004 年 3 月底投产，其国产化率为 90%。通钢 100t/h 干熄焦装置 2004 年 7 月投产，其国产化率达 97%。2008 年，我国投产的干熄焦装置达到 49 套，干熄焦的生产能力超过 4800 万吨。

9.3.2.3　应用案例

八钢焦化建有 4 座 55 孔 JN60 型焦炉，设计周转时间 19h，年产能 220 万吨，配套建设 2×140t/h 干熄焦装置。八钢干熄焦生产采用了国内比较成熟可靠的工艺装备，红焦输送系统均为自动对位和联锁控制，采用旋转焦罐、装入料钟、给水预热器及振动给料，改善了炉内焦炭粒度的分布均匀性，从而提高了干熄炉的冷却效率。生产实践表明，八钢运用干熄焦技术后，焦炭质量明显提高，这是因为焦炭在干熄炉内继续焖炉 1.5~2.0h，有利于焦炭质量的改善，而且干熄焦处理的焦炭其冷却较为缓慢、均匀，内部热应力小，焦炭网状裂纹减少，气孔率低，真密度增大。干熄焦炭与湿熄焦炭对比，其 M_{40} 可提高 4%，M_{10} 可降低 0.3%，焦炭热态性能提高，反应性降低 2% 以上。由于干熄焦技术带来的焦炭质量提升，满足了八钢 2500m³ 高炉生产需求，运用干熄焦炭后，可使高炉焦比下降 2% 以上，提升高炉生产能力提高约 1%。

9.3.2.4　八钢干熄焦的操作运行存在的问题

干熄焦系统投产初期系统设备故障多，系统运行不稳定。对影响干熄焦系统的主要因素进行分析。

（1）1 号、2 号干熄焦的差异制约产能提升。1 号干熄焦、2 号干熄焦虽然产能设计相同，但干熄炉尺寸有差异。1号干熄炉冷却段为"矮胖型"，2号干熄炉冷却段为"瘦长型"，1号、2号干熄焦炉设计参数如表9-21所示。

表 9-21 1号、2号干熄炉设计参数对比

参　数	1号干熄焦炉	2号干熄焦炉
干熄炉高/m	19.53	20.62
炉口内径/m	3.0	3.1
预存段内径/m	8.74	8.04
预存段高/m	12.79	13.18
冷却段内径/m	9.70	9.0
冷却段高/m	4.89	5.52
斜道牛腿转高/m	1.768	1.846
斜道过风面积/m²	36.36	33.0
环形烟道内径/m	1.158	1.158
IDC 过风面积/m²	23.18	19.61

由于1号、2号干熄焦设计尺寸差别，造成操作参数不统一、差异较大，给标准化规范操作增加了控制难度，尤其是2号干熄炉系统的运行阻力要明显大于1号干熄炉，在增加产能的情况下其温度、压力控制明显恶化，制约了提高生产负荷的能力。

（2）干熄炉预存段压力波动大造成环境污染及焦炭烧损。在产能提升时，预存段压力不能有效控制在规定范围内，同时还存在干熄焦预存段压力调节阀执行器动作滞后问题，波动最大在 $-300\sim300Pa$，严重影响干熄焦整体工况参数的控制，造成装焦时大量循环气体和烟尘从干熄炉装焦口冒出或大量空气吸入干熄炉引起焦炭燃烧，造成环境污染和焦炭烧损。

（3）2号干熄炉易产生浮焦的风险。由于2号干熄炉内阻力大，当系统温度偏高，在加大循环风量降温时产生干熄炉斜道口压力偏大，锅炉入口吸力偏大，使焦炭进入斜道和IDC通道。尤其在焦炉提高产能后，斜道容易发生浮焦现象，焦炭颗粒进入IDC通道，并通过IDC进入锅炉，会引起干熄焦锅炉爆管。

（4）排焦温度波动大的影响。由于设备故障、系统控制不合理、排焦量不均衡以及干熄炉内焦炭偏析等问题，造成排焦温度不均匀、不稳定，会对皮带造成烧损。

9.3.2.5　干熄焦工艺运行的调整及优化

（1）采用差异化操作。针对八钢1号、2号干熄焦因为结构尺寸不同而产生的系统阻力差异较大问题，两个干熄焦系统采用了不同的操作控制方式。根据实践摸索确定了差异化操作：2号干熄炉数在每班出46炉以上时，由于循环风量的增加，排焦量的增加，干熄焦系统阻力增加，预存段压力波动也随之增加，通过降低生产负荷，减少预存段和锅炉入口压力波动；1号干熄炉在每班出炉数不超过50炉的情况下，干熄焦系统压力基本正常。因此，规定2号干熄炉数每班不超过46炉。在产能提升的情况下，在1期焦炉的检修时段，将2期焦炉的焦炭送往1号干熄炉干熄，利用1号干熄炉生产能力大的优势，解决了制约2号干熄炉生产的问题。

（2）干熄炉预存段压力控制措施。

1）2号干熄焦每班出炉数控制在46炉内，1号干熄炉每班出炉数控制在50炉内，风料比控制在1350m³/h以下。每班出炉在46炉，循环风量最高控制在155000m³/h至160000m³/h。1号、2号干熄焦系统操作参数边界如表9-22所示。

2）在未装焦时预存段压力控制在±50Pa之内，锅炉入口压力在-0.50～-0.80kPa。当打开炉盖进行装焦作业时，将预存段压力降低至（-120±30）Pa，红焦装完炉盖关闭，预存段压力恢复正常值。

3）干熄焦料位控制在伽马射线上4炉，料位做到稳定，保证预存段压力不因料位的过低产生波动。

4）生产正常情况下，预存段压力采取自动控制模式，在自动控制过程中预存段压力波动大，改为手动调整，正常后改为自动控制。

5）自动控制过程中，PID参数的设定，由专人进行调试、确认；根据调试结果，运行班统一操作方法。

6）在压力波动大时，可调整预存段压力旁通阀开度，也能有效控制预存段压力波动。

表 9-22　1号、2号干熄焦系统操作系数

项目	循环气体风量控制/m³·h⁻¹		压力控制/Pa		温度控制/℃			
	最小值	最大值	预存段	锅炉入口	冷却段下段/T3 干熄炉	冷却段上段/T4	锅炉入口温度	排焦温度
1号干熄焦	100000	200000	-130~50	-1000~-500	入口温度+10≤T3≤T4	≤350	≤960	≤200
2号干熄焦	100000	155000						
正常操作	按理论装炉与风量控制曲线操作						800~930	140±20

（3）预防干熄炉斜道口产生浮焦的措施。

1）根据生产负荷合理控制循环风量。干熄焦循环风量和风速的关系如表9-23所示。

表 9-23　干熄焦循环风量和风速的关系

循环风量/m³·h⁻¹	干熄炉冷却段流速/m·s⁻¹		干熄炉IDC风速/m·s⁻¹	
	1号	2号	1号	2号
190000	0.71	0.83	2.277	2.691
185000	0.70	0.81	2.217	2.621
180000	0.68	0.79	2.157	2.550
175000	0.66	0.76	2.097	2.479
170000	0.64	0.74	2.037	2.408
165000	0.62	0.72	1.977	2.337

循环风量 /m³·h⁻¹	干熄炉冷却段流速/m·s⁻¹		干熄炉 IDC 风速/m·s⁻¹	
	1 号	2 号	1 号	2 号
160000	0.60	0.70	1.917	2.266
155000	0.58	0.68	1.857	2.196
150000	0.56	0.66	1.798	2.054
145000	0.55	0.63	1.738	2.054
140000	0.53	0.61	1.678	1.983
135000	0.51	0.59	1.618	1.912

2）2 号干熄焦热管换热器能力不足，造成循环气体出口风温达 140℃，是 2 号干熄焦循环风量升高的重要原因。利用 2 号干熄焦年修时间，对热管换热器加装一组换热管，循环气体出口风温出降至约 120℃。

3）为防止大风压波动，每次调整风量均匀平稳，调整范围控制在 3000m³/h 以内，低于规定值（5000m³/h）。

4）加强系统负压段密封的检查，防止空气进入系统造成焦炭烧损而产生的锅炉入口及排焦温度升高，致使循环风量增加的情况发生。

（4）稳定排焦温度。

1）干熄炉冷却段平行圆周温度、上下部（T3、T4）温度控制重点是防止焦炭在炉内出现偏析，平行圆周温差<100℃。防止焦炭在炉内出现偏析的处理手段是调节干熄炉底部出口的调节棒插入深度，为此要求由专人负责小量调节，通过长周期观察结果再继续进行调节。

2）保持稳定的排焦量，按照振动给料器设备测定曲线确定排焦赫兹，在正常生产中保持料位稳定，排焦量就按 115t/h 计算。排焦赫兹的增减，在 115t/h 基础上进行推算，稳定料位，将料位控制在 12~13m，减少料位波动，降低干熄炉内循环气体阻力波动，从而稳定风量。

3）2 号干熄炉冷却段原砌体磨损严重，利用年修期间对冷却段重新砌筑，确保干熄炉内东西南北四个方向下料均匀，从而保证了风量在干熄炉均匀换热。

（5）优化操作效果分析。通过对干熄焦操作制度的优化改进，干熄焦工艺运行稳定，各运行参数基本正常：

1）确定 1 号、2 号干熄焦每班出炉数上限后，系统运行趋于稳定，锅炉入口温度和压力明显的好转，温度小于 930℃，吸力稳定在 0.7~0.9kPa。

2）通过对循环风量和风料比的合理控制，在干熄炉装红焦过程中，预存段压力控制在 -120Pa 时，预存段压力的变化，不会产生锅炉入口压力的超标现象。干熄焦预存段压力波动得到了有效控制，干熄炉斜道浮焦现象已消除。

3）有效解决了焦炭偏析、排焦温度波动大的问题，干熄炉冷却段平行温度、上下段的温差也控制在合理范围，排焦温度控制在 150℃ 以下。八钢焦化干熄焦系统经过操作优化实践，实现了干熄焦系统的稳定运行，各项参数指标完全符合运行工艺要求，年平均干熄率92%以上（包括年修与定修影响），满足了高炉对干熄焦炭的需求，八钢干熄焦工艺产生了良好的经济效益。

9.3.3　烧结矿余热及应用案例

烧结矿余热资源高效回收与利用是降低烧结工序能耗的主要途径之一，是目前我国钢铁余热余能回收利用的重点，因此被列入国"十一五"和"十二五"期间863计划和科技支撑计划项目。目前，世界上各国的烧结矿余热资源回收与利用主要是通过鼓风式环冷机或带式冷却机实现的，其存在着烧结矿余热部分回收、热载体（出冷却机的冷却空气）品质较低等难以克服的弊端，借鉴干熄焦（CDQ）中干熄炉结构与工艺，提出了烧结矿余热罐式回收利用的结构与工艺。同传统的冷却机形式的余热回收系统相比，这种罐式回收系统具有漏风率几乎为零、气固热交换充分、余热回收率高、热载体品质较高等优点。本适宜设置冷却风量和冷却段高度是提高吨矿发电量和运行经济性的主要技术途径：罐体内冷却风量决定着罐体出口热载体的显热和能级，而热载体的显热和能级决定着后续的发电量；罐体内冷却段的高度决定着气流通过单位料层高的阻力，而气流通过料层的阻力损失是影响罐式回收是否经济可行的主要因素之一。

9.3.3.1　基于带冷机余热回收的主要弊端（烧结矿余热部分回收）

回收得到的余热即热载体能级较低是基于带式冷却机余热回收的主要弊端，其主要成因是：冷却机在上下固定的风箱体中"穿行"，使得冷却系统的漏风率较高且难以避免；冷却机的"卧式"结构，造成了气固交叉错流热交换，使得烧结矿余热只能部分回收。冷却机漏风可分为上部漏风和下部漏风。一般而言，我国大中型烧结机的上部漏风率为15%～20%，下部漏风率为20%～30%。上部漏风将浪费掉部分热载体显热，降低蒸汽发生量，进而影响发电；下部漏风将使得鼓风机的出口风量远大于有效风量，导致鼓风机运转负荷增大。以国内某360m² 烧结机为例，因上部漏风而损失的发电量约占目前发电量的27.3%，因下部漏风使得烧结工序能耗增加0.25～0.27kg标准煤。分段式鼓风、错流式冷却是目前大型烧结机冷却系统的主要结构形式，这种结构形式决定了仅能对部分烧结矿余热进行回收。以我国某360m² 烧结机为例，其冷却段可分为5段，从冷却开始到终了依次为冷却一段、二段，直至五段。基于目前余热回收利用技术水平，仅环冷机一段和二段进行的余热得以回收利用，而冷却三段至五段被直接放散，这部分显热约占烧结矿所显热的36%。冷却机内，烧结矿与冷却空气之间为气固交叉错流换热，料层内气固传热时间仅为1.0～1.5s，这样，就使得完成冷却的空气的温度从根源上来讲不可能太高。就国内目前我国水平来看，一段冷却空气温度平均为350～380℃，二段冷却空气温度为310～340℃。

9.3.3.2　余热回收罐式系统的基本组成

改带式冷却机的"穿行"为"静止"，改"卧式"为"立式"。借鉴干熄焦中干熄炉的结构，提出了余热回收罐式结构，如图9-19所示。

余热回收罐式系统主要由布料装置、竖罐本体、布风装置和排料装置组成，其中，竖罐本体主要由预存段、环形风道、斜道区和冷却段组成。来自于烧结机尾部的烧结矿通过倒料罐经由罐体顶部的布料装置进入罐体，依靠重力缓慢下移，与来自于罐体底部的冷却空气进行热量交换而得以冷却，而后经由排料装置排出罐体；冷却空气从罐体底部经由布

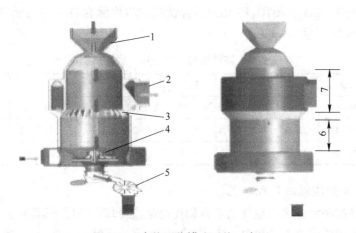

图 9-19　余热回收罐式系统示意图

1—布料装置；2—冷却风出口；3—环形风道；4—布风装置；5—排料装置；6—冷却段；7—预存段

风装置被鼓入体内，与烧结矿进行热量交换而得以加热，而后经由环形风道排出罐体，进入锅炉系统。

9.3.3.3　烧结余热罐式回收系统的基本特点

与现行的烧结环形冷却机的余热回收相比，罐式余热回收具有如下优点：

（1）冷却设备漏风率较低，粉尘排放量明显减少。冷却罐体采用密闭的腔室对物料进行冷却，冷却气体在罐体内循环流动，罐体顶部设有水封槽等密封装置，罐体底部采用旋转密封阀等装置，良好的气密性使其漏风率接近于零。同时由于冷却气体在密封罐内对物料进行冷却，罐体采用定位接矿，粉尘易得到控制。

（2）气固换热效率、热废气品位高，有利于提高余热利用率。竖罐内冷却废气与烧结矿之间逆向换热方式使得出口废气温度趋于稳定，且保持在较高的水平上。罐式冷却由于预存段的存在，可以保证进入余热锅炉的烟气量处于一个稳定范围。热废气参数的稳定使得与之匹配的余热锅炉运行稳定，余热利用率大大提高。

（3）冷却物料品质得到明显提高。冷却竖罐中预存段的保温作用使烧结矿的转鼓强度、成品率、烧结矿冶金性能方面比传统冷却机都有所提高。同时，经热风烧结后，烧结液相冷却速度变缓，玻璃相减少，内应力得到释放，烧结矿质量更加均匀。

（4）余热回收效果显著。以国内某 $360m^2$ 大型烧结机为例，进行节能效益概算分析可知，竖罐式余热回收方式热回收率可达 80%，比传统环冷机或带冷机热回收率高出 30%，每小时多回收热量 $1.15×10^8kJ$，折合 3.96t 标准煤。

9.3.4　炉渣显热

高炉渣是钢铁冶炼过程的主要副产品，每炼出 1t 生铁大约产生 300~350kg 的高炉渣，按照我国年生铁年产量 46944 万吨计算，产渣量达 14000 万吨。高炉渣出渣温度达 1400℃以上，每吨渣含有相当于 60kg 标准煤的热量。因此，做好高炉渣的余热回收和综合利用，是钢铁行业节能降耗的有效途径。

高炉渣有普通高炉渣和含钛高炉渣。普通高炉渣的化学成分与普通硅酸盐水泥类似，主要为 CaO、MgO、SiO_2、Al_2O_3 和 MnO。含钛高炉渣中除含有上述物质外，还含有大量的 TiO_2，如表 9-24 所示。

表 9-24　高炉渣的化学成分（质量分数）　　（单位：%）

矿渣种类	CaO	SiO_2	Al_2O_3	MgO	MnO	FeO	S	TiO_2	V_2O_5
普通矿渣	31~50	31~44	6~18	1~16	0.05~2.6	0.2~1.5	0.2~2		
锰铁矿渣	28~47	22~35	7~22	1~9	3~24	1.2~1.7	0.17~2		
钒钛矿渣	20~30	19~32	13~17	7~9	0.3~1.2	1.2~1.9	0.2~0.9	6~31	0.06~1

9.3.4.1　高炉渣湿法处理工艺

湿法工艺是指用水或水与空气的混合物使熔融渣冷却，然后再运输的方案，一般也称为水淬工艺。高炉渣水淬方式很多，主要处理工艺有：底滤法（OCP）、因巴法（INBA）、图拉法（TYNA）、拉萨法（RASA）、明特克法（MTC）等。国内生产大部分采用底滤法（OCP），国外生产大部分采用因巴法（INBA）。

（1）底滤法（OCP）工艺。底滤法（OCP）工艺流程如图 9-20 所示。底滤法是在冲制箱内用多孔喷头喷射的高压水对高炉渣进行水淬粒化，然后进入沉渣池。沉渣池中的水渣由抓斗抓出堆放在干渣场继续脱水，沉渣池内的水及悬浮物由分配渠流入过滤池。过滤后的冲渣水经集水管由泵加压送入冷却塔冷却后重复使用。滤池的总深度较低；机械设备少，施工、操作、维修都较方便；循环水质好，水渣质量好；冲渣系统用水可实现 100%循环使用，没有外排污水，有利于环保。其缺点是占地面积大，系统投资也较大。

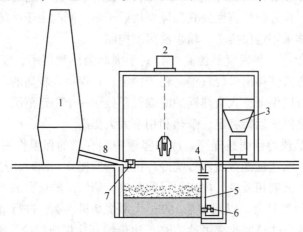

图 9-20　底滤法（OCP）工艺流程图

1—高炉渣；2—抓斗吊车；3—贮料斗；4—水溢流；5—冲洗空气入口；6—出水口；7—粒化器；8—冲渣器

（2）因巴法。因巴法（INBA）工艺流程见图 9-21。因巴法是由卢森堡 PW 公司和比利时西德玛公司共同开发的炉渣处理工艺，1981 年在西德玛公司投入运行。因巴法分为热因巴、冷因巴和环保型因巴三种类型。其流程是：高炉熔渣由熔渣沟流入冲制箱，经冲制箱的压力水冲成水渣进入水渣沟，然后经滚筒过滤器脱水排出。该法布置紧凑，可实现整个流程机械化、自动化，水渣质量好；冲渣水闭路循环，泵和管路的磨损小；无爆炸危险，渣中含铁量高达 20%时，该系统还能安全地进行炉渣的粒化；彻底解决烟尘、蒸汽对环境的污染，达到零排放的目标。该法因其为引进技术，故投资费用大。

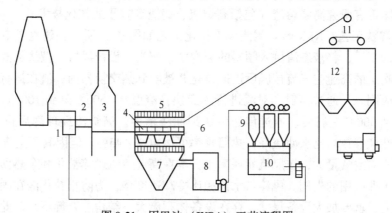

图 9-21 因巴法（INBA）工艺流程图

1—冲制箱；2—水渣沟；3—水渣槽；4—分配器；5—转鼓过滤器；6—缓冲槽；
7—集水箱；8—热水池；9—冷却塔；10—冷水池；11—胶带机；12—成品槽

（3）图拉法。图拉法首次在俄罗斯图拉厂 2000m³ 高炉上应用，故称其为图拉法。该法与其他水淬法不同，在渣沟下面增加了粒化轮，炉渣落至高速旋转的粒化轮上，被机械破碎、粒化，粒化后的炉渣颗粒在空中被水冷却、水淬，产生的气体通过烟囱排出。该法最显著特点是彻底解决了传统水淬渣易爆炸的问题。熔渣处理在封闭状态下进行，环境好；循环水量少，动力能耗低；成品渣质量好。

（4）拉萨法。拉萨法为英国 RASA 公司与日本钢管公司共同开发的炉渣处理工艺。该法炉渣处理量大、水渣质量较好，技术上有一定进步。

从企业应用实践来看，拉萨法因工艺复杂、设备较多、维护费用高等缺点，在新建大型高炉上已不再采用；图拉法安全性能最高（渣中带铁达 40% 时，仍能正常工作）；明特克法具有国内自主知识产权并且投资与占地面积相对最小；环保 INBA 法投资最大，但是在技术上最为成熟、实际应用的高炉亦较多。国内新建大中型高炉炉渣处理工艺一般在这几种方法中选取。表 9-25 为上述几种典型高炉渣处理湿法工艺的主要技术指标。水淬法没有从根本上改变粒化渣耗水的工艺特点，炉渣物理热基本全部散失，SO_2、H_2S 等污染物的排放并没有减少，其区别仅在于冲渣使用的循环水量和新水消耗量的差别。

表 9-25　几种高炉渣处理方法技术经济指标的比较

项目	耗电量 /kW·h·t⁻¹	循环水量/m³	新水耗量 /m³·t⁻¹	渣含水量/%	国内钢厂应用情况
底滤法	8	1.2	10	24~40	最多
因巴法	5	0.9	6~8	15	多
图拉法	2.5	0.8	3	8~10	较多
拉萨法	15~16	1	10~15	15~20	很少

9.3.4.2 高炉渣干法处理工艺

干法即依靠高压空气实现熔融金属冷却、粒化的工艺。针对水渣处理工艺的缺点，20

世纪 70 年代国外就已开始研究干式粒化高炉渣的方法。苏联、英国、瑞典、德国、日本、澳大利亚等国都有研究高温熔渣（包括高炉渣、钢渣等）干式粒化技术。

（1）风淬法工艺。NKK 转炉钢渣风淬粒化工艺如图 9-22 所示，建立了专门进行高炉渣热量回收的工厂，将液态渣倒入倾斜的渣沟中，渣沟下设鼓风机，液渣从渣沟末端流出时与鼓风机吹出的高速空气流接触后迅速粒化并被吹到热交换器内，渣在运行过程中从液态迅速凝结成固态，通过辐射和对流进行热交换，渣温从 1500℃ 降到 1000℃。渣在热交换器内冷却到 300℃ 左右后，通过传送带送到储渣槽内。高炉渣经球磨后可作水泥厂原料，其各项性能参数均比水冲渣好，热回收率可达 40%～45%。但因其用空气作为热量回收介质，故所需空气量大，鼓风机能耗高。日本在高温熔渣风淬粒化和余热回收方面研究深入，已有工业应用的先例。风淬与水淬相比冷却速度慢，为防止粒化渣在固结之前黏附到设备表面上，就要加大设备尺寸，存在设备体积庞大、结构复杂等不足。此外，风淬法得到的粒化渣的颗粒直径分布范围较宽，不利于后续处理。

（2）双内冷却转筒粒化工艺。该技术由日本钢管公司（NKK）开发，其基本原理是：让熔渣在两个反向旋转的圆筒表面被转筒内部循环的热媒介质冷却，然后从热媒介质中回收其显热生产蒸汽进行发电，如图 9-23 所示。采用热媒介质是本法的最大特点，热媒介质是以二苯醚为主的高沸点冷却液，沸点 257℃。该法的热效率较高，热回收率达 77%。滚筒法存在着处理能力不高、设备作业率低等缺点，不适合在现场大规模连续处理高炉渣，通常只能接受来自渣罐的熔渣。凝固的薄渣片粘在滚筒上，必须用刮板刮下来，工作效率低并使设备的热回收效率和寿命下降，而且薄片状的渣给后续处理带来麻烦。

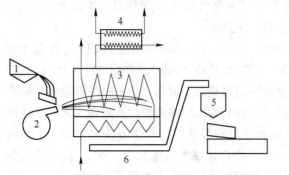

图 9-22　NKK 转炉钢渣风淬粒化工艺流程图
1—渣罐；2—鼓风机；3—锅炉；
4—干燥器；5—粒化渣槽；6—皮带

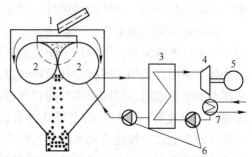

图 9-23　双冷却转筒粒化工艺流程图
1—边缘挡板；2—冷却转鼓；3—热交换器；
4—透平；5—发电机；6—泵；7—冷凝器

（3）滚筒转鼓法。日本 NKK 采用的另一种热回收设备是将熔融的高炉渣通过渣沟或管道注入两个转鼓之间，转鼓中通入热交换气体（空气），渣在两个转鼓的挤压下形成一层薄渣片并黏附到转鼓上，薄渣片在转鼓表面迅速冷却，热量由转鼓内流动空气带走。热量回收后用于发电、供暖等。其缺点是薄渣片粘在转鼓上需用耙子刮下，工作效率低，且设备的热回收率和寿命明显下降，所得冷渣以片状形式排出会影响其继续利用。

滚筒法与内冷双滚筒法主要差别是当渣流冲击到旋转着的单滚筒外表面上时被破碎（粒化），粒化渣再落到流化床上进行热交换，可以回收 50%～60% 的熔渣显热。该方法属于半急冷处理,所得产品是混凝土骨料。住友金属工业采用的单滚筒工艺破碎粒化熔渣的能力低,渣粒的粒径分布范围大,与换热介质的换热面积小换热效率低,粒化渣玻璃体含量不足,不能作水泥原料。

(4)Merotec 熔渣粒化流化工艺。该工艺由德国设计开发,见图 9-24。粒化器是充填了介质(细渣粒)的流化床,其温度远低于熔渣的固化温度,因此熔渣在应力作用下粒化。随后粒化渣进入流化床式换热器换热冷却,再筛分为 0~3mm 和大于 3mm 两种粒级分别进入渣仓 1 和 2,细渣粒返回用于循环操作。熔渣热量通过介质的吸热、粒化器的冷却空气和流化床换热器得到回收。流化床内渣粒的温度可通过风量调节,一般为 500~800℃。

Merotec 熔渣粒化流化工艺,该装置的热量回收率约为 64%,但有效能利用率偏低。

(5)离心粒化法。KvaernerMetals 发明了一种干式粒化法,采用流化床技术,增加热回收率,工艺流程见图 9-25。它是采用高速旋转的中心略凹的盘子作为粒化器,液渣通过渣槽或管道注入盘子中心。当盘子旋转达到一定速度时,液渣在离心力作用下从盘沿飞出且粒化成粒。液态粒渣在运行中与空气热交换至凝固。凝固后的高炉渣继续下落到设备底部,凝固的渣在底部流化床内进一步与空气热交换,热空气从设备顶部回收。

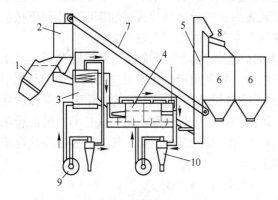

图 9-24 Merotec 熔渣粒化流化工艺流程图
1—渣罐;2—循环渣储仓;3—粒化器;
4—流化床式换热器;5—提升机;6—渣仓;
7—皮带机;8—振动筛;9—风机;10—旋风除尘器

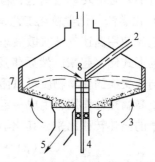

图 9-25 旋转杯粒化工艺流程图
1—抽取空气到集尘袋室;2—渣槽;3—冷空气入口;
4—主轴及轴承;5—粒化颗粒;6—改进的粒化床;
7—静态水套筒;8—旋转杯

Mizuochi 等人采用了如图 9-26 所示的试验装置,研究了旋转杯用于熔渣粒化的可行性,考察了不同旋转杯形状和不同转速下的熔渣粒化情况。供渣罐内的高炉熔渣由出渣口排出,落入正下方的旋转杯,随后,熔渣在旋转杯的离心力剪切作用下,或是在喷嘴喷出高速气流的共同作用下破碎并被甩出。粒化的渣粒最后散落到与旋转杯同平面的渣收集器上。统计分析渣收集器不同径向上收集到的渣粒。

Purwanto 等进一步研究了旋转杯粒化法(RCA)所得渣粒的性能,并用高速摄像机拍摄了粒化过程的散布图。试验发现,旋转杯的转速是高炉渣粒化的主要因素,当转速增加到 2000r/min 时,熔渣完全分散在旋转杯的边缘,还可观察到一圈光滑的线条,说明高转速下离心力的增加阻止了熔渣在旋转杯面上的分散,下落的熔渣很快且很好地分散到杯子的边缘，然后被甩出粒化。通过图像还看到，熔渣离开杯子边缘后先形成韧带状，然后继续破碎成颗粒状。离心粒化法相对于以上各种干式粒化方法更有效。单体设备简单、布置紧凑、处理能力大；操作参数少，通过改变转速即可调整粒化程度，可获得尺寸小、球形度好、玻璃化程度高的均质高附加值成品渣；将粒化室内粒化的高温渣粒与反应性混合气体直接接触的方法，使高温熔渣持有的热量较彻底地用于吸热化学反应，即高效地将熔渣显热转变成为洁净的化学能。

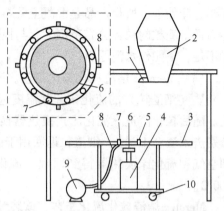

图 9-26　旋转杯粒化（RCA）工艺流程图
1—出渣口；2—供渣罐；3—渣收集器；
4—电动机；5—气流；6—杯；7—气流喷嘴；
8—气流进口；9—压缩机；10—支架轮脚

　　（6）机械搅拌法。川崎制铁将液态渣倒入一个搅拌罐中破碎成小于 100mm 的颗粒，通过辐射与围绕搅拌罐的冷却水管换热，渣从初始温度冷却到 1273K，产生的蒸汽可以达到 $5 \times 10^5 Pa$、723K；然后用提升机将破碎的渣送入到气-固换热器中，用空气将其进一步冷却到 523K。热空气进入余热锅炉利用。日本住友金属工业开发了一种机械搅拌造粒装置，熔渣流入造粒装置后，在转动叶片搅拌和挤压的作用下被粒化，并且随着轴的转动被输送到粒化器的外部，水套中的水进行热量回收。

　　（7）化学法。化学粒化工艺是将高炉渣的热量作为化学反应的热源回收利用。其工艺流程是先使用高速气体吹散液态炉渣使其粒化，并利用吸热化学反应将高炉渣的显热以化学能的形式储存起来，然后将反应物输送到换热设备中，再进行逆向化学反应释放热量。参与热交换的化学物质可以循环使用。通过甲烷（CH_4）和水蒸气（H_2O）的混合物在高炉渣高温热的作用，生成一定的氢气（H_2）和一氧化碳（CO）气体，通过吸热反应将高炉渣的显热转移出来，其化学反应式如下：

$$CH_4(g) + H_2O(g) = 3H_2(g) + CO(g)$$

　　此反应所需热量来自于液渣冷却成小颗粒时放出的热量。用高速喷出的 CH_4 和 H_2O 混合气体对液渣流进行冷却粒化，二者进行强烈的热交换，液渣经破碎和强制冷却后粒化成细小颗粒，生成的气体进入下一反应器，在一定条件下氢气和一氧化碳气体反应生成甲烷和水蒸气，放出热量。高温甲烷和水蒸气的混合气体经热交换器冷却，重新返回循环使用，其化学反应式如下：

$$3H_2(g) + CO(g) = CH_4(g) + H_2O(g)$$

　　热量经处理后可供发电和高炉热风炉等使用。在回收热量过程中因其伴随化学反应，故热利用率较低。

　　近年来，高炉熔渣干式粒化技术的研究在国外尤其是日本掀起了新的浪潮，而国内在这方面的研究也刚刚起步。目前，尽管世界上还没有任何一种干式处理工艺实现了工业应用，但已有的各类技术研究积累了很多相关的理论知识和实践经验。根据对现有技术资料的分析，水淬法没有从根本上改变粒化渣耗水的工艺特点，炉渣物理热基本全部散失，SO_2、H_2S 等污染物的排放并没有减少。风淬法因为是在渣粒和空气之间完成的直接换热方式，热回收率较高是其重要的优势，但对炉渣流动性要求较高，处理率有限制。离心粒化法不仅可以回收大量的热能，改善高炉操作，给企业带来可观的经济效益，而且在环保方面的潜在价值是不容低估的，是高炉渣处理利用的发展趋势。

9.3.4.3 应用案例

各种高炉渣余热回收利用技术都有不足之处：风淬法普遍采用高压、高速的空气作为破碎的介质并提供熔渣破碎的动力，动力消耗很高；机械搅拌法处理熔融炉渣后，渣粒直径大小不均，并且普遍较大，不利于后续的利用，热效率较低；连铸式余热锅炉法是先固化再粒化的工艺，平板状高温渣的导热率和透气性严重影响渣和空气的换热；转筒法处理能力普遍较小，无法和高炉的生产能力相匹配；离心粒化法虽具有单体处理能力大、操作参数少、容易控制等特点，但是占据空间大施工困难，以及同样受到高炉液体炉渣的物理性质困扰。

山东九羊集团有限公司通过总结上述技术的特点，设计出一种新型高炉渣粒化余热回收技术，该技术能够在较大程度上节约水资源的耗用，降低周边环境的污染，能够将绝大多数甚至全部的冷却水变为中压饱和蒸汽得到利用；然后采用风冷工艺获得热循环空气通过余热锅炉再次回收余热。由于继续采用机械破碎和水淬工艺保证了颗粒渣的质量，该技术目前已获得发明专利（专利号：201210394882.5）和实用新型专利（专利号：201220525409.1）。该技术采用的装置（结构见图 9-27）主要由溜渣口、液渣斗、速冷腔、星形卸渣轮和风冷腔组成。溜渣口位于该装置的顶部，其进口稍高连接高炉出铁场渣沟，出口稍低位于液渣斗的上方；液渣斗下部连接速冷腔；速冷腔的下部安装星形卸渣轮并连接于底部的风冷腔。速冷腔由

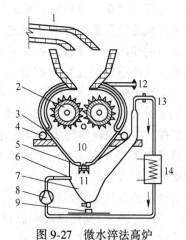

图 9-27 微水淬法高炉
渣粒化余热回收装置结构
1—炉渣溜槽；2—粒化轮；3—喷水嘴；
4—水管；5—卸渣轮；6—空压风；7—成品渣斗；
8—空压机；9—运渣皮带；10—速冷腔；11—风冷腔；
12—蒸汽；13—热风；14—余热锅炉

上部的粒化轮组部分和下部的水淬部分组成，粒化轮组部分的内部装有两个向外反方向旋转的狼牙棒形滚筒构成的粒化轮，粒化轮的外面为粒化器壁，粒化轮和粒化器壁为空腔水冷结构；粒化轮的传动轴伸出壳体外面连接粒化轮传动组；粒化轮组部分的下方为水淬部分，下部速冷腔外壁两侧正冲粒化轮组部分的落料点方向各安装一排速冷水喷嘴，所有速冷水喷嘴外均连接于速冷水管，速冷水管通过冷水电控阀连接系统水管。

液渣斗的容量根据设备的处理能力及高炉出渣频率确定，要求尽量保证速冷腔的供渣连续性和高炉排渣不能受到制约。喷水量控制在 400kg/t 铁以内，喷水压力为 2~4MPa，喷水量及喷水压力需根据具体工艺条件作适当调整，其喷水量不宜过多以免影响下一步的热量回收效率，喷水压力根据回收饱和蒸汽压力的 1.15~1.2 倍确定，为确保余热回收效率蒸汽温度一般控制在 200~250℃。在速冷腔的两端部设置蒸汽收集口，蒸汽收集口汇集连接到蒸汽管道，由于该蒸汽含有灰尘等微量元素，其蒸汽管道不建议直接连接到蒸汽管网，需要通过蒸汽换热器后加以利用。当高炉打开渣沟放渣时，同时开启粒化轮传动组使

粒化轮组部分开始工作，经过一段延时后（液体渣流到粒化轮组部分时）喷水电控阀打开。液体渣经过高速旋转的粒化轮传动组进行初步破碎成为颗粒状，沿粒化器壁下落，渣粒被冷却水喷在表面后因渣粒内外温差作用产生爆破而进一步粒化，同时喷在渣粒上的水滴受热后蒸发成为蒸汽，并带走部分熔热。粒化完成的渣粒堆落在速冷腔的底部，此时打开卸渣电机电源，渣粒通过星形卸渣轮进入风冷腔；蒸汽通过速冷腔的两端部蒸汽收集口进入蒸汽管道后连接到蒸汽系统。粒化轮和喷水电磁阀的运行要与液渣进入装置配合，即液渣未进入装置时粒化轮停止转动或降低运转速度，喷水电磁阀关闭，降低运行能耗，避免降低蒸汽温度。渣粒在速冷腔底部作短暂停留后进入风冷腔，此时的渣粒温度在700～750℃，热熔约为863kJ/kg，通过安装在风冷腔腔壁上的压缩风喷嘴对渣粒进行吹风，得到进一步的冷却后的渣粒落入成品渣斗，渣粒在成品渣斗内存放一段时间热量得到充分散发；然后打开卸渣阀，冷却后的成品渣粒通过运渣皮带运往下一道生产工序。风冷腔产生的热风通过风冷腔顶部的锥形管道进入系统热风管道，热风中夹带的细小渣粒在锥形管道中由于重力的作用与管壁碰撞后下落至成品渣斗。热风通过热风管道进入换热器交换热量后返回到空气压缩机加压后再次进入下一道循环程序。空气压缩机的启停与卸渣电机配合，即没有热渣进入风冷腔时，可以停止空气压缩机。该技术回收高炉炉渣热熔分两步进行，首先通过机械破碎及控制给水量水淬产生250℃以内的饱和蒸汽，吨铁可回收热量335MJ左右，在节约新水耗用的同时避免了冲渣水及水蒸气对周边环境污染；其次，吨铁可回收热量258MJ左右，综合回收率可达到87%。如果适当降低回收率，可以通过第二部余热锅炉进行余热回收。

微水淬法渣粒化余热回收技术具有以下优点：（1）与传统的水淬工艺相比吨渣可节约用水7～9t；（2）与其他余热回收技术相比，由于速冷部分保留了水淬工艺，其成渣产品用于建材原料与传统工艺生产的成渣产品各种结构成分完全相同，不影响后续加工；（3）装置上部的渣斗缓冲了高炉生产中的不连续性；（4）通过两次余热回收，吨铁可回收热量257.7MJ，综合回收率可达到87%；（5）工艺相对简单，磨损系数减少。虽然该技术目前还处于开发试验阶段，某些细微结构上还有待于进一步推敲改进，操作工艺有待于进一步的掌握，但是由于该技术掌握了高炉炉渣余热回收技术的核心切入点，因此具有广泛推广应用的发展潜力。

9.3.5　高炉煤气余压

随着钢铁企业的发展，世界各国研究开发了很多新的炼铁法，如直接还原法、熔融还原法、等离子法等。但由于高炉炼铁技术具有经济指标良好、工艺简单、生产量大、劳动生产率高、能耗低等特点，高炉炼铁仍占世界炼铁总量的95%以上。目前高炉炼铁余压回收主要采取的技术主要是余热余压发电。

9.3.5.1　余热余压发电原理

目前余热余压资源最有效的利用形式是余热余压发电。余热发电是利用工业窑炉生产过程中连续外排的烟气余热持续加热可循环的液体工质并使之汽化推动汽轮机旋转做工，并由其带动发电机发电从而实现有热能向电能的转换并输出电能。余压发电主要是TRT发电技术，是利用气体介质降压、降温过程中的能压差能量及热能驱动透平膨胀机做功，将其转化为机械能，并由其驱动发电机发电从而实现能量的转换并输出电能。BTRT鼓风指煤气透平与电机同轴驱动的高炉鼓风能量回收成套机组。该机组将高炉鼓风机和高炉煤气余压回收透平装置串联在同一轴系上，充分利用以往高炉减压阀组浪费掉的煤气余压余热能量。高炉煤气经透平机做工后进入后续管网，相比于直接经减压阀组减压来讲，提高能源利用率4.2%左右，节能效果显著。

目前，所有的热能—动力转换技术之理论均基于朗肯循环理论，仅仅是由于热能的不同（如燃煤、燃气、燃油、核能、工业余热、地热、垃圾焚烧）及热能—动力转换过程中所采用的工质不同（如水及水蒸气、有机物等）使热能—动力转换过程名称（热力发电厂）有所不同（如火力发电厂、核电厂、垃圾电厂、热电厂、余热电厂等）。当余热电厂仅利用余热来发电时，称为纯余热电站，通常简称为余热电厂（补燃余热电站已明令禁止，现已淘汰）。根据利用的废气余热品味又可进一步分为纯高温余热电站（余热温度为650℃以上），纯中温余热电站（余热温度为350~650℃），纯低温余热电站（废气温度小于350℃时）。由于大部分的废气余热均处于350℃以下，虽纯低温余热电站技术难度较高，但目前纯低温余热电站发展最为迅速，成效最为显著。

9.3.5.2　余热余压发电特点

（1）典型的清洁生产。余热余压发电不消耗任何燃料及物料，不浪费任何能源，不产生任何污染，同时不改变原生产工艺状况，不牺牲原生产线的能耗，无任何公害。整个热力系统中不燃烧任何一次能源，不会对环境造成二次污染、整个过程零消耗、零排放、零污染。

（2）巨大的节能潜力。众多工业炉窑的煅烧过程中，大量的烟气余热被白白排掉，仅以水泥行业为例，水泥熟料煅烧过程中，由窑尾预热器、窑头熟料冷却机等排掉400℃以下的低温废气余热，其热量约占水泥熟料烧成总耗热量35%以上，能源浪费十分严重。

就目前余热利用水平来说，截止到2010年底在建的余热站，如果将原排掉的400℃以下可利用的部分低温废气余热转换为电能，并回用于水泥生产，即可使水泥熟料生产综合电耗降低约60%或水泥整个工厂生产综合电耗降低30%以上，每年全国仅水泥行业余热发电即有节能325亿千瓦时的能力。

（3）丰厚的经济回报。就目前来讲对于火电行业，发电原料燃煤约占发电成本的80%，而对于余热余压发电来讲，此成本为零，电站一旦建成，将长期收益。现仅以水泥行业常规5000t/d水泥熟料余热电站为例，余热电站整体投资费用约为6000万元，年均供电量约5500万千瓦时，若外购电价为0.55元，则年节约电费3025万元，考虑到人力、运行、维护等成本，投资回收期约为3年。

（4）显著的环境效益。一是直接形成的，余热发电的废气经余热锅炉后温度大幅度降低从而降低了排入大气的温度，将减少对大气的热污染。此外，余热锅炉的降尘作用及炉头冷却机余热锅炉前配置的除尘器，进一步减少了粉尘对大气的污染。二是间接形成的，即余热发电节省了直接燃煤，实质上是减少了对应发电量的燃煤对大气的污染。燃煤对大气的污染主要是颗粒物、C_mH_n、NO_x、SO_2、CO_2等。

（5）突出的资源利用优势。我国是人均资源匮乏的国家，多年来资源的高强度开发及低效利用，加剧了资源供需的矛盾，资源短缺和资源低效利用已成为制约我国经济社会可持续发展的重要瓶颈。余热余压发电是解决可持续发展中合理利用资源和防止污染这两个核心问题的有效途径，既可以缓解资源匮乏和短缺问题，又可以解决环境污染问题。更是缓解资源和环境约束的重要措施。对保障资源的高效、合理利用，促进我国经济"高消耗、高排放、低效率"的粗放反战方式转变具有十分突出的优势。

（6）难得的变废为宝的手段。余热余压发电的显著特点是变废为宝，既可以对废弃资源有效利用又可以实现节能减排。不仅能为提高能源资源利用效率，优化能源结构，促进资源节约型、环境友好型社会建设起到积极的推动作用，而且其经济效益均十分显著。

（7）良好的生产系统优化效果。余热余压发电系统可改善工况条件，优化生产系统。余热发电系统的辅助作用可收集部分工艺生产线烟气的粉尘，减低工艺管道粉尘浓度，减少管道磨损。降低后续除尘负荷及系统运行成本；对于高压发电，TRT 装置是高炉系统的一个附属产品，为安装高炉煤气余压，平发电装置的高炉通过减压阀组将高压煤气转换成低压煤气，既浪费了能源，又有巨大的噪声而污染了环境。而在安装了高炉煤气余压透平发电装置后从而降低冶炼成本，发电的同时，不仅不会影响高炉，而且极大地改善了炉顶压力波动的品质，更好地稳定高炉炉顶压力，保证高炉高效、稳定生产，提高高炉的利用系数，产生的 TRT 的附加效益甚至大于 TRT 本身。

9.3.5.3　应用案例

利用高炉煤气余压发电，是钢铁企业一项有效的能源回收措施，高炉煤气余压透平发电装置（top gas pressure recovery turbine，简称 TRT）是国际、国内公认的钢铁企业重大能量回收装置。它是利用高炉煤气所具有的压力能、热能，把煤气导入透平机膨胀机，使压力能、热能转化为机械能，驱动发电机发电的一种装置。这种装置既回收了减压阀组白白泄放的能量，又净化了煤气、降低噪声，大大改善了高炉炉顶压力的控制品质。它具有结构简单、污染少、容量大、寿命长和节能显著等优点。因此，在能源综合利用上获得了越来越广泛的应用。

TRT 技术是先进的、成熟的，具有良好的发展前景。重钢 750m³ 高炉 TRT 工艺流程如图 9-28 所示，从高炉送出的高压煤气经重力除尘器处理后，送到一级文氏管和二级文氏管，在文氏管内对煤气进行喷水冷却，同时再次捕集煤气中的灰尘。经过降温和除尘处理的煤气，送到煤气透平发电装置和减压阀组。从煤气透平和减压阀组出来的低压煤气再送到高炉煤气柜和用户。炉顶压力回收效率，很大程度上取决于透平的额定效率和高炉煤气量。在能量回收方式上分为部分回收方式、全部回收方式和平均回收方式三种类型。

（1）部分回收方式。是使通过透平的最大设计煤气流量，保持在比高炉煤气最小流量还要小的数值，使通过透平的煤气量为一常数，同时炉顶压力由减压阀组来控制；

（2）全部回收方式。是使通过透平的最大设计煤气流量，比最大的高炉煤气流量还要大，炉顶压力靠透平调速阀或可动静叶来控制；

（3）平均回收方式。是使通过透平的最大设计煤气流量，为高炉正常生产时的平均煤气量。高炉炉顶压力靠透平调速阀和高炉减压阀组共同协调控制。当高炉煤气量小于透平设计流量时，减压阀组全闭，由调速阀来控制炉压。当高炉煤气量大于透平设计流量时，超出透平设计煤气量的那部分煤气，通过减压阀组。此时，炉顶压力由调速阀和减压阀组共同协调控制。

9.3.5.4　TRT 的计算机控制系统

TRT 的控制采用施耐德 PLC 控制系统，该系统将所有模拟量信号和电气专业的联锁及控制信号全部纳入 PLC 系统，实现了自动化仪表、电气及计算机的一体化控制，取消

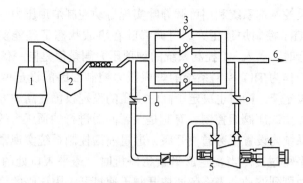

图 9-28 重钢 3 号 750m³ TRT 工艺流程图

1—BF 高炉；2—DC 重力除尘器；3—SV 减压阀组；4—发电机；5—透平机；6—BFG 高炉煤气

了以往几个专业之间的联系信号的接线，方便了维护，提高了系统的可靠性。控制系统的硬件配置如图 9-29 所示，本控制系统最大的特点就是采用了冗余方式，首先是网络冗余，网络采用的是 MB+网。然后是控制站的 CPU、通信模块、电源模块的冗余，但是 I/O 模块不冗余。同时还配备了 2 台 PC 站，其一为操作员站，另一台为工程师站。软件配置：操作员站采用 iFIX 监控软件，PLC 控制站采用 Concept2.2 编程软件。

（1）控制策略。TRT 控制系统设计的原则是在确保高炉炉顶压力稳定，保证高炉正常生产的前提下，最大限度地回收高炉煤气压力的潜在能量，同时具有适应高炉异常时控制炉顶压力的能力。

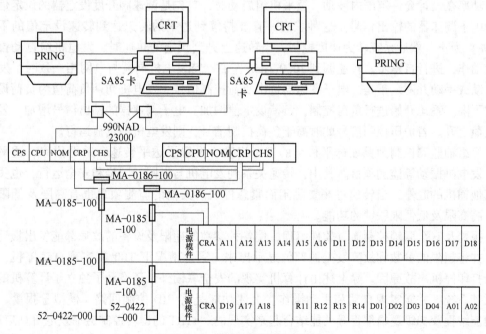

图 9-29 控制系统硬件配置图

以下内容是 TRT 的核心部分，是根据 TRT 的运行特点设计的控制策略，它的功能通过软件实现。

炉顶压力调节及控制本系统利用可调静叶实现自动控制炉顶压力，在不改变高炉操作的情况下，实现由 TRT 控制炉顶压力。可调静叶在事故状态下还能实现快速关闭。TRT 与减压阀组并列运行时，送入 mT 控制系统的炉顶压力测量值是同一信号；经过炉顶压力设定值偏差运算后，作为 TRT 控制系统的炉顶压力控制回路的设定值。这样就能使 TRT 控制系统跟踪高炉设定值，同时也决定了高炉顶压的设定权仍在高炉方面，高炉炉顶压力可由 rRT 控制，也可由减压阀组控制，有时是两者同时进行炉顶压力的控制。

前馈控制在本系统内设置了旁通快开阀，通过前馈控制系统实现紧急停机情况下 TRT 与高炉控制系统的平稳过渡。当发生透平紧急停机时，透平入口处的紧急切断阀立即关闭，为防止炉顶压力剧烈波动，需将旁通快开阀迅速打开，因该阀的信号超前于炉顶压力的变化，故称之前馈信号。前馈信号处于待机状态，一旦紧急切断阀关闭，前馈信号立即接入旁通快开阀，并令其开到相应的开度。旁通快开阀从全关到全开约需 3s。因煤气清洗系统及管网会使顶压的变化存在容积滞后，减压阀组的调节作用要等 5~10s 后才使顶压有反应，故可用旁通快开阀的快开慢关动作来保持炉顶压力的稳定，并使炉顶压力的控制由 TRT 过渡到减压阀组。

阀位开度控制可调静叶的开度停留在事先设定的任一位置上，以限制流过的煤气量，进而控制发电机的转速和输出功率，以防止可调静叶开过头。可调静叶在未参加自动调节时，是通过开度设定来控制其开度的。其余的调节阀有启动调节阀、1 号旁通调节阀、2 号旁通调节阀，它们都在仪表盘上设置了手操器，同时阀位有反馈信号到控制系统。

负荷调节及控制负荷控制功能是为防止电网发生故障使发电机超负荷，使透平发电机输出功率在设计允许范围内波动。透平机组启动时，首先是调速阀开度设定器的设定信号成为电子调速器的输出信号。这种状态一直要持续到透平的转速达到转速设定值的下限（15%）为止，然后系统转为速度控制，当转速上升到预定的转速时，发电机组自动投入装置动作，进行自整步。转速调到 3000r/min 左右，待发电机周波与电网相一致时，发电机自动或手动并网。于是，电子调速器选中负荷控制信号。发电机初期负荷值为负荷设定值的下限。系统开始进行负荷控制，负荷设定值增加，电子调速器的输出信号增加，发电机负荷上升。若炉压控制信号此时高于负荷控制信号，则发电机满负荷运行。

机组轴监测控制为保证透平机组的安全启动，设置了透平转速、透平位移、透平振动、发电机振动等监测项目。其中，转速关系到发电机与电网的同步和安全运行，也关系到其他辅机的起停，当转速过高要跳闸而紧急停机。其他的监测项目也有高限及低限报警，高高限及低低限联锁的功能。

报警及安全联锁控制通过软件编程，使各种参数的超限及设备的故障都能发出报警信号，并将超限的参数和故障发生的部位显示出来。紧急情况下 TRT 能实现自动停机，并记录打印停机事故原因。除上述由计算机实现的安全联锁外，还设计了独立于计算机的安全联锁系统，并能实现自动和手动操作。上述功能是将 PID 控制回路、模拟量报警、特殊功能编程及梯级逻辑编程等功能结合起来实现的。4TRT 的运转控制透平发电机从启动、升速直至并网发电、正常停机和紧急停机，均在操作室内操作（设有手动、半自动和全自动三种控制方式）。另外在机旁设有紧急停机操作按钮。

1）启动。TRT 开始准备启动时，先开启润滑油系统和液压系统，然后开启出口插板阀、入口插板阀和紧急切断阀，完成各项启动前的准备工作后，选择手动、半自动或全自动启动方式。

2）停机。可选择手动停机、半自动停机、全自动正常停机及全自动紧急停机方式。这些操作方式可以任意组合，如手动+半自动，手协+全自动，半自动+全自动，操作非常灵活。

3）电动运行当高炉出现故障需要短时休风时，为避免透平不必要的频繁启动，电机需由电网带着作电动运行，电机作电动运行时就相当于鼓风机。

（2）控制系统的投运情况。TRT 计算机控制系统于 2004 年 1 月投入使用后，能准确及时地采集 PLC 的数据，并能实时地将历史数据保存。操作人员能方便实时查看生产信息，进行操作设定，查询历史数据，并能方便地打印多种数据报表。该系统各种功能完善，极大地提高了生产效率及管理水平。

TRT 计算机控制系统具有如下特点：

1）可靠性提高。由于整个控制系统采用三电一体化设计、编程，减少了控制元件及接线，投入运行两年以来，控制系统没发生过故障。

2）投资少。由于整个控制系统采用三电一体化设计的方式，因此减少了控制元件和备品备件。另外，控制方案的改进，只需修改软件，不需要增加设备和投资。

3）经济效益显著。TRT 在投运过程中发电功率很容易就达到 4500kW，减压阀组若是全部关闭，发电量还可以更高。

9.4 小　结

钢铁工业是我国重要的基础产业，钢铁产品被广泛运用于房地产、军工、化工、航天等行业，钢铁企业对国民经济意义重大。但由于钢铁行业的工业流程还有我国钢铁行业技术含量不足等原因，钢铁公司消耗了国家大量的能源和资源，同时在有些地方对生态环境造成较大的破坏。不断推进钢铁行业节能减排，综合利用二次能源，才能实现钢铁行业的可持续发展。在炼钢以及炼铁的过程中，会出现大量的二次能源，这些能源有着巨大的发电潜力，能够直接进行加热，这便有效满足了居民的要求。种种实践显示，合理利用钢铁企业的二次能源，能够产生理想的经济效益和社会效益。

但是由于技术原因和管理方面的原因，我国的钢铁行业在二次能源利用上仍然存在诸多问题。可以采取以下解决方法：第一，从宏观来看，国家应该进一步制定相关法规和法律。对二次能源利用较好的企业给予一定的奖励，例如减免税收，同时对二次能源利用水平较低的企业给予足够的惩罚，例如征收高额的税收，甚至对部分屡教不改的落后企业关停并转。第二，从微观层面来看，钢铁企业应该提高二次能源的利用水平，这可以为本企业创造可观的经济效益和社会效益。各个钢铁企业应该不断采用先进设备、先进技术，降低二次能源利用的成本。

思　考　题

9-1 什么是一次能源，什么是二次能源，二者如何区分？

9-2 钢铁企业二次能源如何分类，具体是什么？

9-3 余热回收利用的分类有哪些？展开描述其特点。

9-4 高炉煤气的特点有哪些，目前是如何对其回收利用的，为什么？

9-5 氧气高炉的优势有哪些？

9-6 烧结烟气余热回收的方法有哪几种，分别会用到什么反应器？

9-7 简述湿法除尘工艺（OG 法）和干法除尘工艺（LT 法）的工艺流程。

9-8 炼钢烟气回收的影响因素有哪些，有哪些改进措施？

9-9 轧钢工序余热回收的两种系统有哪些不同？

9-10 干熄焦发电技术的特点及其相对于湿熄焦的优点是什么？

9-11 简述余热回收罐式系统及其特点。

9-12 高炉渣湿法处理工艺和干法处理工艺分别有哪几种分类，你认为哪种工艺更好？简要叙述你的理由。

9-13 纯低温余热电站技术的特点有哪些？

参 考 文 献

[1] 陶冬昱. 浅谈钢铁企业二次能源的综合利用 [J]. 黑龙江科学, 2015, 6 (19)：135.

[2] 杨智, 夏志友. 重钢 750m³ 高炉 TRT 控制系统 [J]. 自动化与仪器仪表, 2007 (2)：52~55.

[3] 刘军华, 李铭, 邓联玉. 360m² 烧结机热风烧结的生产实践 [J]. 涟钢科技与管理, 2013 (5)：4~6.

[4] 陈同庆, 於峰. 烧结余热锅炉热平衡分析 [J]. 宝钢技术, 1994, 4：12~18.

[5] 伍英, 周茂军, 马洛文, 等. 宝钢烧结余热锅炉生产实践 [J]. 烧结球团, 2011, 36 (3)：44~46, 53.

[6] 刘韶林, 闫安民, 李冠华, 等. 燃煤联合循环发电技术及其发展前景 [J]. 洁净煤技术, 2000, 3：41~47.

[7] 王震华. 从欧美两个气化会议看 IGCC 的新进展 [J]. 燃气轮机技术, 2000, 4：17~22.

[8] 娄马宝. 高炉煤气燃气轮机发电-利用高炉煤气的好形式 [J]. 上海汽轮机, 2000, 1：33~35, 25.

[9] 王政民. 高炉煤气的合理使用与节能潜力 [J]. 冶金能源, 1999 (1)：36.

[10] 牛福安. 高炉煤气发电项目的评价方法及推广前景 [J]. 中国能源, 1999 (3)：9~11.

[11] 马焕芬, 董文林. 河北省高炉煤气发电工程的实践和探讨 [J]. 冶金能源, 1996 (3)：54.

[12] 郭朝晖. 高炉煤气燃气轮机热力过程的计算 [J]. 煤气与热力, 1996 (6)：57~60.

[13] 蒋苏生. 燃用高炉煤气的 150MW 联合循环发电机组 [J]. 华东电力, 1996 (7)：23~27.

[14] 徐振刚. 美国洁净煤技术项目中的 IGCC [J]. 洁净与空调技术, 1995 (2)：52~56.

[15] 秦民生, 高征铠, 王冠伦. 高炉全氧鼓风操作的研究 [J]. 钢铁, 1987 (12)：1~7, 21.

[16] Victor D. Gasification on track to turn problem fuels into electric power and products [J]. Gas Turbine World, 1999, 29 (6)：12~22.

[17] Yamaoka H, Kamei Y. Experimental study on an oxygen blast furnace process using a blast furnace test plant [J]. Tetsu-to-hagané, 1991, 77 (12)：2099~2106.

[18] 胡俊鸽. 国内外高炉渣综合利用技术的发展及对鞍钢的建议 [J]. 鞍钢技术, 2003 (3)：8~11.

[19] 张寿荣. 以"求实"观点审视我国钢铁工业的发展 [J]. 新材料产业, 2008, 7：9~12.

[20] 蔡九菊, 王建军, 陈春霞, 等. 钢铁工业余热资源的回收与利用 [J]. 钢铁, 2007, 42 (6)：1~7.

[21] 王海风, 张春霞, 齐渊洪. 高炉渣处理和热能回收的现状及发展方向 [J]. 中国冶金, 2007, 17 (6)：53~58.

[22] 谷卓奇, 贺春平. 高炉渣处理方法及发展趋势 [J]. 炼铁, 2002, 21 (10)：52~55.

[23] 徐永通, 丁毅, 蔡漳平, 等. 高炉熔渣干式显热回收技术研究进展 [J]. 中国冶金, 2007, 17 (9)：

1~8.

[24] Bisio G. Energy recovery from molten slag and exploitation of the recovered energy [J]. Energy, 1997, 22 (5): 501~509.

[25] Kenney W F. Energy conservation in the process industries [M]. New York: Academic Press, 2012.

[26] Mizuochi T, Akiyama T, Shimada T, et al. Feasibility of rotary cup atomizer for slag granulation [J]. ISIJ International, 2001, 41 (12): 1423~1428.

[27] Bisio G. Energy savings in coke oven plants [C] // Proceedings of the 24th Intersociety Energy Conversion Engineering Conference. 1989: 1719~1724.

[28] Belka Z. Thermal and burial history of the Cracow-Silesia region (southern Poland) assessed by conodont CAI analysis [J]. Tectonophysics, 1993, 227 (1~4): 161~190.

[29] 戴晓天, 齐渊洪, 张春霞, 等. 高炉渣急冷干式粒化处理工艺分析 [J]. 钢铁研究学报, 2007, 19 (5): 14~19.

[30] Purwanto H, Mizuochi T, Akiyama T. Prediction of granulated slag properties produced from spinning disk atomizer by mathematical model [J]. Materials Transactions, 2005, 46 (6): 1324~1330.

[31] 尹建威, 孙国龙. 高炉煤气燃烧发电的现状和展望 [J]. 燃气轮机技术, 2002, 15 (1): 27~29, 6.

[32] 成立良, 王忠智, 沙博辉. 炼钢转炉烟气的回收利用技术 [M]. 北京: 中国环境科学出版社, 1990.

[33] 崔明远, 翟玉杰. 转炉煤气净化回收技术发展现状 [J]. 工业安全与环保, 2006, 32 (5): 41~42.

[34] 王志贵, 方鸣, 李建国, 等. 提高转炉煤气回收量的措施 [J]. 河北冶金, 2012 (2): 28.

[35] 王爱华, 蔡九菊, 郦秀萍, 等. 转炉煤气回收分析及其提高措施 [J]. 钢铁, 2016 (5): 30.

[36] 贾敬伟, 刘振伟. 转炉煤气回收的分析和改进 [J]. 山东冶金, 2017 (12): 20.

[37] 刘国华. 湿式电除尘器在转炉湿法除尘系统改造中的应用 [J]. 钢铁技术, 2017 (1): 38~40.

[38] 杨明华. 钢铁厂蒸汽利用现状及发展方向 [C] // 2011 年全国冶金节能减排与低碳技术发展研讨会. 2011.

[39] 张向辉. 中低温余热发电系统的 (熵) 分析及其参数优化研究 [D]. 保定: 华北电力大学, 2008.

[40] 蔡九菊, 王建军, 陈春霞, 等. 钢铁工业余热资源的回收与利用 [J]. 钢铁, 2007, 42 (6): 1~7.

[41] 张翠珍, 杨茱, 卢玫, 等. 基于混合层次分析法的加热炉余热利用综合评价 [J]. 热力发电, 2011, 39 (11): 22~26.

[42] 张朝晖, 赵福才, 马红周, 等. 冶金环保与资源综合利用 [M]. 北京: 冶金工业出版社, 2016.

[43] 张亚峰. 焦化企业余热回收循环利用可行性的研究 [J]. 工业技术, 2008, 11: 28~29.

[44] 李怡宏. 烧结烟气余热回收利用技术现状分析 [C] // 全国能源与热工 2008 学术年会, 2008.

[45] 赵红光, 李兴义, 亓玉辉, 等. 莱钢 3×265m² 烧结机烧结矿余热充分利用的实践 [J]. 冶金能源, 2009, 28 (4): 51~53.

[46] 叶匡吾. 我国烧结能耗现状和节能对策 [J]. 烧结球团, 1997, 5: 11~12.

[47] 陈永国, 郭森魁, 王华. 钢铁企业烧结厂余热资源的回收利用 [J]. 能源研究与利用, 2001, 5: 43~45.

[48] Maruoka N, Mizuochi T, Purwanto H, et al. Feasibility study for recovering waste heat in the steelmaking industry using a chemical recuperator [J]. ISIJ International, 2004, 44 (2): 257~262.

[49] 李洪福. 炼钢转炉烟气余热回收利用研究 [M]. 济南: 山东大学出版社, 2006.

[50] 冯光宏. 轧钢工序节能技术分析 [J]. 中国冶金. 2006, 16 (11): 37~40.

［51］Vaswani A. Effective waste heat recovery with twinbed regenerative burners ［J］. Iron and Steel Review, 2003, 46（8）: 30~33.

［52］王鼎, 邓万里. 宝钢副产煤气利用及减排技术的开发与实践 ［J］. 宝钢技术, 2009（3）: 2~6.

［53］巩强. 干熄焦工艺对焦炭质量的影响 ［J］. 当代化工研究, 2020（3）: 102~103.

［54］赵腾飞. 气体分析仪在焦化厂干熄焦工艺中应用 ［J］. 中国金属通报, 2020（2）: 286~287.

［55］尹秀英. 干熄焦烟尘治理的措施 ［J］. 电子乐园, 2019（6）: 496.

［56］何遵义, 李保俊, 刘维勤. 宁钢 2#高炉热风炉拱顶耐材局部塌陷的处理实践 ［J］. 浙江冶金, 2020（1）: 54~57.

［57］马小江. 论 GPJ-120 加压过滤机在酒钢的应用与改进 ［J］. 中国设备工程, 2020（9）: 86~88.

［58］吴金福, 吴星. 某纸厂碱回收炉的改造及优化运行 ［J］. 节能, 2008, 27（9）: 38~39.

［59］包贵林. 一起"锅炉爆炸"的真正原因 ［J］. 装备制造技术, 2016（3）: 273~274.

［60］何方杰, 马飞. 热管技术在硫酸工业废热回收中的应用 ［J］. 硫酸工业, 1999（1）: 40~42.

［61］周炜. 热管蒸汽发生器在烧结中的应用 ［J］. 烧结球团, 1999, 24（3）: 47~49.

［62］李锋. 热管蒸汽发生器隐患分析及对策 ［J］. 特种设备安全技术, 2013（3）: 7~9.

［63］韦振强. 利用热管技术回收烧结矿余热生产蒸汽 ［J］. 烧结球团, 1993, 18（1）: 21~23.

［64］周炜. 热管蒸汽发生器在烧结机中的应用 ［J］. 能源研究与利用, 1999（1）: 43~44.

［65］刘鹏斌. 热管蒸汽发生器的节能应用 ［J］. 石油和化工节能, 2014（4）: 44~47.

［66］杨宝初. 蒸汽发生器小弯管区涡流信号分析 ［J］. 无损检测, 1996, 18（9）: 247~248.

［67］易宁. 解析热管技术在烧结冷却机余热回收中的应用 ［J］. 化工管理, 2013（4）: 69.

［68］王子金, 郝玉步, 张故见, 等. 热风炉烟气余热回收装置评述 ［J］. 炼铁, 2000, 19（5）: 29~32.

［69］钟章格. 高炉热风炉烟气余热回收技术的应用 ［J］. 冶金能源, 2002（4）: 46~48.

［70］刁小东. 热风炉烟气余热资源测定与利用研究 ［J］. 铜业工程, 2011（6）: 41~44.

［71］张述明, 王立刚, 张伟. 高炉热风炉烟气余热利用方式研究 ［J］. 河北冶金, 2016（11）: 64~68.

［72］冯军胜, 董辉, 梁凯, 等. 烧结矿余热罐式回收关键技术问题 ［C］//中国金属学会、国家钢铁生产能效优化工程技术研究中心. 2014 年全国冶金能源环保生产技术会论文集. 2014: 326~331.

［73］邱润强, 许征鹏. 高炉炉渣微水淬法余热回收技术开发 ［J］. 山东冶金, 2014, 36（1）: 48~50.

10 钢铁厂消纳社会废弃物技术

[本章提要]

本章介绍了钢铁企业消纳社会废弃物现状及前景、消纳社会废弃物工艺原理及方法分类。列举了废钢的清洁利用、焦炉回收废塑料、高炉喷吹废塑料、高炉处理社会危险废物和电炉使用废轮胎和废塑料的工艺技术。

10.1 钢铁企业消纳社会废弃物现状及前景

社会废弃物包括固体废弃物、液体废弃物和气体废弃物。固体废弃物是指人类在一切活动过程中产生的、对所有者已不再具有使用价值而被废弃的固态或半固态物质，包括各类生产活动中产生的废渣和各类生活活动中产生的垃圾。

固体废弃物对环境有多方面的危害，在某些领域甚至超过废气和废水。首先是污染大气，堆置的废弃物可与气象作用产生飞尘（如遇 4 级以上风力，粉煤灰堆可剥离 1.5cm，尘场高度可达 20m），与微生物作用会有恶臭和散出有毒气体；另一方面会污染水体，大量堆置废弃物的经长期降水的淋溶会污染水体，通过食物链与饮用水危害人体健康；还会影响环境卫生，促使疾病传播，废物堆为蚊、蝇子寄生虫的滋生提供了有利场所；占据大片土地，我国人口众多、可耕地面积较少，固体废弃物成为一个潜在的威胁。

随着我国城市化生活的进程加快和居民生活水平的不断提升，城市垃圾产生量不断增加，近年来我国已成为世界上城市垃圾处理压力最大的国家之一。根据《2020 年全国大、中城市固体废物污染环境防治年报》，2019 年，196 个大、中城市生活垃圾产生量为23560.2 万吨。

不过随着各地区、各部门不断加大城市生活垃圾无害化处理的工作力度，城市生活垃圾无害化处理能力、实际处理量、处理率均稳步增长。从无害化处理方式来看，主要以卫生填埋为主，但卫生填埋方式需占用大量宝贵土地资源、易造成二次污染。同时，与发达国家无害化处理率相比，我国生活垃圾无害化处理水平仍有发展空间。

钢铁工业是国民经济的基础产业，也是高消耗、高排放行业，整个产业链排放量最大的是钢铁生产过程产生的固体废弃物。以每吨钢产生固体废弃物 600~800kg 估算，全年钢铁工业产生固体废弃物便会占用大量的土地资源，污染周边环境，为此，固体废弃物资源化和高附加值利用是钢铁企业必须面对的重大问题。

总的来说，社会废弃物存在着种类多、价值高但回收利用率低的现象。社会废弃物处理不当会破坏环境，应当利用好废弃物"资源库"，使现有的废弃物再生利用产物链逐渐完善，实现无害化处理到资源化处理的跨越。钢铁生产在消纳社会废弃物领域体现出优势：钢铁产品使用后产生的废钢是工业生产领域少数可以反复利用的材料，是循环且环保的材料；钢铁生产过程伴随能源转化过程，产生大量的二次能源，可以为企业生产或社会提供热能、电能、可燃气和蒸汽等。钢铁生产过程多为高温反应，能够满足不同来源的废弃物如废钢、废轮胎、废塑料、社会垃圾等的无害化处理需求。

20世纪90年代，德国、日本和澳大利亚等国家已经开始利用冶金工艺处理社会大宗废弃物，为城市环境治理和经济发展做出贡献。近年来，我国钢铁厂紧紧围绕"节能减排、发展循环经济、实现资源再利用、保护生态环境、打造绿色钢铁"的指导方针，建设与城市和谐共生的绿色钢铁企业，努力探索社会固体废弃物资源化处理的新途径。生态化钢铁企业消纳社会大宗废弃物如图10-1所示。

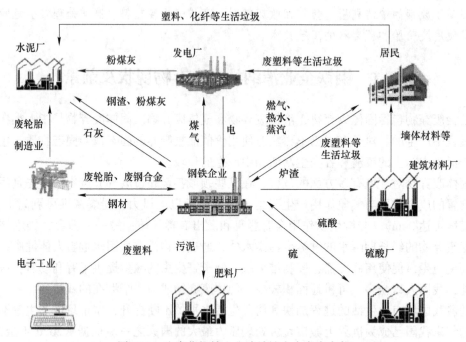

图10-1　生态化钢铁企业消纳社会大宗废弃物

10.2　消纳社会废弃物工艺原理及方法分类

我国大量的资源随固体废弃物的排放而流失，为了保护资源，无废或少废工艺以及对废物资源化和综合利用迫在眉睫。目前已有的消纳社会废弃物的方法有：

（1）材料回收：城市垃圾中含有多种有用原材料。如废纸、废橡胶、塑料、玻璃、纺织品、废钢铁与非铁金属等。

（2）生物转化产品回收：城市垃圾中含有多种可生物降解性有机物，其中食品废物占有较大比率且易于降解，废纸类也具有生物与化学转化的性质。通过材料回收系统处理之后，这类有机物进一步富集于轻组分中，有利于生物转化处理。通过生物转化，这些物料可转化为腐殖肥料、沼气或其他化学转化产品，如饲料蛋白、乙醇与糖类。生物转化工艺包括垃圾堆肥、厌氧生物转化与发酵技术等。

（3）城市垃圾的焚烧与热转化产品的回收：城市垃圾中含有可燃物质的比率远超过

可生物降解的物质。采用焚烧技术处理城市垃圾、回收热资源是城市垃圾资源化又一可选用的途径。除经济效益外，通过焚烧处理，可使垃圾体积减小80%~95%，重量也显著减少，使最终产物成为化学性质比较稳定的无害化灰渣。同时这种处理方法能比较彻底地消灭各类病原体，消除腐化源。

（4）城市垃圾的热解处理：由于大多数有机化合物具有热不稳定性的特征，故将其置于缺氧的高温条件下，在分解与缩合的共同作用下，这类有机物将发生裂解，转化为分子量较小的气态、液态与固态组分。有机物在这一条件下的化学转化过程称为热解，是在低电极电位下的吸热分解反应，热解也称为干馏。在工业生产中，煤气工程（焦化）就是热解的例子之一。将热解工艺应用于城市垃圾与其他固体废物的处理与能源回收尚属现代开发的新工艺。

10.3　消纳社会废弃物方法及应用案例

10.3.1　废钢的清洁利用

废钢是指不能按原用途使用，但可作为熔炼或改作他用的钢铁碎料及钢铁制品。废钢是一种优质的再生资源，可以反复循环利用。它是铁矿石的唯一替代品，利用1t废钢可以节约1.7t铁精矿、减少4.3t原生铁矿石的开采。

"多吃废钢，少吃矿石"已经成为世界潮流，我国废钢循环利用率与全球水平相比还较低。"十二五"期间我国炼钢平均废钢比为11.5%，"十三五"规划目标超过20%。目前，我国好的钢铁企业废钢比在20%左右（最高的达到35%），低的只有10%~12%，个别企业仍然低于10%，与国际平均水平和发达国家相比很有很大发展空间。近几年，我国的大型钢铁企业在发展中也逐渐开始重视废钢的利用率，开始投入大量资金，利用先进技术加快自身废钢循环利用的发展，已经取得了初步的成效，例如宝钢、沙钢等大型钢铁企业。

宝钢集团旗下的二级子公司上海宝钢实业有限公司和宝钢钢铁资源有限公司为宝钢提供合格的废钢资源，主要从事炼钢用废钢的加工与销售，为用户提供精品废钢炉料。

沙钢集团以技术创新为支撑，在废钢资源的科学利用上开展自主创新，实现资源消耗量及废弃物排放量最小化。自2000年以来，沙钢通过自主创新，在行业内率先研发成功"电炉热装铁水节能新工艺"，将炼铁厂的铁水直接加入电炉作为废钢的混合原料炼钢，使得废钢资源进一步得到科学合理的利用，目前电炉钢的吨钢冶炼能耗仅为162度左右，能耗比原来下降40%左右，钢水质量和生产节奏大幅提高。这与沙钢集团引进、消化、吸收国际先进工艺技术，淘汰落后能耗设备和落后生产工艺密切相关，这也与沙钢大力增加废钢消耗，坚持以废钢替代矿石消耗密切相关。2017年，沙钢全年完成国内废钢采购572万吨，2018年超过700万吨，废钢比一直维持在15%以上，为我国废钢资源的循环利用以及我国钢铁产业的节能减排做出了应有的贡献。2018年以来，沙钢集团废钢产业链的发展规划为培育千万吨级产业航母，形成1200万~1500万吨/a废钢加工利用产业规模。

根据废钢协会统计预测，2019年全国废钢铁资源产量总量为2.4亿吨，同比增加

2000 多万吨，增幅为 9%。其中，钢铁企业自产废钢 0.4 亿吨，占资源总量的 16.7%；社会采购废钢 2 亿吨，占资源总量的 83.3%。在这 2.4 亿吨资源总量中，炼钢生产消耗废钢 2.15 亿吨，占资源总量的 89.6%；铸造行业消耗 0.18 亿吨，占资源总量的 7.5%；还有近 1000 万吨钢筋头和粉碎料用于高炉变成铁水。加快废钢有效利用，是钢铁行业低碳绿色发展的必由之路。

10.3.2　焦炉回收废塑料

炼焦工艺是在过热还原气氛中通过对固态焦煤炭化生产焦炭，并且精炼出焦炉煤气、焦油和轻油等副产品。炼焦工艺流程如图 10-2 所示，利用焦化工艺处理废塑料技术是可以大规模处理混合废塑料的工业实用型技术。该技术基于现有炼焦炉的高温干馏技术，将废塑料转化为焦炭、焦油和煤气，实现废塑料的资源化利用。它是传统煤炼焦技术与现代废塑料加工处理和热解油化回收技术的有机结合。

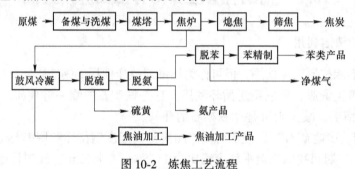

图 10-2　炼焦工艺流程

焦炭在高炉中充当还原剂、发热剂、骨架、渗碳剂。利用废塑料配煤炼焦的可行性可以从三个角度分析，从结构角度看，废塑料与煤都是由 C、H 两种元素构成的高分子有机化合物；从技术角度看，炼焦工艺与废塑料的热解工艺有机结合，简化了废塑料的热解工艺；从经济角度看，可以节省炼焦煤，提高焦炉煤气的热值，增加经济效益。

10.3.2.1　日本废塑料炼焦技术介绍及应用

日本新日铁公司是最早进行焦炉回收废塑料技术开发的企业。新日铁焦炉处理废塑料工艺流程如图 10-3 所示。NKK 京滨厂高炉于 1995 年喷吹废塑料代煤成功，2000 年新日铁公司在废塑料油化技术的基础上，成功开发了在炼焦煤中掺入 1% 的废塑料炼焦技术，使其能量利用率达到 94%，高于高炉直接喷吹废塑料的 75% 和废塑料气化油化的 65%。

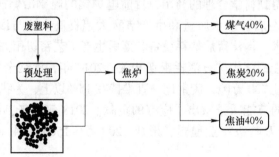

图 10-3　新日铁焦炉处理废塑料工艺流程

日本钢铁工业每年约消耗6000万吨煤生产焦炭。如果平均添加1%的废塑料到煤中生产焦炭，则每年以回收60万吨废塑料。这一数值约占日本钢铁联盟为了节约能源回收使用废塑料目标的60%。新日铁公司开发的利用焦炉回收废塑料的技术，降低钢铁生产的能源消耗，从而有助于建设可持续回收废物的社会。

10.3.2.2 首钢废塑料炼焦技术介绍和应用

首钢自行研究开发的废塑料与煤共焦化技术可以大规模高温炭化处理废塑料。该技术中废塑料的配比量最高可达到4%，工艺流程如图10-4所示，为废塑料破碎，与煤均匀混合、黏结、镀膜并压制成型煤，最后与炼焦配煤混合进入焦炉炼焦，产生的焦炭、焦油和煤气可直接利用传统焦化工艺进行处理和回收，实现废塑料的资源化利用和无害化处理。通过200kg焦炉试验以及工业试验研究表明，废塑料与首钢炼焦配煤按一定比例共焦化能够显著提高焦炭强度。首钢焦炉处理废塑料研究中M40保持不变，M10降低1.6%，反应性降低10%，反应后强度增加18%以及炭化时间缩短17min。

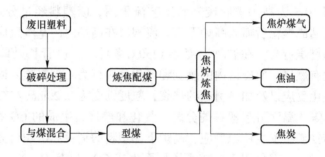

图 10-4 首钢废塑料炼焦工艺流程

工业试验结果表明，炼焦配煤添加废塑料与提高焦炭质量可以兼顾，是具有显著的经济效益、社会效益和环保效益的工艺技术。废塑料处理规模较大，工艺简单，投资较小，建设期短；同时该技术对废塑料原料要求相对较低，废塑料的颗粒范围可以在5~80mm之间；废塑料加工要求相对较低，不需要改动传统炼焦工艺，只需将废塑料收集、粉碎等加工处理后与炼焦配煤混合即可入炉炼焦；此外，该技术可以做到允许含氯的废塑料进入焦炉，含氯废塑料在干馏过程中产生的氯化氢可以在上升管喷氨冷却过程中被氨水中和，形成氯化铵进入氨水中，从而有效避免氯化物造成的二次污染和对设备及管道的腐蚀。首钢利用焦化工艺处理废塑料技术将为解决我国"白色污染"和资源回收利用提供了一条新的途径。

10.3.3 高炉喷吹废塑料

高炉冶炼的主要过程包括还原过程：实现矿石中金属元素（主要是 Fe）和氧元素的化学分离；造渣过程：实现已还原金属与脉石的熔融态机械分离；传热及渣铁反应过程：实现成分及温度均合格的液态铁水。在高炉中喷吹煤粉要求固定 C 高，灰分低；有害元素 S、P、K、Na 含量低；粒度细（小于0.074mm 占80%以上）；煤粉可磨性好，爆炸性弱；燃烧性好，反应性强。

将废塑料应用在高炉喷吹中，从理论上来说，所有的塑料都可以作为高炉炼铁的还原剂和发热剂,都适合作为高炉的喷吹燃料;燃烧后的产物主要是 CO_2 和 H_2O,对大气无污染;可以重点考虑喷吹不含氯的废塑料,如 PE(聚乙烯)、PP(聚丙烯)、PS(聚苯乙烯)。如表 10-1 所示,废塑料、烟煤和无烟煤的测定分析可以说明废塑料作为喷吹燃料具有较好的可行性。

表 10-1 废塑料、烟煤和无烟煤的测定分析

样品	工业分析/%			元素分析/%					HHV
	A_{ad}	V_{ad}	FC_{ad}	C	H	O	N	S	
废塑料	0.48	99.52	—	72.11	11.46	10.41	0.20	0.66	37.6
烟煤	5.44	32.07	57.23	73.79	4.45	15.18	0.84	0.29	27.5
无烟煤	9.95	7.06	82.36	83.29	3.31	6.66	0.62	0.62	30.8

将废塑料分类、清洗、干燥等处理后,制造粒径为 6mm 的颗粒,可以代替部分煤粉用于高炉炼铁。图 10-5 为高炉喷吹废塑料工艺流程图,废塑料经过分选、磁选、粉碎、去除聚氯乙烯,烧结成颗粒后喷入高炉下部。废塑料在高炉内的基本反应过程为在风管和风口内的热分解和燃烧行为:在鼓风温度为 1250℃ 条件下,风管和风口内的塑料颗粒表面部分熔化,但没有燃烧;回旋区内的燃烧和气化反应行为:塑料喷入回旋区内的高温气氛中,经燃烧、气化反应以及加热引起的爆裂,粒度则变为 0.20mm 左右,火焰温度达到 2000℃。可以看出煤气温度引起塑料的分解、气化和燃烧,生成的 CO 和 H_2 在上升过程中,作为还原剂与铁矿石发生还原反应;高炉下部塑料的消耗和沉积行为:炉子下部未反应的废塑料在上升时,一部分用于铁矿石还原而生成 CO_2 和 H_2O,部分沉积在填充层而不从炉顶排出。其反应方程式为:

风口区:
$$C_nH_n + \frac{1}{2}O_2 \longrightarrow nCO + \frac{1}{2}mH_2$$

气体上升过程:$Fe_2O_3 + nCO + mH_2 \longrightarrow 2Fe + nCO_2 + mH_2O$

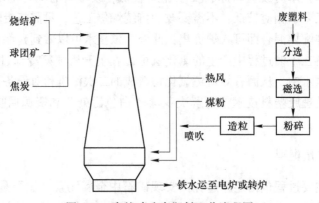

图 10-5 高炉喷吹废塑料工艺流程图

废塑料在气化中产生的 H_2/CO 比值要大于等量的煤粉,H_2 的扩散能力与还原能力均大于 CO,因此用废塑料代替煤粉有利于降低高炉焦比。同时由于塑料的灰分和硫含量很低,可以减少高炉的石灰用量,进而也减少高炉产渣量和炼铁成本;塑料的热值也高,有

利于提高高炉的生产效率。最主要的是将废塑料资源化利用是生产效益、环保效益与经济效益共赢的方式。

德国的布莱梅钢铁公司是世界上第一家利用高炉喷吹废塑料技术的厂家。该公司1995年6月在2号高炉建造了一套喷吹能力为7万吨/a的喷吹设备，耗资4500万马克，所喷吹的废塑料对高炉冶炼的影响低于重油，实现了每月用废塑料取代3000t重油。同时，德国的克虏伯-赫施钢铁公司、蒂森钢铁公司以及克虏伯-曼内斯曼冶金公司的胡金根厂也在高炉上正式喷吹或进行半工业试验。

日本NKK公司在京滨厂1号高炉开发利用废塑料代替部分焦炭用于炼铁技术获得成功，它综合考虑废塑料颗粒的输送和燃烧性能，选取0.2~0.4mm粒度的废塑料颗粒进行高炉喷吹，喷吹废塑料量逐渐增加。喷吹结果表明：废塑料的热利用效率达80%以上；喷吹量为200kg/t时，CO_2的产生量减少12%；无有害气体产生，还可以利用副产品煤气进行发电。日本新日铁高炉喷吹废塑料工艺流程如图10-6所示。

宝钢早在2001年初就开始了高炉喷吹废塑料的技术可行性研究，包括废塑料的选用、脱氯、造粒、气力输送及燃烧特性研究等。2007年，宝钢进行了高炉喷吹废塑料工业试验，成功开发出单风口喷吹废塑料100kg吨铁以上的集成技术，使高炉喷吹废塑料的技术在我国应用进程又向前迈了一步。

虽然目前该工艺技术存在着回收、分拣清洗成本高，废塑料制粒困难，PVC类塑料含有大量氯元素等问题，但高炉处理废塑料仍有显著的环境效益、经济效益。高炉喷吹废塑料比电厂直接燃烧废塑料发电或废物处理焚烧塑料热利用率高，能源利用充分；废塑料的价格十分便宜，用它代替重油或煤喷入高炉可以降低炼铁的成

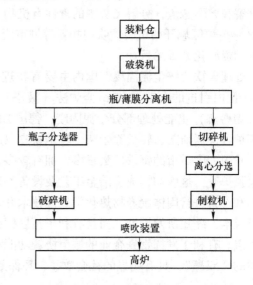

图10-6　日本新日铁高炉喷吹废塑料工艺流程

本，经济效益显著。高炉喷吹废塑料降低了焦比系数，减少了焦炭使用量，因此减少了CO_2排放量，而且SO_x、NO_x、二噁英等二次污染物排放量小，有利于环保。

10.3.4　高炉处理社会危险废物

近年来，随着我国经济的高速发展以及工业化进程的不断加快，社会危险废物的产生量也正在不断地增加。危险废物具有腐蚀性、毒性、易燃性、反应性和感染性等特性，给人类健康和环境带来严重的危害。而高温工业的炼铁高炉具有对危险废物的无害化和资源化处理处置能力。

钢厂每年产生大量的含油垃圾、含油污泥等危险废弃产物，并且对危险废弃物的处理费用贵，处理能力不足。为降低钢厂处理成本，结合钢厂危险废弃物产量大的特点，科学家建议钢铁厂设立集中危险废物处置加工中心。使其既能满足钢厂内部危险废物处置要

求，又能完成对周边园区和社会的危险废物集中处置，扩充钢厂的城市垃圾处理功能。

现有大钢厂拆小建大，将停产废弃的高炉改建成处理熔融钢渣与钢厂及有色化工固废危废的类似半截高炉熔炼炉，进行熔融钢渣协同处理含铁含有色金属等固废危废，分离回收铁和有色金属专利技术。通过利用高温熔融钢渣温度高、数量大的优势，使用难还原难处理的低价特殊复杂矿（如高铁铅锌矿等），进一步协同处理有色化工行业不易处理的含铁含有色金属除尘灰污泥、冶金渣、废油（及油泥渣）等危险废物，城市垃圾焚烧飞灰等固废危废，以求得更好的经济效益，实现钢铁和有色化工等大量固废危废得到整体无害化和资源化处置。

宝钢早年工业固废已从初期的存放处置、简易分选利用和出售逐步发展到现在的采用新技术处理、返回生产系统和高附加值利用，综合处置利用率和返生产利用率都达到较高值。随着城市钢厂建设的推进，2016 年下半年，宝钢高炉进行了城市飞灰喷吹试验：将城市垃圾焚烧炉的烟气净化系统收集的残余物——城市飞灰，喷吹进高炉，利用风口前高温分解和熔融造渣，分解飞灰中的毒性有机物和固化重金属在水渣中，实现无害化处置。2018 年高炉区域开始试验喷吹纽扣粉等城市废弃物，实现了城市废弃物在高炉工序安全、环保和资源化处置的目标。

处理含铁含锌尘泥固废，国内主要有物理分选法、回转窑及转底炉法（固态直接还原），国内引进的太钢 OxyCup 竖炉法（液态）和宝钢 Corex、山东墨龙 HIsmelt 熔融还原法（熔融态）也能处理部分尘泥固废，德国 DK 公司利用闲置的小高炉和小烧结机，对各种高炉含锌瓦斯灰、转炉除尘灰、轧钢铁皮以及电池等固废进行处理。

我国大中城市的钢铁厂数量多，拥有较多正在运行的大型高炉及淘汰下来的小焦炉、小电弧炉等，这些均构成了冶金工艺及设备处理固体废弃物的基础。结合成熟的高温冶金技术和设备进行固体废弃物热化学处理技术开发，不仅可以减少固废热化学处理的投资和运行成本，缩短研发周期，而且有利于拓展钢铁产业，成为钢铁企业进入新兴环保产业的切入点。有利于发挥钢铁企业的城市协调功能和城市友好功能，实现冶金工业和城市环境效益的"双赢"，具有明显的社会效益、环保效益和经济效益。

10.3.5　电炉使用废轮胎和废塑料

电炉（electric arc furnace）是利用电极电弧产生的高温熔炼矿石和金属的炼钢设备。电炉炼钢是以废钢为主要原料，以电为主要冶炼能源，利用电流通过石墨电极与金属料之间产生高温，来加热、熔化炉料。对于熔炼金属，电弧炉比其他炼钢炉工艺灵活性大，能有效地除去硫、磷等杂质，炉温容易控制，设备占地面积小，适于优质合金钢的熔炼。

废旧轮胎的资源环境问题随着经济的发展和橡胶制品开发技术的进步逐年大幅增加。橡胶制品是除废塑料外，居第二位的废旧高分子材料，全世界每年生产的橡胶制品的50%是轮胎，橡胶制品数量的增长使其废弃品的数量也越来越多。

废轮胎可作为一种化学能添加到电炉中，取代电炉用其他固体燃料。当废轮胎在电炉中燃烧时可喷入氧气以使燃烧过程更加完全充分，因而废轮胎可在电炉冶炼过程中完全消耗掉，而且并不增加废气排放量，事实上还减少了废气排放量，特别是 CO 和 CO_2 排放量。废轮胎能量值高，可获量大，含硫量低，还可以解决环境污染问题。使用废轮胎冶炼的钢除碳含量增加外，其他化学成分无明显变化。

　　基于上述情况，众多钢铁公司和科学家们对电炉中使用废塑料和废轮胎进行了试验研究和工业试验。

　　在 UNSW 利用塑料和橡胶代替部分焦炭作为造泡沫渣发泡剂进行实验室研究的基础上，澳大利亚 OneSteel 钢铁公司在 Sydney Steel Mill（SSM）和 Laverton Steel Mill（LSM）钢厂完成一系列电弧炉炼钢工业性试验，研发出高分子聚乙烯喷射使用（PIT）技术。在实验室中证明了混合高分子聚合物饼块能够在电炉熔池渣中产生很好的反应，从理论和工业大规模生产证明了其优势。

　　（1）试验研究：EAF 炼钢的碳消耗及其与熔融炉渣以及金属之间的相互作用是产生泡沫渣的关键因素。新南威尔士大学和 Sydney 钢厂的研究人员建议用废弃塑料和废弃轮胎结合焦炭或煤作为有效原料用于炼钢。新南威尔士大学实验室证明，如果将废弃塑料或轮胎与其他含碳材料混合对碳的性能进行调整，碳与液态炉渣间的相互作用可获得改善。可以看到，与单独使用焦炭相比，使用高密度聚合物（HDPE）、焦炭和橡胶/焦炭混合物炼钢，焦炭与炉渣之间的相互作用得到了很大改善，放出大量的 CO 和 CO_2 与液态炉渣结合，可有效增大炉渣体积。深入研究指出，当用焦炭作碳源喷入 EAF，可见钢渣界面上出现具有物理屏障作用的灰分，阻止溶解碳进入钢液，而橡胶由于灰分很低，能有效促进碳溶解并进入钢液。

　　（2）工业试验：Sydney 和 Laverton 钢厂分别在 2006 年和 2007 年进行了 EAF 喷射聚合物和焦炭混合物工业生产试验。在 OneSteel 钢铁公司进行工业生产试验期间，EAF 运行情况获得改善。使用聚合物和焦炭混合物可大幅减少喷射剂数量，加之原材料成本的价格差异，结果使转换成本得到大幅度降低。除此之外，还降低了电极消耗和石灰用量。由于炉渣中的 FeO 含量降低到 1.4% 的水平，从而提高了金属收得率。因使用聚合物喷射技术降低了电能消耗而减少了 OneSteel 钢厂的碳足迹，降低了 CO_2 排放。使用该技术还可给钢厂提供不同于传统的 EAF 生产机会而获得环境效益。

　　OneSteel 公司在 Sydney 钢厂喷射橡胶-焦炭混合物时对钢液中的含硫量进行比较，喷射橡胶-焦炭混合物钢液中的含硫量没有增加。在三座炼钢厂使用橡胶-焦炭前后进行过烟囱二噁英排放量测试。结果显示，使用橡胶-焦炭混合物排放的二噁英比 100% 使用焦炭的排放量少。OneSteel 公司生产经验证明，废钢质量和混合情况以及操作延迟对二噁英和其他污染物排放有很大影响。

　　2011 年 5 月，在泰国 UMC 金属公司进行了聚合物喷射的 EAF 炼钢试验。结果表明，碳喷射剂成本降低 35%。因为炉渣起泡性能的改变使每炉喷射剂总量减少 12%，缩短了冶炼需要的通电时间，并且提高了平均有功功率，改善了 EAF 操作效率。

　　为了使聚合物喷射技术获得经济效益的合法性被认可，2012 年 1 月再次在 UMC 金属公司开展了聚合物喷射试验。试验结果表明，EAF 炼钢喷射橡胶-焦炭混合物与 100% 喷射焦炭相比，前者的通电时间（36.7min）比后者（38.7min）明显减少，前者的冶炼时间（52.7min）比后者（54.3min）缩短，前者的平均有功功率（42.0MW）比后者（39.8MW）提高。

　　通过聚合物喷射技术在 OneSteel 和 UMC 公司的试验研究表明，喷射橡胶-焦炭混合物不仅可以改善 EAF 生产运行技术指标和降低生产成本，还可将橡胶和塑料变废为宝，转换和消除了土地填埋费用而获得可观的经济效益和巨大的环境效益。综上所述，聚合物喷射技术一定能赢得炼钢工作者的认可。

在 LSM 钢厂电炉进行使用聚乙烯块料替代纯焦炭，试验在三个白班进行，五炉使用聚乙烯混合块料造渣，五炉完全使用焦炭造渣，使用 700kg 聚乙烯块料和正常焦炭一起加入，结果表明对比炉次所需的焦炭减少，仅使用 1000kg 焦炭。

总体上看，采用聚合物块料对比仅用焦炭造渣炉次，发现使用聚乙烯块料，电耗降低，通电时间缩短，可以得到较高的出钢温度，有利于缩短冶炼周期。

中国宝钢股份有限公司徐迎铁等人以氧化铁皮或粉、焦炭粉、废钢屑、铁粉、废弃塑料破碎料为主要原料，经热压的球团制造出用于电弧炉冶炼不锈钢过程制造泡沫渣的发泡球。此发泡球具有很高的强度，进入熔池后可造出良好的泡沫渣，平均发泡高度大于 10mm，一次加料发泡高度大于 8mm，实现保护电弧提高其热效率的功能，还可降低电耗、缩短冶炼时间及保护炉衬。

实验室和工业试验都表明，废弃塑料和轮胎完全可以作为碳源加入电弧炉炼钢，在造泡沫发泡试验中能增大泡沫渣形成量，提高电炉热效率、生产率，降低碳耗，有效减少炼钢对环境的污染，有利于人类的可持续发展。

10.4　小　　结

本章节主要介绍了钢铁企业消纳社会废弃物的技术及其应用。本章节的重点内容主要有：钢铁企业处理社会废弃物的意义，废钢的清洁利用、焦炉回收废塑料、高炉喷吹废塑料、高炉处理社会危险废物和电炉使用废轮胎和废塑料等工艺技术应用的优劣势。理解钢铁企业消纳废弃物是在无害化的同时对能源和资源进行资源化利用，既达到处理燃废弃物的目的，又缓解能源消耗紧张的压力，对生态环境保护以及国民经济发展和能源结构调整有重大意义。

思　考　题

10-1　简述固体废弃物的定义及主要危害。

10-2　城市垃圾的资源化处理方法主要有哪几种？

10-3　何谓热解处理，在原理上它与焚烧处理有何区别？

10-4　焦炉处理废塑料对焦炭质量的影响都有哪些？

10-5　高炉处理废塑料目前所面临的主要问题？

10-6　对比分析钢铁生产过程废塑料处理工艺的异同。

参 考 文 献

[1] 闫启平. 中国废钢铁产业研究 [M]. 北京：冶金工业出版社，2014.

[2] 张建国，刘维广. 钢厂废钢加工应用情况调研分析 [J]. 资源再生，2012 (12)：34~37.

[3] 蒋海斌，张晓红，乔金樑. 废旧塑料回收技术的研究进展 [J]. 合成树脂及塑料，2019，36 (3)：76~80.

[4] 贾冬. 基于循环经济的废钢回收研究 [D]. 南京：南京工业大学，2012.

[5] 袁伟刚. 利用焦炉回收废塑料工艺的开发 [J]. 冶金管理，2007 (3)：58~60.

［6］谢锋，汝少国，杨宗雷．中国废塑料污染现状和绿色技术［M］．北京：中国环境科学出版社，2011.

［7］郭建龙，赵俊学，仇圣桃，等．废塑料在钢铁行业的应用现状及建议［J］．钢铁研究学报，2014，26（6）：1~4.

［8］张寿荣，张卫东．中国钢铁企业固体废弃物资源化处理模式和发展方向［J］．钢铁，2017，52（4）：1~6.

［9］廖辉明，樊波．利用停产高炉改建熔融钢渣协同处理尘泥、冶金渣固危废新思路［C］∥河北省金属学会．第四届冶金渣固废回收、节能减排及资源利用高峰论坛会．2019.

［10］徐迎铁，陈兆平，刘涛．电炉冶炼不锈钢的泡沫渣技术探讨［J］．世界钢铁，2010（5）：12~16。

冶金工业出版社部分图书推荐

书　名	作　者	定价(元)
物理化学(第4版)(国规教材)	王淑兰	45.00
钢铁冶金学(炼铁部分)(第4版)(本科教材)	吴胜利	65.00
现代冶金工艺学——钢铁冶金卷(第2版)(国规教材)	朱苗勇	75.00
冶金物理化学研究方法(第4版)(本科教材)	王常珍	69.00
冶金与材料热力学(本科教材)	李文超	65.00
热工测量仪表(第2版)(国规教材)	张　华	46.00
金属材料学(第3版)(国规教材)	强文江	66.00
钢铁冶金原理(第4版)(本科教材)	黄希祜	82.00
冶金物理化学(本科教材)	张家芸	39.00
金属学原理(第3版)上册(本科教材)	余永宁	78.00
金属学原理(第3版)(中册)(本科教材)	余永宁	64.00
金属学原理(第3版)(下册)(本科教材)	余永宁	55.00
冶金宏观动力学基础(本科教材)	孟繁明	36.00
相图分析及应用(本科教材)	陈树江	20.00
传输原理(第2版)(本科教材)	朱光俊	55.00
冶金传输原理习题集(本科教材)	刘忠锁	10.00
钢冶金学(本科教材)	高泽平	49.00
耐火材料(第2版)(本科教材)	薛群虎	35.00
钢铁冶金原燃料及辅助材料(本科教材)	储满生	59.00
炼铁工艺学(本科教材)	那树人	45.00
炼铁学(本科教材)	梁中渝	45.00
热工实验原理和技术(本科教材)	邢桂菊	25.00
复合矿与二次资源综合利用(本科教材)	孟繁明	36.00
冶金设备基础(本科教材)	朱　云	55.00
冶金设备课程设计(本科教材)	朱　云	19.00
冶金与材料近代物理化学研究方法(上册)	李　钒	56.00
硬质合金生产原理和质量控制	周书助	39.00
金属压力加工概论(第3版)	李生智	32.00
物理化学(第2版)(高职高专国规教材)	邓基芹	36.00
特色冶金资源非焦冶炼技术	储满生	70.00
冶金原理(第2版)(高职高专国规教材)	卢宇飞	45.00
冶金技术概论(高职高专教材)	王庆义	28.00
炼铁技术(高职高专教材)	卢宇飞	29.00
高炉冶炼操作与控制(高职高专教材)	侯向东	49.00
转炉炼钢操作与控制(高职高专教材)	李　荣	39.00
连续铸钢操作与控制(高职高专教材)	冯　捷	39.00
铁合金生产工艺与设备(第2版)(高职高专国规教材)	刘　卫	45.00
矿热炉控制与操作(第2版)(高职高专国规教材)	石　富	39.00